T0281417

Bielefelder Schriften zur Didaktik der Mathematik

Band 9

Reihe herausgegeben von

Andrea Peter-Koop, Universität Bielefeld, Bielefeld, Deutschland

Rudolf vom Hofe, Universität Bielefeld, Bielefeld, Deutschland

Michael Kleine, Universität Bielefeld, Bielefeld, Deutschland

Miriam Lüken, Universität Bielefeld, Bielefeld, Deutschland

Die Reihe Bielefelder Schriften zur Didaktik der Mathematik fokussiert sich auf aktuelle Studien zum Lehren und Lernen von Mathematik in allen Schulstufen und -formen einschließlich des Elementarbereichs und des Studiums sowie der Fort- und Weiterbildung. Dabei ist die Reihe offen für alle diesbezüglichen Forschungsrichtungen und -methoden. Berichtet werden neben Studien im Rahmen von sehr guten und herausragenden Promotionen und Habilitationen auch

- empirische Forschungs- und Entwicklungsprojekte,
- theoretische Grundlagenarbeiten zur Mathematikdidaktik,
- thematisch fokussierte Proceedings zu Forschungstagungen oder Workshops.

Die Bielefelder Schriften zur Didaktik der Mathematik nehmen Themen auf, die für Lehre und Forschung relevant sind und innovative wissenschaftliche Aspekte der Mathematikdidaktik beleuchten.

Julia Streit-Lehmann

Mathematische Familienförderung in der Kita

Eine Interventionsstudie zur Effektivität familialer mathematischer Förderung im letzten Kindergartenjahr

 **Springer** Spektrum

Julia Streit-Lehmann
Institut für Didaktik der Mathematik
Universität Bielefeld
Bielefeld, Nordrhein-Westfalen, Deutschland

Dissertation Universität Bielefeld, 2021

ISSN 2199-739X   ISSN 2199-7403 (electronic)
Bielefelder Schriften zur Didaktik der Mathematik
ISBN 978-3-658-39047-1   ISBN 978-3-658-39048-8 (eBook)
https://doi.org/10.1007/978-3-658-39048-8

Die Deutsche Nationalbibliothek verzeichnet diese Publikation in der Deutschen Nationalbibliografie; detaillierte bibliografische Daten sind im Internet über http://dnb.d-nb.de abrufbar.

Planung/Lektorat: Marija Kojic
Springer Spektrum ist ein Imprint der eingetragenen Gesellschaft Springer Fachmedien Wiesbaden GmbH und ist ein Teil von Springer Nature.
Die Anschrift der Gesellschaft ist: Abraham-Lincoln-Str. 46, 65189 Wiesbaden, Germany

Geleitwort

Zahlreiche Forschungsergebnisse zum vorschulischen Mathematiklernen zeigen den großen Einfluss früher mathematischer Kompetenzen auf das weitere Lernen bis in die Sekundarstufe. Glücklicherweise konnten Studien inzwischen auch nachweisen, dass sich eine Förderung früher mathematischer Kompetenzen in Kindertageseinrichtungen positiv auf die mathematische Entwicklung auswirken kann. Eine weitere bedeutsame Rolle in der kindlichen Entwicklung kommt der familialen Unterstützung und Begleitung zu. Belastbare Studien zum Einfluss elterlicher häuslicher Unterstützungsmaßnahmen beim Mathematiklernen oder Studien zur Wirkung von konkreten Mathe-Projekten, die sich an die Familien von Vorschulkindern richten, gibt es bislang jedoch kaum. Noch ist das Potenzial familienbasierter Frühförderaktivitäten also wissenschaftlich weitgehend ungeklärt, insbesondere auch, inwieweit sich Bemühungen um die Entwicklung des frühen mathematischen Denkens in Elternhaus und Kita ergänzen.

In diesem Bereich der Förderung früher mathematischer Kompetenzen in der Kita unter Einbezug des familialen Umfelds ist die vorliegende Publikation von Julia Streit-Lehmann angesiedelt. Damit verbindet sie zwei – für die Forschung wie Praxis gleichermaßen – hoch relevante und aktuelle Themen miteinander, nämlich das der frühen mathematischen Förderung und das des Einflusses des Home Learning Environments auf die frühen mathematischen Kompetenzen. Konkret geht sie in ihrer Forschung der Frage nach, inwiefern die Anreicherung der häuslichen Lernumgebung durch die Bereitstellung von Büchern und Spielen, die das mathematische Denken von Kindern im letzten Kindergartenjahr anregen sollen, die kindliche mathematische Entwicklung beeinflussen kann. Hierzu führte sie eine Interventionsstudie mit insgesamt 58 Kindern aus drei Kindertageseinrichtungen durch. Als Intervention wurden potenziell geeignete Bilderbücher und Spiele im Rahmen eines Ausleihverfahrens, das durch die Kita begleitet wurde, bereitgestellt. Die Beschäftigung mit den ausgeliehenen Materialien fand jedoch nicht in der Einrichtung, sondern allein in der häuslichen Umgebung in Interaktion mit Eltern, Geschwistern oder weiteren Familienangehörigen statt. Erfreulicherweise zeigen Julia Streit-Lehmanns Analysen positive Effekte für die Entwicklung des mathematischen Denkens der beteiligen Studienkinder.

Die vorliegende Publikation überzeugt durch den konsequent verfolgten interdisziplinären Ansatz an den Schnittstellen der Frühpädagogik, Soziologie und Mathematikdidaktik sowie durch die Metaperspektiven, die an vielen Stellen eingenommen wurden. Mit der Rezeption der bislang in der deutschsprachigen Community noch weitgehend unerschlossenen internationalen Literatur zum *Home Learning Environment* und zur *Family Numeracy* werden in diesem Kontext wichtige und weitreichende Bezugspunkte aufgezeigt, auf die wissenschaftliche Forschung nicht nur in der Mathematikdidaktik, sondern auch in den angrenzenden Disziplinen Bezug nehmen kann. Für die wissenschaftliche Forschung bedeutsam ist insbesondere das innovative Design der offensichtlich wirksamen Intervention. Julia Streit-Lehmann eröffnet somit nicht nur interessante Perspektiven für weitere Forschungsarbeiten, sondern sie zeigt auch hilfreiche Implikationen für die Praxis im Bereich der frühen mathematischen Bildung auf.

Wir Herausgebenden der *Bielefelder Schriften zur Didaktik der Mathematik* freuen uns, die Forschungsarbeit von Julia Streit-Lehmann, die eine stark gekürzte und überarbeitete Version ihrer an der Universität Bielefeld eingereichten Dissertation ist, in unserer Reihe zu publizieren. Wir wünschen ihr eine breite Rezeption insbesondere durch Personen, die sich in der Forschung, der Bildungspolitik oder in der Praxis mit der frühen mathematischen Bildung befassen.

Bielefeld   Miriam M. Lüken
Juli 2022

In dieser Arbeit werden folgende Abkürzungen genutzt:

Deutsch als Zweitsprache wird mit *DaZ* abgekürzt.

Home learning environment wird (insb. in Abgrenzung zum ähnlichen Begriff *home literacy environment*) mit *HLE* abgekürzt.

Vorschulische Bildung- und Betreuungseinrichtungen wie Kindertagesstätten, Kinderkrippen und Kindergärten werden mit dem Begriff *Kita* (Singular) bzw. *Kitas* (Plural) bezeichnet.

Messzeitpunkt wird mit *MZP* abgekürzt.

Prozentrang wird mit *PR* abgekürzt.

Die Abkürzung *S.* für *Seite* findet sich nur in Nennungen externer Quellen. Soll auf Seiten innerhalb dieses Dokuments verwiesen werden, wird *Seite* ausgeschrieben.

Sozioökonomischer Status wird in seiner englischen Variante mit *SES* abgekürzt.

Zahlenraum wird mit *ZR* abgekürzt.

Gemäß den Empfehlungen der Universität Bielefeld[1] werden in dieser Arbeit gendersensible Personenbezeichnungen verwendet. So bezieht sich der Begriff *Autorinnen* bewusst auf Frauen und der Begriff *Autoren* bewusst auf Männer. Der Begriff *Autor*innen* bezieht sich auf Gruppen von Menschen, auf deren Geschlecht kein Bezug genommen werden soll, beispielsweise weil die Gruppe gemischtgeschlechtlich zusammengesetzt ist (z. B. als Autorinnen und Autoren) oder mir das jeweilige Geschlecht einzelner Personen dieser Gruppe unbekannt ist.

---

[1] https://www.uni-bielefeld.de/erziehungswissenschaft/gleiko/sprache.html, Zugriff am 24.05.2019

Inhaltsverzeichnis

Einleitung

Die Bemühungen von Eltern, ihre Kinder praktisch von Geburt an (vgl. Doman, 1979 *"Teach your baby math"*) beim Lernen zu unterstützen, ist schon seit Jahrzehnten ein bildungswissenschaftlicher Forschungsgegenstand. Hierbei wurde erkannt, dass das häusliche Lernumfeld in Hinblick auf den schulisch-akademischen Bildungserfolg einen erheblichen Einfluss auf die kindliche Kompetenzentwicklung hat. „The importance of family environment in the development of children's cognitive abilities has been widely acknowledged" (Young-Loveridge, 1989, S. 44).

Mit dem Aufkommen zunächst individualpsychologisch und ab Mitte des 20. Jahrhunderts zunehmend sozialpsychologisch geprägter Entwicklungstheorien (vgl., Jonas, Stroebe & Hewstone, 2014; Schneider & Lindenberger, 2012) rückte damit auch die Frage in den Fokus, über welche Ressourcen wiederum Eltern verfügen müssen, um diese Unterstützungsleistung ihren Kindern gegenüber erbringen zu können. Die Erforschung der Möglichkeiten aus zumeist soziologischer Perspektive, diese elterlichen Ressourcen zu stärken, schließt daran an. Damit sind auch ethische und ökonomische Überlegungen verknüpft (vgl. Francesconi & Heckman, 2016; Heckman, Pinto & Savelyev, 2013), wenn die Bildung und Förderung von Kindern und Jugendlichen als gesamtgesellschaftliche Aufgabe verstanden wird.

Die vorliegende Arbeit ist im Schnittfeld dieser Perspektiven angesiedelt und bedient sich vorrangig bildungswissenschaftlicher und mathematikdidaktischer Perspektiven. Im Zentrum steht die Evaluation einer auf mathematischen Kompetenzzuwachs abzielenden Fördermaßnahme, die Kinder im letzten Kindergartenjahr und ihre Eltern adressiert. Gleichzeitig werden auch soziologische und psychologische Konzepte genutzt, um pragmatische Machbarkeitsansätze aufzuzeigen.

Ausgangspunkt der Arbeit ist zum einen die Tatsache, dass Kinder und Jugendliche in Deutschland, die bestimmten Gruppen angehören, bezogen auf ihre Bildungschancen benachteiligt sind (Auernheimer, 2013). Der *Migrationshintergrund*

ist hierbei eine Kategorie, die sehr häufig zur Beschreibung solcher Gruppen herangezogen wird. Der enge Zusammenhang zwischen dem Bildungserfolg eines Kindes
und seiner *sozialen Herkunft*, welche vorrangig familiale Strukturen, Ressourcen,
Überzeugungen und Praktiken umfasst, ist hierzulande besonders ausgeprägt (vgl.
Büchner, 2013). Zum Abbau von Chancen*un*gleichheiten, die aus diesem Zusammenhang erwachsen, müssen somit Institutionen wie Kita und Schule beitragen
(vgl. T. Schmidt & Smidt, 2014; Thiessen, 2013). Besonders die kompensatorischen Potenziale der Kita sind in großen Studien untersucht worden (vgl. Sylva,
Melhuish, Sammons, Siraj-Blatchford & Taggart, 2010).

Zum anderen bilden Befunde zur Entwicklung früher mathematischer Kompetenzen einen Ausgangspunkt dieser Arbeit. Die Bedeutung mathematischer Vorläuferfähigkeiten – also derjenigen Kompetenzen, die sich in den ersten Lebensjahren
typischerweise ausbilden – zeigt sich nicht zuletzt in ihrer hohen Vorhersagekraft
für spätere mathematische Leistungen in der Schule, sogar bis in die Sekundarstufe
hinein (vgl. Geary, 2011; Krajewski & Schneider, 2006). Kinder, deren mathematische Kompetenzen im letzten Kindergartenjahr vergleichsweise schwach entwickelt
sind, haben in der Schule ein erhöhtes Risiko für die Ausbildung besonderer Rechen-
schwierigkeiten (vgl. Dornheim, 2008; Krajewski, 2008). Gleichzeitig hat sich die
Förderung der mathematischen Vorläuferfähigkeiten als wirksam erwiesen (vgl.
Fuchs et al., 2013; Grüßing & Peter-Koop, 2008; Lewis Presser, Clements, Ginsburg & Ertle, 2015). Moderne Ansätze zielen hierbei nicht (nur) auf das Training
spezifischer Kompetenzen ab, sondern beziehen auch motivationale und interaktio-
nale Aspekte in der Familie mit ein (z. B. Colliver, 2018).

Diese beiden Ausgangspunkte werden für die vorliegende Arbeit miteinander
verknüpft. Ehe konkrete Forschungsfragen vorgestellt werden und ein Überblick
über die inhaltliche Struktur der Arbeit gegeben wird, wird zunächst die häusliche
Lernumgebung als Forschungskontext genauer betrachtet.

1.1   *Family Literacy* und *Family Numeracy* als Forschungskontext

In Anlehnung an Schneewind (2008) ist eine Familie ein soziales System, das von
den persönlichen Beziehungen ihrer Mitglieder untereinander geprägt ist und sich
durch bestimmte Spezifika (Sprache, Verhalten, Traditionen, Rituale usw.) von anderen sozialen Systemen, insbesondere auch von Organisationen wie der Kita und der
Schule, abgrenzt. Gleichzeitig weist Fuhs (2007) darauf hin, dass es *die* Familie
nicht gibt, sondern „Familie im Plural gedacht werden muss" (ebd., S. 27), um die
Vielzahl an unterschiedlichen Familienformen und -konzepten zu berücksichtigen.

Die Familie und die Kita stellen für junge Kinder hinsichtlich ihrer Bildungsbiografie die beiden wichtigsten sozialen Systeme dar (vgl. Rauschenbach et al., 2004, S. 29). Das häusliche Lernumfeld, in dem Kinder in den ersten Lebensjahren aufwachsen, „weist signifikante Zusammenhänge mit allen erhobenen Leistungsmaßen und Kontrollvariablen" (Niklas & Schneider, 2010, S. 156) auf, die typischerweise zur Beschreibung der sprachlichen, mathematischen und intellektuellen Entwicklung von Kindern genutzt wurden.

Das bis dato nur gering ausgeprägte Interesse an frühkindlicher Bildungsforschung in Deutschland wurde durch das schlechte Abschneiden deutscher Schüler*innen bei den PISA[1]-Studien ab Beginn der 2000er Jahre deutlich gesteigert (vgl. Anders & Roßbach, 2013, S. 184). Die zweite PISA-Untersuchung im Jahr 2003 hatte den Untersuchungsschwerpunkt Mathematik (vgl. Deutsches PISA-Konsortium, 2005), so dass auch frühe mathematische Bildung größere Beachtung fand. Auch die Befunde der TIMSS[2] zeigen Handlungsbedarf auf, etwa wegen der Tatsache, dass fast ein Viertel der Viertklässler*innen unterdurchschnittliche, das heißt „niedrige" bzw. nur „rudimentäre" Kompetenzen in Mathematik entwickelt hat. „Es ist davon auszugehen, dass sie in der Sekundarstufe I erhebliche Schwierigkeiten haben werden, die Anforderungen im Fach Mathematik zu erfüllen" (Wendt et al., 2016, S. 16). Zudem wurde zunehmend wissenschaftlich belegt, dass Kinder, die später in der Grundschulzeit besonders schwache Leistungen in Mathematik zeigen, häufig schon in der Kita identifizierbar sind (Krajewski & Schneider, 2006; von Aster, Schweiter & Weinhold Zulauf, 2007).

Fthenakis (2004) fasst die Bildungsdebatte zusammen, die sich an den ersten „PISA-Schock" 2001 bezogen auf frühkindliche Bildung in Deutschland angeschlossen hat und in der überwiegend eine „Modernisierung und Neugewichtung der Bedeutung von Bildung für Kinder unter sechs Jahren" (ebd., S. 10) gefordert wurde.

Das Bundesprogramm *Elternchance ist Kinderchance – Elternbegleitung der Bildungsverläufe der Kinder* wurde aufgelegt als Reaktion auf die Entwicklung, dass familienpolitische Themen allgemein und speziell die Frage nach der Qualität von Bildung und Erziehung in Deutschland stärker in den Fokus gerückt sind. Das Ziel dieses Programms war, Eltern stärker in die Bildungsprozesse ihre Kinder einzubeziehen, um Bildungszugänge und gesellschaftliche Teilhabe zu erleichtern. Correll und Lepperhoff (2013) betonen in diesem Zusammenhang, dass

---

[1] *Programme for International Student Assessment* (PISA)
[2] *Trends in International Mathematics and Science Study* (TIMSS)

eine zentrale Herausforderung früher Förderung und frühkindlicher Bildung darin besteht, soziale Ungleichheiten in Bezug auf Bildung nicht zu verfestigen. (ebd., S. 13)

Adressiert sind dabei insbesondere „bildungsferne Eltern, Familien mit geringen sozioökonomischen Ressourcen sowie Familien mit Migrationshintergrund" (Walper & Stemmler, 2013, S. 31 f.), da deren Kinder häufig benachteiligt sind (vgl. L. Friedrich & Siegert, 2013, S. 462 ff.). Die Identifikation, Bezeichnung und Konstruktion dieser als vulnerabel erkannten Gruppen ist nicht trivial und trägt mitunter selbst zur Reproduktion sozialer Ungleichheiten bei. Ecarius, Köbel und Wahl (vgl. 2011, S. 36 f.) beispielsweise bedauern, dass „Familie und Migration vorrangig unter dem Blickwinkel der Passungsverhältnisse von Migrantenfamilien zu schulischer Bildung und schulischer Institution" untersucht werden, was diese Familien dauerhaft „weniger anschlussfähig" erscheinen lässt und dadurch stereotype Sichtweisen zementiert. Besonders der Begriff *Migrationshintergrund* wird zunehmend als Differenzkategorie mit vergleichsweise geringer Erklärkraft erkannt.

> Mit der Unterscheidung durch Kategorisierungen werden zudem existierende Hybridisierungen oder Verflechtungen unsichtbar gemacht. Stattdessen bleiben alte Kategorisierungen und ihnen inhärente machtdurchzogene Trennungen in ‚Wir' und die ‚Anderen', in ‚Einheimische' und ‚Fremde' bestehen. Mithilfe welcher Begrifflichkeiten, welcher Kategorisierungen, das Thema Migration beforscht wird, rahmt eine Forschungssituation folglich bereits in entscheidender Weise. Dabei werden von Anfang an Optionen, wie Migration thematisiert werden kann, sowohl eröffnet als auch verschlossen. (Behrens, 2019, S. 64)

Die konkreten Praktiken, mit denen die Eltern und Familien adressiert werden, werden häufig unter dem Begriff *Elternarbeit* zusammengefasst, wie weiter unten noch einmal aufgegriffen wird. Zunächst sollen in diesem Zusammenhang die Begriffe *family literacy* und *family numeracy* geklärt werden.

Die Definition der UNESCO benennt mit *literacy* den rezeptiven und produktiven Umgang mit Schrift in allen individuellen und sozialen Lebensbereichen:

> Literacy is the ability to identify, understand, interpret, create, communicate and compute, using printed and written materials associated with varying contexts. Literacy involves a continuum of learning in enabling individuals to achieve their goals, to develop their knowledge and potential, and to participate fully in their community and wider society. (UNESCO, 2004, S. 13)

Bestimmte Formen von *literacy* werden begrifflich genutzt, um allgemeine Kompetenzen zu beschreiben, die nicht zwingend (nur) mit Schrift zu tun haben: *information literacy* beispielsweise umfasst Basiskompetenzen, „die erforderlich sind, um mit Wissen und Information lebensdienlich umzugehen" (Rupp & Neumann, 2013, S. 97), *health literacy* beschreibt die Fähigkeiten eines Menschen, sich um seine eigenen Gesundheitsbelange kümmern zu können, und Menschen mit *media literacy* finden sich beispielsweise im Internet zurecht. Derlei Begriffsbedeutungen sind an dieser Stelle nicht gemeint, sondern umfassende Erfahrungen mit Schrift – auch die frühen, die junge Kinder noch nicht unmittelbar selbst machen, sondern mittelbar in sozialen Umgebungen, in denen sie wahrnehmen, wie andere Menschen in vielfältigen Varianten lesen und schreiben. Leseman und de Jong (2004) betonen in ihrer Definition den Aspekt der Kommunikation:

> Literalität umfasst einen Komplex von auf das Lesen und Schreiben bezogenen Fähig-
> keiten und Einstellungen, die gewährleisten, dass auch bei komplexen Texten die kom-
> munikative Absicht eines Autors mit einem angemessenen Aufwand innerhalb einer
> vertretbaren Zeitspanne beim Leser hinreichend ankommt. (ebd., S. 169)

Innerhalb des sozialen Systems Familie wird diese Sammlung an Kulturpraktiken bzw. deren Realisation im Alltag mit dem Begriff *family literacy* beschrieben. Informelle, frühkindliche Lernprozesse, die in diesem Zusammenhang oft „spontan und ohne Anleitung" etwa bei der Auseinandersetzung kleiner Kinder mit Buchstaben und Symbolen oder beim Beobachten von Erwachsenen im Umgang mit Schriftsprache stattfinden (Leseman & de Jong, 2004, S. 172), werden auch mit *emergent literacy* bezeichnet. Dieser Begriff geht auf Whitehurst und Lonigan (1998) zurück und umfasst vielfältige Fertigkeiten und Einstellungen von Kindern, die Lesen und Schreiben lernen. Dazu gehören auch Kenntnisse über Konventionen der Schriftsprache, die Zuordnung von Graphemen zu Lauten oder Wissen über Situationen, in denen der Umgang mit Schrift eine Rolle spielt.

Eine fehlende *emergent literacy* kann durch späteren „Lese-Unterricht" kaum aufgefangen werden. Feilke (2006) unterscheidet zwischen *Protoliteralität* und *Literalität*. Diese Unterscheidung kann ähnlich kritisiert werden wie die Trennung in mathematische Fähigkeiten und mathematische *Vorläufer*fähigkeiten, unterstreicht aber dennoch die Tatsache, dass die individuelle Entwicklung der *literacy* deutlich früher beginnt als mit der Einschulung.

Elfert (2008) berichtet von internationalen *family literacy*-Programmen, die *auch* die Alphabetisierung und Förderung der Schriftkultur bei Erwachsenen zum Ziel haben. Dabei stehen häufig Aspekte der *Sprachförderung* im Fokus (vgl. S. Weinert & Lockl, 2008), deren Anlass sich aus sozialen, sozioökonomischen und geografischen Wandlungsprozesse ergibt, etwa bei der Immigration in eine Region, in der eine andere Mehrheitssprache gesprochen wird als die eigene Familiensprache. „Die Chancen zum Erwerb von Lesekompetenz hängen nach wie vor in hohem Maße von kulturellen Ressourcen ab, die in den Familien in Abhängigkeit von der Schicht-zugehörigkeit ungleich verteilt sind" (Schneider, 2008a, S. 146). Jüngere Ansätze verbinden *Sprach-* und *Erzählförderung* miteinander (vgl. Hering, 2018). Analoge Konzepte existieren zum Umgang in der Familie mit Mathematik unter dem Begriff *family numeracy*. Darunter können mathematikbezogene Ressourcen, Einstellungen, Kenntnisse, Kompetenzen und Praktiken verstanden werden, die im Kontext der Familie sichtbar werden. Manchmal wird *numeracy* auch als *mathematical literacy* bezeichnet (vgl. Kaiser & Schwarz, 2003), was den Bezug der Mathematik zu Sprache und Kultur stärker in den Vordergrund rückt. Wie sehr Sprache und Mathematik(lernen) zusammenhängen, zeigen zahlreiche Untersuchungen zur Sprache und Mathematik auch im schulischen Kontext (vgl. Bochnik, 2017; Meyer & Tiedemann, 2017; Nolte, 2009; Prediger, 2017).

Werden *family literacy* und *family numeracy* als Bedingungen für speziell kindliche Lernprozesse aufgefasst, werden häufig die Begriffe *home literacy environment* und *home numeracy environment* gebraucht. Auf diese Weise wird betont, dass sich das Kind innerhalb dieses Umfeldes befindet und dessen Anregungen und Eindrücken ausgesetzt ist bzw. in ihm Erfahrungen macht.

Die Frage nach dem Einfluss dieses Umfeldes auf den späteren Bildungserfolg des Kindes (oder auf andere Outcome-Größen) ist nach wie vor von großem Forschungsinteresse (vgl. beispielsweise LeFevre et al., 2009; Niklas & Schneider, 2017; Soto-Calvo, Simmons, Adams, Francis & Giofre, 2019). „Early math matters" haben Jordan, Kaplan, Ramineni und Locuniak (2009) festgestellt, und zwar wurde der Einfluss des häuslichen Lernumfelds auf die schulischen Mathematikleistungen umso größer, je länger die Kinder die Grundschule besuchten. Der Schulbesuch gleicht also unterschiedliche *home numeracy environments* nicht per se aus, sondern trägt mitunter zur Verfestigung sozialer Ungleichheiten bei.

Niklas und Schneider (2013, 2012) weisen darauf hin, dass es keine feste Definition für das *home literacy/numeracy environment* gibt. Typischerweise wird darunter – je nach Forschungsinteresse – eine Mischung aus materiellen Ressourcen (etwa Besitz von Büchern und Computern), Freizeitaktivitäten (z. B. der Besuch von Bibliotheken, gemeinsames Vorlesen und Spielen), Kommunikation (z. B. gemeinsames Singen, Zählen, herausforderndes Fragenstellen) und Einstellungen (z. B. bildungsbezogene Erwartungen der Eltern, Aufgeschlossenheit gegenüber intellektuellen Herausforderungen) sowie Erziehungsverhalten der Eltern (z. B. Responsivität, Emotionalität, Zuverlässigkeit) verstanden, kurz: bildungsbezogene spezifische familiale Aktivitäten und Interaktionen sowie statistische Kenngrößen (vgl. Skwarchuk, Sowinski & LeFevre, 2014, S. 79).

Der Umgang mit Alltagsmaterialien wie (Würfel-)Spielen und (Bilder-)Büchern ist dabei potenziell wirksam für mathematisches Lernen (vgl.

Young-Loveridge, 2004). Anregungen zur Mathematik im Alltag sind auch in dem mathematischen Bilderbuch von Peter-Koop und Grüßing (2006) zu finden.

In vielen Studien werden das *home literacy environment* und das *home numeracy environment* als zusammenhängende Konstrukte betrachtet und unter dem Begriff *home learning environment* zusammengefasst (vgl. Melhuish et al., 2008).

Das passt zu der eindrucksvollen Verwandtschaft in dem Wortpaar *zählen / erzählen*, die in vielen Sprachen zu finden ist[3] und auf diese Weise eine basale *literacy*-Aktivität mit einer basalen *numeracy*-Aktivität verbindet.

Niklas und Schneider (2012) geben eine Übersicht über die Forschungsbefunde insbesondere aus den 2000er Jahren, die den Einfluss der häuslichen Lernumgebung auf spezifische schulische Kompetenzen untersuchen. Historisch gesehen wurde zunächst das *home literacy environment* betrachtet und dessen Einfluss auf die literalen Kompetenzen des Kindes nachgewiesen. In zahlreichen Studien wurde gezeigt, dass literale Aktivitäten und Strukturen wie beispielsweise das Leseverhalten der Eltern, die Häufigkeit des Vorlesens oder auch die Anzahl an Büchern im Haushalt eng mit den späteren Lesefähigkeiten der Kinder verknüpft sind (vgl. ebd., S. 135). Das *home numeracy environment* umfasst speziell kulturelle Praktiken, die sich auf mathematische Aktivitäten beziehen, beispielsweise gemeinsames Zählen, das Spielen von Würfelspielen, das Aufsagen von Gedichten und Reimen über Zahlen oder auch der gemeinsame Umgang mit Größen beim Abmessen, Abwiegen oder Bezahlen. Kinder, die schon vor der Einschulung mit solchen Praktiken regelmäßig in Berührung kommen, sind beim schulischen Mathematiklernen später tendenziell erfolgreicher.

Das *home learning environment* (HLE) hat sich also als bedeutsamer Prädiktor sowohl für sprachbezogene als auch für mathematische schulische Leistungen erwiesen. Daher stellt sich die Frage, auf welche Weise es gelingt, „von außen" förderlich auf das HLE einzuwirken.

Unter *parental involvement* verstehen Vukovic, Roberts und Green Wright (2013, S. 447) „motivated parental attitudes and behaviors intended to influence children's educational well-being". Der Ausdruck *elterliche Beteiligung* kann sowohl aktiv als auch passiv verstanden werden: Eltern können sich „sich selbst einbringen", „sich beteiligen und engagieren", oder Eltern können beispielsweise von pädagogischen Fachkräften „einbezogen und beteiligt werden". Aus der Perspektive von Kita und Schule kann die Möglichkeit, auf das HLE von Kindern Einfluss zu nehmen, somit als ein Aspekt von *Elternarbeit* verstanden werden.

---

[3] beispielsweise im Französischen (*conter / raconter*), im Niederländischen (*tellen / vertellen*, vgl. auch englisch *to tell*) oder im Spanischen (*contar / contar*)

Entsprechende Programme, die Eltern adressieren, haben eine lange Tradition
(vgl. Brooks, Pahl, Pollard & Rees, 2008) und bergen einige Herausforderungen.
Swain und Brooks (2012) geben einen Überblick über die Problemfelder, die sie bei
der Meta-Analyse von Programmen zur Förderung der *family literacy* und *family
numeracy* im UK gefunden haben, nämlich bei Eltern beispielsweise:

- Unzufriedenheit mit den Programmen von Eltern mit hohem Bildungsstand
- geringe Teilnahmeraten von Eltern mit geringem Bildungsstand (dabei sind insbesondere diese oft vorrangig adressiert)
- geringe Teilnahmeraten von Vätern im Vergleich zu Müttern

Zentrales Ziel solcher Angebote ist für gewöhnlich, Eltern mit dem notwendigen
Wissen über lernförderliche häusliche Praktiken zu versorgen. Gleichzeitig haben
ökonomisch benachteiligte Menschen häufig nur eingeschränkten Zugang zu lernförderlichen Materialien, beispielsweise zu geeigneten Büchern und Spielen, die die
literacy und *numeracy* unterstützen können. Das *Enter*-Projekt der Universität Bremen ist ein Förderansatz, der auf die indirekte Beeinflussung der *family literacy* und
family numeracy abzielt und in einer Kita erprobt wurde, die von Kindern besucht
wird, die überwiegend wenig Deutsch sprechen (vgl. Bönig & Thöne, 2017). Hier
wurden Eltern über die Kita mit solchen lernförderlichen Materialien versorgt. Weitere Praxisideen für Eltern und Fachkräfte, die aus diesem Projekt entstanden sind,
sind in dem Buch *Erzähl mal Mathe!* zu finden (Bönig, Hering, London, Nührenbörger & Thöne, 2017).

Die vorliegende Arbeit ist ebenfalls in diesem Kontext angesiedelt und leistet
einen Beitrag zur Klärung der Frage, welches Potenzial mit einem solchen Angebot
in unterschiedlichen sozialen Milieus einhergeht.

1.2   Untersuchungsziel und Forschungsfragen

An dieser Stelle soll das Ziel benannt werden, das mit der vorliegenden Forschungsarbeit verfolgt wird.

Die häusliche Lernumgebung ist kein statisches Konstrukt, sondern *family
literacy* und *family numeracy* umfassen (schrift-)sprach- und mathematikbezogene
Ressourcen, Einstellungen, Wissensbestände und Praktiken innerhalb von Familien,
die sich als Teil sozialer Wirklichkeit von außen prinzipiell beeinflussen lassen. Die
Intervention, die für die vorliegende Arbeit durchgeführt worden ist, weist eine enge
Verwandtschaft zu der Intervention auf, die im Rahmen des *Enter*-Projekts durchgeführt wurde: Sie besteht in der Bereitstellung von Materialien, die für die Nutzung

zuhause innerhalb der Familie vorgesehen sind und von denen angenommen werden kann, dass der intendierte Umgang damit eine förderliche Praktik darstellt, die als solche positiv zur häuslichen Lernumgebung beiträgt.

Die Bereitstellung der Materialien erfolgt über die Kitas derjenigen Kinder, die für diese Untersuchung als Stichprobe ausgewählt wurden. Das vorrangige Ziel ist somit die Evaluation dieser Maßnahme (vgl. Döring & Bortz, 2016; Mittag und Bieg, 2010) – also die Bewertung der Eignung einer solchen Intervention, von außen auf die häuslichen bildungsbezogenen Praktiken Einfluss zu nehmen und auf diese Weise Kompetenzzuwächse bei den Stichprobenkindern hervorzurufen.

Im *Enter*-Projekt wurde dieses Ziel mit besonderem Augenmerk auf die kindliche *literacy*-Entwicklung verfolgt und mit Hilfe eines qualitativ ausgerichteten Designs dokumentiert, wie sich die sprachlichen Kompetenzen der dort untersuchten Kinder im Zusammenhang mit der Materialnutzung verbessert haben.

In der vorliegenden Arbeit liegt der Beobachtungsschwerpunkt auf den mathematischen Kompetenzen der Kinder. Dazu wurde ein quantitatives Forschungsdesign gewählt, mit dem eine größere, heterogene Stichprobe untersucht werden konnte. In diesem Sinne kann die vorliegende Arbeit auch als Machbarkeitsstudie verstanden werden, die Informationen über die Umsetzungsmöglichkeiten in der Kita, über die Gelingensbedingungen des Einbezugs von Eltern und über den potenziellen ökonomischen Nutzen der Intervention in unterschiedlichen sozialen Milieus liefern soll.

Dazu werden die folgenden Fragen konkretisiert, die als leitend für diese Untersuchung angesehen werden können:

1. Welche Effekte hat die Intervention auf die mathematischen Kompetenzen der Stichprobenkinder?
2. Können Unterschiede hinsichtlich des Kompetenzzuwachses zwischen Kindern festgestellt werden, die unterschiedliche Untersuchungskitas besucht haben?
3. Können neben der Zugehörigkeit zur Untersuchungskita weitere Merkmale oder (Durchführungs-)Bedingungen identifiziert werden, hinsichtlich derer sich die Interventionseffekte auf der Ebene der Kinder unterscheiden?
4. Sind Aussagen über größere Gruppen anstelle der Untersuchungskitas möglich?

Die zwei letztgenannten Fragen lassen erahnen, dass an dieser Stelle zahlreiche Aspekte rund um die Familie und die Kita, um frühe mathematische Entwicklung und Förderung derselben betrachtet werden *könnten*, die auf Begriffen und Konstrukten basieren, die sehr unterschiedlichen wissenschaftlichen Disziplinen entstammen. Als Beispiel sei der *Migrationshintergrund* genannt, der in bildungswissenschaftlichen Untersuchungen eine klassische unabhängige Variable darstellt, dessen Konstruktion und Verwendung jedoch alles andere als unproblematisch ist (vgl. Mecheril, Castro Varela, Dirim, Kalpaka & Melter, 2010). Im Theorieteil der vorliegenden Arbeit soll der Versuch unternommen werden, diese multiplen disziplinären Ansätze in Zusammenhang zu bringen.

1.3   Überblick über diese Arbeit

Eine theoretische Grundlegung erfolgt in den Kapiteln 2 bis 5:
In Kapitel 2 wird dargestellt, welche Entwicklung früher mathematischer Kompetenzen junge Kinder in den ersten Lebensjahren bis zur Einschulung typischerweise durchlaufen. Entsprechende Entwicklungsmodelle, die funktionale Zusammenhänge dieser sogenannten Vorläuferfähigkeiten klären, wurden in den letzten Jahrzehnten weiter ausgeschärft. Dabei werden Zählkompetenzen, Mengenkompetenzen und Einsicht in Teil-Ganzes-Beziehungen von Zahlen als die wichtigsten mathematischen Kompetenzen vorgestellt, die die Grundlage für das Rechnenlernen bilden und zumeist in informellen Spielsituationen erworben werden.

Ansätze und Möglichkeiten, den Entwicklungsstand mathematischer Vorläuferfähigkeiten in letzten Kindergartenjahr diagnostisch zu erfassen, werden in Kapitel 3 dargestellt. Dies bietet auch eine Grundlage für eine begründete Wahl der Erhebungsinstrumente für die vorliegende Untersuchung.

In Kapitel 4 werden die Familie und die Kita als die beiden wichtigsten Sozialisations- und Bildungsinstanzen junger Kinder in den Blick genommen. Dabei erfolgt eine Betrachtung des Konzepts *home learning environment* (HLE), das die Merkmale des Zuhauses als Lernort zusammenfasst und als hoch bedeutsam für den Bildungserfolg von Kindern erkannt werden kann. Im Anschluss wird die Kita als zweiter zentraler Lernort vorgestellt. Einen wichtigen Berührungspunkt zwischen diesen beiden Instanzen bildet die Elternarbeit, die auch für die empirische Anlage dieser Arbeit wichtig ist.

Der Theorieteil wird mit dem 5. Kapitel abgeschlossen, in dem mathematische Fördermöglichkeiten systematisch betrachtet und hinsichtlich ihrer Zielsetzungen, Hürden und Potenziale untersucht werden. Dadurch kann auch die für die vorliegende Arbeit durchgeführte Intervention als Förderkonzept verstanden werden.

In Kapitel 6 werden Forschungsdesign und -methode festgelegt und begründet. Stichprobe, Intervention, Datenerhebungen und Analysemethoden mit Hilfe des Programms SPSS (vgl. Janssen & Laatz, 2017) werden ausführlich beschrieben. Am Ende des Kapitels werden vier Hypothesen aufgestellt, die jeweils zum Zwecke der Beantwortung der Forschungsfragen anhand der erhobenen Daten einer Prüfung unterzogen werden.

Die Resultate dieser Hypothesenprüfungen werden in Kapitel 7 dargestellt. Weitere Befunde, Erklär- und Interpretationsansätze sowie Folgerungen, die aus den Befunden abgeleitet werden können, sind in diesem Kapitel ebenfalls platziert.

Mit einer kritischen Reflexion der gesamten Arbeit im 8. Kapitel wird der empirische Teil abgeschlossen.

Theorien und Befunde zum frühen Mathematiklernen

Mathematisches Lernen beginnt bereits im Säuglingsalter und ist Teil der natürlichen Kompetenzentwicklung junger Kinder. In den letzten Jahrzehnten sind einige Entwicklungsmodelle formuliert worden, die den Zuwachs (bestimmter) mathematischer Kompetenzen beschreiben. Diese Modelle sind typischerweise von innerer zeitlich-hierarchischer Struktur: Kindliche Entwicklungsfortschritte lassen sich am Durchlaufen entsprechender Niveaustufen erkennen, welche durch die Zuweisung jeweiliger Performanzmerkmale voneinander unterschieden werden, deren Anforderungsgrad von Stufe zu Stufe zunimmt.

Inhaltlich decken solche Entwicklungsmodelle vorrangig arithmetische Kompetenzen und deren pränumerische und numerische Vorläufer ab, also mathematische Bereiche, die den Umgang mit Mengen, Zahlen und Operationen betreffen. Im Zentrum steht dabei die Verbindung kardinaler und ordinaler Zahlvorstellungen. Die Spezifikation „*frühes* mathematisches Lernen" bezieht sich dabei auf diejenigen mathematischen Kompetenzen, die Kinder üblicherweise vor der Einschulung und damit in vorwiegend informellen Lernsituationen in lebensweltlichen Kontexten erwerben (unabhängig von der Tatsache, dass frühe mathematische Kompetenzen ihrerseits inzwischen als förderwürdige und -fähige Lerninhalte erkannt worden sind und damit im Rahmen vorschulischer Bildungsangebote mitunter auch in formellen Lernsituationen gefördert, oder deutlicher: *geschult* werden sollen). Auch zu den Inhaltsbereichen *Raum & Form* sowie *Größen & Messen* sammeln Kinder normalerweise bereits vor der Einschulung Erfahrungen. Diese hängen eng mit pränumerischen und numerischen Mathematikbereichen zusammen: So kann beispielsweise der Relationsbegriff *mehr*, der im pränumerischen Mengenvergleich genutzt wird, auch dazu verwendet werden, eine größere Fläche von einer kleineren zu unterscheiden („*mehr Platz!*").

Die mathematischen Erfahrungen, die Kinder in den ersten Lebensjahren machen, sind von praktischen Aspekten der (zumeist spielerischen) Alltagsbewältigung geprägt und letztlich vom Anregungsgehalt der kindlichen Umwelt abhängig. Zum Zeitpunkt der Einschulung bringen Kinder normalerweise eine ganze Bandbreite an mathematischen Kenntnissen und Fertigkeiten mit (vgl. Hengartner & Röthlisberger, 1995; Rinkens, 1996; R. Schmidt, 1982; Stern, 1998). Diese werden implizit für das erfolgreiche schulische Lernen vorausgesetzt, sind jedoch von Kind zu Kind und von Lerngruppe zu Lerngruppe unterschiedlich weit entwickelt (vgl. Schipper, 2011, S. 82). In den folgenden Abschnitten werden zentrale Befunde frühen Mathematiklernens dargestellt, mit dem Fokus auf diejenigen Kompetenzen, die als Voraussetzungen fürs schulische Rechnenlernen gelten, denn in der vorliegenden Arbeit steht die Frage im Zentrum, ob die in Unterkapitel 6.4 vorgestellte Intervention geeignet ist, positiv auf die mathematische Kompetenzentwicklung im letzten Kindergartenjahr zu wirken, und damit als Unterstützungsmaßnahme dienen kann, die sich anschließenden schulischen mathematischen Lernverläufe günstig zu beeinflussen.

2.1 Entwicklung mengenbezogener Kompetenzen

Die Fähigkeit zur Wahrnehmung und Verarbeitung bestimmter sensorischer Reize ist dem Menschen angeboren (vgl. Siegler, 2001, S. 135). So können schon Neugeborene zwischen hell und dunkel oder der Stimme der Mutter und fremden Stimmen unterscheiden. Auch logisch-mathematische Fähigkeiten gehören neben der Sprache, Motorik, Kognition, Sozialisation und Emotion zum angeborenen Entwicklungspotenzial und entwickeln sich von Geburt an (eine zusammenfassende Aufzählung von Kompetenzen, über die Kinder „vom Tag ihrer Geburt an" verfügen, findet sich beispielsweise bei Siegler (2001) auf S. 431 ff.). So sind bereits Säuglinge in der Lage, zwischen kleinen Mengen zu unterscheiden, wie die im folgenden skizzierten Studien belegen. Mit Hilfe von Habituationsexperimenten kann bei Babys überprüft werden, ob diese, nachdem sie an einen bestimmten sensorischen Reiz gewöhnt wurden (Habituation), einen darauffolgenden anderen Reiz als neu bzw. unerwartet erkennen (Dishabituation) oder ob sie keinen Unterschied bemerken. Habituationsexperimente arbeiten mit dem Prinzip, dass Babys einem als neu wahrgenommenen Reiz mehr Aufmerksamkeit zukommen lassen (etwa längere Blickdauer oder intensiveres, „aufgeregtes" Saugen) als einem bereits bekannten Reiz.

Besonders in den 1980er bis 2000er Jahren wurden viele Habituationsexperimente durchgeführt, die nachweisen konnten, dass wenige Monate alte Säuglinge

Unterschiede zwischen sehr kleinen Mengen wie 2 und 3 unterscheiden konnten, nicht jedoch zwischen 4 und 6 oder 4 und 5, wobei sich die Fähigkeit zur Unterscheidung etwas größerer Mengen bzw. Erkennen kleinerer Unterschiede im Laufe des ersten Lebensjahres noch steigert (vgl. Antell & Keating, 1983; Starkey & Cooper, 1980; Strauss & Curtis, 1981; Treiber & Wilcox, 1984; Xu & Arriaga, 2007; Xu & Spelke, 2000; Xu et al., 2005). In den ersten Lebensmonaten muss das Verhältnis der beiden Mengen bei etwa 1:2 liegen, also die eine Menge mindestens doppelt so groß sein wie die andere, damit sie von Kindern als unterschiedlich wahrgenommen werden können. Bei diesen Studien wurden unterschiedliche Stimuli verwendet, zumeist Punktebilder, Alltagsgegenstände und deren Abbildungen, sowie auch nicht-visuelle Reize wie Trommelschläge, mit denen sogar Studien zum inter- bzw. intramodalen Transfer[1] bei jungen Säuglingen durchgeführt wurden, nicht immer mit überzeugend replizierbaren Ergebnissen. Wynn (1996) wies nach, dass 6 Monate alte Babys die Anzahlen visuell wahrgenommener Bewegungen unterscheiden können; in dieser Studie bestanden die Stimuli aus Puppen, die mehrmals zwei- bzw. dreimal hochspringen. Änderte sich die Anzahl der Sprünge, stieg die Blickdauer der Babys stark an. Die Babys waren in diesem Fall ebenfalls nicht auf (statische) Bilder habituiert, sondern auf Abfolgen von Ereignissen, die sich lediglich durch ihre Anzahl unterscheiden.

Ob die hier beschriebenen Fähigkeiten zur Mengenwahrnehmung und -unterscheidung tatsächlich auf diskret-numerischen Vorstellungen beruhen, bei denen man von einem abstrakten Anzahlkonzept sprechen kann, oder ob nicht schon allgemein-grundlegende Fähigkeiten wie visuelle Wahrnehmung der Umwelt, die etwa Flächenausdehnungen einschließt, und kognitive Kategorien wie „gleich" und „anders" die dargestellten Befunde erklären, ist noch immer Gegenstand von Diskussionen, worauf auch Xu et al. (2005, S. 89) hinweisen. Dehaene (1999) fragt:

> Are (...) [very young children] able to extract the number of tones in an auditory sequence, for instance? Most important, do they know that the same abstract concept '3' applies to three sounds and to three visual objects? (ebd., S. 39)

---

[1] Die Modi, zwischen denen transferiert werden soll, bezeichnen nach Bruner, Olver und Greenfield (1971) drei unterschiedliche Ebenen oder Arten, wie Informationen präsentiert sein können, nämlich (1) enaktiv durch eigene oder beobachtete Handlungen, (2) ikonisch durch Bilder (auf denen Handlungen oder Gegenstände realistisch oder auch abstrakt dargestellt sind) und (3) symbolisch durch Zeichen und gesprochene oder geschriebene Sprache (Erläuterungen in Anlehnung an Schipper (2011, S. 36)). *Intermodaler Transfer* bezeichnet Übersetzungsleistungen zwischen diesen drei Ebenen, *intramodaler Transfer* die Übersetzung innerhalb einer Ebene. In der Mathematikdidaktik gilt die Fähigkeit, diese beiden Arten von Transfer aktiv vornehmen zu können, als wesentliches, beobachtbares Merkmal mathematischen Verständnisses (vgl. Wartha & Schulz, 2012, S. 39).

und zielt damit auf die Fähigkeit zu erkennen, was beispielsweise drei Bälle, drei Glockenschläge, drei Schritte und drei Jahre miteinander gemeinsam haben, nämlich praktisch gar nichts, außer eben ihre „Dreiheit". Auf S. 40 stellt Dehaene fest: „The simplest explanation is that the child really perceives numbers rather than auditory patterns or geometrical configurations of objects" und spricht sich damit für das Vorhandensein einer Fähigkeit zur abstrakten Anzahlerfassung und -verarbeitung aus. Er schlägt auf S. 57 das *subitizing* als diejenige Art und Weise vor, wie die visuelle Erfassung kleiner Mengen – bei Tieren, Säuglingen und Erwachsenen gleichermaßen – vonstatten geht. Hierbei handelt es sich sehr wahrscheinlich nicht um einen (sehr schnellen) Zählvorgang, wie Gelman und Gallistel (1986) vermuten, sondern um eine parallele Verarbeitung der maximal drei Objekte, die keiner bewussten Aufmerksamkeit bedarf. Der Begriff *subitizing* geht auf Kaufman, Lord, Reese und Volkmann (1949) zurück, die festgestellt haben, dass erwachsene Versuchspersonen die Anzahl von fünf oder sechs zufällig angeordneten Objekten sofort sicher erkennen können, größere Anzahlen jedoch nicht. J.-P. Fischer (1992, S. 204) weist auf den Zusammenhang mit der sogenannten Miller'schen Zahl hin, die die maximale Anzahl an Informationseinheiten[2] angibt, die ein Mensch gleichzeitig erfassen, verarbeiten und im Kurzzeitgedächtnis speichern kann. Diese liegt nach Miller bei „ungefähr 7", und im Vergleich zur Begriffseinführung 1956 relativieren Miller, Galanter und Pribram (1960) einige Jahre später:

The largest number of digits the average person can remember after one presentation is about seven, and if we want to be sure that he will never fail, we must reduce the number to four or five. (ebd., S. 131)

„Four or five" kommt den Befunden der Säuglingsforschung zur maximalen Anzahl simultan erfassbarer Objekte bereits recht nahe, dennoch bleibt eine Lücke von „eins oder zwei", die J.-P. Fischer (1992) über methodische Merkmale der entsprechenden Studien schließt: In einigen Untersuchungen wurden Personen für des *subitizing* fähig befunden, wenn sie Mengen in mindestens 50 % der Fälle korrekt erkannten, in anderen Studien mussten sie praktisch zu 100 % erfolgreich sein. Broadbent (1975) berücksichtigt diese Tatsache und kommt entsprechend zu einer maximalen simultan erfassbaren Anzahl von 3 bis 4. „3 oder 4" gilt bis heute als die maximale

---

[2] Diese Einheiten werden disziplinübergreifend *chunks* genannt und sind nicht spezifisch. *Chunks* können z. B. Wörter sein, Zahlen, Gegenstände oder andere Informationen. Fünf zufällig ausgewählte Buchstaben stellen dementsprechend fünf *chunks* dar, die einzeln memoriert werden müssen. Fünf Buchstaben hingegen, die eine bestimmte Regelhaftigkeit aufweisen wie C-D-E-F-G, repräsentieren weniger *chunks* (in diesem Fall drei: 1. fünf Buchstaben, 2. wie im Alphabet, 3. Start bei C), und werden daher deutlich leichter memoriert.

Anzahl von Objekten, die Personen, egal welchen Alters, simultan erfassen können. Entsteht der Eindruck, dass größere Mengen als 3 oder 4 „sehr schnell" erfasst werden, dann sind somit andere bzw. weitere Mechanismen am Werk als lediglich *subitizing*.

Clements (1999) unterscheidet zwischen *perceptual subitizing* und *conceptual subitizing*. Mit dem ersten Begriff beschreibt Clements die simultane Zahlauffassung, bei der eine (kleine) Anzahl sehr schnell, ohne bewusste Durchführung eines Zählprozesses erfasst wird. Die einzelnen Elemente werden dabei nicht nacheinander, sondern praktisch gleichzeitig wahrgenommen. Zweijährige Kinder sind dazu sicher in der Lage (vgl. Gelman und Gallistel, 1986). Es gibt mehrere neurophysiologische Modelle, die eine Erklärung dieses Vorgangs liefern (vgl. Sarama und Clements, 2009, S. 39). Bekannte Vertreter sind beispielsweise das *scan-paths*-Modell nach von Glasersfeld (1982), das Akkumulatormodell nach Meck und Church (1983), das *object-files*-Modell nach Kahneman, Treisman und Gibbs (1992) und das *analog-magnitude*-Modell nach Gallistel (1990). Diese Modelle treffen teils sehr unterschiedliche Annahmen, auf welche Weise die Anzahlwahrnehmung sehr kleiner Mengen neuronal realisiert wird. Diese Annahmen beziehen sich insbesondere auf die Frage, ob es tatsächlich die Numerosität ist, die wahrgenommen wird (oder doch eher nur die flächige Ausdehnung der Punkte, die angeschaut werden), sowie auf die Frage, ob etwa drei Punkte wirklich simultan oder sehr schnell hintereinander aufgefasst werden. Dehaene (1992) schlägt in seinem *triple-code*-Modell die Existenz dreier Module vor, die physisch in unterschiedlichen Hirnregionen lokalisiert sind. In den drei Modulen sind unterschiedliche mathematische Fähigkeiten angesiedelt. Eines dieser Module ist für die analoge Repräsentation von Größen zuständig und ermöglicht somit das Schätzen und die simultane Zahlauffassung. Ein starker Beleg dafür, dass *subitizing* tatsächlich etwas anderes ist als schnelles Zählen, stammt aus der klinischen Hirnforschung mit Patient*innen, die aufgrund spezifischer Hirnläsionen die Fähigkeit Mengen auszuzählen verloren hatten, jedoch nach wie vor zu simultaner Erfassung kleiner Mengen in der Lage waren (vgl. Dehaene & Cohen, 1994). Neuere Forschungen, in der bildgebende Verfahren wie MRT- und PET-Scans zur Identifikation aktiver Hirnareale eingesetzt werden, bestätigen diesen Befund: *subitizing* und Zählen sind grundlegend unterschiedliche Prozesse (vgl. Piazza, Giacomini, Le Bihan & Dehaene, 2003; Piazza, Mechelli, Butterworth & Price, 2002; Yuejia, Yun & Homg, 2004).

Der zweite Begriff von Clements, *conceptual subitizing*, beschreibt die Fähigkeit, *größere* Mengen visuell simultan wahrzunehmen, indem die simultane Zahlauffassung mit bereits vorhandenen arithmetischen Fähigkeiten verbunden wird. Hierbei erkennen Personen Bündelungen in der dargebotenen Menge. Diese Bündelungen können in der Mengendarstellung selbst kodiert sein, beispielsweise, wenn „immer drei Murmeln zusammenliegen" oder „zwei Würfel-Fünfen nebeneinander" oder „acht Zehnerreihen am Rechenrahmen" zu sehen sind. In diesem Fall wird von strukturierten Mengen(-darstellungen) gesprochen. In unstrukturierten Mengen hingegen sind die einzelnen Elemente chaotisch angeordnet, das heißt normalerweise, mit zufallsbedingt unterschiedlichen Abständen zueinander. In diesem Fall findet im Zuge des Wahrnehmungsprozesses eine spontane Bündelung durch den Rezipienten statt, so dass die Gesamtmenge zerlegt in Teilmengen aufgefasst wird. Jede dieser Teilmengen wiederum besteht aus Elementen, deren Anzahl gering genug fürs *perceptual subitizing* ist, oder sie weisen eine zufällige Quasi-Strukturierung auf (z. B. sechs Elemente, die *in etwa* wie eine Würfel-Sechs angeordnet sind), was die Mengenwahrnehmung erleichtert. Nach der Zerlegung in Teilmengen und der Anzahlbestimmung bei jeder dieser Teilmengen entscheiden Konventionswissen, Zahlwortkenntnisse, Zähl- und/oder Additionskompetenzen darüber, ob die Gesamtanzahl korrekt genannt werden kann. Bei jungen Kindern ist beobachtbar, dass sie zwar „*hier drei Punkte, und dort drei Punkte, und unten dann noch mal drei*"[3] wahrnehmen und benennen können, jedoch noch nicht wissen oder spontan herausfinden können, dass dies zusammen 9 ergibt. Auf die Frage „*Wie viele Punkte waren das?*" können die Kinder dann nicht korrekt antworten, allerdings nicht aufgrund von Wahrnehmungs- oder Verarbeitungsdefiziten, sondern weil sie drei Teilmengen operativ noch nicht sicher zusammenzählen oder auf andere Weise addieren können. Es ist eine Frage der Begriffsdefinition, ob Kinder in diesem Entwicklungsstadium für des *conceptual subitizing* fähig befunden werden oder nicht. Auf neurophysiologischer Ebene muss man diese Frage gemäß dem *triple-code*-Modell bejahen. Benz (2011) unterscheidet in diesem Zusammenhang zwischen Anzahlerfassung und Anzahlbestimmung als Teilkompetenzen[4]. Die Anzahl*erfassung* entspricht hierbei dem bloßen Wahrnehmungsvorgang, an den sich eine geeignete Methode zur Anzahl*bestimmung* anschließt. Benz et al. (2015) nennen drei Möglichkeiten, auf welche Weise die schnelle Wahrnehmung einer Menge von Objekten vonstatten gehen kann: Wahrnehmung (a) einzelner Objekte, (b) der Menge als Ganzes oder (c) von Teilmengen.

Jede dieser Möglichkeiten führt zu anderen Methoden, mit denen die Anzahl der Objekte schlussendlich bestimmt werden kann: Einzeln wahrgenommene Objekte müssen einzeln gezählt werden (siehe Unterkapitel 2.2). Wird die Menge zu kurz gezeigt, um die Objekte einzeln abzuzählen, sind manche Personen in der Lage,

---

[3] Beispiel entnommen aus dem EMBI-Item V5, siehe Kapitel 3

[4] Neben der Anzahlerfassung und -bestimmung nennt Benz noch die Anzahldarstellung, auf die an dieser Stelle nicht weiter eingegangen wird, da der Fokus dieses Abschnitts auf der Zahlauffassung liegt.

ein Bild der Mengendarstellung mental zu speichern. Sie zählen dann die Objekte „im Kopf" ab. Wird hingegen die Menge „als solche", das heißt als Ganzes wahrgenommen, entscheidet vorrangig das Konventionswissen derjenigen Person darüber, ob sie die Anzahl benennen kann oder nicht. Würfelbilder werden beispielsweise häufig figural erkannt und korrekt benannt, mitunter ohne dass das Kind weiß, aus wie vielen Punkten das Würfelbild eigentlich besteht (vgl. Benz, 2011, S. 8). Die elaborierteste Form der Mengenauffassung ist die Wahrnehmung von Teilmengen, aus denen die Menge im Anschluss an den Wahrnehmungsprozess mental zusammengesetzt wird. Dazu muss ein grundsätzliches Verständnis von der Zerlegbarkeit und Zusammensetzbarkeit von Mengen vorhanden sein (siehe Unterkapitel 2.3). Der Wahrnehmung der einzelnen Teilmengen können hierbei die Möglichkeiten 1. und 2. zugrunde liegen. Die Zusammensetzung zur Gesamtmenge erfolgt dann je nach dem wieder über das Zählen aller Objekte, über das Weiterzählen vom Zahlwort, das die Mächtigkeit der zuerst bestimmten Teilmenge angibt, oder per Addition, die auch das Auswendigwissen von Aufgaben einschließt (siehe Unterkapitel 2.5). Die Nutzung der zuletzt genannten Strategie zur Anzahlbestimmung lässt sich oft an Kausalbegründungen erkennen: *„Das waren sechs Punkte, weil ich zwei und vier Punkte gesehen habe, und zwei plus vier ist gleich sechs."*

Clements und Sarama (2009) geben keine genauere Beschreibung des *conceptual subitizing* als „seeing the parts and putting together the whole" (S. 9), illustrieren diesen Begriff jedoch mit Materialdarstellungen wie klassischen Würfelbildern und Würfelbild-ähnlichen Anordnungen, die aus durch weitere Punkte ergänzten Würfelbildern bestehen (beispielsweise eine Würfel-Vier, unter der noch ein weiterer fünfter Punkt zu sehen ist, um so 5 als in 4 und 1 zerlegt darzustellen). Ungeordnete Punktbilder, bei denen die Punkte zufällig in „scrambled arrangements" (ebd., S. 16) zueinander liegen, sind schwerer zu erkennen als strukturierte Anordnungen, was durch zunehmendes Erfahrungswissen erklärt werden kann (vgl. Sarama & Clements, 2009, S. 45). Sarama und Clements (2009) betonen zudem die große Bedeutung des *subitizing* fürs spätere Mathematiklernen (ebd., S. 46) und geben einen Überblick über die typische Entwicklung der (quasi-)simultanen Zahlauffassung während der ersten acht Lebensjahre (ebd., S. 48 ff.): Im ersten Lebensjahr können Babys sehr kleine Mengen unterscheiden, ohne über ein reflektiertes Verständnis von Numerosität zu verfügen. Im zweiten Lebensjahr kommt die Sprache hinzu, so dass Kinder in diesem Alter beginnen, auf die Frage *„Wie viele?"* verbal zu antworten, zumeist im Zahlenraum 2 bis 3, wobei zunächst keine Verbindung zwischen dem *subitizing* und den Abzählkompetenzen besteht (vgl. Fluck & Henderson, 1996). Im dritten und vierten Lebensjahr bildet sich ein abstraktes Anzahlkonzept heraus, das einen sicheren intermodalen Transfer bis ungefähr 4 ermöglicht. Mit etwa fünf Jahren nehmen Kinder Bündelungen wahr, so dass sie eine Menge von zunächst fünf, kurz darauf von bis zu zehn Objekten quasi-simultan im Sinne des *conceptual subitizing* erfassen können (vgl. Le Corre & Carey, 2007). In dem Maße, wie sich im weiteren Lernverlauf Additions- und Multiplikationskompetenzen entwickeln, gelingt mit sechs Jahren die quasi-simultane Erfassung von bis zu 20 Objekten, und die Kinder können Auskunft darüber geben, welche Anordnungen sie gesehen haben, bzw. welche Teilmengen sie erkannt und wie sie sie zusammengesetzt haben, was auf ein flexibles Teile-Ganzes-Konzept schließen lässt (siehe Unterkapitel 2.3). Im siebten und achten Lebensjahr erweitert sich der Zahlenraum erwartungsgemäß weiter bis 100, und an die Stelle spontaner Bündelungen tritt das Stellenwertverständnis, das es den Kindern erlaubt, dekadisch strukturierte Mengendarstellungen quasi-simultan zu erfassen. Dabei können quasi-simultane Zahlauffassung und Abzählkompetenzen flexibel miteinander kombiniert werden.

Die Entwicklung von Zähl- und Abzählkompetenzen in den ersten Lebensjahren wird im folgenden Unterkapitel dargestellt.

2.2   Entwicklung von Zählkompetenzen

In der didaktischen Literatur sind verschiedene Ausdrücke zu finden, mit dem Zählprozesse bezeichnet werden. In der vorliegenden Arbeit wird begrifflich zwischen dem *Zählen* und dem *Abzählen* unterschieden. Mit dem Begriff *zählen* ist das Aufsagen von Zahlwörtern bzw. einer Zahlwortreihe gemeint, auch *verbales Zählen* genannt. Diese sprachliche Äußerung geht nicht zwingend mit der Anzahlbestimmung einer konkreten Menge einher, sondern zeugt lediglich von der Kenntnis der Zahlwörter und deren Reihenfolge, ähnlich wie das Aufsagen des Alphabets. Verbales Zählen ist kein Kennzeichen dafür, dass sich die zählende Person in einer mathematisch kontextualisierten Situation befindet (in einer solchen Situation wollen Personen für gewöhnlich etwas „herauskriegen"). Vielmehr ist verbales Zählen zunächst nicht mehr als ein Beleg für das Beherrschen sprachlicher Konventionen, das auf Begriffskenntnis, gegebenenfalls Regelwissen und Anwendungsroutine beruht. In Piagets Theorie zur Zahlbegriffsentwicklung kommt dem verbalen Zählen daher keine mathematische Bedeutung zu (siehe Unterkapitel 2.4).

Der Begriff *abzählen* ist, genauso wie etwa *auszählen* und *durchzählen*, mit der Anzahlbestimmung einer bestimmten Menge verknüpft, die aus diskreten Elementen, das heißt, Objekten besteht. Somit setzt die operative Kompetenz des Abzählens die Beherrschung verbaler Zählvorgänge voraus[5]. Zudem ist das Abzählen

---

[5] Die beobachtbare Tatsache, dass manche Kinder erfolgreich eine bestimmte Anzahl von Objekten abzählen können, jedoch an rein verbalen Zählaufgaben scheitern, widerspricht

situativ gekoppelt: Es gibt einen Anlass, das heißt, den Wunsch oder den Auftrag herauszufinden, aus wie vielen Elementen eine bestimmte Menge besteht. Neben dem verbalen Zählen müssen dabei weitere mentale, psychomotorische und logistische Herausforderungen gemeistert werden, um eine korrekte Anzahlbestimmung vorzunehmen, etwa die permanente Unterscheidung zwischen denjenigen Elementen, die bereits gezählt wurden, und denen, die erst noch gezählt werden müssen. Fuson (1992b, S. 248) unterscheidet verbales Zählen (*saying number words in a sequence*), Zählen mit Objekten (*saying number words in correspondence with indicating objects*) und kardinales Zählen (*referring to the number of one or more objects by a single number word*).

Die Forschung zur Entwicklung von Zählkompetenzen war in den letzten Jahrzehnten von der Frage geprägt, welches grundlegende numerische Wissen angeboren ist und welches erst erworben wird (vgl. Moser Opitz, 2002, S. 66 ff.). Die zwei großen rivalisierenden Konzepte lassen sich mit den Schlagworten *principles first* und *principles after* bezeichnen und stehen für einen nativistischen Ansatz einerseits, der die Existenz angeborener Zählprinzipien propagiert, und für einen konstruktivistischen Ansatz andererseits, nach dem sich Kinder die Zählprinzipien erst durch eigene Zählaktivitäten sukzessive erschließen. Beide Positionen werden im Folgenden kurz skizziert; eine Aufzählung der Zählprinzipien nach Gelman und Gallistel (1986) wird dem vorangestellt.

Gelman und Gallistel (1986) formulieren fünf Zählprinzipien, die eingehalten werden müssen, wenn die Anzahl der Elemente einer Menge durch einen Abzählprozess bestimmt werden soll. Die Autor*innen beginnen hierbei mit drei *how-to-count*-Prinzipien. Diese stellen grundlegende Regeln dar, deren Verletzung zu falschen Zählergebnissen führen würde:

- Eindeutigkeitsprinzip (*one-one principle*):
  Jedem zu zählenden Objekt wird genau ein Zahlwort zugeordnet. Das Auslassen oder mehrfach Zählen eines Objekts führt zu falschen Ergebnissen, ebenso wie die mehrfache Nutzung eines Zahlworts. Formales Kennzeichen dieser Zuordnung ist die prinzipielle Endlichkeit der Menge, die die Zählobjekte bilden, und die prinzipielle Unendlichkeit der zur Verfügung stehenden Zahlwörter[6].

---

dem nicht, da verbale Zählkompetenzen offenkundig grundsätzlich vorhanden sind, aber in dekontextualisierten Situationen (noch) nicht abgerufen werden können (vgl. Hasemann & Gasteiger, 2014, S. 20.

[6] Die hier verwendeten Begriffe Endlichkeit und Unendlichkeit sollen in einem lebensweltlichen Bezug verstanden werden, nicht in einem innermathematischen. In der Mathematik existieren „abzählbar unendliche Mengen"; diese sind dadurch definiert, dass sie dieselbe

Dementsprechend deckt das Eindeutigkeitsprinzip nicht ab, dass keine Zahlwörter ausgelassen werden dürfen.

● Prinzip der stabilen Ordnung (*stable-order principle*):
  Um ein korrektes Zählergebnis zu generieren (und reproduzieren zu können), ist die Verwendung von Zahlwörtern notwendig, die eine feste Zahlwortreihe bilden. Das Abzählen von fünf Objekten mit Hilfe der Zahlwortreihe *eins—zwei—vier— drei—fünf* liefert nur zufällig das korrekte Ergebnis; hätten hier vier Objekte abgezählt werden sollen, würde *diese* Zahlwortreihe zu einem falschen Ergebnis führen. Das Prinzip der stabilen Ordnung erfordert also das Auswendigwissen der Zahlwortreihe, mindestens innerhalb desjenigen Zahlenraums, in dem (ab-)gezählt werden soll.

● Kardinalprinzip (*cardinal principle*):
  Das im Abzählprozess letztgenannte Zahlwort erfüllt zwei Funktionen. Es kennzeichnet zunächst dasjenige Objekt, das als letztes gezählt wurde, genauso wie die zuvor genannten Zahlwörter bestimmten Objekten zugewiesen wurden. Darüber hinaus gibt es auch noch die Mächtigkeit[7] der Menge an, beantwortet also die Frage *„ Wie viele sind das?"*. Ob ein Kind das Kardinalprinzip bereits berücksichtigt, lässt sich in Interview-Situationen oft gut erkennen: Im Anschluss an einen Abzählprozess startet ein Kind, das noch keine Einsicht in das Kardinalprinzip erlangt hat, auf die Frage, wie viele es nun waren, für gewöhnlich einen neuen Abzählprozess, fängt also wieder von vorne an. Ein Kind hingegen, dass alle drei *how-to-count*-Prinzipien kennt, wiederholt dann nur das letztgenannte Zahlwort. Ob diese Art Antwort ein echtes Verständnis von Kardinalität anzeigt oder eher nur von der Einhaltung kommunikativer Konventionen zeugt, ist allerdings schwerer zu beurteilen.

Das Eindeutigkeitsprinzip, das Prinzip der stabilen Ordnung und das Kardinalprinzip sind auf konkrete Abzählprozesse bezogen; deren (Nicht-)Einhaltung ist im Feld entsprechend leicht beobachtbar. Das Eindeutigkeitsprinzip erfordert, zwischen denjenigen Objekten, die bereits gezählt wurden, und denjenigen Objekten, die erst noch gezählt werden müssen, zu unterscheiden. Gelman und Gallistel (1986, S. 77) sprechen hier von den Tätigkeiten *partitioning* und *tagging*, die koordiniert

---

Mächtigkeit besitzen wie die Menge der natürlichen Zahl $\mathbb{N}$. Abzählbar im lebensweltlich-praktischen Sinne sind jedoch nur endliche (und hinreichend kleine) Mengen.

[7] In der Mathematik bezeichnet der Begriff *Mächtigkeit* bei endlichen Mengen die Anzahl der in der Menge enthaltenen Objekte. Für unendliche Mengen erweitert die Mächtigkeit den Anzahlbegriff und ist mit der Eigenschaft verknüpft, ob eine bijektive Abbildung zwischen der Menge und den natürlichen Zahlen $\mathbb{N}$ existiert („abzählbar unendlich") oder nicht („überabzählbar unendlich").

werden müssen: Die zu zählenden Objekte werden in zwei veränderliche Teilmengen zerlegt (*partitioning*). Die erste Teilmenge besteht aus noch nicht gezählten, die zweite Teilmenge aus bereits gezählten Elementen. Die bereits gezählten Elemente sind dadurch gekennzeichnet, dass ihnen Zahlwörter zugeordnet wurden (*tagging*). Die Mächtigkeiten der beiden Teilmengen ändern sich mit jedem *tagging*-Vorgang. Die zählende Person muss jederzeit den Überblick behalten, welche Elemente welcher Teilmenge angehören. Der notwendige Überblick wird dadurch erleichtert, dass reale Objekte während des Abzählprozesses berührt und oft auch bewegt werden können; es kann geradezu als Beleg für ökonomisches, sicheres Abzählen gewertet werden, wenn Personen die Objekte im jeweiligen Moment des Zählens „wegschieben", während sie *partitioning* und *tagging* betreiben.

Das folgende vierte der fünf Zählprinzipien wird auch als *what-to-count*-Prinzip bezeichnet, weil es sich nicht auf den Zählprozess, sondern auf die zu zählenden Objekte bezieht.

- Abstraktionsprinzip (*abstraction principle*):
  Die drei oben genannten *how-to-count*-Prinzipien lassen sich auf jede Art von Objekten anwenden, unabhängig davon, ob und in welcher Form die Objekte physisch vorhanden oder auch nur mental repräsentiert sind. Neben realen, gleichartigen oder verschiedenartigen Gegenständen lassen sich also auch gedankliche Entitäten abzählen, beispielsweise die Zahlwörter selbst, was für erste Additions- und Subtraktionskompetenzen relevant ist, wie in Unterkapitel 2.5 ausgeführt wird.

Das fünfte Zählprinzip schließt diese Aufzählung ab und bezieht wie das Abstraktionsprinzip alle vorgenannten Prinzipien mit ein.

- Prinzip der Irrelevanz der Anordnung (*order-irrelevance principle*):
  Das Ergebnis des Abzählprozesses ist unabhängig von der Reihenfolge, in der die Objekte gezählt werden. Anders als die häufig zu findende deutsche Übersetzung[8] „Irrelevanz der Anordnung" möglicherweise vermuten ließe, beziehen sich die Autor*innen nicht die auf räumlich-geometrische Anordnung der Objekte, also etwa auf den Unterschied zwischen Objekten, die in einer Reihe stehen, und Objekten, die durcheinander liegen, sondern der Begriff *Anordnung* beschreibt die Reihe bzw. Reihenfolge, die den Objekten durch den Abzählprozess erst zugewiesen wird. Das Prinzip besagt, dass diese Zuweisung grundsätzlich willkürlich erfolgt. Sie kann als kreativer Akt aufgefasst werden, weil die

---

[8] Übersetzung nach R. Schmidt (1983), zitiert nach Moser Opitz (2002, S. 68)

zählende Person die Eins-zu-eins-Zuordnung zwischen Objekt und Zahlwort erst erschafft. Der zugewiesene Rangplatz eines Objekts ist somit nicht in gleicher Weise Eigenschaft des Objekts wie etwa seine Farbe oder seine Form, sondern die Zuordnung eines Zahlworts zu einem bestimmten Objekt ist lediglich während dieses einen Abzählvorgangs von Bedeutung. Solange ein Objekt noch nicht gezählt wurde, ist egal, welches Zahlwort ihm zugewiesen werden wird, und sobald ein Objekt den Status wechselt, vom noch nicht gezählten hin zum bereits gezählten Objekt, verliert die Tatsache, welches Zahlwort gerade ihm soeben noch zugewiesen war, ihre Bedeutung. Daraus resultiert, dass die Mächtigkeit eine grundlegende Eigenschaft einer Menge ist und nicht davon abhängt, in welcher Reihenfolge, oder allgemeiner, auf welche Weise die Objekte abgezählt werden.

Ob zumindest die drei *how-to-count*-Prinzipien bei einem beobachteten Zählvorgang korrekt eingehalten werden oder nicht, nehmen bereits Kinder zwischen 15 und 18 Monaten wahr, wie Slaughter, Itakura, Kutsuki und Siegal (2011) zeigen konnten. Dreijährige wissen bereits einiges darüber, wie man zählt, und sie wissen auch viel über Mengen, aber in diesem Alter sind diese Fähigkeiten noch nicht miteinander verknüpft: „They (3-year-olds) do not yet use their counting to reason about cardinality" (Sophian, 1992, S. 28). Die Entwicklung von Zählkompetenzen und frühen mengenbezogenen Kompetenzen entwickeln sich also zunächst parallel.

Das Prinzipien-Konzept selbst ist in der Vergangenheit ausführlich kritisiert worden (vgl. Baroody, 1992; Fuson, 1988; Wynn, 1990). Die Befunde der in diesem Abschnitt eingangs zitierten Studie von Butterworth et al. lassen darauf schließen, dass die Kenntnis von Zahlwörtern keine Voraussetzung für numerisches Verständnis darstellt, genau genommen sogar nicht einmal deren Existenz, denn in der Muttersprache der in der Studie untersuchten zählenden Kinder gibt es keine Zahlwörter, die die Mächtigkeit diskreter Mengen größer 3 bezeichnen. Trotzdem hatten diese Kinder auch für größere Mengen einen „Zahlensinn"[9]. Dies spricht dafür, dass gewisse Zahl- und Zählkonzepte angeboren sind und nicht auf verbalen Zählerfahrungen beruhen. Sicherlich stellen die Inhalte der fünf Zählprinzipien nach Gelman und Gallistel (1986) ein gültiges Regelwerk dar, welches im Kontext unseres mathematischen Begriffsgebäudes geeignet ist, gültige Aussagen über die Mächtigkeit von Mengen zu generieren und zu überprüfen. Ob sie jedoch *Prinzipien* im eigentlichen Wortsinn darstellen, also als *Ursprung* zu sehen und dazu noch angeboren sind, wird breit bezweifelt. Zahlreiche Autor*innen kommen zu dem

---

[9] Eine Diskussion der Genese und Verwendung dieses Begriffs findet sich beispielsweise bei Lambert (2015, S. 154).

Schluss, dass die Entwicklung von Zählkompetenzen das Ergebnis von Lernprozessen sei; angeboren sei lediglich die Fähigkeit zur simultanen Wahrnehmung kleiner Mengen (vgl. Moser Opitz, 2002, S. 69 ff.). Argumente für diese Position liefern Studien, in denen die Einhaltung der Zählprinzipien durch Lern- und Gedächtnisleistungen wie Imitation und Üben erklärt wird, nicht durch bereits vorhandenes Verständnis der Prinzipien. Für korrekte Abzählergebnisse ist die Beachtung des vierten und fünften Zählprinzips, geschweige denn Einsicht in diese, ohnehin nicht notwendig. Daher erscheint die Position *principles after* plausibler.

Ein weit verbreitetes und akzeptiertes Modell, das den Erwerb der Zahlwortreihe und deren Einsatz in Abzählsituationen beschreibt und dabei von *principles after* ausgeht ist, ist das Modell von Fuson (1988, S. 50 ff.). Fuson ordnet die Entwicklung der (Ab-)Zählkompetenzen in fünf Niveaustufen und bezieht drei Kompetenzbereiche ein: verbales Zählen, das Abzählen von Objekten (siehe auch Fuson, 1992b; Fuson & Hall, 1983) und erstes Rechnen (Fuson, 1992a). Diese fünf Niveaustufen kennzeichnen keine Zustände im Sinne singulärer Entwicklungsmarken, sondern stellen ihrerseits Entwicklungsbereiche dar, die größere Zeitspannen umfassen können. Dabei handelt es sich vorrangig um ein Performanzkonzept, das sich auf beobachtbare Handlungen des Kindes bezieht und dementsprechend allenfalls indirekte Aussagen darüber macht, was ein Kind bereits verstanden, verinnerlicht oder reflektiert hat. Beobachtungen zeigen, dass sich Kinder zu einem bestimmen Zeitpunkt für verschiedene Zahlenräume häufig auf verschiedenen Niveaus befinden; in vergleichsweise großen Zahlenräumen sind die gezeigten Zählkompetenzen für gewöhnlich weniger stark elaboriert als in kleineren. Die fünf Niveaustufen werden im Folgenden erläutert:

1. Zahlwortreihe als Einheit (*string level*):

   - Zählen: Das Kind kennt eine limitierte Anzahl an Zahlwörtern, die für das Kind eine Einheit darstellen und daher ausschließlich als zusammenhängendes Ganzes aufgesagt werden können, stets beginnend bei *eins*. Dieser *string* wird dann zunehmend, jedoch noch nicht vollständig in einzeln wahrgenommene Wörter zerlegt.
   - Abzählen und Rechnen: Ein zielgerichteter Einsatz der Zahlwortreihe in mathematisch kontextualisierten Situationen findet noch nicht statt, beobachtbar ist lediglich spielerisches Nachahmen. Dementsprechend kann die Zahlwortreihe noch nicht für konkrete Abzählprozesse oder erste Rechenaufgaben genutzt werden.

2. Unflexible Zahlwortreihe (*unbreakable list level*)

*   Zählen: Das Kind erkennt, dass die Zahlwortreihe aus einzelnen Wörtern
    besteht, kann sie jedoch zunächst nur dann korrekt aufsagen, wenn es bei
    eins beginnt. Zunehmend gelingt dem Kind ein fliegender Start, das heißt,
    wenn ihm einige Wörter vorgesagt werden, kann es die Zahlwortreihe korrekt
    fortsetzen. Zudem kann es von *eins* bis zu einer vorgegebenen Zahl zählen,
    also bei ihr stoppen. Auf diese Weise gelingen dem Kind erste Aussagen
    darüber, ob eine bestimmte Zahl vor oder nach einer anderen Zahl kommt.
*   Abzählen: Das Kind kann eine Eins-zu-eins-Zuordnung zwischen zu zählen-
    den Objekten und einzelnen Zahlwörtern vornehmen, das heißt, die Zahlwort-
    reihe kann zum Abzählen eingesetzt werden. Das Kardinalprinzip wird häufig
    bereits beachtet, zunächst als verbales Ritual, später als verstandenes Kon-
    zept. Die Verbindung zwischen Zahlwortreihe und Zählobjekten funktioniert
    zunächst in die Richtung „Objekte zu Zahl", das heißt, das Kind kann eine
    Menge auszählen und sagen, wie viele es sind (*count-to-cardinal transition*).
    Etwas später kann das Kind die andere Richtung „Zahl zu Objekte" realisieren
    und zu einer vorgegebenen Zahl die passende Menge legen (*cardinal-to-count
    transition*).
*   Rechnen: Das Kind kann erste Additions- und Subtraktionsprobleme lösen,
    indem es die entsprechenden Teilmengen abzählt (vgl. Fuson & Hall, 1983,
    S. 52). Dies wird in Unterkapitel 2.5 genauer dargestellt.

3. Teilweise flexible Zahlwortreihe (*breakable chain level*):

*   Zählen: Die Zahlwortreihe ist aufgebrochen, das heißt, es kann von einer
    beliebigen Startzahl aus zu einer beliebigen Stoppzahl vorwärts weitergezählt
    werden. Ein weiteres Kennzeichen dieses Niveaus ist das beginnende Rück-
    wärtszählen, das oft zunächst ebenfalls auf einer Art *string level* geschieht,
    etwa bei Countdowns, die Kinder von Wettrennen oder „Raketenstarts" her
    kennen. Vorgänger und Nachfolger von Zahlen können bestimmt werden,
    durchaus beides über die Strategie des Vorwärts- bzw. Weiterzählens. Eine
    typische Interviewsequenz mit Kindern auf diesem Niveau ist: „*Welche Zahl
    kommt vor 5?*" – „*Eins – zwei – drei – vier – fünf. Vier!*"
*   Abzählen: Das Kind verbindet den Kardinalzahlaspekt mit dem ordinalen
    Zählzahlaspekt und kann dementsprechend von einer zuvor bekannten Teil-
    menge aus weiterzählen.
*   Rechnen: Dies mündet direkt in die *count-on*-Strategie (vgl. Fuson, 1992b,
    S. 248, siehe ebenfalls Unterkapitel 2.5).

4. Flexible Zahlwortreihe (*numerable chain level*):

● Zählen: Die Zahlwörter sind nun selbst zählbare Einheiten. Dies ermöglicht das kontrollierte Weiterzählen von einer beliebigen Startzahl um eine bestimmte Anzahl an Schritten.

● Abzählen: Das Abzählen ist nicht mehr an physisch vorhandene Objekte gebunden, sondern auch vorgestellte oder erinnerte Objekte können gezählt werden.

● Rechnen: Additions- und Subtraktionsaufgaben werden zumeist durch Weiterzählen gelöst, auch ohne physische Objekte. Insbesondere zur Darstellung des zweiten Summanden bzw. des Subtrahenden nutzt das Kind häufig die eigenen Finger.

5. Vollständig reversible Zahlwortreihe (*bidirectional chain level*):

● Zählen: Das Aufsagen der Zahlwortreihe gelingt sicher von jeder beliebigen (dem Kind bekannten) Startzahl aus in beide Richtungen.

● Abzählen: Das Kind versteht, dass das Kardinalprinzip nicht nur für die letztgenannte Zahl, sondern immer gilt: Jede Zählzahl gibt gleichzeitig an, wie viele Objekte bislang gezählt wurden. Dies ermöglicht Einsicht in numerische Teil-Ganzes-Beziehungen von Mengen (siehe Unterkapitel 2.3).

● Rechnen: Vorwärtszählen und Rückwärtszählen werden als reversible Tätigkeiten erkannt. Dies ermöglicht das Verständnis von Addition und Subtraktion als Umkehroperationen, wovon Begründungen wie *„Sechs minus zwei ist vier, weil vier plus zwei gleich sechs ist!"* zeugen.

Die fünf Zählprinzipien nach Gelman und Gallistel (1986) lassen sich in Fusons fünf Niveaustufen wiederfinden und weisen darin, bezogen auf ihr Erscheinen im typischen kindlichen Entwicklungsverlauf, eine Reihenfolge auf: Als erstes lernt das Kind, dass die Zahlwörter in einer festen Reihenfolge angeordnet sind. Dies entspricht dem Prinzip der stabilen Ordnung. In Niveau 2 sind erste Abzählprozesse erfolgreich, dementsprechend berücksichtigt das Kind die Forderungen des Eindeutigkeitsprinzips und des Kardinalprinzips, beherrscht also das *how to count*.

Das schulische Mathematiklernen setzt das Zählen auf Basis einer mindestens flexiblen (Niveau 4), besser einer vollständig reversiblen Zahlwortreihe (Niveau 5) voraus. Studien zu den Vorkenntnissen von Schulanfängern zeigen jedoch, dass davon nicht bei jedem Kind ausgegangen werden darf (vgl. Schipper, 2011, S. 82).

Während einige Kinder bereits sicher abkürzend[10] zählen, das heißt beispielsweise immer zwei Objekte gleichzeitig beiseite schieben und entsprechend zum Zählen in Zweierschritten die Zählsequenz *zwei−vier−sechs−acht−zehn...* nutzen, verfügen andere Kinder zu diesem Zeitpunkt auch zu kleinen Zahlen noch über keinerlei Mengenvorstellung. Kennt das Kind zudem nur wenige Zahlwörter, kann noch keine Verbindung von Ordinalzahlaspekt und Kardinalzahlaspekt stattfinden, das heißt, die Zuordnung von Zählzahlen zu korrespondierenden Mengen gelingt noch nicht. Dementsprechend ist auch ein erstes Rechnen noch nicht möglich (siehe Unterkapitel 2.5). So weist auch Krajewski in Hinblick auf das spätere Rechnenlernen auf die notwendige Verinnerlichung der „Äquivalenz von Zahlbeziehungen (Zählfertigkeiten) und [der] dahinter stehenden Mengenbeziehungen (Mengenwissen)" bzw. die Notwendigkeit der gänzlichen Verknüpfung der „Vorstellung von Mengen (...) mit der Vorstellung von Zahlen" hin (Krajewski, 2003, S. 68).

Die Ausprägung der Zählkompetenzen rund um den Zeitpunkt der Einschulung hängt mit den späteren Mathematikleistungen zusammen (vgl. Dornheim, 2008, S. 355). Kinder, die im ersten Schuljahr noch nicht sicher (ab-)zählen können, zeigen auch im Laufe der weiteren Schulzeit häufig schwächere mathematische Kompetenzen (vgl. Lambert, 2015, S. 111). Möglicherweise liegt hier ein kausaler Zusammenhang vor, in dem Sinne, dass die schwach entwickelten Zählkompetenzen weiteres mathematisches Lernen behindern. Denkbar ist auch eine gemeinsame Ursache wie etwa Defizite im Arbeitsgedächtnis[11], die sowohl zu Fehlern bei Abzählvorgängen als auch zu Fehlern beim Rechnen führen können (ebd.). Die Ablösung vom sogenannten zählenden Rechnen[12] und damit das Verständnis von Rechenstrategien, die nicht (nur) auf Zählvorgängen beruhen, gilt als eines der zentralen Ziele des arithmetischen Anfangsunterrichts (vgl. Hasemann & Gasteiger, 2014, S. 158). Offenbar ist es beim Rechnenlernen hilfreich, zunächst gut zählen und abzählen zu können, um sich dann, zu Gunsten elaborierterer Strategien, vom (Ab-)Zählen wieder lösen zu können. Dieser Befund hat weitreichende Auswirkungen auf geeignete Lerninhalte rund um die Einschulung, insbesondere in Hinblick auf die Vermeidung einer

---

[10] Begriff bei (Hasemann & Gasteiger, 2014, S. 23)

[11] Das Arbeitsgedächtnis umfasst diejenigen kognitiven Ressourcen, die Menschen dazu befähigen, Informationen bewusst im Sinn zu behalten und zu verarbeiten (vgl. Grube et al., 2015, S. 79).

[12] Der Begriff *zählendes Rechnen* (Schipper, 2011, S. 98) fasst in der Didaktik der Arithmetik Lösungsstrategien zusammen, die auf Zählen bzw. Abzählen basieren, in Abgrenzung zu *heuristischen* (Schipper, 2011, S. 107) bzw. *operativen* Strategien (Padberg & Benz, 2011, S. 32). Zählendes Rechnen gilt nach der Schuleingangsphase, dann als *verfestigtes zählendes Rechnen*, als ein typisches Symptom für besondere Schwierigkeiten beim Rechnenlernen (vgl. Wartha & Schulz, 2012, S. 91).

ausgeprägten Rechenschwäche bei Kindern, die dafür ein erhöhtes Risiko mitbringen. Eine wesentliche Voraussetzung für die erfolgreiche Ablösung vom zählenden Rechnen ist die Einsicht in Teil-Ganzes-Beziehungen, also das Verständnis flexibler Mengenrelationen. Dies wird im nächsten Unterkapitel ausgeführt. Im sich daran anschließenden Unterkapitel werden zwei Entwicklungsmodelle vorgestellt, die die Entwicklung früher mathematischer Kompetenzen – mit sehr unterschiedlicher Schwerpunktsetzung – zusammenfassend abbilden.

2.3   Entwicklung des Teil-Ganzes-Konzepts

Das Verständnis der Beziehungen, in denen Zahlen bzw. Mengen zueinander stehen können, kann als Meilenstein innerhalb früher mathematischer Lernprozesse angesehen werden (vgl. Resnick, 1983, S. 114). Jede Menge (das „Ganze") kann flexibel und reversibel aus anderen Mengen (das sind die „Teile") zusammengesetzt bzw. in andere Mengen zerlegt werden. Gleichzeitig ist jede Menge ihrerseits selbst Teilmenge anderer Mengen. Das mentale Gruppieren und flexible Umgruppieren von Mengen bezogen auf eine Gesamtmenge spielt auch beim *conceptual subitizing* eine zentrale Rolle, wie in Unterkapitel 2.1 ausgeführt ist. Resnick (1989) hat beschrieben, in welchen Stadien sich das Verständnis von Teil-Ganzes-Beziehungen[13] vollzieht. Aufbauend auf den mengenbezogenen Kompetenzen von Säuglingen und Kleinkindern formuliert sie zunächst sog. protoquantitative Schemata (vgl. ebd., S. 163), die sich nacheinander entwickeln, und die die Grundlage für die spätere Einsicht in numerische Teil-Ganzes-Beziehungen darstellen:

1. Pränumerischer Mengenvergleich (*protoquantitative comparison schema*):
   Im Zuge ihrer sprachlichen Entwicklung können Kleinkinder Mengen zunehmend – noch auf numerisch unpräzise Weise – begrifflich beschreiben, beispielsweise zunächst mit Ausdrücken wie *viel(e)*, *wenig(e)*, *groß*, *klein* oder *einige*, später auch mit Vergleichsfiguren wie *größer als...* oder *mehr als...*, die auf zwei Mengen angewendet werden, die das Kind gleichzeitig betrachtet. Diese Fähigkeit bezieht sich sowohl auf diskrete Mengen (Gegenstände und deren bildliche Darstellungen) als auch auf kontinuierliche Mengen wie Wasser, Sand oder Kuchenteig und basiert noch nicht auf quantitativen Messvorgängen, sondern auf rein qualitativen Wahrnehmungsprozessen (siehe Unterkapitel 2.1).

---

[13] Überlegungen zu diesem Begriff als Übersetzung des entsprechenden englischen Originalbegriffs *part-(and-)whole relationship* stellen Benz et al. (2015, S. 135) an.

2. Pränumerische Mengenzu- und -abnahme (*protoquantitative increase/ decrease schema*):
Im Gegensatz zum Vergleichsschema ist das Zunahme-Abnahme-Schema dynamisch orientiert. Ab 3 bis 4 Jahren verstehen Kinder, dass

a) sich eine Menge vergrößert, wenn ihr etwas hinzugefügt wird,
b) sich eine Menge verringert, wenn von ihr etwas weggenommen wird, und
c) eine Menge gleich bleibt, wenn nichts hinzugefügt oder weggenommen wird.

Eine präzise quantitative Beschreibung solcher Vorgänge ("*Jetzt sind es vier statt drei Kekse, weil ich einen Keks dazu bekommen habe.*") ist dem Kind allgemein hier noch nicht möglich, aber obschon Resnick die protoquantitativen Schemata ausdrücklich pränumerisch verortet, kann festgestellt werden, dass zumindest die Kategorie *nichts* durchaus einen numerisch präzisen Aspekt (nämlich *null*) beinhaltet. Daher kann die Einsicht, dass eine Menge gleich bleibt, wenn nichts dazukommt oder verschwindet, als ein Hinweis auf ein beim Kind bereits vorhandenes Konzept von Mengenkonstanz gewertet werden, das ausführlich im Abschnitt 2.4.1 diskutiert wird.

3. Pränumerische Teil-Ganzes-Beziehung (*protoquantitative part-whole schema*):
Ein grundlegend additives Verständnis ihrer Umwelt entwickeln Kinder mit 4 bis 5 Jahren: Mengen können nach und nach zusammengesetzt werden und werden dabei immer größer. Die Einsicht in pränumerische Teil-Ganzes-Beziehungen entwickelt sich auf der Basis grundlegender, logisch konsistenter Erfahrungen, daher gelingt eine sprachlich-qualitative Beschreibung dieser Beziehungen nicht nur bezogen auf reale Gegenständen oder Mengen, sondern auch bezüglich mental repräsentierter Begriffe: "Children know (...) that a whole cake is bigger than any of its pieces. They can make this judgement logically without needing to actually see the cake and its parts" (ebd.). Auch das Verständnis reversibler, gegenläufiger Mengenänderungen gehört zum protoquantitativen Teil-Ganzes-Schema: Werden Mengen zerlegt und anschließend wieder zusammengesetzt, ist genau soviel da wie zuvor. Dies geht über die Einsicht in Mengenkonstanz (die in Hinblick auf die Irrelevanz der Anordnung der Objekte *einer* Menge diskutiert wird) hinaus, da hier gleichzeitig mindestens zwei Mengen beachtet werden müssen.

Typische Operationen, die junge Kinder im Kontext der protoquantitativen Schemata ausführen können, sind also *vergrößern, verkleinern, zusammenfügen, zerlegen, vergleichen* und *ordnen* (vgl. Resnick, 1992, S. 403). Die Entwicklung der protoquantitativen Schemata beginnt, noch bevor Kinder die Fähigkeit zur quasi-simultanen Anzahlerfassung ausbilden und dementsprechend Mengen und Zusammenhänge zwischen Zahlen bzw. Mengen exakt numerisch beschreiben können, und zwar zunächst bezogen auf reale Objektmengen, später auch bezogen auf mental repräsentierte Mengen: „(...) there *will be* more apples after mother gives each child some additional ones" (Resnick, 1992, S. 404, Hervorhebung im Original). Erst zusammen mit Zählkompetenzen und der Fähigkeit zur quasi-simultanen Zahlauffassung findet ein Übergang hin zur Einsicht in numerische Teil-Ganzes-Beziehungen statt: „With the application of a Part-Whole schema to quantity, it becomes possible for children to think about numbers as compositions of other numbers" (Resnick, 1983, S. 114). Das daraus resultierende Prinzip der „additiven Zusammensetzung aller Zahlen" (vgl. Resnick, 1992, S. 375) ist grundlegend für alle arithmetischen Inhaltsbereiche, beispielsweise für das Verständnis der Kommutativität der Addition, das bereits Vierjährige entwickeln (Canobi, Reeve & Pattison, 2002; J. S. Klein & Bisanz, 2000), sowie später für die Einsicht in das Stellenwertsystem, für Zahlraumerweiterungen oder für das Verständnis von Brüchen und Dezimalzahlen; die Einsicht in Teil-Ganzes-Beziehungen von Zahlen ist damit von größter Bedeutung für weitere mathematische Lernprozesse.

Gerster und Schultz (2004, S. 149) gehen im Kontext der Erforschung von Rechenschwäche der Frage nach, wie genau Kinder, ausgehend von den protoquantitativen Schemata, Einsicht in numerische Teil-Ganzes-Beziehungen gewinnen und diese dann auch fürs Rechnen nutzen, und formulieren diesbezüglich vier Voraussetzungen:

1. Die Zahlen müssen für das Kind eine sichere kardinale Bedeutung haben: Eine Zahl muss ein aus Einheiten zusammengesetztes Ganzes sein.
2. Das Kind muss fähig sein, aus dem zusammengesetzten Ganzen einer Menge Teile herauszulösen und wieder einzubetten, und zwar so flexibel, dass es Teile und Ganzes quasi-simultan beachten kann. Diese Fähigkeit beruht nicht nur auf visueller Vorstellungskraft, sondern auch auf der Reversibilität des geistigen Handelns.
3. Das Kind muss dieses Wissen und Denken über Teil-Ganzes-Beziehungen auf Anzahlen und Zahlen übertragen.
4. Eine ganze Reihe von Ableitungsstrategien, die die Brücke zur Beherrschung der Basisfakten[14] bilden, gründen auf dem Verständnis der Zerlegbarkeit der Zahlen (speziell auf den Beziehungen zur 5 und zur 10), und auf der Beziehung „eins mehr/eins weniger" integriert mit der Zahlreihe. Man kann daher annehmen,

---

[14] Unter *Basisfakten* verstehen die Autor*innen das Auswendigwissen wie beispielsweise das kleine Einspluseins, das zum flexiblen Rechnen zur Verfügung stehen muss.

dass das Festhalten am zählenden Rechnen[15] mit dieser Problematik (Verstehen der Zerlegbarkeit von Zahlen) in Zusammenhang steht.

Dabei beziehen sich Gerster und Schultz (2004) in ihrem letzten Punkt mit dem Verweis auf die „Zahlreihe" auf die *„mental number line"* nach Resnick (1983, S. 110). Das kardinale Teil-Ganzes-Verständnis und der mentale Zahlenstrahl entwickeln sich zunächst getrennt voneinander (Gerster & Schultz, 2004, S. 76), wie auch Studien von Irwin (1996a, 1996b) zeigen, die sie mit Kindern zwischen 4 und 8 Jahren durchgeführt hat. Diese Studien belegen etwa bei Schulanfängern eine große Heterogenität hinsichtlich deren Entwicklungsstands bezogen auf die Einsicht in Teil-Ganzes-Beziehungen. Während einige Kinder keine Idee äußern konnten, wie sich zuvor abgezählte Mengen unter Veränderung verhalten, hatten andere Kinder bereits verstanden, dass um ein Objekt ergänzte Mengen um eine Zahl größer werden, nicht jedoch, dass eine Menge, von der ein Objekt entfernt wird, um 1 kleiner wird. Ebenso gab es Kinder, die sich in ihren Antworten korrekt auf Gesamt- und Teilmengen bezogen (vgl. Gerster & Schultz, 2004, S. 85).

Zusammenfassend sei an dieser Stelle die Bedeutung der Einsicht in zunächst protoquantitative, dann numerische Teil-Ganzes-Beziehungen für die weitere Entwicklung mathematischer Kompetenzen betont. Die bislang in diesem Kapitel vorgestellten Kompetenzen zu Mengen, Zahlen und deren Beziehungen untereinander sind immer wieder in Entwicklungsmodellen zusammengefasst worden. Zwei bekannte Vertreter werden im folgenden Unterkapitel ausführlicher vorgestellt.

2.4   Entwicklungsmodelle

Die Entwicklung der in den letzten Abschnitten vorgestellten Teilkompetenzen zu Mengen und Zahlen wird unter dem Begriff *(frühe) Zahlbegriffsentwicklung* zusammengefasst. Diese Teilkompetenzen entwickeln sich nicht dauerhaft unabhängig voneinander weiter, worauf auch Sarama und Clements (2009, S. 27) hinweisen: „(...) we discuss children's numerical concepts and operations seperately, although their components are highly interrelated". Das Ziel der Konstruktion von Modellen zur frühen Zahlbegriffsentwicklung ist, die verschiedenen Kompetenzbereiche zu integrieren und deren Beziehungen untereinander zu verdeutlichen. Daran wird bis heute disziplinübergreifend gearbeitet. Bedeutsame Meilensteile haben dazu überwiegend psychologische Disziplinen beigetragen, insbesondere die pädagogische bzw. Entwicklungspsychologie (beispielsweise Fritz & Ricken, 2009; Krajewski,

---

[15] Siehe Fußnote auf Seite 28

2007; Piaget & Inhelder, 1973a; Piaget & Szeminska, 1972; Resnick, 1983, 1989) und die medizinisch geprägte Kognitions- und Neuropsychologie (beispielsweise Butterworth, 1999; Campbell & Clark, 1988; Dehaene, 1992; von Aster, Kucian, Schweiter & Martin, 2005). Bislang existiert noch kein umfassendes Entwicklungsmodell mathematischer oder auch speziell arithmetischer Kompetenzen, welches von allen Bezugsdisziplinen gleichermaßen anerkannt wird. Gleichwohl sind in den letzten Jahrzehnten Modelle formuliert worden, die sich hinsichtlich ihrer Explanationskraft als leistungsfähig und teilweise auch als empirisch valide erwiesen haben. Zwei bekannte Vertreter werden in den folgenden Abschnitten vorgestellt und ausführlich diskutiert: das Modell von Piaget aufgrund Piagets bis heute festzustellenden großen Bedeutung für die entwicklungspsychologische Forschung und Krajewskis Modell wegen seiner erfolgreichen Integration unterschiedlicher empirischer Befunde im Bereich des frühen mathematischen Lernens, die überwiegend in der kritischen Auseinandersetzung mit Piagets Theorien entstanden sind.

2.4.1 Zahlbegriffsentwicklung nach Piaget

Jean Piaget hatte ab der Mitte des 20. Jahrhunderts als überaus produktiver Biologe und Entwicklungspsychologe großen Einfluss auf die Psychologie, Pädagogik und Didaktik (vgl. Lawton & Hooper, 1978). Er hat für die Entwicklung der allgemeinen Denkfähigkeiten ein Stadienmodell formuliert, das aus vier Stadien besteht, und hierin auch angegeben, in welchem Alter Kinder diese Stadien für gewöhnlich durchlaufen (Piaget & Inhelder, 1973b). Die vier Stadien unterscheiden sich durch jeweils spezifische kognitive Strukturen. Kognitive Strukturen stellen Verbindungen zwischen einzelnen Umwelterfahrungen her und ermöglichen somit Lernzuwächse und fortschreitende Abstraktion. Der Aufbau des Zahlbegriffs ist innerhalb Piagets Stadienmodell verortet, daher werden zunächst die vier Stadien genauer beschrieben:

1. Senso-motorisches Stadium (0 bis 2 Jahre):
    Kennzeichen dieses Stadiums sind Training und Koordination von Reflex- und Wahrnehmungsprozessen. Sensorische und motorische Fähigkeiten reifen und bilden die Grundlage für Denkprozesse, welche noch vollständig an die physische Umwelt gekoppelt sind. Dadurch werden Erwartungshaltungen in physikalische Gesetzmäßigkeiten ermöglicht, zum Beispiel in Form des Permanenzkonzepts, das Kleinkinder in diesem Stadium nach verdeckten Gegenständen suchen lässt.

2. Präoperatives Stadium (danach bis 7 oder 8 Jahre):
   Das Kind entwickelt die Fähigkeit, mental zu operieren. Kennzeichen dieses Stadiums ist damit die Verlagerung realer Handlungen in mentale Vorstellungen, die beispielsweise im kindlichen Symbolspiel sichtbar werden (siehe auch Unterkapitel 2.6). Die kognitive Struktur ist egozentrisch ausgerichtet: Die eigenen Wahrnehmungen und Impulse stehen für das Kind im Vordergrund.

3. Konkret-operatives Stadium (danach bis 11 oder 12 Jahre):
   Die mentalen Operationen sind weiterhin auf konkrete Informationen über die Umwelt angewiesen, das Kind kann in diesem Stadium jedoch von seinen Wahrnehmungen abstrahieren und über Elemente seiner Umwelt logisch konsistent nachdenken. Dies ermöglicht reversibles Denken, also beispielsweise das Schließen ausgehend von einem wahrgenommenen Zustand eines Systems auf dessen hypothetische frühere Zustände, und markiert kognitionspsychologisch die letzte Phase der Kindheit. Durch reversibles Denken bildet sich das Invarianzkonzept aus.

4. Formal-operatives Stadium (danach bis 14 oder 15 Jahre):
   Der jugendliche Mensch ist in diesem Stadium zur Hypothesenbildung und systematischen Überprüfung seiner Hypothesen und damit zum Denken in vollständig abstrakten Begriffen fähig.

Piaget listet in seinen Schriften detailliert auf, welche mentalen Operationen das Kind im jeweiligen Stadium beherrscht. Speziell für die Zahlbegriffsentwicklung relevant sind diejenigen Kompetenzen, die das Kind im Übergang zwischen Stadium 2 und 3 erwirbt, also während der Entwicklung vom präoperativen Denken hin zum konkret-operativen Denken. Den Kompetenzerwerb hat Piaget gemäß der klinischen Methode anhand von Beobachtungen festgestellt, die er bei Kindern gemacht hat, während sie bestimmte Aufgaben bearbeiteten. Die Aufgaben handeln inhaltlich von Klassifikationen und Ordnungsrelationen (vgl. Moser Opitz, 2002, S. 27), die nachfolgend ausführlicher dargestellt werden und zusammen die *logischen Operationen* bilden. Sie gelten heute als klassischer Aufgabenfundus und sind daher oft Gegenstand mathematischer Diagnostik (siehe Kapitel 3).

Klassifikationsaufgaben können in zwei Themenbereiche unterteilt werden: Klassifikation und Klasseninklusion.

Unter Klassifikation ist das Gruppieren von Objekten nach bestimmten Merkmalen zu verstehen, beispielsweise das Ordnen von Gummibärchen nach ihrer Farbe, das Zusammenfassen von Bauklötzen nach ihrer Form oder die Einteilung einer Gruppe Kinder in Jungen und Mädchen. Erkennt ein Kind zudem hierarchische Beziehungen zwischen Klassen, zum Beispiel bei den drei Klassen *{{Pflanzen},*

{Blumen}, {Rosen}}[16] oder auch *{{rote und blaue Perlen}, {rote Perlen}, {blaue Perlen}}*[17], hat das Kind Einsicht in Klasseninklusion erlangt. In der Mathematik können beispielsweise natürliche (und ganze) Zahlen hinsichtlich ihrer Parität klassifiziert werden; sie sind entweder gerade oder ungerade, und diese beiden Unterklassen füllen die Klasse $\mathbb{N}$ oder $\mathbb{Z}$ auch vollständig aus (Klasseninklusion). Ebenso stellt jede natürliche Zahl im Zählprozess eine Klasse dar, welche die vorhergehenden Zahlen als Unterklassen inkludiert.

Die Fähigkeit zur Klasseninklusion geht über Klassifikation hinaus, da bei der Klasseninklusion nicht nur die Beziehungen zwischen den Merkmalen der Objekte innerhalb einer Klasse analysiert werden müssen, sondern zusätzlich auch die Beziehungen verschiedener Klassen zueinander.

Unter Ordnungsrelationen werden drei Arten von Aufgaben zusammengefasst, in denen es um Beziehungen zwischen Mengen bzw. Elementen geht: Seriation, Eins-zu-eins-Zuordnung und Mengeninvarianz.

In Seriationsaufgaben wird das Kind gebeten, Objekte (zumeist Gegenstände) nach einem bestimmten Kriterium in eine Reihenfolge zu bringen, wie beispielsweise das Ordnen unterschiedlich langer Stäbe der Länge nach. Das Kriterium muss hierbei nicht im physikalischen Sinne repräsentiert sein, auch das Ordnen von Zahlsymbolen oder Buchstaben „in der richtigen Reihenfolge" oder deren Einsortieren „an die richtige Stelle" gehört zur Seriation.

Die Eins-zu-eins-Zuordnung hat bereits im Kontext der Entwicklung von Zählkompetenzen in Unterkapitel 2.2 Erwähnung gefunden. Im pränumerischen Sinne geht es hierbei um die paarweise Zuordnung, bei der jeweils ein Element aus der ersten Menge mit einem Element aus der zweiten Menge ein Paar bildet. Der synonym gebrauchte Begriff *Stück-für-Stück-Korrespondenz* betont die Anwendbarkeit gerade auch in pränumerischen Zusammenhängen.

Die Einsicht in die Invarianz bzw. die Konstanz[18] von Mengen wird bei Piaget im Zusammenhang mit der Eins-zu-eins-Zuordnung untersucht, um auf einer poten-

---

[16] Die Rosen sind eine Unterklasse der Blumen, die ihrerseits wiederum eine Unterklasse der Pflanzen bilden.

[17] Sowohl rote Perlen als auch blaue Perlen bilden Unterklassen zur Klasse der roten und blauen Perlen.

[18] Die Begriffe *(Mengen-)Invarianz* und *(Mengen-)Konstanz* werden in nicht-mathematischer Literatur häufig synonym verwendet, in dem Sinne, dass sich die Mächtigkeit einer Menge realer Objekte (bzw. einer bildlichen Darstellung derselben) nicht ändert, wenn lediglich die Anordnung der Objekte verändert bzw. die Objekte (oder deren Abbildungen) in anderer Reihenfolge abgezählt werden als zuvor. Innerhalb der Mathematik sind die beiden Begriffe durchaus semantisch nicht völlig identisch: *Invarianz* beschreibt die Unveränderlichkeit bestimmter Eigenschaften von Objekten unter einer Transformation. *Konstanz* hingegen ist kein mathematischer Fachbegriff; sondern dieser Begriff beschreibt lediglich – letztlich

ziell pränumerischen Ebene arbeiten zu können: Nachdem das Kind die Gleich-
mächtigkeit zweier Mengen durch paarweise Zuordnung ihrer Elemente festgestellt
hat, werden die Elemente *einer* Menge zusammengeschoben (oder deren räumliche Anordnung auf andere Weise verändert). Dann wird das Kind gefragt, ob diese
Menge nun mehr oder weniger geworden oder gleich viel geblieben ist. Hat das Kind
bereits Einsicht in Mengeninvarianz erlangt, wird es laut Piaget erkennen, dass sich
die Mächtigkeit der Menge nicht verändert hat. Im Kontext von Abzählaktivitäten
ist die Einsicht in Mengenkonstanz daher eng mit der Einsicht in die Irrelevanz der
Anordnung verwandt (siehe Unterkapitel 2.2).

In Piagets Zahlbegriffsentwicklungsmodell kommt den *logischen Operationen*
eine wichtigere Bedeutung zu als dem Zählen, weshalb Clements (1984) Piagets
Modell als *logical foundations model* bezeichnet und damit von Vertretern eines
skills integration model, das auch numerische Mengen- und Zählkompetenzen einschließt, grundlegend begrifflich unterscheidet. Piaget und Inhelder (1973b) warnen
davor, allein vom Zählen bereits auf einen entwickelten Zahlbegriff zu schließen:

> Der Aufbau der ganzen[19] Zahlen vollzieht sich beim Kind in enger Verbindung mit
> der Aneinanderreihung und Abgrenzung in Klassen. Man darf nämlich nicht glauben,
> ein Kind besitze die Zahl schon nur deshalb, weil es verbal zählen gelernt hat. (S. 108)

Benz et al. (2015, S. 124 ff.) machen allerdings deutlich, dass heute breiter Konsens
darüber herrscht, dass die kindliche Zahlbegriffsentwicklung weder durch Zählen
allein noch durch die *logischen Operationen* allein vollzogen wird, und letzteres hat
auch Piaget nicht behauptet, sondern durchaus klargestellt, dass die Notwendigkeit
des Vorhandenseins logischer Werkzeuge nicht bedeutet, dass „die Zahl einfach auf
Logik rückführbar ist" (Piaget, 1958, S. 363).

Piagets Theorien zur Entwicklung des logischen Denkens sind in den letzten
Jahrzehnten immer wieder analysiert und kritisiert worden (vgl. Siegel & Brainerd,
1978). Insbesondere die Versuche zur Mengeninvarianz gelten wegen der hohen
Bedeutung, die ihnen Piaget bezogen auf die Zahlbegriffsentwicklung zuwies, als
überaus „häufig diskutiert und repliziert" (vgl. Moser Opitz, 2002, S. 48). Änderungen im Versuchsaufbau, beispielsweise bezogen auf die Art der Objekte oder
deren Präsentation oder auch bezogen auf die jeweilige genaue sprachliche Einklei-
dung, für die Piaget stark kritisiert wurde (ebd.), führten dazu, dass Kinder offenbar

---

tautologisch – die *Wohldefiniertheit* mathematischer Konstanten und ggf. die Nichtabhängig-
keit eines Parameters von Variablen.

[19] Abweichend von der mathematischen Verwendung des Begriffs „ganze Zahlen" für $\mathbb{Z}$ meint
Piaget die natürlichen Zahlen $\mathbb{N}$ oder $\mathbb{N}_0$, hier möglicherweise auch einfach nur „die ganzen"
im Sinne von „alle".

doch in deutlich jüngerem Alter Bearbeitungen zeigen können, die auf Einsicht in Mengeninvarianz schließen lassen, als zunächst von Piaget selbst beobachtet. Die Ausbildung des Zahlbegriffs findet nach Piaget im Übergang vom präoperativen zum konkret-operativen Stadium statt, also erst mit etwa sieben Jahren. Piaget und Szeminska (1972) haben selbst in Betracht gezogen, dass ihre gewählten Aufgabenformulierungen bei den Versuchen zur Mengeninvarianz missverständlich gewesen sein könnten (ebd., S. 66 ff.), kommen aber zu dem Schluss, dass die Hürden bei der Bearbeitung rein zahlbegrifflicher und nicht sprachlicher Natur sind. Solomon (1989) kritisiert Piagets Theorie umfassend:

> Piaget considers number conservation, class inclusion, and seriation to be the logical and psychological roots of the number concept (...). But what do the associated tasks have to do with understanding number use, and what kind of understanding does success in the tasks signify? (ebd., S. 88)

Sie zielt damit letztlich auf die Validität von Piagets Untersuchungen ab. Eine übersichtliche Aufzählung weiterer, wesentlicher Kritikpunkte, die verschiedene Autor*innen hinsichtlich Piagets Interpretationen formuliert und begründet haben, findet sich bei Moser Opitz (2002, S. 42 ff.).

Als widerlegt gelten insbesondere auch die von Piaget in seinen Stadien formulierten Altersbereiche, wann Kinder frühestens welche Kompetenzen entwickeln können. Eine Zusammenfassung entsprechender, international gewonnener empirischer Daten ist beispielsweise bei Butterworth (2005) zu finden; die dort formulierten *milestones*, wann Kinder typischerweise welche mathematischen Herausforderungen bewältigen, belegen teils deutlich frühere Altersbereiche, zum Teil aber auch spätere; beispielsweise gelingen anspruchsvollere Aufgaben zur Klasseninklusion oft erst neunjährigen Kindern (vgl. Zur Oeveste 1987), womit die Beherrschung der Klasseninklusion als *Voraussetzung* für einen tragfähig entwickelten Zahlbegriff wohl ausscheidet.

2.4.2 Entwicklungsmodell früher mathematischer Kompetenzen nach Krajewski

Aufbauend auf Piagets Forschungen zu den *logischen Operationen* sind zahlreiche weitere arithmetische Kompetenzen identifiziert worden, die Kinder typischerweise schon vor der Einschulung entwickeln. Dazu zählen die frühen Mengenkompetenzen (siehe Unterkapitel 2.1), die Zählkompetenzen (Unterkapitel 2.2) und Einsicht in Teil-Ganzes-Beziehungen von Zahlen (Unterkapitel 2.3), die zusammengenommen die Entwicklung eines tragfähigen Zahlbegriffs konstituieren und gleichsam ein erstes Rechnen ermöglichen (Unterkapitel 2.5). Dass Zahlbegriffsentwicklung durch die Kombination pränumerischer, numerischer, verbaler und operativer Kompetenzen gekennzeichnet ist, spiegelt auch der Begriff *skills integration models* wieder, den Clements (1984) geprägt hat. Als Vertreter der *skills integration models* im deutschen Sprachraum wird häufig das *Entwicklungsmodell früher mathematischer Kompetenzen* von Krajewski (2007) verwendet, insbesondere im Kontext der Rechenschwächeforschung (vgl. Lambert, 2015, S. 51) und zur Ableitung konkreter Förderansätze (vgl. Krajewski, 2008, S. 294 ff.).

Das Modell wurde von Krajewski und Ennemoser (2013) weiterentwickelt und heißt dann *Entwicklungsmodell zur Zahl-Größen-Verknüpfung* (siehe Abb. 2.1) oder kurz *ZGV-Modell*, was zum einen die Verbindung von Ordinal- und Kardinalzahlkonzept (siehe Abschnitt 2.4.2) als wichtiges Kennzeichen eines entwickelten Zahlbegriffs noch einmal stärker betont und zum anderen den im ursprünglichen Modell von 2007 verwendeten Mengenbegriff präzisiert bzw. erweitert. Krajewski und Ennemoser (2013, S. 42) begründen die Begriffsänderung damit, dass ein *Größen*konzept sowohl diskrete, abzählbare Objektmengen als auch kontinuierliche, nicht abzählbare Mengen umfasst und zudem neben den normalerweise durch Flächen oder Volumina repräsentierten Mengen auch weitere physikalische, abstraktere Größenbereiche wie Zeit oder Gewicht[20] mit einschließt.

Das ZGV-Modell formuliert drei Ebenen, die Kinder typischerweise nacheinander durchlaufen. Dabei kann sich ein Kind für einen bestimmten (zumeist kleineren) Zahlenraum bereits auf einer höheren Ebene befinden als für einen anderen. Die Ebenen werden im Folgenden genauer erläutert, unter Rückgriff sowohl auf die Diktion des ZGV-Modells als auch auf die im ursprünglichen Modell von 2007 verwendeten Begriffe.

Ebene 1 beschreibt sog. Basisfertigkeiten, die sich in Mengenkompetenzen einerseits (im ZGV-Modell: *Größenunterscheidung*[21]) und Zählkompetenzen (im ZGV-Modell: *Zahlwortkenntnis* und *exakte Zahlenfolge*) anderseits unterteilen. Auf Ebene 1 sind diese beiden Kompetenzbereiche getrennt voneinander dargestellt, um der Tatsache Ausdruck zu verleihen, dass sich Mengenkompetenzen und Zählkompetenzen während der ersten „etwa 3 bis 4 Jahre" (Benz et al., 2015, S. 137) zunächst unabhängig voneinander entwickeln.

---

[20] Der Alltagssprachgebrauch der zitierten Autor*innen ist an dieser Stelle beibehalten worden. Physikalisch präziser sollte, u. a. in Hinblick auf konkrete Messvorgänge, besser von *Zeitspannen* und – je nachdem, was gemeint ist – *Gewichtskraft* bzw. *Masse* gesprochen werden.

[21] Die Fähigkeit zur *Unterscheidung* von Mengen baut auf der *Wahrnehmung* und dem *Vergleich* von Mengen auf, siehe Unterkapitel 2.1.

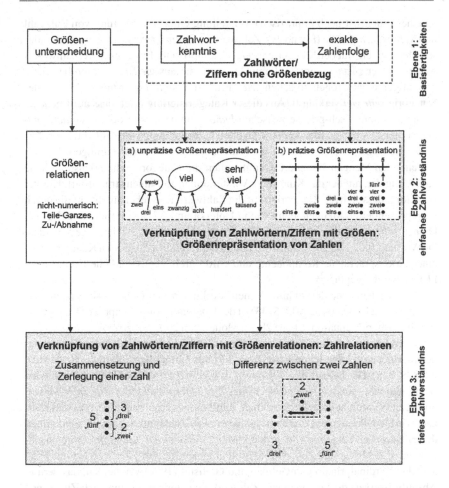

Abbildung 2.1 Entwicklungsmodell der Zahl-Größen-Verknüpfung (Krajewski & Ennemoser, 2013, S. 43)

Ebene 2 ist durch eine erste Verbindung der zuvor getrennten Kompetenzbereiche charakterisiert, allerdings weist das auf dieser Entwicklungsstufe beschriebene Kompetenzspektrum noch immer nicht-numerische und numerische (und damit nicht-integrierte) Anteile auf. Die Kenntnis der Zahlwörter, die sich Kinder in prozeduralen Zähl- und/oder Abzählkontexten (oder auch durch sonstige kommunikative Situationen) aneignen, führt *verbunden* mit der Fähigkeit zur Größenunterscheidung zu einer (zunächst noch unpräzisen) Vorstellung einer Verknüpfung von Zählzahl und Menge bzw. Größe (Ebene 2a): Zahlwörter wie *eins, zwei* oder *drei* repräsentieren Mengen, die mit der Kategorie *wenig* verknüpft sind. Etwas größere Zahlwörter wie *acht* oder *zwanzig* repräsentieren Mengen, die aus *vielen* Objekten bestehen, bzw. allgemeiner Größen, in denen „*viel* drin" ist. *Hundert* oder *tausend* ist mit der Kategorie *sehr viel* verknüpft. Aus dieser Kategorisierung folgt, dass auf Ebene 2a noch nicht numerisch-präzise zwischen *hundert* und *tausend* oder auch *acht* und *neun* unterschieden werden kann, denn die Unterscheidung von Zahlwörtern *innerhalb* einer solchen Kategorie ist noch nicht mit präzisen Vorstellungen der entsprechenden Mengen assoziiert. Damit stellen die Kategorien die höchstmögliche Auflösung dar, mit der das Kind seine Vorstellungen zu Zahlen strukturiert. Hierbei sei betont, dass sich die Kategorien auf die Zahlwörter beziehen, nicht auf die durch sie repräsentierten Mengen, denn wie in Unterkapitel 2.1 ausführlich dargelegt ist, können schon Säuglinge Mengen im Verhältnis von etwa 1:2 sicher unterscheiden. Die Verknüpfung zwischen Zahlwörtern und unpräzisen, assoziierten Kategorien hat eine starke sprachliche Komponente und wird durch lebensweltliche Erfahrungen kleiner Kinder geprägt[22].

Der entscheidende Schritt hin zu einem kardinalen, „einfachen Zahlverständnis" (Krajewski & Ennemoser, 2013, S. 43) ist der Übergang von der unpräzisen zur präzisen Größenrepräsentation (Ebene 2b, im Modell von 2007: *präzises Anzahlkonzept*). „Der Erwerb des präzisen Anzahlkonzepts stellt damit die bedeutendste Basiskompetenz für den erfolgreichen Erwerb der Grundschulmathematik dar" (Krajewski, 2008, S. 278). Der Begriff *Anzahlkonzept* ist hier nicht im ausschließlich kardinalen Sinne gemeint, sondern er entspricht der *Größenrepräsentation* im ZGV-Modell und bezieht damit ausdrücklich ordinale Zählkompetenzen mit ein. In diesem Konzept wird jede Menge exakt einem Zahlwort bzw. Zahlsymbol bijektiv zugeordnet, dementsprechend eine *um eins größere* Menge dem *einen Rangplatz später* nachfolgenden Zahlwort und Zahlsymbol (und umgekehrt). Auf Ebene 2b hat das Kind also das Kardinalprinzip von Gelman und Gallistel (1986) verstanden, das dem in Abzählprozessen zuletzt genannten Zahlwort eine Doppelrolle zuweist: Zum einen bezeichnet es das zuletzt gezählte Objekt („*Nummer fünf*"), zum anderen die Anzahl aller gezählten Objekte („*insgesamt fünf*"). In diesem Sinne sind auf Ebene 2b erst-

---

[22] Mit der prinzipiellen Ungenauigkeit der Kategorien geht später auch die Möglichkeit der bewusst flexiblen Zuschreibung dieser Kategorien zu konkreten Mengen einher. Beispielsweise können *drei* Portionen Nachtisch durchaus *viel* sein, obwohl das Zahlwort *drei* eigentlich mit der Kategorie *wenig* verknüpft ist (diese Tatsache wird beispielsweise im Kinderbuch *Ist 7 viel?* (Damm, 2011) eingängig thematisiert). Eine flexible Zuschreibung von Kategorien zu Zahlwörtern *und* den durch sie repräsentierten Mengen könnte somit als ein frühes Stadium der „Grundvorstellungen zu Zahlen" (Wartha & Schulz, 2012, S. 34) angesehen werden.

malig Kardinalität und Ordinalität in den Zahlbegriff integriert. „Erst jetzt kann [das Kind] schließlich benachbarte Zahlen nach ihrer quantitativen Größe unterscheiden" (Krajewski & Ennemoser, 2013, S. 44).

Unabhängig von der zunächst unpräzisen, dann präzisen Größenrepräsentation und damit auch unabhängig von den Zählkompetenzen des Kindes entwickelt sich auf Ebene 2 auch die Fähigkeit zur Größenunterscheidung weiter, hin zur Fähigkeit, Größen zueinander in Beziehung zu setzen (*Größenrelationen*), zunächst noch „ohne Zahlbezug" (ebd.) auf nicht-numerische Weise, die Resnick (1992) als protoquantitative Schemata beschreibt (siehe Unterkapitel 2.3).

> Im Zuge dieser Entwicklung lernen Kinder, dass eine diskrete Menge bzw. Größe in kleinere Mengen bzw. Größen zerlegt und aus diesen wieder zusammengesetzt werden kann (Teile-Ganzes) und begreifen, dass sich eine Menge bzw. Größe nur dann verändert, wenn ihr etwas hinzugefügt oder weggenommen wird (Zu-/Abnahme). (Krajewski & Ennemoser, 2013, S. 45)

Die Einsicht in Teile-Ganzes-Beziehungen von Mengen (und später von Zahlen, die diese Mengen repräsentieren) stellt eine zentrale Voraussetzung für einen tragfähigen Zahlbegriff und damit für arithmetische Aktivitäten dar, die über erste, rein zählende Lösungsstrategien hinausgehen. Zusammenfassend ist das Erreichen der Ebene 2 im ZGV-Modell also durch die „Mengen- bzw. Größenbewusstheit von Zahlen" gekennzeichnet (ebd.). „Auf diese Mengenbewusstheit von Zahlen sollte in der Frühdiagnostik besonderes Augenmerk gelegt werden, da sie grundlegend ist für ein tiefes Verständnis der Grundschulmathematik" (Krajewski & Ennemoser, 2005, S. 98). Die Fähigkeiten, die Kinder auf den Ebenen 1 und 2 entwickeln, werden im Allgemeinen *mathematische Vorläuferfähigkeiten*[23] genannt.

Auf Ebene 3 ist die Trennung in nicht-numerische Mengen-Kompetenzen und numerische Mengen-Zahl-Kompetenzen aufgehoben. Die Fähigkeit einerseits, Mengen- bzw. Größenrelationen zu begreifen, und die Verknüpfung von Zahlwörtern und -symbolen mit Mengen bzw. Größen andererseits ergeben zusammengenommen die Fähigkeit, die Differenz (später allgemeiner: die Beziehung) zwischen zwei Zahlen wiederum als Zahl auszudrücken. Dies geht mit einem numerischen Teile-Ganzes-Verständnis einher (vgl. Krajewski & Ennemoser, 2013, S. 45) und stellt, aufbauend auf den mathematischen Vorläuferfähigkeiten der Ebenen 1 und 2,

---

[23] Eine kritische Diskussion dieses gängigen Begriffs ist bei Steinweg (2008, S. 144) zu finden, die darauf hinweist, dass Vorläuferfähigkeiten fälschlicherweise als den „eigentlichen, richtigen" mathematischen Fähigkeiten vorausgehend aufgefasst werden könnten, tatsächlich jedoch einen relevanten Bestandteil jeder „richtigen" mathematischen Kompetenzentwicklung darstellen. „Jede Auseinandersetzung mit mathematischen Inhalten ist per se Mathematik und keine Vorform" (ebd.).

die Grundlage schulischen Mathematiklernens dar. Zusätzlich zum Ordinal- und Kardinalzahlaspekt wird auf Ebene 3 also der Relationalzahlaspekt integriert (siehe auch Unterkapitel 2.5). An dieser Stelle sei noch einmal betont, dass sich ein Kind nicht konsistent auf einer bestimmten Ebene befindet, sondern es hängt von der konkreten mathematischen Anforderung an das Kind ab (insbesondere Zahlenraum und Aufgabe), welche den jeweiligen Ebenen zugeordneten Kompetenzen es zeigen kann. So kann regelmäßig beobachtet werden, dass Schulanfänger im Zahlenraum bis etwa 3, 4 oder 5 über vielfältige ordinale, kardinale und auch relationale Zahlvorstellungen verfügen, dies jedoch noch nicht für den Zahlenraum zwischen 10 und 20 gilt.

Die Autor*innen des ZGV-Modells führen aus, dass ihrem Modell eine konsequent konservative Kompetenzzuschreibung zugrunde liegt (ebd., S. 46 ff.). Sowohl bezogen auf die frühen Mengenkompetenzen als auch bezogen auf frühe Zählkompetenzen geht das ZGV-Modell davon aus, dass angeborene bzw. sehr früh beobachtbare Fähigkeiten in Abgrenzung zu den später erworbenen noch nicht numerisch zu interpretieren sind. Es bezieht damit Position in der in Unterkapitel 2.1 dargestellten Frage, ob Säuglinge bereits über ein abstraktes Konzept zu Anzahlen verfügen oder nicht doch eher „nur" Flächen und Volumina der ihnen präsentierten Objekte wahrnehmen, und plädiert für die zurückhaltendere zweite Deutung. Gleichzeitig ist es das Ziel des ZGV-Modells, nicht „gut beobachtbare Symptome [beispielsweise] im Bereich des Zählens" als Meilensteine zu formulieren, sondern „konzeptuelle Verständnisprozesse" und entsprechende „Entwicklungsschritte" (ebd., S. 47). Ein zentraler Unterschied zwischen dem ZGV-Modell und den Modellen von Resnick (1989) und Fuson (1988) sowie darauf aufbauenden Modellen wie dem von Fritz und Ricken (2008) besteht in der Bewertung des Aufsagens von Zahlwortreihen, also des (durchaus sicheren) verbalen Vorwärts- und Rückwärtszählens. Vom Piaget'schen Entwicklungsmodell unterscheidet sich das ZGV-Modell darin, dass Klasseninklusion und Seriation erst *gemeinsam* mit Zahlwortfolgen einen Zahlbegriff konstituieren. Daraus ergeben sich folgende Konsequenzen (vgl. Krajewski & Ennemoser, 2013, S. 49 ff.):

a) Sämtliche Fertigkeiten des Zahlwortgebrauchs – die Fuson über fünf Ebenen hinweg als Ausdruck eines zunehmenden konzeptuellen Zahlverständnisses interpretiert – werden im ZGV-Modell auf der niedrigsten Ebene 1 verortet. Auch flexibles, schnelles oder automatisiertes Zählen (beispielsweise flüssiges Rückwärtszählen von beliebiger Startzahl aus, was dem *bidirectional chain level*, also der höchsten Niveaustufe nach Fuson entspricht, siehe Unterkapitel 2.2), spielt nach dem ZGV-Modell für ein konzeptuelles Verständnis keine besondere Rolle.

b) Umgekehrt werden im ZGV-Modell bestimmte Fertigkeiten als qualitativ voneinander abgrenzbare Kompetenzen betrachtet, die bei Fuson auf ein und demselben Level interpretiert werden. Beispielsweise ist das Bestimmen von Nachfolger und Vorgänger einer Zahl (da hierbei keine bzw. nicht zwingend eine
Zahl-Größen-Verknüpfung stattfindet) im ZGV-Modell der Ebene 1 zugeordnet, der Größenvergleich der Ebene 2 und die numerische Bestimmung von
Größenunterschieden der Ebene 3. Bei Fuson hingegen sind diese Kompetenzen sämtlich für das *breakable chain level* formuliert, also in der dritten der fünf
Niveaustufen.

c) Die Seriation von Größen ist im ZGV-Modell auf Ebene 2 verortet, aber nur,
wenn diese bereits mit Zahlwörtern verknüpft ist (Größenrepräsentation von
Zahlen). Die Klasseninklusion wird, um ihre hohen sprachlich-begrifflichen
Anforderungen bereinigt, im ZGV-Modell als identisch zum Teil-Ganzes-
Verständnis numerisch unbestimmter Größen aufgefasst (ebenfalls Ebene 2).
Damit geht die Zahlbegriffsentwicklung nach Piaget in den Vorläuferfähigkei-
ten (Ebenen 1 und 2) nach Krajewski auf.

Zusammenfassend lässt sich festhalten, dass das ZGV-Modell die Entwicklung
mathematischer Vorläuferfähigkeiten umfassend abbildet und auf diese Weise auch
eine theoriegeleitete Diagnostik ermöglicht, welche wiederum konkrete Hinweise
auf sinnvolle Förderaktivitäten liefern kann. In der Diskussion, auf welche Weise
genau solch sinnvolle Förderaktivitäten ausgestaltet sein sollten („Training versus
Spielen", eine Zusammenfassung dieser Fragestellung ist bei Benz et al. (2015,
S. 46 ff.) zu finden), weisen zahlreiche Autor*innen auf den hohen Stellenwert
kindlichen Spiels für kindliche Lernprozesse einerseits und auf die Notwendigkeit
der Begleitung dieser Prozesse durch „informierte und sensible Erwachsene" (ebd.,
S. 38) andererseits hin. Frühkindliche Bildung soll nicht im Sinne eines „Lehrgangs"
verstanden werden, sondern sich konsequent an der Lebenswelt der Kinder orientieren.

Die familiäre Umgebung (speziell: das *home learning environment*, siehe Kapitel
4), Spielgruppen in Kindertagesstätten und weitere informelle soziale Situationen
müssen sich also als ein ausreichend anregendes Umfeld erweisen, um mathematische Lernprozesse zu ermöglichen und zu fördern. Dass für junge Kinder das
Spiel einen zentralen Lernkanal darstellt und damit auch für die mathematische
Entwicklung hoch bedeutsam ist, wird in Unterkapitel 2.6 erläutert. Zuvor wird
mit einer Darstellung der Entwicklung arithmetischer Kompetenzen der Übergang
vom *frühen* zum *schulischen* Rechnenlernen beschrieben, da die vorliegende Arbeit
auch die Untersuchung der Kompetenzen der Stichprobenkinder am Ende des ersten
Schuljahrs umfasst.

2.5   Entwicklung früher arithmetischer Kompetenzen

Rechnen können gilt als klassische, schulisch vermittelte Kulturtechnik, dabei sind Kinder bereits vor der Einschulung in der Lage, arithmetische Probleme zu lösen (vgl. Caluori, 2004; Grassmann et al., 2003; Grüßing, 2006; Hasemann, 2006). In diesem Unterkapitel sollen Grundvorstellungen[24] zur Addition und Subtraktion, Zählstrategien und weitere Strategien sowie Modelle, die die Entwicklung arithmetischer Kompetenzen in den ersten Lebensjahren und im Übergang hin zum schulischen Mathematiklernen abbilden, erläutert werden.

Die Addition und Subtraktion von Zahlen kann in kardinalen Kontexten entweder dynamisch oder statisch gedeutet werden. Grundlegende dynamische Bedeutungen der Addition und Subtraktion sind das *Hinzufügen* bzw. *Wegnehmen* (*change*, englische Originalbezeichnungen nach Resnick, 1989, S. 165). Zentrales Kennzeichen dieser Grundvorstellungen ist eine zeitlich verlaufende Handlung, bei der eine zu Beginn vorhandene Anfangsmenge verändert wird, hin zu einer Ergebnismenge. Die grundlegende statische Bedeutung der Addition hingegen ist das *Vereinigen* (*combine*). Hier existieren zu Anfang zwei getrennte Mengen, die dann als zusammengenommen aufgefasst werden. Eine Handlung repräsentiert diese Vorstellung nicht. Die grundlegende statische Bedeutung der Subtraktion ist das *Vergleichen* (*compare*). Nach dem Vergleich zweier von Anfang an vorhandener Mengen gibt die Differenz den Unterschied zwischen diesen beiden Mengen an, auch hier ohne eigentliche Handlung. Gewissermaßen als hybride Grundvorstellung der Addition und Subtraktion kann das *Ausgleichen* gelten (*equalize*, Begriff nach Riley et al., 1983, S. 159). Beim *Ausgleichen nach oben* (auch *Ergänzen* genannt) werden zwei Mengen miteinander vergleichen und dann entschieden, um wie viel die kleinere Menge noch aufzufüllen ist (additive Vorstellung), damit sie ebenso mächtig ist wie die größere. Analog wird beim *Ausgleichen nach unten* (subtraktive Vorstellung) nach dem Vergleich zweier Mengen die größere der beiden an die kleinere angeglichen. Die statische Komponente dieser Grundvorstellung besteht im Mengenvergleich, die dynamische im Prozess des Angleichens nach oben bzw. unten.

Neben der Unterteilung von Grundvorstellungen in dynamische und statische Vertreter sind in der Literatur noch andere Systematiken zu finden. Beispielsweise können Grundvorstellungen zur Addition und Subtraktion auch in Hinblick darauf unterschieden werden, ob sie Teil-Ganzes-Beziehungen zwischen Zahlen anspre-

---

[24] Der Begriff *Grundvorstellung* geht auf vom Hofe (1995) zurück und beschreibt eine individuelle, erfahrungsbasierte Sinnzuschreibung zu formal-mathematischen Ausdrücken. Grundvorstellungen werden immer dann aktiviert, wenn es darum geht zu verstehen, was Zahlen, Formeln, Rechenoperationen usw. *bedeuten*, und sind entsprechend für intermodale Übersetzungsprozesse nach Bruner et al. (1971) relevant.

Tabelle 2.1 Die Aufgabenfamilie zum Zahlentripel {2; 3; 5}. In den oberen Kästen sind die möglichen *arithmetischen Formate* zu sehen, die sich aus der Aufgabenfamilie ergeben. In den unteren Kästen stehen die zugehörigen *arithmetischen Operationen*, die sich nach Äquivalenzumformungen ergeben, die die gesuchte Zahl x isolieren.

Familie	Ergebnis x	Ausgangsmenge x	Veränderung x
$2 + 3 = 5$	$2 + 3 = x$	$x + 3 = 5$	$2 + x = 5$
$3 + 2 = 5$	$3 + 2 = x$	$x + 2 = 5$	$3 + x = 5$
$5 - 2 = 3$	$5 - 2 = x$	$x - 2 = 3$	$5 - x = 3$
$5 - 3 = 2$	$5 - 3 = x$	$x - 3 = 2$	$5 - x = 2$
	$\downarrow$	$\downarrow$	$\downarrow$
	$x = 2 + 3$	$x = 5 - 3$	$x = 5 - 2$
	$x = 3 + 2$	$x = 5 - 2$	$x = 5 - 3$
	$x = 5 - 2$	$x = 3 + 2$	$x = 5 - 3$
	$x = 5 - 3$	$x = 2 + 3$	$x = 5 - 2$
	$\downarrow$	$\downarrow$	$\downarrow$
Rechenzeichen:	bleibt immer	wechselt immer	immer minus

chen oder ob sich die Operation stattdessen auf disjunkte Mengen bezieht. *combine*- und *change*-Situationen beziehen sich auf Teil-Ganzes-Beziehungen; Beispiele dafür formuliert Resnick (1983, S. 115). In additiven *combine*-Situationen stellen die beiden Summanden Teilmengen dar, und diese Teilmengen bilden ein Ganzes, werden also zu einem Ganzen *vereinigt*. In subtraktiven *combine*-Situationen wird das Ganze in zwei Teilmengen zerlegt, eine Teilmenge abgespalten und dementsprechend die andere Teilmenge (nach Griesel (1971): „die Restmenge") gesucht. In *compare*- und *equalize*-Situationen werden hingegen disjunkte Mengen miteinander verglichen (und ggf. aneinander angeglichen).

Campbell (2008, S. 1096) unterscheidet streng zwischen der „arithmetischen Operation", die zur Lösung einer Additions- oder Subtraktionsaufgabe ausgeführt werden muss, und dem „arithmetischen Format", in der eine Additions- oder Subtraktionsaufgabe präsentiert wird. Die „Aufgabenfamilie" (Padberg & Benz, 2011, S. 161), die beispielsweise aus dem Zahlentripel {2; 3; 5} gebildet werden kann, besteht aus vier Aufgaben: zwei Additionen und zwei Subtraktionen. Je nachdem, welche der drei Zahlen (*Ergebnis, Ausgangsgröße* oder *Veränderung*[25]) in einer Aufgabe gesucht ist, liefert eine Aufgabenfamilie potenziell zwölf unterschiedliche arithmetische Formate. Davon sind sechs additiv präsentierte Formate und die ande-

---

[25] Bezeichnungen in Anlehnung an Schipper (2011, S. 100)

ren sechs subtraktiv präsentierte Formate. Die arithmetischen Operationen ergeben sich hingegen aus denjenigen Äquivalenzumformungen, die notwendig sind, um die gesuchte Größe auch tatsächlich auszurechnen. Die äquivalent umgeformten Aufgaben sind in Tabelle 2.1 unterhalb der ersten Pfeile zu sehen; der Übersichtlichkeit halber ist die jeweils gesuchte Größe x immer auf der linken Seite notiert. Aus den zuvor sechs Plusaufgaben und sechs Minusaufgaben sind nach den Äquivalenzumformungen, nun also bezogen auf ihre arithmetischen Operationen, vier Plusaufgaben und acht Minusaufgaben geworden. Ins Auge fällt dabei, dass bei Aufgaben, in denen die Veränderung unbekannt ist, offensichtlich immer subtrahiert werden muss, um die gesuchte Größe auszurechnen, unabhängig davon, ob es sich ursprünglich um eine additive oder eine subtraktive Situation handelte.

Der Schwierigkeitsgrad einer Aufgabe ergibt sich unter anderem aus dem Verhältnis zwischen der (sprachlichen, bildlichen oder handelnden) Präsentation der (Sach-)Situation (beispielsweise *„Maria hatte 2 Murmeln. Dann gab Hans ihr einige Murmeln, jetzt hat sie 9. Wie viele Murmeln hat Hans ihr gegeben?"*[26]) und ggf. der dieser Präsentation entsprechenden Gleichung (hier: $2 + x = 9$) einerseits und andererseits derjenigen Gleichung, die sich nach Äquivalenzumformungen ergibt mit dem Ziel, die zu errechnende Größe allein auf einer Seite der Gleichung zu haben ($x = 9 - 2$). In diesem Beispiel werden additive Grundvorstellungen angesprochen (*„...gibt ihr... jetzt hat sie...*[mehr als vorher]"), der Text arbeitet sozusagen mit sprachlichen Pluszeichen[27]. Die Berechnung der gesuchten Größe erfordert jedoch Äquivalenzumformungen, die aus der Plusaufgabe eine Minusaufgabe machen. Solche Aufgaben sind für Schulanfänger*innen besonders schwer zu lösen (vgl. Schipper, 2011, S. 101).

Die Entwicklung des Verständnisses für kardinale, dynamische *change*-Situationen beginnt bereits im Säuglingsalter (vgl. Wynn, 1992). Wynn führte 5 Monate alten Säuglingen vor, wie vor einer zu Beginn präsentierten Puppe ein Sichtschirm hochgezogen wird. Dann wird sichtbar eine zweite Puppe hinter den Sichtschirm geschoben. Hinter dem Sichtschirm sollten sich nun also zwei Puppen befinden. Im Anschluss an diesen Vorgang wird der Sichtschirm fallen gelassen. Waren nun tatsächlich zwei Puppen zu sehen (entsprach also das, was zu sehen ist, dem, was gemäß dieser additiven *change*-Situation zu erwarten war), zeigten die Babys keine besondere Reaktion. Wurde allerdings heimlich eine Puppe entfernt, nachdem beide Puppen hinter dem Sichtschirm verschwunden waren, so dass nur

---

[26] Aufgabenbeispiel gekürzt entnommen aus Schipper (2011, S. 100), in Anlehnung an Riley, Greeno und Heller (1983), Radatz (1983) und Stern (1998)

[27] Wessel (2015, S. 30) spricht bezogen auf symbolische Präsentationen wie $b+x = a$ passend zu Campbell (2008) von „Additionsformaten".

noch eine Puppe sichtbar wurde, sobald der Schirm fallen gelassen wurde, stieg die Blickdauer der Babys stark an. Wynn interpretiert dies als Überraschung bzw. Erstaunen, das dadurch entsteht, dass die am Ende sichtbare Einzelpuppe dem erwarteten Bild widersprach. Und *erwartet werden* können zwei Puppen nur, wenn ein grundlegendes Verständnis additiver Mengenänderung bereits vorhanden ist. Beobachtungen von Säuglingen in analogen Subtraktionssituationen, in denen von zwei Puppen nach dem Entfernen einer Puppe entweder eine oder fälschlicherweise zwei übrig blieben, führten zum selben Ergebnis: Sahen die Babys am Ende eine Menge, die nicht zur zuvor gezeigten Mengenänderung passte, reagierten die Babys mit einer erhöhten Blickdauer.

Untersuchungen dieser Art sind als Gegenstand intensiver wissenschaftlicher Diskussionen häufig durchgeführt und in unterschiedlichen Varianten wiederholt worden, nicht immer mit konsistenten Befunden. Eine kompakte Auflistung dieser Studien ist beispielsweise bei Geary (2006, S. 782 ff.) zu finden. Breit akzeptiert ist, dass schon Kleinkinder im zweiten Lebensjahr über Additions- und Subtraktionskompetenzen verfügen, wenn es um sehr kleine Mengen wie 2 oder 3 geht (ebd., S. 787 ff.).

Die oben genannten Begriffe für Grundvorstellungen der Addition und Subtraktion werden vorrangig verwendet, um kardinale Situationen zu beschreiben. Zum Teil können sie auch (sinnvoll) in ordinalen Kontexten genutzt werden, beispielsweise das *Vergleichen*: Wie weit muss bis zur 7 gezählt werden, und wie weit bis zur 9? Was ist der Unterschied zwischen diesen beiden Zählvorgängen? Bis zur 9 muss (um) 2 weiter gezählt werden als bis zur 7; in diesem Sinne sind hier zwei Ordinalzahlen miteinander verglichen, und der Unterschied zwischen beiden kann ebenfalls ordinal aufgefasst werden (die 9 ist von der 7 aus gesehen die *zweit-nächste* Zahl). Auch *change*-Situationen können ordinal interpretiert werden, indem von einer bestimmten Startzahl aus vorwärts oder rückwärts weitergezählt wird. Der Originalbegriff (*change* als *verändern*) provoziert weniger stark kardinale Assoziationen als die gebräuchlichen deutschen Übersetzungen bzw. Präzisierungen *hinzufügen* und *wegnehmen*, denn geändert werden kann problemlos auch die Position im Sinne eines ordinalen Standorts: 8 + 3 bedeutet dann „von der 8 ausgehend noch 3 weiter (nach rechts, nach vorn, nach oben)"[28], analog dazu bedeutet 8 − 3 „von der 8 aus 3 zurück (nach links gehen)". Beim *Ausgleichen nach oben/nach unten* ist eine ordinale Interpretation ebenso naheliegend wie eine kardinale, nämlich als Zähl-

---

[28] Die jeweilige sprachliche Bezugnahme auf eine räumliche Anordnung der Zahlen ist bedingt durch den SNARC-Effekt, der die Eigenschaften eines individuellen mentalen Zahlenstrahls beschreibt. So sind in unserer Kultur in Übereinstimmung mit der Schreibrichtung kleine Zahlen typischerweise links und größere Zahlen rechts auf mentalen Zahlenstrahlen angeordnet (vgl. Grond, Schweiter & von Aster, 2013, S. 48).

handlung, die sich gedanklich direkt an den Vorgang des *Vergleichens* anschließt: von der 7 aus 2 weiterzählen bis zur 9 (*ausgleichen nach oben, ergänzen*), oder umgekehrt von der 9 aus 2 runterzählen/rückwärts zählen bis zur 7 (*ausgleichen nach unten*). Insbesondere bei Subtraktionen mit zwei jeweils relativ großen und gleichzeitig ähnlich großen bzw. nahe beieinanderliegenden Zahlen wie beispielsweise 21–19 ist die ordinale Grundvorstellung *„Wie weit ist es von der einen bis zu der anderen Zahl?"* eingängig, und genauso bei Additionen, bei denen der erste Summand vergleichsweise groß und der zweite Summand vergleichsweise klein ist, wie beispielsweise bei 17 + 2. Hier wird die 17 häufig als Standort verstanden, von wo aus man 2 nach rechts geht, ohne dass hierzu weiteres Wissen über die 17, weder ordinal noch kardinal, vonnöten ist. Fuson und Willis (1988) werben explizit für die Interpretation von Subtraktionsaufgaben als *Ausgleichen nach oben*-Situationen, um so auch Kindern eine Lösung zu ermöglichen, die noch auf zählende Lösungsstrategien angewiesen sind und besser vorwärts als rückwärts zählen können: „(...) there are many advantages to teaching children to solve symbolic subtraction problems by counting up with one-handed finger patterns" (ebd., S. 418). Auf den Wert ordinaler Zahlvorstellungen und ihrer räumlich-geometrischen Repräsentation im Zusammenhang mit dem Rechnenlernen weist auch R. Cooper (vgl. 1984, S. 158) hin.

Heuristische Rechenstrategien basieren auf dem Ausnutzen von auswendig gewussten Grundaufgaben in Verbindung mit der Einsicht in Zahlbeziehungen und können je nach Aufgabe flexibel ausgewählt und einsetzt werden (vgl. Schipper, 2011, S. 107). Ehe heuristische Strategien für die Lösung von Additions- und Subtraktionsaufgaben zur Verfügung stehen, bewältigen Kinder Additions- und Subtraktionsaufgaben in der Regel mit Hilfe von Zählstrategien. Im Rahmen des arithmetischen Anfangsunterrichts sollen die Zählstrategien zu Gunsten heuristischer Strategien zunehmend und letztendlich vollständig in den Hintergrund treten. K. Hess (2012) weist in diesem Zusammenhang auf den Unterschied zwischen Kompetenz und Performanz als einer „generellen diagnostischen Hürde" (ebd., S. 112) hin: Insbesondere im mathematischen Anfangsunterricht lässt sich beobachten, dass Kinder, die durchaus bereits über „ein reichhaltiges Repertoire" (ebd., S. 111) an heuristischen Strategien verfügen, oft lieber „aufwendige Zählstrategien [wählen], weil sie Sicherheit vermitteln und die Erfolgsaussicht garantierter erscheint" (ebd.). Daher soll im Folgenden aufgezeigt werden, wie sich Zählstrategien (hier)mit dem Fokus auf Additionssituationen) typischerweise entwickeln und darauf aufbauend zu Rechenstrategien weiterentwickeln (vgl. Ashcraft, 1990; Fuson, 1988; Geary & Brown, 1991; Siegler & Jenkins, 1989).

Entwicklungsprozesse im Kontext von zunächst (Ab-)Zählkompetenzen sind durch eine fortschreitende Ökonomisierung gekennzeichnet, die ihrerseits auf einem zunehmenden kardinalen und ordinalen Zahlverständnis und auf Wissens- und Erfahrungszuwachs beruht (vgl. Carpenter & Moser, 1983; 1984; Fuson, 1992a; Siegler & Jenkins, 1989; Stern, 1998):

Zunächst nutzen Kinder die Strategie „alles zählen" (*count all*), die (in ihren Varianten *sum*, *shortcut sum* und *count fingers*) dadurch gekennzeichnet ist, dass die Summanden vollständig durch Zählobjekte repräsentiert sind, zumeist die Finger. Die Lösung wird dann durch Abzählen aller Zählobjekte bestimmt.

Bei der Strategie „weiterzählen" (*count on*) wird nur noch der zweite Summand durch Zählobjekte repräsentiert; der erste Summand hingegen stellt die Startzahl dar, von der aus weitergezählt wird (zunächst als *count from first addend*, später auch mit der *min*-Strategie, wenn der zweite Summand größer ist als der erste und das Kind erkennt, dass durch Tausch der Summanden ein kürzerer Zählprozess resultiert). Wird hierbei als noch größere Ökonomisierung in Schritten gezählt, wird vom „abkürzenden Zählen" gesprochen.

Wenn das Kind statische Fingerbilder (*finger display*) nutzt, finden im Grunde keine Zählprozesse mehr statt, sondern sowohl zunächst die Summanden als auch am Ende die Summe werden quasi-simultan erkannt. Hierbei müssen Fingerbilder, insbesondere auch die der Zahlen 6 bis 10, mental repräsentiert sowie ein flexibles, numerisches Teil-Ganzes-Verständnis entwickelt sein (vgl. K. Hess, 2012, S. 117). Damit geht die *finger display*-Strategie über Zählprozesse hinaus, kann aber sicherlich noch in Verbindung zu ihnen gesehen werden: Das simultane Darstellen von Anzahlen durch Fingerbilder wird dann als das immer wieder erkannte Ergebnis von Abzählprozessen interpretiert.

Schon manche Vorschulkinder „bilden ein arithmetisches Faktenwissen aus, in dem einfache Aufgaben und deren Lösung gespeichert sind" (Lambert, 2015, S. 38). Somit können sie den Faktenabruf (*retrieval*) als Lösungsstrategie nutzen. Insbesondere Teil-Ganzes-Beziehungen von Zahlen stellen wertvolles Faktenwissen dar. Nach der Einschulung soll dieses Faktenwissen systematisiert werden und zunehmend die klassischen Grundaufgaben, beispielsweise die des kleinen Einspluseins oder speziell die Verdopplungsaufgaben im Zahlenraum bis 20, umfassen. Der Menge an Fakten und der Fähigkeit, diese abzurufen, kommt in Hinblick auf mathematischen Lernerfolg eine hohe Bedeutung zu. So weist Bardy (2007, S. 97) darauf hin, dass (mathematisch) begabte Kinder in der Regel „ein ausgezeichnetes Gedächtnis" haben und „Informationen schnell auf[nehmen] und sie leicht rekapitulieren" können. Dies „entlastet das Arbeitsgedächtnis, sodass auch komplexere Aufgaben zunehmend leichter gelöst werden können" (Lambert, 2015, S. 38). Kinder, die ohnehin schon über viel Wissen verfügen, eignen sich also weiteres Wissen besonders leicht an. Umgekehrt verfügen Kinder mit besonders schwachen Mathematikleistungen häufig über auffallend wenig auswendig gewusste (Grund-)Aufgaben.

Dies macht bei der Lösung von Aufgaben wiederum das Zählen erforderlich. Beständige Zählprozesse jedoch „verhindern das Bedürfnis, sich etwas zu merken (...) [und] liefern immer nur Einzelfakten, die schnell vergessen werden" (Moser Opitz, 2002, S. 114). Dieser ungünstige Kreislauf sollte in Hinblick auf erfolgreiche *Weiter*lernprozesse durch spezifische Förderung durchbrochen werden. Den starken Zusammenhang zwischen geringem „mengen- und zahlenbezogenen Vorwissen" bei Kindern im Kindergartenalter und späteren schwachen schulischen Mathematikleistungen konnte auch Krajewski (2005, S. 95) belegen; sie identifiziert dabei „Gedächtnisdefizite" ausdrücklich als „Risikofaktoren für Rechen(...)schwäche" (ebd., S. 99).

Vollständig abgelöst werden Zählstrategien durch die Nutzung heuristischer Strategien: Hierbei werden Aufgaben gelöst durch eine Kombination aus auswendig gewussten Grundaufgaben und dem Ausnutzen von Zahlbeziehungen, etwa dass $8 + 7$ eine Fast-Verdopplungsaufgabe ist, die über „das Doppelte von 8" (Auswendigwissen), „dann minus 1" (Zahlbeziehung zwischen 1, 7 und 8 sowie zwischen 1, 15 und 16) gelöst werden kann. Die Nutzung heuristischer Strategien wie das schrittweise Rechnen, das Vereinfachen (gegensinniges Verändern bei der Addition, gleichsinniges Verändern bei der Subtraktion), sowie das Ausnutzen von Tausch-, Nachbar-, Umkehr- und Analogieaufgaben (ggf. als Hilfsaufgaben) anstelle von Zählstrategien stellt das zentrale Ziel des arithmetischen Anfangsunterrichts dar (vgl. Padberg & Benz, 2011, S. 92 ff.).

Dieses Unterkapitel schließt mit der Vorstellung des Modells von Fritz und Ricken (2008, S. 33 ff.) das ähnlich wie das ZGV-Modell zu den Vertretern der *skills integration models* zählt, dabei den Fokus aber auf die Entwicklung von Rechenkompetenzen legt. Dabei wird immer wieder auf die Teilkompetenzen bzw. zugrunde liegenden Theorien aus den Unterkapiteln 2.1 bis 2.4 verwiesen, die in dieses Modell einfließen. Die Autorinnen dieses fünfstufigen Entwicklungsmodells merken an, dass die formulierten Stufen „keine scharfen Grenzen, sondern vielmehr Übergänge" (ebd., S. 43) darstellen, aber durchaus als „wesentliche Meilensteine in der Kompetenzentwicklung" angesehen werden können.

1. *Zahlwortreihen können aufgesagt, zwei Mengen über 1-zu-1-Zuordnung verglichen und Serien von Objekten hergestellt werden.* Die Autorinnen nehmen damit Bezug auf das Modell des Erwerbs der Zahlwortreihe nach Fuson einerseits (vgl. Unterkapitel 2.2) und einige Piaget'sche *logische Operationen* andererseits (vgl. Abschnitt 2.4.1), die auf dieser Stufe noch nicht konkret aufeinander bezogen sind.

2. *Zahlen werden für Zählhandlungen eingesetzt, Zahlen stehen jeweils für die Position in einer Reihe, Objekte werden von 1 an ausgezählt, Additionen und*

Subtraktionen werden durch ein zählendes Vorwärts- oder Rückwärtsgehen in der Zahlwortfolge möglich. Ordinalität und Kardinalität sind auf dieser Stufe noch weitgehend getrennte Aspekte, das Kardinalprinzip nach Gelman & Gallistel wird jedoch erfolgreich eingehalten (vgl. Unterkapitel 2.2). Additionen und Subtraktionen sind auf dieser Stufe rein ordinale Tätigkeiten, die entsprechend ausschließlich zählend bewältigt werden.

3. *Es wird erkannt, dass Zahlen auch Anzahlen von Elementen einer Menge darstellen und Mengen in Mengen enthalten sind.* Auf dieser Stufe werden Ordinalität und Kardinalität erstmalig integriert. Damit geht ein zunächst noch pränumerisches Verständnis für Teil-Ganzes-Beziehungen einher (siehe vorheriges Unterkapitel 2.3). Bedeutsam an dieser Stufe ist, dass das ausschließliche Zählen als Lösungsmöglichkeit von Additions- und Subtraktionsaufgaben erstmalig von Strategien abgelöst wird, die neben Zählvorgängen auch kardinale Aspekte beinhalten. So können die *count on*-Strategien dahingehend interpretiert werden, dass der erste Summand kardinal gedeutet wird, dann von seiner ordinalen Entsprechung aus weitergezählt wird, und zum Schluss wird das Ergebnis des Zählvorgangs wieder kardinal rückübersetzt. Dieses Vorgehen setzt das Verständnis der Tatsache voraus, dass der erste Summand als Teilmenge in der Summe enthalten ist (vgl. Fuson, 1992b, S. 249).

4. *Das Verständnis für gleiche Abstände zwischen aufeinanderfolgenden natürlichen Zahlen wird entwickelt, Differenzen zwischen Mengen sowie Teil-Teil-Ganzes-Verhältnisse werden erkannt.* Auf dieser Stufe ist ein quantitatives Teil-Ganzes-Verständnis angesiedelt. Die Autorinnen betonen hier, dass die Beziehungen zwischen allen drei Mengen, also der Gesamtmenge, der ersten und der zweiten Teilmenge, im numerischen Sinne verstanden werden können, sodass beispielsweise aus der Angabe der Mächtigkeit der Gesamtmenge und der Mächtigkeit einer Teilmenge auf die Mächtigkeit der zweiten Teilmenge geschlossen werden kann.

5. *Teile-Ganzes-Konzept und relationaler Zahlbegriff werden weiterentwickelt, Zählen in Schritten und das Erkennen größerer Differenzen werden möglich.* Auf dieser Stufe können Kinder erstmalig anspruchsvolle Aufgaben lösen, bei denen eine Teilmenge gesucht, die zweite jedoch nicht konkret benannt ist, sondern nur indirekt durch Relationen ermittelt werden kann, beispielsweise: „Auf dem Klettergerüst sind 7 Kinder weniger als auf der Rutsche. Auf beiden Spielgeräten zusammen sind 19 Kinder. Wie viele sind auf dem Klettergerüst?" Dazu ist ein flexibel-reversibles Verständnis von Gesamtmengen und ihren – ggf. auch mehr als zwei – Teilmengen notwendig. Auf dieser Stufe können Ordinalität und Kardinalität als vollständig miteinander verbunden angesehen werden; sie wird

für gewöhnlich im Laufe der ersten Schuljahre erreicht (vgl. Fritz, Ricken & Balzer, 2009).

Vorwissen zu Mengen, zu Zahlen und zum Rechnen wird vor der Einschulung ganz überwiegend in informellen Situationen erworben. Spielsituationen stellen dabei vielfältige Gelegenheiten dar, spezifische mathematische Erfahrungen zu sammeln und Handlungen, die mit Mengen- und Zahlenkompetenzen in Zusammenhang stehen, zu imitieren, zu erproben und zu trainieren. Dies soll im folgenden letzten Abschnitt dieses Kapitels ausgeführt werden.

2.6   Kindliches Spiel im Kontext frühen mathematischen Lernens

Eine einheitliche, von allen wissenschaftlichen Disziplinen anerkannte Definition dessen, was Spiel ist, existiert bislang nicht. Das Spiel als natürliches kindliches Verhalten hat vor allem die Pädagogik beschäftigt, hier häufig bezogen auf die Frage, welche lernförderlichen, erzieherischen oder auch therapeutischen Effekte mit dem Spiel und seinen unterschiedlichen Erscheinungsformen verbunden sein können. Vernooij (2005) weist in diesem Zusammenhang darauf hin, dass sich die Bedeutung des Spiels im Kontext historisch-gesellschaftlicher Veränderungen immer wieder gewandelt hat und mit ihr entsprechende Versuche, die Merkmale und Funktionen von Spiel zu katalogisieren. Insbesondere die Bedeutung des Spiels in Hinblick auf (institutionell intendierte) Lernprozesse wird breit diskutiert; Hauser (2005) sieht in diesem Zusammenhang

> vor allem drei Ursachen, welche die Bedeutung des Spiels für jüngere Kinder in Frage stellen: verschärfter Druck auf die nationalen Bildungssysteme durch internationale Vergleichsstudien, Revision des klassischen Schulfähigkeitskonzepts durch Befunde der Entwicklungspsychologie und die Wiedergeburt des Begriffs der kritischen Perioden im kindlichen Lernen. (ebd., S. 143)

Später weist Hauser (2013, S. 17) darauf hin, dass das Fehlen einer akzeptierten Definition von Spiel die Beantwortung der Frage erschwert, welchen Einfluss das Spielen auf Lernprozesse hat. Er setzt sich für einen „scharfen Spielbegriff" ein, um zu zeigen, dass „insbesondere in den ersten Lebensjahren herausforderndes Spiel ein nachhaltigeres Lernen darstellt als instruktionales Lernen" (ebd.). Er übernimmt mit den folgenden fünf Merkmalen, die sämtlich erfüllt sein müssen, wenn von *Spiel* die Rede sein soll, überwiegend die Definition von Burghardt (2011):

1. *Unvollständige Funktionalität:*
   Ältere Definitionsversuche beinhalten häufig den Aspekt des Fehlens eines Zwecks oder Ziels in dem Sinne, dass das Spiel lediglich dem Selbstzweck dient. Dies wird an dieser Stelle dahingehend relativiert, dass ein konkreter Zweck zwar nicht im Vordergrund des Spiels steht, aber durchaus mittelbar bzw. später einen potenziellen funktionalen Nutzen haben kann. Das betrifft beispielsweise Spiele, die durch Trainingseffekte mit einer Verbesserung etwa kognitiver oder motorischer Fähigkeiten einhergehen.

2. *So-tun-als-ob:*
   Spielerische Verhaltensweisen sind als unvollständig, übertrieben, entfremdet oder bruchstückhaft erkennbar und können damit von ernstgemeintem Verhalten unterschieden werden. Insbesondere wenn die Spielhandlungen ernstgemeinten Handlungen prinzipiell stark ähneln, beispielsweise bei gespielten Kämpfen, nutzen Kinder häufig sogenannte Spiel-Marker; dies können spezielle, mit der Spielhandlung verbundene Gesichtsausdrücke sein oder Variationen in der zeitlich-(un-)logischen Abfolge von Spielhandlungen, die dann möglicherweise besonders langsam oder besonders hektisch oder sonstwie überzeichnet ablaufen. Die Nutzung dieser Marker verdeutlicht vorhandenen oder potenziellen Mitspieler*innen dann, dass die gezeigte Handlung „nur Spiel" sein soll.

3. *Positive Aktivierung:*
   Dieses Merkmal umfasst mehrere Aspekte. Spiel ist zunächst vorrangig verbunden mit *positiven Emotionen*, die durch das Wechselspiel von Anspannung und Entspannung zustande kommen. Spiel als Tätigkeit beinhaltet damit auch Überraschungsmomente, also den Umgang mit dem Unerwarteten bzw. der Ungewissheit, denen sich die spielende Personen aber immer *freiwillig* aussetzen muss, um diese als positiv erleben zu können. Eine „herausragende Rolle" für das „nachhaltige Lernen durch Spiel" nimmt zudem die *intrinsische Motivation* ein, durch die sich Kinder aufgefordert fühlen und für eine Sache begeistern. Hasselhorn (2011, S. 19) stellt bezogen auf die Entwicklung individueller Lernvoraussetzungen fest, dass „man in der Regel zwischen 4 und 6 Jahren sehr günstige motivationale und eher ungünstige kognitive Voraussetzungen für das erfolgreiche Bewältigen von Lernprozessen" vorfindet. Die intrinsische Motivation wird in den ersten Lebensjahren, im Gegensatz zum späteren Grundschulalter, durch wiederholte Misserfolge kaum beeinträchtigt. Allerdings haben Erwachsene auf die weitere motivationale Entwicklung einen starken Einfluss (vgl. Schiefele & Streblow, 2005, S. 52). Hohe Erwartungen und Zutrauen in die kindlichen Fähigkeiten durch die Bezugspersonen äußern sich darin, dass Eltern (sowie Erzieher*innen und Lehrer*innen) Kinder dabei unterstützen, sich herausfordernden Aufgaben zu stellen. Dies wiederum wirkt positiv auf den kindlichen Kompe-

tenzzuwachs; Fan und Chen (2001) identifizieren die Erwartungen der Eltern sogar als den einflussreichsten Faktor bezogen auf die späteren Lernleistungen des Kindes. Wichtig ist dabei pädagogisches Geschick, um auch wirklich die intrinsische Motivation zu fördern, die durch Interesse an der Sache und freudvolles (Selbst-)Erleben gekennzeichnet ist, und nicht die extrinsische, die auf kurzfristige Belohnungen bzw. die Vermeidung von Strafen abzielt (vgl. Edelmann, 2003).

4. *Wiederholung und Variation:*
Das Merkmal der *Wiederholung* grenzt Spiel von rein exploratorischem Verhalten ab. Exploration dient zudem dem expliziten Zweck des Gewinnens von Informationen über die Umwelt, ist also nicht zweckfrei, sondern funktional (siehe oben Punkt 1) und damit vom Spiel zu unterscheiden (vgl. Pellegrini & Smith, 2005). Spiel kann allerdings direkt auf Exploration folgen. „Ein Drang zur Wiederholung (...) ist grundlegend für das Spiel. Es erleichtert das Erlernen von Fähigkeiten für das spätere Erwachsenenleben und verhilft zu einem ausgeglichenem Kinderleben und dadurch zu psychischer Gesundheit" (Hauser, 2013, S. 32). Eine aktive und kreative Begegnung mit der Welt ist durch *Variation* spielerischer Handlungsabläufe gekennzeichnet, insbesondere bei spielerischen Lernprozessen, die deutlich variabler ausfallen als Lernprozesse, die vorrangig auf Instruktion basieren.

5. *Entspanntes Feld:*
Dieses Merkmal zielt wie der 2. Punkt auf den Gegensatz von *Spiel* und *Ernst* ab, bezieht sich jedoch nicht auf die Performanz des Kindes, sondern formuliert eine Anforderung an dessen situatives Umfeld. Kleinkinder spielen umso mehr, je weniger ernst ihre Lage bzw. ihre Existenz bedroht ist, beispielsweise durch Hunger, Angst, Neid oder Stress, das heißt, sie spielen nur dann, „wenn das Umfeld entspannt ist und eine Rückzugsmöglichkeit in die Obhut mütterlicher Geborgenheit besteht" (Einsiedler, 1999, S. 45). Das Sicherheitserleben eines Kindes ist geprägt von der Qualität der Bindung zu seinen Bezugspersonen. „Das wohl wesentlichste Element des entspannten Feldes zur Ermöglichung von Spiel ist die sichere Bindung" (ebd., S. 34). Aufbauend auf den Arbeiten von Bowlby (1969), Winnicott (1969) und Ainsworth (1977) gilt als gesichert, dass eine *sichere Bindung* zwischen dem Kind und seiner Mutter – oder allgemeiner „ihr und wenigen vertrauten anderen [Bezugspersonen]" (Grossmann & Grossmann, 2017, S. 73) – eine wesentliche Voraussetzung für gelingendes Spiel darstellt. Weitere Aspekte, die für ein entspanntes Feld relevant sind, können im Kind selbst liegen (Merkmale wie Fähigkeitsunterschiede zu den Mitspieler*innen, geringe Frustrationstoleranz oder negatives Erleben von Wettbewerbssituationen) oder auch in den Institutionen liegen, die an der Betreuung des

Kindes beteiligt sind (*institutioneller Stress*). Im Kindergarten stellen Mobbing, Konformitäts- und Gruppendruck oder das Nichteingreifen von Erzieher*innen bei Übergriffen oder unlösbaren Konflikten unter Kindern Ernst-Situationen dar, die ein entspanntes, vertieftes Spiel unmöglich machen.

Da „Spielen als eine Form des Lernens" (Flitner, 2002, S. 49) betrachtet werden kann, ohne dass hierbei spezifiziert wäre, in welchen Spielformen das Lernen möglicherweise besonders stark verankert ist, sollen im Folgenden alle gängigen Spielformen unter Bezugnahme auf Einsiedler (1999), Pellegrini und Smith 2005, S. Heinze (2007) und Hauser (2013) erläutert werden. Dazu wird eine eigene Systematik entwickelt, die die Beziehungen der Spielformen untereinander illustrieren soll (siehe Abb. 2.2). Die Reihenfolge der Darstellung ergibt sich aus entwicklungspsychologischer Perspektive bezogen auf das typische zeitliche Auftreten der jeweiligen Spielformen und beginnt dementsprechend im Säuglingsalter. Die Spielformen lösen einander jedoch nicht im Sinne eines strengen Phasen- oder Stufenmodells ab.

Das *Funktionsspiel*[29] ist gekennzeichnet durch psychomotorische Handlungen, bei denen für das Kind die Freude an der Erprobung eigener körperlicher Funktionen im Vordergrund steht. Dementsprechend ist das Funktionsspiel die am frühesten auftretende Form des Spiels und bereits in den ersten Lebenswochen beobachtbar. Weitere gängige Begriffe für diese körperbezogene Form des Spiels sind *psychomotorisches Spiel* und *(frühes) Bewegungsspiel*. Piaget verwendet die Begriffe *Übungsspiel* und *senso-motorisches Spiel*, um diese Spielform in sein Stadienmodell einzuordnen (siehe Abschnitt 2.4.1). Dessen erstes Stadium ist dadurch geprägt, dass das kindliche Handeln auf praktische Erfüllung ausgerichtet ist, nicht auf intellektuelle Erkenntnis (vgl. Piaget, 1976, S. 137).

Bezogen auf die oben genannte Auflistung der *strengen* Spielmerkmale nach Hauser (2013) stellt Hauser selbst fest, dass das 2. Merkmal („So-tun-als-ob") beim Funktionsspiel nicht erfüllt ist, denn für Babys ist das Erkunden ihrer körperlichen Funktionen und das bewegungsbasierte Eltern-Kind-Spiel, das stets durch *Interaktion* gekennzeichnet ist, kein „Tun-als-ob", sondern ernstgemeintes Tun in dem Sinne, dass das Kind keine Spiel-Marker nutzt, die seine Handlungen erkennbar von anderen Ernst-Handlungen abgrenzen würden. Dementsprechend ist das psychomotorische Spiel für Hauser ein „Vorläufer des Spiels" (ebd., S. 85). Die psychomotorischen Spiel-Vorformen entwickeln sich im Laufe der ersten Lebensjahre gleichsam in drei Richtungen weiter: einerseits zum Bewegungsspiel und zum Objektspiel (hier stehen weiterhin die Freude am nicht-zielgerichteten Bewegen und Bewirken

---

[29] Begriff nach Charlotte Bühler (1893–1974), Entwicklungspsychologin

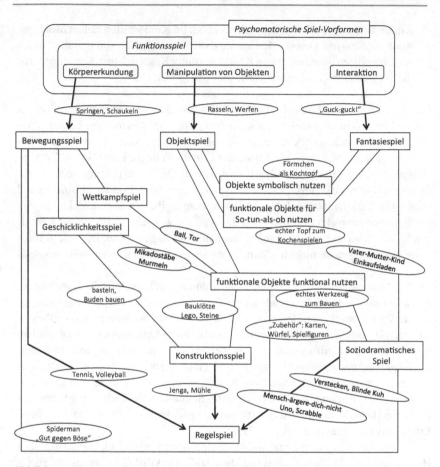

Abbildung 2.2 Veranschaulichung der gängigsten Spielformen und ihrer Zusammenhänge. Beispiele sind oval gekennzeichnet.

im Vordergrund) und andererseits zum Fantasiespiel, das von Imagination und der damit verbundenen fantasievollen Interaktion mit anderen Mitspieler*innen geprägt ist.

Das *Bewegungsspiel*, von Hauser als „Funktionsspiel mit Mobilität" bezeichnet und durch eine Aufzählung grobmotorischer Aktivitäten wie „Herumrennen (..) Purzeln, Rutschen, Ballspiele, Klettern oder Schaukeln (...)" (ebd., S. 86) umschrieben, ist vom Baby- bis ins Erwachsenenalter zu beobachten und kann enge Bezüge beispielsweise mit dem Objektspiel, dem Fantasiespiel und dem Sport aufweisen. Das Bewegungsspiel hat wie vorher das Funktionsspiel eine hohe Bedeutung für die gesunde körperliche Entwicklung von Kindern und ist auch für das Training spezifischer Kulturtechniken wie beispielsweise Schwimmen, Jagen oder die räumliche Orientierung im Gelände von hoher Relevanz. Bewegungsspiele umfassen auch Geschicklichkeits- und Raufspiele („rough-and-tumble play" z.B. nach Pellegrini & Smith, 2005, S. 231) und können sowohl vorrangig allein (z.B. Hüpfkästchen) als auch zu mehreren (z.B. Gummitwist) gespielt werden.

Das *Fantasiespiel* umfasst ebenfalls einige unterschiedliche Spielformen und zeigt seinerseits Bezüge zum Objekt- und zum Bewegungsspiel. Weitere verbreitete Begriffe für das Fantasiespiel sind *Rollenspiel, Fiktionsspiel* und *Illusionsspiel* (vgl. Einsiedler, 1999, S. 75). Das „so-Tun-als-ob" steht beim Fantasiespiel im Vordergrund und wird oft durch die Nutzung von Objekten unterstützt. Bezieht sich das Fantasiespiel schwerpunktmäßig auf das Hantieren mit Objekten, ist oft von *Symbolspiel*[30] die Rede. Im Symbolspiel werden Objekte als Ersatz für andere Objekte oder Personen genutzt, beispielsweise die Puppe, die als Ersatz für ein echtes Baby gewickelt und gefüttert wird, oder das Sandförmchen, das als Backform für einen „Sandkuchen" dient. Soziodramatisches Spiel ist gekennzeichnet durch die Nachahmung und Abwandlung kulturell geprägter Kommunikations- und Verhaltensweisen. „Im Rollenspiel haben Kinder die Freiheit, Probleme so zu lösen, wie sie es sich wünschen" (Hering, 2018, S. 80). Hauser (2013, S. 93) bezeichnet das soziodramatische Spiel als eine „fortgeschrittene Form des Fantasiespiels", da Kinder hierbei ausgefeilte Szenarien, Rollen und Orte entwerfen und dabei oft kontinuierlich neben ihren eigentlichen Sprechtexten – oft konsequent im Konjunktiv formulierte – Dramaturgie- und Regieanweisungen aushandeln. Hier wird der Wert des Fantasiespiels für die Sprachentwicklung, insbesondere die Erzählfähigkeit deutlich (vgl. Hering, 2018, S. 76 ff.).

Das *Objektspiel* basiert wie das Bewegungsspiel auf dem frühen Funktionsspiel. Insbesondere im ersten Lebensjahr steht das Spiel mit Gegenständen in engem Zusammenhang sowohl mit dem Erkunden der eigenen Körperfunktionen – beispielsweise die Hand-Augen-Koordination und die Muskelkraft beim Greifen, Schütteln und Quetschen – als auch mit dem Erkunden grundlegender physikalischer Gesetzmäßigkeiten, etwa beim Ziehen, Schieben und Werfen von Gegenständen. Beim Objektspiel kann unterschieden werden, welche Art von Objekten zu welchem Zweck genutzt werden. Funktionale Objekte können bei Fantasiespielen

---

[30] Begriff nach Jean Piaget (1896–1980), der das Symbolspiel als Assimilationsvorgang gerade dadurch von den psychomotorischen Spielformen abgrenzt, dass beim Symbolspiel mentale Repräsentationen im Vordergrund stehen, nicht das Üben körperlicher Handlungsschemata (vgl. Einsiedler, 1999, S. 77).

dazu dienen, Spielhandlungen möglichst realitätsnah zu gestalten. Diese Spielhandlungen sind häufig gut als konkrete Nachahmung erwachsener Verhaltensweisen zu erkennen, etwa das Kochenspielen mit echten Kochtöpfen. Funktionale Objekte werden in vielen Familien und Betreuungseinrichtungen häufig durch spezifisches Spielzeug, zum Beispiel Puppengeschirr, ersetzt. Ob dieser Ersatz als eher spielförderlich oder eher spielhinderlich bewertet werden sollte, ist regelmäßig Gegenstand pädagogischer Diskussionen. Hauser (2013, S. 97 ff.) fasst diesbezügliche Forschungsergebnisse in Hinblick auf die Altersentwicklung der Kinder zusammen und stellt fest, dass „Objekt- und Ereignissubstitutionen (...) anfänglich für Kinder schwierig" sind, jedoch später die „geistige Aktivität" umso mehr angeregt wird, „je abstrakter solche Ersetzungen sind", und Kinder „ab vier Jahren auch mit funktional uneindeutigen Spielsachen vollständig zum Fantasiespiel fähig sind".

Auch das *Konstruktionsspiel* ist häufig durch den funktionalen, sozusagen bestimmungsgemäßen Gebrauch von Objekten, nämlich Baumaterialien wie Legosteinen oder Bauklötzen gekennzeichnet. Zudem kommen weitere Materialien wie Stöcke, Äste, Sand fürs Konstruktionsspiel in Frage. Die Freude am Bauen, Verbinden und Erschaffen steht hier im Vordergrund. Für die Umsetzung schwieriger Bauvorhaben, etwa winzige Häuser aus Streichhölzern oder besonders hohe Türme aus Bechern (die eine sehr präzise Platzierung erfordern, damit der Turm nicht zusammenfällt) sind hohe feinmotorische Fertigkeiten notwendig; hier zeigt sich eine enge Verbindung zwischen dem Bewegungsspiel und dem Objektspiel. Einsiedler (1999, S. 104) weist zudem auf die engen Beziehungen zwischen dem Konstruktionsspiel (hier auch: *Bauspiel*) einerseits und dem Objekt- und dem Fantasiespiel andererseits hin.

Viele Modelle, die die Spielentwicklung in den ersten Lebensjahren abbilden, weisen eine zeitlich-hierarchische Struktur auf. Die dort dargestellten Spielformen münden für gewöhnlich im *Regelspiel*, siehe beispielsweise bei Heinze (2007, S. 270) und Einsiedler (1999, S. 126). Der Grund dafür liegt in der tendenziellen Zunahme an intellektuell-strategischen Anforderungen in Richtung des Regelspiels, welche in Abb. 2.2 als solche nicht berücksichtigt ist. „Die Hauptanforderung in vielen Regelspielen ist, die eigene Spielstrategie auf die des Gegners abzustimmen und dabei auch Wahrscheinlichkeiten ins Kalkül zu ziehen" (Einsiedler, 1999, S. 129). Das in Abb. 2.2 dargestellte Modell ist bei strenger Betrachtung nur bezogen auf die psychomotorischen Spiel-Vorformen von oben nach unten zu lesen, denn diese gehen den Spielformen *Bewegungsspiel*, *Objektspiel* und *Fantasiespiel* eindeutig zeitlich voraus. Weitere analoge Hierarchien sind in dem Modell nicht explizit dargestellt. Es erscheint jedoch plausibel, den intellektuellen Anspruch implizit in der Menge und der Art der Bezüge zwischen den jeweiligen Spielformen anzusiedeln: Das gemeinsame, abwechselnde Kicken eines Balls auf ein Tor, vielleicht verbunden mit einer Frage wie „Wer schießt als erstes 10 Tore?", ist ein Bewegungsspiel, bei dem funktionale Objekte funktional genutzt werden und das einen gewissen Wettkampfcharakter hat. Darauf aufbauend wird dieses Kickspiel erst dadurch zum Regelspiel, dass weitere, komplexe Regeln (strenge räumliche und zeitliche Begrenzungen der Spielhandlungen, komplexe Aufgabenteilung in Mannschaften, Sanktionsregeln wie Freistöße, Abseits und Elfmeter usw.) sowie im soziodramatischen Spiel erworbene Fähigkeiten wie die Antizipation gegnerischer Spielzüge und psychologische Einschätzungen von Mitspieler*innen und gegnerischer Mannschaften Anwendung finden. Die Herausforderung, ein Fußballspiel regelkonform zu meistern, liegt also in der Vielfalt und im Bezügereichtum der konstituierenden Spielformen sowie in der intellektuellen Herausforderung, diese Vielfalt in das eigene Spielverhalten zu integrieren.

Der Wert des Spiels ist immer wieder intensiv diskutiert worden. Schon im 19. Jahrhundert sind diametrale Ansichten zu finden: Fröbel (1826, Nachdruck 1973, S. 67) sieht das Spiel als „die höchste Stufe der Kindes- und Menschheitsentwicklung" an, während zur selben Zeit Schleiermacher (1826, Nachdruck 1983, S. 199) das Spiel vom (schulischen) Lernen als dem sprichwörtlichen „Ernst des Lebens" abgrenzt. Zimpel (2011) unterscheidet zwischen

> (...) einem entwicklungsfördernden Spiel und bloßer Spielerei. Bei einer Spielerei handelt es sich (...) um die Überbrückung einer monotonen Situation des Wartens, des Übens, des Arbeitens oder des Mangels an anderer sinnvoller Beschäftigung. (ebd., S. 34)

Hierbei soll *Arbeit* im Sinne des *Ernstspiels*[31] verstanden werden, das durch subjektive Ernsthaftigkeit und Vertieftheit geprägt ist, ähnlich wie bei Erwachsenen, die sich ernsthaft ihrer Arbeit widmen. In diesem Zusammenhang unterscheidet Zimpel (2011) explizit zwischen *Spielen* und *Lernen*:

> Wenn ich etwas lernen will, was ich noch nicht kann, wie zum Beispiel den Text eines Gedichts, eine Melodie auf einem Musikinstrument oder Einradfahren, kann von Selbstzweck nicht mehr die Rede sein. Denn der Zweck des Lernens liegt ja im angestrebten Können. Um diesen Zweck zu erreichen, werde ich eine Durststrecke des Übens durchstehen müssen. Die gedanklich vorweggenommene Fähigkeit ist dann so etwas wie das Licht am Ende des Tunnels. (ebd., S. 33)

Dementsprechend kommt Zimpel zu dem Schluss, dass eine Handlung dann als Spiel zu bezeichnen ist, wenn sie vorwiegend Selbstzweck besitzt; und strebt das

---

[31] Begriff nach William Stern (1871–1938), Begründer der Differentiellen Psychologie

Tun ein Wissen oder ein Können an, handelt es sich um Lernen (vgl. ebd.). Weber (2009, S. 17) weist allerdings darauf hin, dass sich das Lernen in der frühen Kindheit „nicht bewusst" vollzieht, und unterscheidet *implizites* Lernen, das automatisch „in den Erfahrungen der Kinder inbegriffen" ist, und *explizites* Lernen, bei dem die lernende Person „Lerninhalte und Lernziele" bewusst bestimmt. Auch bei älteren Kindern und Erwachsenen ist denkbar, dass das Lernen lediglich eine (sicherlich willkommene) Begleiterscheinung von Spielhandlungen ist, jedoch keinen intendierten Zweck darstellt. Eben dies meint Hauser (2013) mit dem „potenziellen funktionalen Nutzen" des Spiels, dessen Bedeutung aber gegenüber dem Vordergrund stehenden Spielspaß zurücktritt.

Bezogen auf speziell mathematisches Lernen bedeutet das, dass es sich lohnt, nach diesem „potenziellen funktionalen Nutzen" in Hinblick auf die mögliche Unterstützung früher mathematischer Lernprozesse Ausschau zu halten. Mathematische Frühförderprogramme, die Namen wie *Spielend Mathe* (Quaiser-Pohl, 2008) oder *Zahlenzauber* (Clausen-Suhr, Schulz & Bricks, 2008) tragen und in denen Handpuppen namens „Zahlenhexe" und „Zahlendrache" (ebd., S. 435) zum Einsatz kommen, stützen schon durch ihre Namensgebung den Eindruck, dass mathematisches Lernen und Spiel keine Gegensätze bilden. In zahlreichen Untersuchungen konnte gezeigt werden, dass spielbasierte Förderansätze bezogen auf die intendierte Förderung früher mathematischer Kompetenzen wirksam sind (Gasteiger, 2010; Picard, 1974; Pramling Samuelsson, 2004; Ramani & Siegler, 2008; Siegler & Ramani, 2009; Stebler, Vogt, Wolf, Hauser & Rechsteiner, 2013; van Oers, 2014). Griffiths (vgl. 2011, S. 171) spricht sogar ausdrücklich von Vorteilen, die mathematisches Lernen durch Spielen aufweist, und benennt fünf Schlüsselfaktoren, die diese Vorteile begründen:

1. *Zweck und Motivation*, die in der Freude am Spiel selbst liegen, vgl. die Definition des Spiels nach Burghardt (2011) und Hauser (2013),
2. der *Kontext*, der für mathematisches Lernen grundlegend wichtig ist (und die zunehmende Abstraktion mathematischer Begriffe erst ermöglicht) und den spielende Kinder sich selbst auf dem für sie passenden Niveau erschaffen,
3. *Kontrolle und Verantwortung*, die beim Spiel bei den Kindern selbst liegen, was deren Selbstbewusstsein und Lernerfolg unterstützt,
4. die *Zeit*, die beim Spiel für gewöhnlich reichlich vorhanden ist und auch benötigt wird, um Dinge zu wiederholen, zu üben, zu diskutieren und zu klären,
5. das *praktisches Tun*, das beim Spiel stets im Vordergrund steht (anders als in der Schule, in der für gewöhnlich die formal-symbolische Verschriftlichung mathematischer Ideen angestrebt wird).

Die Unterstützung kindlichen Spiels kann also per se als eine geeignete Fördermaßnahme gelten. Aus diesem Grund wurde in der vorliegenden Untersuchung neben dem gemeinsamen Anschauen und Vorlesen von Bilderbüchern (siehe Unterkapitel 1.1) das gemeinsame Spiel von Eltern und Kindern als empirische Intervention gewählt. Hinsichtlich der in Abb. 2.2 unterschiedenen Spielformen können die in dieser Untersuchung eingesetzten klassischen Gesellschaftsspiele vorrangig im Bereich der Konstruktions- und/oder Regelspiele angesiedelt werden. Dies ist begründet mit der zu erwartenden „Förderung des technischen Verständnisses" (Einsiedler, 1999, S. 117), der „Förderung der Raumvorstellung" (ebd., S. 111) und dem „Problemlösen" (ebd.) insbesondere bei Konstruktionsspielen einerseits und der Möglichkeit andererseits, spezifische Mengen- und Zählkompetenzen (siehe Unterkapitel 2.1 und 2.2) im Umgang mit beispielsweise Würfel-basierten Regelspielen zu trainieren. Dies wird bei der Vorstellung der Intervention in Unterkapitel 6.4 noch einmal aufgegriffen. Ebenfalls zu berücksichtigen ist der Befund, dass spielbasiertes mathematisches Lernen der Begleitung durch „informierte und sensible Erwachsene" bedarf Benz et al. (2015, S. 38), wie in Abschnitt 2.4.2 bereits erwähnt wurde. Copley (2010) greift diese Tatsache aus institutioneller Perspektive[32] auf, indem sie aufzeigt, bei welchen kindlichen Aktivitäten solche Begleitung konkret notwendig ist:

> Early childhood educators say that children learn by doing. The statement is true, but it represents only part of the picture. In reality a child learns by doing, talking, reflecting, discussing, observing, investigating, listening, and reasoning. (ebd., S. 29)

Beinahe alle hier von Copley genannten Tätigkeiten erfordern ein Gegenüber, eine Person, mit der das Kind sprechen und diskutieren kann, jemanden, bei dem es sich lohnt zuzuhören und zu beobachten. Dieser Ansicht schließt sich auch Hauser (2017) an, der hinsichtlich erhoffter mathematischer Fördereffekte „gravierende Nachteile" im Freispiel sieht und stattdessen in Anlehnung an Fisher, Hirsh-Pasek, Newcombe und Golinkoff (2013) für *guided play* wirbt, damit auch die notwendige „Übeintensität für alle Kinder stärker sichergestellt" ist (Hauser, 2017, S. 49). Dies passt zum Befund von Wirts, Wertfein und Wildgruber (vgl. 2017, S. 64 f.), die in ihren Interaktionsanalysen festgestellt haben, dass inhaltliche, sprachanregende Fragen seitens der Erzieher*innen in Freispielsituationen nur 1,8 % ihrer Gesamtäußerungen ausmachen. Da das Freispiel in deutschen Kitas „einen Großteil der der Kita-Alltagszeit" einnimmt, ist die Nichtnutzung dieses Potenzials „besonders

---

[32] Die Autorin hat ein Mathematik-Curriculum für den Übergang Kita-Grundschule geschrieben, der auf den Empfehlungen der US-amerikanischen *National Association for the Education of Young Children* und des *National Council of Teachers of Mathematics* basiert.

problematisch" (ebd., S. 65). Zudem gelingt es einzelnen Kitas, die an der BIKE-Studie teilgenommen haben, sehr wohl, in Freispielphasen eine hohe Lernunterstützung umzusetzen. Daher muss der Schluss gezogen werden, dass „das Freispiel nicht per se wenig lernanregend ist, sondern im Alltag von vielen Fachkräften für lernanregende Interaktionen (...) zu selten genutzt wird" (ebd.).

2.7 Zusammenfassung

In diesem Kapitel wurde dargestellt, welche Konzepte und Kompetenzen junge Kinder im Rahmen ihrer frühen mathematischen Entwicklung typischerweise ausbilden. Die Frage, welche davon angeboren sind und welche hingegen als kulturelle Praktiken erst im sozialen Umfeld ausgebildet werden können, ist insbesondere in den 1970er und 1980er Jahren intensiver Forschungsgegenstand gewesen. Piaget beispielsweise hatte, als Vertreter eines selbstbildungsbetonten Ansatzes, auch außerhalb des Bezugs auf speziell mathematische Lernprozesse erheblichen Einfluss auf die allgemeine (Früh-)Pädagogik. Daher wird dieser Aspekt in Kapitel 4 erneut aufgegriffen.

In den Unterkapiteln 2.1 bis 2.3 wurden Zählkompetenzen, Mengenkompetenzen und Einsicht in Teil-Ganzes-Beziehungen als die wichtigsten mathematischen Kompetenzen vorgestellt, die Kinder für gewöhnlich schon vor der Einschulung ausbilden. Ein Entwicklungsmodell (siehe Unterkapitel 2.4), das diese Kompetenzfelder integriert, haben u. a. Krajewski und Ennemoser (2013) vorgelegt. Dieses Modell erklärt die Bedeutung dieser sogenannten Vorläuferfähigkeiten für das Rechnenlernen, wie in Unterkapitel 2.5 ausgeführt wurde. Frühe mathematische Kompetenzen werden vorrangig in informellen Settings erworben, in denen das Spiel gemäß Unterkapitel 2.6 vielfältige Gelegenheiten bietet, Mengen- und Zahlenkompetenzen zu erwerben, zu trainieren und weiterzuentwickeln.

Gleichzeitig kann bei Schulanfänger*innen eine „riesige Bandbreite in den Fähigkeiten und Fertigkeiten" (Hasemann & Gasteiger, 2014, S. 2) beobachtet werden. Als mögliche Ursache für diese Heterogenität werden in Kapitel 4 die Einflüsse und Potenziale der häuslichen Lernumgebung sowie der Kita ausführlich diskutiert.

Für die Gestaltung eines schulischen mathematischen Anfangsunterrichts, der an den individuellen Kenntnissen und Kompetenzen von Kindern ansetzt, ist also eine systematische Erhebung derselben unabdingbar. Im folgenden Kapitel wird daher zunächst dargestellt, auf welche Weise frühe mathematische Kompetenzen erhoben werden können.

Erhebung früher mathematischer Kompetenzen

3

Mathematische Kompetenzen stellen in wissenschaftlichen Disziplinen wie der Lehr-Lern-Forschung, der Psychologie und den Fachdidaktiken ein komplexes Konstrukt und relevantes Personenmerkmal dar. Mit deren Erhebung können unterschiedliche Ziele verfolgt werden; neben wissenschaftlicher Forschung und klinischer Abklärung von Auffälligkeiten steht hier die Planung, Dokumentation und Evaluation von Lehr-Lern-Prozessen im Vordergrund. Findet die Erhebung entsprechend „zielgerichtet" und „unter Zuhilfenahme besonderer Verfahren" statt, wird auch von (pädagogischer oder pädagogisch-psychologischer) *Diagnostik* gesprochen (Kubinger, 2009, S. 7). Grundlegendes Ziel der Diagnostik in der pädagogischen Psychologie ist es, diejenigen Merkmale einer Person zu erfassen, „die einer Prognose zukünftigen Verhaltens und Erlebens und/oder einer angestrebten Verhaltensmodifikation dienen" (Pospeschill & Spinath, 2009, S. 14). Aus der Perspektive der Lehr-Lern-Theorie umfasst pädagogische Diagnostik

> alle diagnostischen Tätigkeiten, durch die bei einzelnen Lernenden Voraussetzungen und Bedingungen planmäßiger Lehr- und Lernprozesse ermittelt, Lernprozesse analysiert und Lehrergebnisse festgestellt werden, um individuelles Lernen zu optimieren. (Ingenkamp & Lissmann, 2008, S. 13)

Zu den Voraussetzungen gehören beispielsweise spezifische Vorkenntnisse, an die weitere Lehr- und Lernprozesse anknüpfen. Die Einbettung der lernenden Person in ihr Sozialgefüge trägt maßgeblich zu den Bedingungen ihrer Lernprozesse bei. Planmäßigkeit kann immer dann angenommen werden, wenn Lernziele in Form eines Curriculums oder ähnlichem explizit derart festgehalten sind, dass die Erreichung derselben prinzipiell überprüfbar ist. Die Berufung sowohl auf die Analyse von Lernprozessen als auch auf die Feststellung von Lehrergebnissen zeigt auf, dass

Lehren und Lernen hier nicht getrennt gedacht werden können, sondern im Kontext pädagogischer Diagnostik stets gemeinsam betrachtet werden sollen. Diagnostik erfüllt damit keinen Selbstzweck, sondern dient der Unterstützung bzw. strenger: der Optimierung individueller Lernprozesse.

Hasselhorn, Heinze, Schneider und Trautwein (2013) sehen seit einigen Jahren einen Diagnostik-Trend, der nicht nur die (pädagogische) Psychologie betrifft, sondern auch die bildungswissenschaftlichen Disziplinen, insbesondere die Mathematikdidaktik. Im Sinne der Lehr-Lern-Theorie sind mathematische Lernprozesse, sicherlich auch bedingt durch den vergleichsweise hierarchisch organisierten innermathematischen Stoffaufbau, besonders geeignet, durch regelmäßige *Lernstandsdiagnosen* abgebildet zu werden, um auf deren Basis weitere individuelle Lehrangebote zu planen (vgl. Kretschmann, 2006).

Mischo, Weltzien und Fröhlich-Gildhoff (2011) unterscheiden in der pädagogisch-psychologischen Diagnostik zwischen *Beobachtungsverfahren qualitativ-hermeneutischer Ausrichtung* und *eher standardisiert-quantitativen* Verfahren (auch: Verfahren *mit hoher Standardisierung*). Die für die Methodik der vorliegenden Arbeit ausgewählten Instrumente zählen gemäß Peucker (2011) zur letzteren Gruppe und werden in diesem Kapitel noch ausführlicher vorgestellt. Zunächst werden einige grundlegende Aspekte pädagogisch-psychologischer Diagnostik erörtert.

3.1 Psychologische Diagnostik in der Pädagogik

In Hinblick auf die Auswahl von Erhebungsinstrumenten, die für ein bestimmtes Ziel besonders geeignet sein sollen, erscheint zunächst eine Begriffsbetrachtung ratsam; denn um die Eignung beurteilen zu können, muss geklärt sein, *was genau* eigentlich erhoben wird. Schweizer (2006) bezieht sich bei seiner getrennten Betrachtung von *Leistungsdiagnostik* und *Kompetenzdiagnostik* auf Hasselhorn, Marx und Schneider (2005), die zwischen *Leistungen* und *Kompetenzen* unterscheiden:

> Während die Erfassung von Leistungen vergleichsweise unproblematisch ist, gilt dies für die Kompetenzen nicht in gleicher Weise. Dies hat mit dem sehr viel höheren theoretischen Anspruch des Kompetenzbegriffs zu tun. Während sich der Terminus Leistung (Performanz) auf das direkt beobachtbare Verhalten beim Bearbeiten einer definierbaren Klasse von Anforderungen (...) bezieht, handelt es sich beim Begriff der Kompetenz um ein sogenanntes hypothetisches Konstrukt, nämlich um ein nicht direkt beobachtbares relativ stabiles Leistungs*potenzial* einer Person. Im Gegensatz zum reinen Verhaltensphänomen der Leistung unterstellt der Kompetenzbegriff die Existenz eines relativ stabilen Persönlichkeitsmerkmals. Eine solche Annahme ist allerdings nur sinnvoll, wenn substanzielle positive Zusammenhänge zwischen der

postulierten Kompetenz und den gezeigten Leistungen im definierten Anforderungs-
bereich bestehen. Testverfahren zur Erfassung von Kompetenzen basieren daher auf
konkreten Leistungsanforderungen, die möglichst repräsentativ für den geschätzten
Kompetenzbereich sein sollten. (Hasselhorn et al., 2005, S. 2)

Den Aspekt des Potenzials umfasst auch der Begriff *Vorläuferfähigkeiten*, der häufig in mathematikdidaktischen Publikationen zu finden ist, während Autor*innen
in psychologischer Tradition meist eher von *Vorläuferfertigkeiten* sprechen (aber
möglicherweise dasselbe meinen). Wilhelm und Nickolaus (2013, S. 24) formulieren
die Forderung, „die im Sinne kontextspezifischer kognitiver Leistungsdispositionen
definierten Kompetenzen (...) und die zugehörigen Messinstrumente trennscharf von
anderen in der Leistungsdiagnostik gebräuchlichen Konzepten" zu unterscheiden.
Dies würde zunächst eine strenge Klärung von Begriffen erfordern, die beispielsweise überwiegend synonym verwendet werden (etwa wie *(intellektuelle) Begabung*
und *Intelligenz*), in redundanter Beziehung zueinander stehen (wie *Begabung* und
Fähigkeit(en)), oder auch unterschiedliche Aspekte derselben Sache betonen, wie
beispielsweise *Fertigkeiten*, die auf operative Performanz abzielen und somit mit
Geschicklichkeit oder Effizienz verbunden sein können, und *Fähigkeiten*, die eine
Person eben nur befähigen etwas zu tun, ohne direkt darauf schließen zu lassen, dass
sie es dann auch tut, geschweige denn auf geschickte Art und Weise. Zudem birgt
die Verwendung des Begriffs *Vorläuferfähigkeiten* wie schon in Unterkapitel 2.4
erwähnt das Risiko der Assoziation, dass es sich bei deren Entwicklung noch nicht
um „richtige" mathematische Entwicklung handele, sondern dieser vorgeschaltet
sei (vgl. Steinweg, 2008, S. 144).

Stern und Hardy (2014, S. 159) kommen ähnlich wie Steinweg (2008)[1] ohne den
Kompetenzbegriff aus und unterscheiden aus kognitionswissenschaftlicher Sicht
drei Arten des Wissens: Fakten-, Anwendungs- und Problemlösewissen. Faktenwissen umfasst aus dem Gedächtnis abrufbares Wissen, wie etwa die Zahlwortreihe, die Kenntnis der Würfelbilder oder später auch auswendig gelernte Aufgaben
aus dem Einspluseins und Einmaleins. Unter Anwendungswissen wird vorrangig
prozedurales Wissen verstanden, etwa die Kenntnis schriftlicher Subtraktionsalgo-
rithmen, also das „Wissen, wie". Wenn nicht nur oberflächliche Merkmale mathematischer Aufgaben, sondern auch noch die Aufgabenstrukturen verändert werden,
ist zu deren Bearbeitung Problemlösewissen notwendig. Ähnlich dem *Problemlösen*
als einer der *allgemeinen mathematischen Kompetenzen* aus den Bildungsstandards
(KMK: Sekretariat der Ständigen Konferenz der Kultusminister der Länder in der
Bundesrepublik Deutschland, 2015) muss zur Bearbeitung von Aufgaben (bislang)

---

[1] Steinweg unterscheidet Kenntnisse (= Faktenwissen), Fertigkeiten (= abrufbare Handlungen) und Fähigkeiten (= Kompetenzen im Bereich der geistigen Auseinandersetzung).

unbekannter Struktur begründet werden können, *warum* bestimmte Operationen zur Lösung der Aufgabe geeignet sind; das Faktenwissen und das Anwendungswissen werden hierbei vorausgesetzt.

In Anlehnung an Westphalen (1979, S. 61) können von den Fertigkeiten als „fast müheloses Können" und den Fähigkeiten als Voraussetzung zum „Vollzug von Operationen" noch die *Kenntnisse* unterschieden werden, die von überblicksartigem Wissen bis hin zum „souveränen Verfügen über möglichst viele Teilinformationen und Zusammenhänge" reichen können. Der weit verbreitete Kompetenzbegriff nach F. E. Weinert (2014) beschreibt Kompetenzen als

> die bei Individuen verfügbaren oder durch sie erlernbaren kognitiven Fähigkeiten und Fertigkeiten, um bestimmte Probleme zu lösen, sowie die damit verbundenen motivationalen, volitionalen und sozialen Bereitschaften und Fähigkeiten, um die Problemlösungen in variablen Situationen erfolgreich und verantwortungsvoll nutzen zu können. (ebd., S. 27)

In ihrer Diskussion des Kompetenzbegriffs weisen Schott und Azizighanbari (2013, S. 26) darauf hin, dass die Aspekte *volitionale* und *soziale Bereitschaft* in solchen Definitionsentwürfen besser nicht enthalten sein sollten, sondern der Fokus stattdessen insbesondere bei der Kompetenzdiagnostik in pädagogisch-fachdidaktischen Kontexten auf kognitiven Fähigkeiten und Fertigkeiten liegen sollte. Potenziell beobachtbar sind im epistemologischen Sinne dann die *Prozesse* und die *Ergebnisse* eben jener Problemlösungen, nicht die Kompetenzen selbst, und schon gar nicht dessen Komponenten Kenntnisse, Fähigkeiten und Fertigkeiten. Da diese Begriffe jedoch nicht streng konsistent gebraucht werden, insbesondere nicht über verschiedene Disziplinen wie die Entwicklungspsychologie, Neuropsychologie, Pädagogik oder die Fachdidaktiken hinweg, finden sich (nicht nur) bei den Autor*innen der im Folgenden vorgestellten Erhebungsinstrumente unterschiedliche Begriffsapparate. Für die vorliegende Arbeit wird angenommen, dass es die *Performanz* der Untersuchungskinder ist, die sich in den erhobenen Rohdaten wiederspiegelt, und dass diese Performanz wiederum das Minimum[2] derjenigen Leistung darstellt, die die Kinder aufgrund ihres aktuellen Kompetenzentwicklungsstandes erbringen konnten.

---

[2] Minimum deshalb, weil ein Kind, das im Erhebungsinterview z. B. korrekt bis 25 gezählt hat, offenbar bis *mindestens* 25 korrekt zählen kann. Möglicherweise kann es auch noch weiter zählen, aber dies war zu dem Zeitpunkt nicht beobachtbar. Das Phänomen natürlicher Performanzschwankungen wird gemeinhin mit „Tagesform" bezeichnet; solche Schwankungen können sowohl nach unten wie auch nach oben auftreten. Schwankungen nach unten können möglicherweise zum Teil durch besonders geduldige und/oder motivierende Interviewführung kompensiert werden; Schwankungen nach oben können als Erscheinungsform derjenigen Kompetenzen aufgefasst werden, über die das Kind *noch nicht ganz sicher* verfügt.

Um die mathematischen Kompetenzen junger Kinder zu erfassen, ist in der Vergangenheit eine Vielzahl von Diagnostikinstrumenten entwickelt worden. Einen Überblick über gängige Verfahren und Tests bieten Rottmann, Streit-Lehmann und Fricke (2015). Solche Übersichten können helfen, Diagnostikverfahren auszuwählen, die für bestimmte Untersuchungsziele und spezifische Rahmenbedingungen geeignet erscheinen. Das Untersuchungsdesign der vorliegenden Arbeit (siehe Kapitel 6) beschränkt die Wahl für die beiden Messzeitpunkte rund um die Intervention auf solche Verfahren, die als analoge Eins-zu-eins-Interview konzipiert sind, in Abgrenzung zu Gruppentests oder computergestützten Verfahren. Dadurch sollen zum einen die mathematischen Kompetenzen der Stichprobenkinder in einer alltagsnahen Gesprächssituation möglichst detailliert erfasst und zum anderen die typischen Abläufe im Kindergartenalltag in den Untersuchungskitas möglichst wenig gestört werden. Weitere Kriterien bei der Wahl sind eine vertretbare Dauer der Durchführung (< 30 Minuten), um die Konzentration und Aufmerksamkeit der Stichprobenkinder nicht unnötig zu strapazieren, sowie leitfadengestützte Interview- und Protokollierungsabläufe, um eine zufriedenstellende Testobjektivität im Sinne der Anwenderunabhängigkeit zu gewährleisten (vgl. Döring & Bortz, 2016, S. 442). Inhaltlich sollten klassische Vorläuferfähigkeiten im Übergang zum schulischen Mathematik Lernen im Sinne der Unterkapitel 2.4 bis 2.5 abgedeckt werden. Auch Kinder, die zum Zeitpunkt der Erhebungen nur wenig Deutsch sprechen, sollten in die Lage versetzt werden, ihre mathematischen Kompetenzen zu zeigen. Dies schränkt die Wahl weiter ein, denn solche Verfahren sollten auf komplizierte Sprachkonstruktionen verzichten und stattdessen überwiegend materialbasiert und handlungsorientiert konzipiert sein. Die mit Hilfe der Diagnostikinstrumente gewonnenen Rohdaten sollten einerseits quantitativ auszuwerten sein und andererseits qualitativ detaillierte Informationen über den jeweiligen Leistungsstand der Stichprobenkinder liefern. Aus diesem Grund wurden zu den ersten beiden Messzeitpunkten jeweils *zwei* Verfahren durchgeführt, eines mit dem Fokus auf eher qualitative Daten in einer alltagsnahen Gesprächssituation, die auch die Möglichkeiten flexibler Modifikationen der Interview-Sprechtexte einschließt, und ein anderes, normiert-standardisiertes Verfahren, das eine quantitativ-statistische Datenanalyse erlaubt.

Im Zuge einer Follow-up-Messung ein Jahr nach der Intervention sollten die mathematischen Kompetenzen der Stichprobenkinder auf vorrangig ökonomische Weise noch einmal erhoben werden. Erneute Eins-zu-eins-Interviews waren zu diesem Zeitpunkt aus organisatorischen Gründen nicht möglich. Deswegen fiel die Wahl auf einen Gruppentest, der zum einen wegen seiner sehr hohen Anwenderunabhängigkeit anstelle von speziell ausgebildeten Interviewer*innen auch von denjenigen Lehrkräften durchgeführt werden konnte, die die Stichprobenkinder im ersten Schuljahr unterrichten, und zum anderen als ebenfalls normiert-standardisiertes Verfahren Rohdaten liefert, die mit denen des schon zu den ersten beiden Messzeitpunkten durchgeführten Verfahrens vergleichbar sind.

Im Folgenden wird mit dem ELEMENTARMATHEMATISCHEN BASISINTERVIEW FÜR DEN KINDERGARTEN (EMBI-KiGa) (Peter-Koop & Grüßing, 2011), dem TEST ZUR ERFASSUNG NUMERISCH- RECHNERISCHER FERTIGKEITEN VOM KINDERGARTEN BIS ZUR 3. KLASSE (TEDI-MATH) (L. Kaufmann et al., 2009) und dem DEUTSCHEN MATHEMATIKTEST FÜR ERSTE KLASSEN (DEMAT 1+) (Krajewski, Küspert & Schneider, 2002) die getroffene Auswahl beschrieben und kritisch diskutiert. Darüber hinaus wird jeweils ausgeführt, welche Argumente für die Verwendung der vorgestellten Instrumente für die vorliegende Arbeit sprechen und wo Limitierungen erkannt werden können.

Die drei gewählten Erhebungsinstrumente unterscheiden sich nicht nur in ihrer Zielsetzung und konzeptionell-inhaltlichen Gestaltung, sondern auch in ihrer verwendeten Diktion. So werden die Begriffe *Untertest, Subtest, Item, Teil* und *Aufgabe* nicht über alle drei Instrumente hinweg konsistent gebraucht. In der vorliegenden Arbeit findet überwiegend eine begriffliche Orientierung an den jeweiligen Originalmanualen statt; geringfügige Anpassungen dienen der besseren Lesbarkeit. Die in den folgenden Unterkapiteln für die jeweiligen Instrumente verwendeten Begriffe sind in der Tab. 3.1 zusammengefasst.

Tabelle 3.1 Übersicht über den Aufbau der drei in dieser Arbeit verwendeten Diagnostikinstrumente und die darin genutzten Begrifflichkeiten, in Klammern Beispiele

Ebene	EMBI-KiGa	TEDI-MATH	DEMAT
1	Teile (A und V)	–	–
2	Items (V1,...V11)	Untertests (1,... 28)	Subtests (1,...9)
3	Aufgaben (V1a)	Unterabschnitte (2.1)	Aufgaben
4	–	Aufgaben (2.1.1)	–

3.2   EMBI-KiGa

Das ELEMENTARMATHEMATISCHE BASISINTERVIEW FÜR DEN KINDERGARTEN (EMBI-KiGa) basiert auf dem australischen EARLY NUMERACY INTERVIEW (ENI), das im Rahmen des *Early Numeracy Research Project* (D. Clarke et al., 2002) ent-

wickelt wurde, und ist ein materialgestütztes, halb-standardisiertes Einzelinterviewverfahren (vgl. Wollring, Peter-Koop & Grüßing, 2013). Es ist für Kinder im Alter
von drei bis sechs Jahren konzipiert und ermöglicht eine kontinuierliche Entwick-
lungsdokumentation, wenn das EMBI-KiGa zu mehreren Zeitpunkten während der
Kindergartenzeit durchgeführt wird. Mit dem EMBI-KiGa lassen sich potenzielle
„Risikokinder" (Begriff bei Grüßing, 2006, S. 123) auffinden, die eine höhere Wahr-
scheinlichkeit für die spätere Entwicklung einer Rechenstörung aufweisen (vgl.
Peter-Koop & Grüßing, 2011, S. 27). Darüber hinaus liefert es entsprechende För-
derimpulse. Das EMBI-KiGa besteht aus zwei Teilen, dem V-Teil und dem A-Teil.
Die Items des V-Teils behandeln klassische Vorläuferfähigkeiten wie die *logischen
Operationen* nach Piaget und frühes numerisches Wissen. Der A-Teil erfasst die
Zählkompetenzen des Kindes. Da sich Zählkompetenzen nach Fuson (1988) in
hierarchischen Stufen entwickeln, sind für die sieben[3] Items des A-Teils Abbruchkriterien formuliert. So braucht etwa das Item A6 („Zählen in 3er und 7er Schritten
von beliebiger Startzahl aus") nicht bearbeitet zu werden, wenn das Kind zuvor
Item A5 („Zählen in 10er und 5er Schritten von beliebiger Startzahl aus") nicht
erfolgreich gelöst hat, da das Zählen in Dreier- und Siebenerschritten u. a. wegen
der unterschiedlichen Einerzahlen der entsprechenden Zahlwortreihe schwieriger ist
als das Zählen in Zehner- und Fünferschritten. Für den V-Teil sind keine Abbruchkriterien definiert, da bislang kein empirisch belegtes Konzept existiert, das eine
hierarchische Entwicklung pränumerischer Vorläuferfähigkeiten erklären würde.
Die Gesamtheit der *skills integration models* propagiert vielmehr, dass sich frühe
mathematische Kompetenzen, sowohl die pränumerischen als auch die numerischen,
parallel zueinander entwickeln können und bei jungen Kindern auch für unterschiedliche Zahlenräume unterschiedlich ausgeprägt sein können (siehe Unterkapitel 2.5).
Der nichthierarchische Aufbau früher mathematischer Kompetenzen führt daher
dazu, dass grundsätzlich der gesamte V-Teil durchgeführt werden muss, was etwa
15 Minuten in Anspruch nimmt.
   Im V-Teil kommt in zehn der elf Items Material zum Einsatz:

- 50 kleine Plastikbären in vier verschiedenen Farben, die u.a. als Zählmaterial
  („Counter") und zum Sortieren dienen,
- zehn Karten mit Zahlsymbolen von 0 bis 9,
- sechs Karten mit Punktmengen (0, 2, 3, 4, 5 und 9) die zum Teil, jedoch nicht
  sämtlich im Würfelbild angeordnet sind,

---

[3] Im EMBI ZAHLEN UND OPERATIONEN umfasst der A-Teil noch ein achtes Item („Geld
zählen"), das im ansonsten identischen A-Teil des EMBI-KiGa nicht enthalten ist.

- vier Papierstreifen, die unterschiedlich lange Bleistifte darstellen und in Item V11 der Größe nach geordnet werden sollen,
- fünf Holzklötze, denen im Item V10 jeweils ein Plastikbär zugeordnet werden soll, um so das Gelingen der kontextfreien Eins-zu-eins-Zuordnung zu überprüfen.

Der konsequente Einsatz von Material erlaubt auch Kindern mit eingeschränkten Sprach- oder Sprechkompetenzen eine Bearbeitung der Items des V-Teils. Kinder mit geringen Deutschkenntnissen beispielsweise, die entsprechend rein verbal präsentierte Arbeitsaufträge kaum verstehen könnten, erfassen mit Hilfe der eingesetzten Materialien die mathematischen Ideen der Items überwiegend gut und können trotz Sprachbarriere zeigen, was sie schon können. Die Halb-Standardisierung des EMBI-KiGa gibt den Interview-Sprechtext zwar zunächst vor, erlaubt jedoch im Rahmen qualitativer Interviews auch eine Wiederholung oder Umformulierung des Textes inklusive Zeigegesten oder kurzes Vormachen seitens der interviewenden Person, so dass flexibel und individuell versucht werden kann sicherzustellen, dass das Kind trotz sprachlicher Hürden den Arbeitsauftrag verstanden hat. Als „sprachfrei" kann das EMBI-KiGa allerdings nicht bezeichnet werden (diesen Anspruch erheben die Autorinnen auch nicht): Sind die Deutschkenntnisse des Kindes so gering, dass es *gar nicht* versteht, worum es geht (möglicherweise auch, weil ihm kulturell bedingt die Eins-zu-eins-Interviewsituation völlig fremd ist), ist eine Erfassung seiner mathematischen Kompetenzen mit dem EMBI-KiGa kaum möglich. Eine durchaus praktisch bewährte Modifikation kann in solchen Fällen der Einsatz einer dolmetschenden Person sein.

In **Item V1** („Umgang mit Mengen") geht es um die Frage, „ob es dem Kind gelingt, nach Farben zu sortieren, kleine Mengen auszuzählen, beim Vergleich zweier Mengen zu bestimmen, welche Menge mehr/weniger Elemente enthält sowie eine Fünfermenge zu bilden und die Konstanz der Anzahl der Elemente unabhängig von ihrer Lage und Ausdehnung zu erkennen" (Peter-Koop & Grüßing, 2011, S. 12). Um festzustellen, ob das Kind bereits Einsicht in Mengeninvarianz zeigt bzw. über das Prinzip der Irrelevanz der Anordnung der Objekte beim Abzählprozess verfügt (siehe Unterkapitel 2.2), wird das Kind gebeten, die Anordnung einer zuvor selbst abgezählten Menge von fünf blauen Bären verändern („*Stell sie nun in eine Reihe.*", „*Schieb sie alle zusammen.*") und (ggf. erneut) mitzuteilen, wie viele Bären es sind. Die Idee dahinter ist, dass Kinder, die bereits über Einsicht in Mengeninvarianz verfügen, an dieser Stelle nicht erneut nachzählen müssen, um zu wissen, dass es immer noch fünf Bären sind, eben unabhängig davon, ob sie in einer Reihe oder zusammengeschoben stehen.

Item V2 („Raum-Lage-Bezeichnungen") zielt auf das Verständnis von Präpositionen ab. Über 90 % aller Kinder lösen dieses Item bereits ein Jahr vor Einschulung korrekt (Peter-Koop & Grüßing, 2011, S. 13). Es liegt jedoch auf der Hand, dass Kinder ohne ausreichend Deutschkenntnisse, die konkret die Präpositionen „(da)neben", „vor" und „hinter" nicht kennen, Aufgaben wie „*Nimm dir einen blauen Teddy. Stell jetzt einen grünen Teddy hinter den blauen Teddy.*" nicht erfolgreich bearbeiten können. Hintergrund dieses Items ist die Tatsache, dass ein sicheres Verständnis von Raum-Lage-Beziehungen als wichtige Voraussetzung für die Orientierung im Zahlenraum und entsprechend auch für den Umgang mit Anschauungsmitteln beim schulischen Mathematiklernen gilt (Benz et al., 2015, S. 106).

W.W. Sawyer schrieb 1955: „(...) where there is pattern, there is significance" (Sawyer, 1955, S. 36). Mathematik wird seit einigen Jahrzehnten aufgefasst als „Wissenschaft von den Mustern". Muster- und Strukturkompetenzen wie das Erkennen, Reproduzieren und Fortsetzen von Mustern beeinflussen das Rechnenlernen (Lüken, 2012, S. 210) und sind damit neben numerischen Vorläuferfähigkeiten ebenfalls relevant für erfolgreiches schulisches Mathematik Lernen. **Item V3** erfasst den „Umgang mit Mustern", genauer das Erkennen, Beschreiben, Reproduzieren und Fortsetzen einer Folge unterschiedlichfarbiger Bären, die linear in der Reihenfolge grün-gelb-blau-blau-grün-gelb-blau-blau angeordnet sind, also ein Muster mit der Grundeinheit ABCC aufweisen. Die Autorinnen des EMBI-KiGa weisen darauf hin, dass unter Fachleuten zwar Einigkeit darüber herrscht, dass „Muster als zentraler Aspekt der Mathematik angesehen werden können" (Peter-Koop & Grüßing, 2011, S. 14), allerdings empirische Befunde bezüglich der kausalen Effekte von Muster- und Strukturkompetenzen aufs schulische Mathematik Lernen noch fehlen und hier entsprechend bislang kein umfassendes Entwicklungsmodell vorliegt, das ähnlich ausgereift ist wie etwa die Entwicklungsmodelle früher numerischer Kompetenzen. Demzufolge können noch keine fundierten curricularen Empfehlungen gegeben werden, wann genau ein Kind welche Muster- und Strukturkompetenzen beherrschen sollte. Im Rahmen der Erprobung des EMBI-KiGa durch die Autorinnen konnten knapp 90 % der Fünfjährigen das genannte Muster korrekt reproduzieren und rund 50 % das Muster korrekt verbal beschreiben und fortsetzen.

In **Item V4** wird das gelegte Muster genutzt, um die Kenntnis der Ordinalzahlen zu überprüfen (ebd.), genauer die passive Kenntnis der Ordinalzahlen. Die aktive Kenntnis würde z. B. dadurch erfasst werden können, indem die interviewende Person auf einen Bären in der Reihe zeigt und dazu das Kind befragt: „*Der wievielte Teddy ist das?*". Das Kind müsste dann entsprechend mit „*Der dritte.*" o. ä. antworten. Stattdessen wird dem Kind die Ordinalzahl durch den Interview-Sprechtext angeboten: „*Der grüne Bär ist der erste in meinem Muster. Zeig auf den Dritten. Welche Farbe hat der dritte Bär?*" Das Kind soll also lediglich auf den entsprechen-

den Bären zeigen. Nach Fuson und Hall (1983) beherrschen Kinder die Ordnungs-
zahlwortreihe später als die Zählzahlwortreihe, da Kinder mehr Erfahrung mit den
Zählzahlen sammeln und der Zusammenhang zwischen beiden Zahlwortreihen erst
erkannt werden muss. Bis dahin gehen Kinder zwar auch mit Begriffen wie *der
Erste* um, zunächst aber eher im semantischen Sinne wie „Gewinner" anstatt als
„Position mit der Nummer eins".

In **Item V5** sollen Kinder Mengen, die als Punktdarstellungen vorliegen, simultan
bzw. quasi-simultan erfassen. Auf sechs quadratischen Karten werden nacheinander
für jeweils etwa 2 Sekunden folgende Mengen präsentiert:

- 2 (als Würfelbild ausgerichtet),
- 4 (ebenfalls als Würfelbild angeordnet),
- 0 (leere Karte),
- 5 (als Zweier- und Dreierreihe),
- 3 (als Würfelbild ausgerichtet),
- 9 (als quadratisches 3x3-Punktefeld)

Es sind also sowohl Würfelbilder dabei als auch solche Anordnungen, die auf dem
Würfel entweder anders aussehen (5) oder dort gar nicht existieren (0, 9). Nach
Dehaene (1999) ist dieses Vorgehen zunächst durch simultane Wahrnehmung und
Verarbeitung im Modul, das für die analoge Repräsentation von Größen zuständig
ist, gekennzeichnet (siehe Unterkapitel 2.1), und im Anschluss werden die beiden
erkannten Teilmengen weiterverarbeitet, je nach Entwicklungsstand des Kindes über
geeignete Zählstrategien wie das Weiterzählen (siehe Unterkapitel 2.2) oder schlicht
Faktenwissen, was beides im Modul für auditiv-sprachliche Repräsentationen verortet ist. Die niedrigste Lösungshäufigkeit tritt bei der 9 auf. Der Grund hierfür
liegt in der Tatsache, dass neun Objekte nicht simultan, sondern nur quasi-simultan
erfasst werden können, was, zumindest wenn die Gesamtmenge als solche benannt
werden soll, eine sichere Zahlwortreihe bis mindestens neun und Additions- oder
Multiplikationskompetenzen erforderlich macht.

In **Item V6** sollen die Kinder den in Item V5 genutzten Punktebildern das jeweils
passende Zahlsymbol zuordnen. Die Zahlsymbole von 0 bis 9 werden auf Zahlsymbolkarten präsentiert, die ungeordnet vor dem Kind auf dem Tisch liegen; hierbei
ist darauf zu achten, die 6 und die 9 passend auszurichten (die Symbole 6 und 9 sind
im EMBI-Kartensatz, abgesehen von der Ausrichtung, typografisch identisch). Das
Kind soll dann zu jedem Punktebild die entsprechende Zahlsymbolkarte schieben,
um so eine Zuordnung vorzunehmen, und vollzieht so den Übersetzungsprozess vom
Zahlwort zum Zahlsymbol. Die Punkte auf den jeweiligen Punktebildern dürfen zu
diesem Zweck gerne nachgezählt werden. Die korrekte (quasi-)simultane Zahlauf-

fassung aller Mengen im vorhergehenden Item V5 stellt somit keine Voraussetzung für die erfolgreiche Bearbeitung von Item V6 dar.

Um die Zahlsymbolkarten in **Item V7** – zunächst ohne die Null – in die richtige Reihenfolge zu bringen, zählen viele Kinder mehr oder weniger laut mit. Offenbar bildet die Zahlwortreihe den Ausgangspunkt des Ordnungsschemas, und die Kinder suchen dann für jedes neu genannte Zahlwort das passende Zahlsymbol heraus, während sie die Zahlwortreihe aufsagen.

Wenn das Kind die Zahlsymbole von 1 bis 9 korrekt geordnet hat, bekommt es noch die Zahlsymbolkarte mit der Null und mit der Frage *„Wohin gehört die?"* den Auftrag, diese ebenfalls in die Reihe einzuordnen. Konkret hat das Kind dann zwischen den beiden Möglichkeiten die Wahl, die Null entweder links neben die 1 oder rechts neben die 9 zu legen.

Mit der Einsicht in Teil-Ganzes-Beziehungen wird in **Item V8** ein weiterer Meilenstein in der Zahlbegriffsentwicklung behandelt. Die Fähigkeit, sich Zahlen als flexibel zerlegbar und zusammensetzbar vorzustellen, ist von hoher Bedeutung für mathematischen Lernerfolg (vgl. Resnick, 1989). Entsprechende Modelle, wie sich das Teil-Ganzes-Konzept bei jungen Kindern entwickelt, sind in Unterkapitel 2.3 dargestellt. Ziel des Items ist es herauszufinden, „ob Kinder in der Lage sind, sich die Sechs mental auf unterschiedliche Art und Weise vorzustellen" (Peter-Koop & Grüßing, 2011, S. 16). Allerdings weist die Darstellung der Sechs mit Hilfe der Finger eine vergleichbare Strukturiertheit auf wie die Darstellung von Zahlen durch Würfelbilder. Fast alle Kinder zeigen als erste Variante fünf Finger an einer Hand und den Daumen der anderen Hand. Dies wird bei der Auswertung des EMBI-KiGa so interpretiert, dass das Kind immerhin *eine* Zerlegung der Sechs beherrscht. Ein Großteil der Kinder zeigt diese Variante als einzige Darstellung. Da jedoch normalerweise nur fünf Finger pro Hand zur Verfügung stehen, ist es dem Kind ja nicht möglich, mit Hilfe der Finger die Zahl 6 „unzerlegt" zu zeigen, entsprechend sollte diese Interpretation nur vorsichtig vorgenommen werden.

Die Autorinnen berichten, dass bei der Erprobung des EMBI-KiGa praktisch alle Kinder direkt vor der Einschulung die Sechs als 5 & 1 zeigten, gut die Hälfte fand eine weitere Möglichkeit wie 3 & 3, und etwa ein Viertel fand die dritte Möglichkeit 4 & 2. Welchen dieser Stichprobengruppen das Vorhandensein eines Teil-Ganzes-Konzepts zugesprochen wird, wird nicht ganz klar. Auch im mathematischen Anfangsunterricht kann regelmäßig beobachtet werden, dass Kinder, die grundsätzlich über ein Teil-Ganzes-Konzept verfügen, noch nicht immer *alle* Zerlegungen einer Zahl finden (vgl. Hasemann & Gasteiger, 2014, S. 98).

Item V9 ist das einzige Item des V-Teils, in dem kein Material zum Einsatz kommt. Hier soll das Kind jeweils den Nachfolger der Zahlen 4, 10 und 15 nennen sowie die Vorgänger der Zahlen 3, 12 und 20. Auf diese Weise wird überprüft, ob das Kind bereits das *breakable chain level* seiner Zählkompetenzentwicklung erreicht hat (Fuson, 1988), ob es also die Zahlwortreihe bereits aufbrechen und von beliebigen Startzahlen aus vorwärts und rückwärts zählen kann. Innerhalb des Items ist als Abbruchkriterium formuliert, dass die Nachfolger der Zahlen 10 und 15 bzw. die Vorgänger der Zahlen 12 und 20 nicht mehr erfragt werden müssen, wenn das Kind schon den Nachfolger der 4 und den Vorgänger der 3 nicht benennen konnte. Diese Formulierung ist möglich, weil der Anforderungsgrad steigt, je größer der Zahlenraum ist, was auch in der Erprobung des EMBI-KiGa belegt werden konnte (Peter-Koop & Grüßing, 2011, S. 17).

Die Nennung des Vorgängers einer Zahl ist schwieriger als die Nennung deren Nachfolgers. Moser Opitz (2007) begründet dies mit der Tatsache, dass Rückwärtszählen für Kinder generell schwieriger ist als Vorwärtszählen und gibt damit auch einen Hinweis auf die häufig beobachtete Lösungsstrategie für Item V9, Vorgänger und Nachfolger durch Zählvorgänge zu ermitteln, was laut der Autorinnen des EMBI-KiGa eine erwartbare Strategie darstellt (Peter-Koop & Grüßing, 2011, S. 62).

Eine klassische *logische Operation* nach Piaget wird mit der Eins-zu-eins-Zuordnung in **Item V10** operationalisiert. Für gewöhnlich zeigen bereits Kinder zwischen vier und fünf Jahren Einsicht in die Eins-zu-eins-Zuordnung (Piaget & Szeminska, 1972, S. 65), so dass hier bei Kindern kurz vor der Einschulung sehr hohe Lösungsraten zu erwarten sind, die die Autorinnen des EMBI-KiGa mit der Angabe „über 90 % der Kinder im Alter von vier bis sechs Jahren" bestätigen (Peter-Koop & Grüßing, 2011, S. 17). Interessant erscheint die Tatsache, dass Item V10 erst so spät im Verlauf des Interviews präsentiert wird. Auch wenn noch kein hierarchisches Modell für die Entwicklung von Vorläuferfähigkeiten existiert und vielleicht nie existieren wird, so gilt die Fähigkeit zur Eins-zu-eins-Zuordnung doch als notwendige Kompetenz für Abzählprozesse (Gelman & Gallistel, 1986), so dass auf die Durchführung dieses Items eigentlich verzichtet werden kann, wenn die Kinder in den vorherigen Items (beispielsweise V1, V5 und V6) kleine Mengen bereits korrekt abzählen konnten, also offenbar über die Fähigkeit zur Eins-zu-eins-Zuordnung verfügen.

Mit der Seriation ist in **Item V11** eine weitere *logische Operation* erfasst und schließt den V-Teil des EMBI-KiGa ab. Dieses Item liefert besonders über diejenigen Kinder Informationen, die in Item V7 die Zahlsymbolkarten noch nicht in die richtige Reihenfolge bringen können, denn in Item V11 erfolgt das Ordnen nach einer bestimmten Eigenschaft (hier: Länge) losgelöst vom numerischen Kontext. Interessant ist hierbei die Teilung in zwei Unteraufgaben: In Item V11a sollen drei Bleistifte aus Pappe mit den Längen 5 cm, 10 cm und 20 cm geordnet werden. Durch die logarithmische Skalierung sinkt der Anforderungsgrad an die visuelle

Wahrnehmung des Kindes (vgl. Grond et al., 2013, S. 46), man denke etwa an die Befunde von Wynn (1992) zur Fähigkeit von Babys, Anzahlen kleiner als 4 zu unterscheiden (siehe Unterkapitel 2.1). Die Wahrnehmung sehr junger Kinder bezieht sich offenbar auf die flächige Ausdehnung der Objekte, so dass ihnen die Unterscheidung zwischen einer großen Anzahl und ihrer Verdopplung deswegen gelingt, weil das Verhältnis der beiden Anzahlen (und damit auch der beiden die jeweiligen Anzahlen repräsentierenden Flächendarstellungen) 1:2 beträgt. Dieses Verhältnis liegt auch bei den Längen (und Flächen) der in Item V11a präsentierten Bleistifte vor. Direkt vor der Einschulung können dementsprechend beinahe alle Kinder die drei Bleistifte der Länge nach ordnen (Peter-Koop & Grüßing, 2011, S. 17).

Im A-Teil des EMBI-KiGa kann das Kind zeigen, wie gut es mit und ohne Material zählen kann. Die Durchführung des A-Teils dauert je nach Kompetenzen des Kindes ungefähr drei bis zehn Minuten, so dass sich insgesamt eine Durchführungsdauer des EMBI-KiGa von durchschnittlich etwa 20 Minuten ergibt. In **Item A1** wird das Kind zunächst gebeten, nach dem Befüllen einer kleinen Pappschachtel mit (etwa 20 bis 25) Bären die Anzahl dieser Bären zu schätzen und im Anschluss abzuzählen.

Beim Abzählen der Teddys werden operative Kompetenzen des Kindes hinsichtlich seiner Motorik und ökonomischen Arbeitsstrategie sichtbar, deren systematische Erfassung im Protokollbogen allerdings nicht vorgesehen ist. Kinder, die im Abzählen erfahren sind, kippen die Bären oft direkt schwungvoll aus der Schachtel auf den Tisch, weil sie aus Erfahrung wissen, dass das *partitioning* und *tagging* nach Gelman & Gallistel einfacher zu bewerkstelligen ist, wenn die zu zählenden Objekte gut erkennbar und erreichbar sind und im Moment des Abzählens bequem zur Seite geschoben werden können.

Die Items A2 bis A6 behandeln die verbalen Zählkompetenzen, entsprechend ohne Materialeinsatz. Der Anforderungsgrad steigt mit zunehmender Itemnummer an und orientiert sich an den Niveaus beim Erwerb bzw. Einsatz der Zahlwortreihe nach Fuson und Hall (1983). **Item A2** ist in sieben Unteraufgaben aufgeteilt, die im Wesentlichen auf die Frage abzielen, in welchen Zahlenräumen das Kind bereits das *breakable chain level*, also Niveau 3 erreicht hat. In Item A2a soll das Kind von 1 bis 32 zählen, wobei hier wie auch bei den folgenden Unteritems die Zielzahl dem Kind nicht explizit genannt wird, sondern nur für die interviewende Person im Leitfaden ersichtlich ist. Im Zahlenraum 84 bis 113 in Item A2e wird 100 überschritten; ein kleiner Teil der Kinder kann direkt vor der Einschulung die auf *hundert* folgenden Zahlwörter korrekt bilden. In den Items A2f und A2g soll von 24 bis 15 bzw. von 10 bis 0 rückwärts gezählt werden. Kinder, die bei den vorherigen Unteritems in hohen Zahlenräumen noch nicht sicher vorwärts zählen können, können häufig Item A2g („*Zähle von 10 rückwärts.*") korrekt lösen. Hier kann man vermuten, dass viele

Kinder die Zahlwortreihe von 10 an rückwärts („Raketenstart") auf dem *string level* bzw. *unbreakable list level* nach Fuson (1992b) beherrschen.

In **Item A3** sollen ähnlich wie in Item V9 Vorgänger und Nachfolger von Zahlen genannt werden, hier zu den Zahlen 14 und 56.

Die **Items A4** bis **A6** behandeln das Zählen in 2er-, 10er-, 5er-, 3er- und 7er-Schritten von beliebigen Startzahlen aus, was nur wenigen Vorschulkindern bereits gelingt.

Fazit: Die Items des V-Teil (Vorläuferfähigkeiten) und des A-Teils (Zählen) des EMBI-KiGa bilden arithmetische Vorläuferfähigkeiten und Zählkompetenzen umfassend ab. Die Interviewdurchführung kann hinsichtlich der Reihenfolge oder der sprachlichen Formulierungen bei Bedarf flexibel modifiziert werden, ohne dadurch die Aussagekraft des EMBI-KiGa zu verringern bzw. die Befunde zu verfälschen. Durch seine Materialbasiertheit und Prozessorientierung eignet sich das EMBI-KiGa gut, um frühe mathematische Kompetenzen zu erheben (vgl. vgl. Rottmann et al., 2015, S. 145). Die ausgefüllten Interviewprotokolle liefern Daten unterschiedlicher Art. Im Protokoll des V-Teils kann mit Hilfe der Symbole ✓ für „richtig", (✓) für „teilweise richtig", f für „falsch" und – für „nicht bearbeitet" die Performanz des Kindes für jedes Item notiert werden. Außerdem gibt es Felder, die bei Vorliegen bestimmter Kompetenzen angekreuzt werden können. In den Zähl-Items des A-Teils wird häufig die letzte korrekt genannte Zahl protokolliert. Im Kapitel 6 zur Forschungsmethode wird ausgeführt, auf welche Weise die mit dem EMBI-KiGa erhobenen Rohdaten analysiert wurden.

3.3   TEDI-MATH

Der TEST ZUR ERFASSUNG NUMERISCH- RECHNERISCHER FERTIGKEITEN VOM KINDERGARTEN BIS ZUR 3. KLASSE ist die deutschsprachige Adaption des TEST DIAGNOSTIQUE DES COMPÉTENCES DE BASE EN MATHÉMATIQUES (TEDI-MATH). Er ist ein neuropsychologisch orientiertes, standardisiertes, normiertes Einzelinterviewverfahren zur Diagnostik von Rechenstörungen (Dyskalkulie), besteht aus insgesamt 28 Untertests und umfasst einen Altersbereich von vier Jahren, da Normierungen in Halbjahresschritten vom vorletzten Kindergartenjahr bis hin zum dritten Schuljahr vorliegen. Für jede Klassenstufe ist eine eigene Kernbatterie und eine eigene Gesamtbatterie an Untertests formuliert (vgl. L. Kaufmann et al., 2009, S. 33). Der Begriff *Klassenstufe* bezeichnet hierbei die acht Halbjahreseinteilungen vom vorletzten Kindergartenjahr, 2. Halbjahr, bis zur 3. Klasse, 1. Halbjahr. Die Normierung in Halbjahresschritten muss im Vergleich zu anderen psychologischen

Dyskalkulietests wie dem OTZ oder dem ZAREKI-R[4] als großer Vorteil angesehen werden, da die natürlichen Entwicklungsfortschritte junger Kinder innerhalb eines Jahres enorm sind und halbjährlich unterteilte Normierungen eine deutlich genauere Einschätzung des individuellen Lernstands erlauben als jährlich unterteilte Normierungen. In der vorliegenden Studie kamen die beiden Kernbatterien *letztes Kindergartenjahr, 1. Halbjahr* (lKG_1) und *letztes Kindergartenjahr, 2. Halbjahr* (lKG_2) zum Einsatz, und zwar lKG_1 zum ersten Messzeitpunkt und lKG_2 zum zweiten Messzeitpunkt, rund vier Monate später. Um möglichst sicherzustellen, dass die Befragung eines einzelnen Kindes nicht länger als etwa eine halbe Stunde dauert (siehe dazu auch Unterkapitel 6.1), wurde auf die Durchführung der Gesamtbatterie, deren Durchführung etwa doppelt so viel Zeit in Anspruch nimmt, verzichtet.

Die Kernbatterie lKG_1 besteht aus fünf Untertests. Die Untertests decken die drei Kompetenzbereiche *Zählen, Rechnen mit Objektabbildungen* sowie *Wissen zu Zahlsymbolen und Zahlwörtern* ab. Die Kernbatterie lKG_2 umfasst neben denselben fünf Untertests zusätzlich noch drei weitere, und zwar zu den Kompetenzbereichen *Zahlzerlegung, Addition auf symbolischer Ebene* sowie *Textaufgaben*. Alle Untertests werden im Folgenden genauer beschrieben.

Untertest 1 (lKG_1 und lKG_2) heißt „Zählprinzipien" und behandelt verbales Zählen, in Anlehnung an die Niveaus nach Fuson und Hall (1983). Die Zählprinzipien nach Gelman und Gallistel (1986) sind nicht expliziter Gegenstand dieses Untertests, wie man dem Titel nach jedoch annehmen könnte. Die insgesamt 13 Items von Untertest 1 verteilen sich auf sieben Unterabschnitte, für deren Bearbeitung das Kind jeweils 0, 1 oder 2 Punkte erhält:

1.1 So weit wie möglich zählen
1.2 Zählen mit einer Obergrenze
1.3 Zählen mit einer Untergrenze
1.4 Zählen mit Unter- und Obergrenze
1.5 Weiterzählen
1.6 Rückwärtszählen
1.7 Zählen in Schritten

Am Beispiel des Unterabschnitts 1.6 (Rückwärtszählen) soll die Bepunktung veranschaulicht werden: Unterabschnitt 1.6 besteht aus zwei Aufgaben. Die erste Aufgabe 1.6.1 lautet: *„Nun geht es um das Rückwärtszählen, wie beim Countdown*

---

[4] Neuropsychologische Testbatterie für Zahlenverarbeitung und Rechnen bei Kindern, von Aster, Weinhold Zulauf und Horn (2006)

eines Raketenstarts. Zähle bitte rückwärts und beginne bei 7!". Für die korrekte Lösung erhält das Kind einen Punkt. Danach wird Aufgabe 1.6.2 gestellt (*„Zähle bitte rückwärts und beginne bei 15!"*) und ggf. wiederum mit einem Punkt bepunktet. Die Unterteilung in zwei Aufgaben, die nacheinander gestellt werden, ist bei allen Unterabschnitten von Untertest 1 zu finden. Der Schwierigkeitsgrad, der hier jeweils durch die Größe des Zahlenraums bestimmt ist, nimmt dabei innerhalb eines Unterabschnitts mal zu und mal ab.

In den ebenfalls sieben Unterabschnitten von **Untertest 2 (IKG_1 und IKG_2)** mit dem Titel *Abzählen* geht es um Anzahlbestimmung. Dazu werden verschiedene Stimuli und Materialien eingesetzt.

2.1 Hasen (*„Zähle bitte laut alle Hasen!...Wie viele Hasen sind es insgesamt?... Wie viele Hasen sind es, wenn du bei diesem anfängst?"*)

2.2 Löwen (*„Zähle bitte alle Löwen! Wie viele Löwen sind es insgesamt?... Wie viele Löwen habe ich versteckt?"*)

2.3 Schildkröten (*„Zähle bitte alle Schildkröten! Wie viele Schildkröten sind es insgesamt?"*)

2.4 Haie (*„Zähle bitte alle Haie!..."*)

2.5 Zählen von unterschiedlichen Objekten (*„...bitte alle Tiere!..."*)

2.6 Konstruktion von zwei numerisch äquivalenten Mengen

2.7 Schlussfolgerndes Anwenden einer Zählstrategie

In den Unterabschnitten 2.1 bis 2.5 wird mit Abbildungen gearbeitet. Das Kind soll die jeweils abgebildeten Tiere zählen, zum Teil auch noch mal in anderer Reihenfolge, und stets soll beantwortet werden, wie viele es insgesamt waren (vgl. L. Kaufmann et al., 2009, S. 41 ff.). Diese Items bilden somit das Kardinalprinzip, das Abstraktionsprinzip und das Prinzip der Irrelevanz der Reihenfolge nach Gelman und Gallistel (1986) explizit ab. In den Unterabschnitten 2.6 und 2.7 werden andere Materialien verwendet. In Unterabschnitt 2.6 soll das Kind mit Plättchen eine zu einer vorgegebenen Plättchenformation numerisch äquivalente Menge legen. Die räumliche Anordnung der vorgegebenen Plättchenformation muss dabei nicht reproduziert werden, sondern bepunktet wird lediglich die korrekte Anzahl. Im Protokollbogen ist die Möglichkeit gegeben, die gewählte Strategie des Kindes zu dokumentieren („zählt zuerst die Vorlage", „Eins-zu-eins-Korrespondenz", „andere Strategie"). Die gewählte Strategie fließt jedoch nicht in die Bepunktung ein; dabei ließen sich Strategien hinsichtlich ihrer Ökonomie bzw. Elaboriertheit unterscheiden: Am ökonomischsten wäre es, zunächst durch Abzählen oder quasi-simultane Zahlerfassung die Mächtigkeit der vorgegebenen Plättchenmenge zu bestimmen, im Anschluss daran die gleiche Menge Plättchen abzuzählen und diese dann ungeordnet auf das leere Blatt Papier zu legen, welches zu diesem Zweck angeboten wird. Auf einem deutlich niedrigeren Entwicklungsniveau wäre die Strategie anzusiedeln, die Aufgabe – durchaus potenziell erfolgreich – ausschließlich durch pränumerische Eins-zu-eins-Zuordnung zu bearbeiten. Hierbei würde ein Kind mutmaßlich die räumliche Anordnung der vorgegebenen Plättchenformation reproduzieren und Plättchen für Plättchen passend zur Vorlage auf das leere Blatt Papier bringen. In diesem Falle würde nirgends abgezählt. Was mit „anderer Strategie" gemeint sein könnte, lassen die Autor*innen offen.

Im Unterabschnitt 2.7 wird mit zwei Sorten Karten gearbeitet, Schneemann-Karten und Hut-Karten. Auf jeder Karte ist jeweils ein Schneemann oder ein Hut abgebildet. Die Karten liegen passend zugeordnet sichtbar auf dem Tisch. Dem Kind werden auf diese Weise kurz fünf Schneemänner mit Hüten präsentiert. Dann werden die Hüte hinter einer zuvor aufgestellten Sichtblende eingesammelt. Die Sichtblende wird wieder entfernt, so dass das Kind nur noch auf die fünf Schneemänner schauen kann, während die durchführende Person die eingesammelten Hüte in der Hand hält und dann das Kind fragt: „Kannst du mir sagen, wie viele Hüte ich in der Hand habe?" Gemäß L. Kaufmann et al. (2009, S. 46) ist es das „Ziel der Aufgabe (...) [herauszufinden, ob] das Kind mit Hilfe der Anzahl der Schneemänner die Anzahl der verbogenen Hüte bestimmen kann." Dieses Item stellt eine interessante Operationalisierung der Eins-zu-eins-Zuordnung dar, da nicht das Kind selbst handelnd eine Eins-zu-eins-Zuordnung verschiedener Objekte prozesshaft vornimmt (wie etwa in Item V10 im EMBI-KiGa), sondern die (bereits erfolgte) Zuordnung wird dem Kind nur kurz visuell präsentiert; danach muss das Kind die Zuordnung *mental* reproduzieren.

In **Untertest 3 (lKG_1 und lKG_2)** werden dem Kind nacheinander die Zeichen 3, f, 8, 6, a, §, 9 und @ präsentiert, verbunden mit der Aufforderung, dass das Kind sagen solle, ob die „Bilder (...) Zahlen sind oder nicht" (L. Kaufmann et al., 2009, S. 48). Für jede korrekte Entscheidung bekommt das Kind einen Punkt. Die Zeichen brauchen dabei vom Kind nicht vorgelesen zu werden; es reicht, wenn sich das Kind für „ja, ist eine Zahl" oder „nein, ist keine Zahl" entscheidet. Die Aufgabe zielt also nicht auf die konkrete Übersetzung von Zahlsymbol zu Zahlwort oder von Zahlsymbol zu Zahlbild (etwa eine Mengendarstellung durch Punktbilder wie im EMBI-Item V6) ab, sondern es wird lediglich überprüft, ob das Kind Zahlsymbole von anderen Symbolen unterscheiden kann.

Untertest 5 (lKG_1 und lKG_2) ist in seiner Aufgabenstellung Untertest 3 ähnlich. Hierin geht es anstatt um Zahlsymbole um Zahlwörter. Dem Kind werden die Begriffe *sieben, Sonntag, elf, zweizehn, Juli, fünf, sechzig, einzehn, dreißig, vierzehn, drölf* und *Donnerstag* vorgelesen. Nach jedem Begriff soll das Kind entscheiden, ob es sich um ein Zahlwort handelt oder nicht; für jede korrekte Antwort bekommt es einen Punkt. Während die Begriffe *Sonntag*, *Juli* und *Donnerstag* von den meisten Kindern sofort klar als Nicht-Zahlwort identifiziert werden, werden die falschen Zahlwörter *zweizehn* und *einzehn* regelmäßig als Zahlwörter identifiziert, sicherlich wegen ihrer realistischen Syntax. Der Begriff *drölf* nimmt hier eine Sonderstellung ein: Er weist zwar phonetische Ähnlichkeit zum Zahlwort *zwölf* auf, wird aber dennoch häufiger als *zweizehn* und *einzehn* als Nicht-Zahlwort erkannt.

Die Kernbatterie fürs vorletzte Kindergartenjahr, 1. Halbjahr wird mit dem **Untertest 19 (IKG_1 und IKG_2)** zum Thema „Rechnen mit Objektabbildungen" abgeschlossen. In diesem Untertest werden dem Kind nacheinander sechs Bilder gezeigt, auf denen Gegenstände bzw. Tiere zu sehen sind, die in unterschiedlicher Weise gruppiert sind. Dazu werden Fragen gestellt, die stets demselben Schema folgen: *„Wie viel sind 2 Luftballons plus 3 Luftballons?"*. Es gibt drei Additions- und drei Subtraktionsaufgaben. Sie unterscheiden sich hinsichtlich ihrer Darstellungen von Teilmengen:

• 2 Luftballons + 3 Luftballons: Zwei rote und drei blaue Ballons sind ähnlich wie in einem Ballonstrauß dargestellt.

• 5 Bleistifte + 3 Bleistifte: Fünf identische Stifte liegen in einem hellblauen Rechteck lose untereinander, daneben ein gleichgroßes rosa Rechteck drei Bleistiften darin.

• 4 Kaninchen + 4 Kaninchen: Ein weißes Rechteck mit angedeuteten Grashalmen, darin sind vier braune Kaninchenumrisse in loser Reihe nebeneinander, darunter vier graue Kaninchenumrisse ebenfalls in loser Reihe.

• 5 Bälle – 2 Bälle: Ein Mann balanciert fünf exakt aufeinander liegende bunte Bälle als hohen Turm auf einem Finger; die Farbreihenfolge von unten nach oben lautet *rot, gelb, blau, rot, grün*.

• 6 Blumen – 4 Blumen: Sechs rote, absolut identische Rosen stehen in gerader Reihe nebeneinander. Teilmengen sind hier entsprechend nicht erkennbar.

• 7 Pfirsiche – 3 Pfirsiche: Auf einem hellblau-weiß gemusterten Rechteck liegen in loser Reihe drei identische Pfirsiche, darunter in ebenfalls loser Reihe liegen vier.

Die Objekte unterscheiden sich jeweils nicht hinsichtlich ihrer Form oder Größe. In drei der Items werden identische Objekte dargestellt, in einem davon erfolgt eine Teilung in zwei Teilmengen durch die Anordnung der Objekte in zwei Reihen (Pfirsiche), in einem anderen erfolgt die Zweiteilung durch die Farbe des Hintergrunds (Bleistifte), und im dritten erfolgt keinerlei Teilung (Rosen). In zwei weiteren Items teilen sich die Objekte durch ihre Farbe in zwei Gruppen (Ballons, Kaninchen), und im sechsten Item (Bälle) könnte man eine Zweiteilung in rot und nicht-rot vornehmen, oder ebenso auch eine Teilung in vier verschiedene Farben. Auffällig ist hierbei, dass die beiden roten Bälle nicht nebeneinander dargestellt sind, anders als in den anderen farbcodierten Darstellungen der Teilmengen. Die Autor*innen des TEDI-MATH geben keine Erklärung dazu, ob diese (unterschiedlichen) Darstellungen zielgerichtet gewählt wurden. Abbildungen, die in mathematikdidaktischer Tradition etwa in Schulbüchern eingesetzt werden, sprechen üblicherweise auch die mit der jeweiligen Operation verbundenen Grundvorstellungen an (vgl. vom Hofe, 1995). So könnte die Aufgabe *5 Bälle – 2 Bälle* beispielsweise so dargestellt werden, dass von fünf Bällen zwei gerade im Begriff sind, einen Abhang hinunter zu rollen, was subtraktionstypischen Grundvorstellungen wie *Wegnehmen* oder *Verschwinden* entsprechen würde. Die Aufgabe *7 Pfirsiche – 3 Pfirsiche* könnte durch die Szene, dass ein Kind drei von sieben Pfirsichen aufisst oder an seine Freunde abgibt oder ähnliches, veranschaulicht werden. Für die Subtraktionsaufgaben im TEDI-MATH wurden jedoch keine solchen subtraktionstypischen Bilddarstellungen gewählt.

Die fünf bisher beschriebenen Untertests sind Bestandteil sowohl der Kernbatterie lKG_1 als auch der Kernbatterie lKG_2. In der Kernbatterie lKG_2 kommen zusätzlich dazu drei weitere Untertests zum Einsatz, die im Folgenden vorgestellt werden. Alle drei stammen aus dem Themenbereich Rechnen.

Untertest 18 (lKG_2) behandelt die „additive Zerlegung". Dem Kind wird ein Bild mit zwei räumlich getrennten, umzäunten Grundstücken präsentiert („Weiden"). Auf der einen Weide ist das Symbol 4 eingetragen, auf der anderen das Symbol 2. Dazu hört das Kind eine kurze Rechengeschichte von einem Schäfer, der zwei Weiden besitzt und seine sechs Schafe auf die beiden Weiden verteilt. Mit der Frage: *„Wie kann er seine 6 Schafe noch anders auf die 2 Weiden aufteilen?"* wird dem Kind ein zweites Bild gezeigt, auf dem ebenfalls die beiden Grundstücke zu sehen sind, aber diesmal „leer", also ohne Zahlsymbole darin. Das Kind soll dann nacheinander zwei Zerlegungsmöglichkeiten zur Gesamtmenge 6 und vier Zerlegungsmöglichkeiten zur Gesamtmenge 8 nennen. Kommutationen zählen dabei als jeweils neue Antwort. Für jede korrekte Antwort bekommt das Kind einen Punkt.

Im zweiten in der Kernbatterie lKG_2 zusätzlich enthaltenen Untertest geht es um Addition. Dazu werden dem Kind in **Untertest 20 (lKG_2)** nacheinander bis zu 18 symbolisch notierte Additionsaufgaben vorgelegt und vorgelesen, bei der ersten Aufgabe verbunden mit der Frage: *„2 plus/und 2, wie viel ergibt das insgesamt?"*. Die weiteren Aufgaben werden dem Kind zunächst nur vorgelegt. „Falls das Kind nicht antwortet oder es dies wünscht, dürfen die Aufgaben auch weiterhin vorgelesen werden" (L. Kaufmann et al., 2009, S. 74). Die Additionsaufgaben weisen im Groben einen zunehmenden Anforderungsgrad auf (erst Aufgaben im Zahlenraum 10, dann im ZR 20, dann im ZR 100 ohne und mit Zehnerübergang). Nach fünf aufeinanderfolgenden Fehlern soll der Untertest abgebrochen werden. Rottmann et al. (2015, S. 141) weisen darauf hin, dass Reihenfolgen und Abbruchkriterien im TEDI-MATH jedoch „teilweise nicht sinnvoll" erscheinen, da das Kind immer noch zu viele Aufgaben ggf. fehlerhaft lösen muss, was sich möglicherweise negativ auf dessen Motivation auswirken kann.

Der letzte zusätzliche Untertest besteht aus Textaufgaben. In **Untertest 25** **(1KG_2)** werden dem Kind bis zu zwölf Textaufgaben vorgelesen, die sämtlich Addition oder Subtraktion behandeln und dabei unterschiedliche Grundvorstellungen ansprechen. Die Karten mit den Texten liegen dem Kind dabei vor; das heißt, *falls* das Kind bereits lesen kann, stellt die Möglichkeit, mitzulesen, eine große Hilfe dar. Dies erscheint insofern überraschend, als dass die klare Anweisung formuliert ist, dass beim Vorlesen maximal eine Wiederholung des Aufgabentextes erlaubt ist und diese zudem explizit vollständig erfolgen muss. Kinder hingegen, die noch nicht lesen können, müssen dem vorgelesenen Text also auf Anhieb alle relevanten Informationen entnehmen und über ein entsprechend ausgebildetes Hörverständnis verfügen. Kinder, die schon lesen können, können jedoch die Aufgabe so oft nachlesen, wie sie möchten, und zudem ihr Nachlesen dabei auf die für sie relevanten oder unklaren Textteile beschränken. Die Gedächtnisleistung eines Kindes, dass wegen noch fehlender Lesekompetenz gezwungen ist, sich den gesamten Aufgabentext zu merken, ist also offenbar als höher einzustufen. In der Bepunktung wird dies jedoch nicht berücksichtigt; für jede korrekt gelöste der zwölf Aufgaben wird ein Punkt vergeben.

Die Aufgaben weisen unterschiedliche, im Groben zunehmende Anforderungsgrade auf. In Anlehnung an die Typen von Rechengeschichten nach Schipper (2011, S. 100) kann festgestellt werden, dass lediglich zwei der vier Sachsituationstypen nach Schipper für Untertest 25 verwendet wurden; zum *Verbinden*[5] und zum *Aus-/Angleichen*[6] finden sich keine Aufgaben. Auch *Vergleichen*-Aufgaben, bei denen anstelle der Ausgangsgröße die Vergleichsgröße oder der Unterschied gesucht wird, sind in diesem Untertest nicht zu finden.

Damit kann folgendes Fazit gezogen werden: Dem TEDI-MATH merkt man seine neuropsychologische Ausrichtung an. Er ist hinsichtlich seiner Konzeption in die drei Komponenten Zählen, Zahlverarbeitung und Rechnen unterteilt, in Anlehnung beispielsweise an Dehaene (1999) oder Karmiloff-Smith (1992), die mathematische Kompetenzen als modular repräsentiert ansehen. Die originäre Zielsetzung

---

[5] Verbinden: „*A hat X, B hat Y. Wie viel haben A und B zusammen?*"
[6] Aus-/Angleichen nach oben/unten: „*A hat X, B hat Y. Wie viel muss A noch bekommen/abgeben, damit A genau so viel hat wie B?*"

des TEDI-MATH ist nicht eine umfassende Kompetenzerhebung des Kindes, sondern die Dyskalkuliediagnostik. Dennoch bildet der TEDI-MATH weite Bereiche früher mathematischer Kompetenzen ab, insbesondere Zählfertigkeiten und mathematisches (Vor-)Wissen. Die Items werden überwiegend materialgestützt bearbeitet. Um einen unverfälschten Vergleich der individuell erhobenen Leistung mit der Eichstichprobe zu erhalten, darf vom vorgegebenen Interview-Sprechtext und zugehörigen Durchführungsanweisungen nicht abgewichen werden. (Rottmann, Streit-Lehmann und Fricke, 2015, S. 153) weisen darauf hin, dass die Items des TEDI-MATH ein zum Teil hohes sprachliches Anforderungsniveau aufweisen (und zudem einige Formulierungen das Raten als Lösungsstrategie befördern). Wird in Einzelfällen begründet vermutet, dass eine Nicht- oder Falschbearbeitung seitens des Kindes auf rein sprachliche Verständnishürden zurückzuführen ist, erscheinen Modifikationen wie eine Umformulierung oder weitere Wiederholung des Textes inklusive Zeigegesten vertretbar, um dem Kind eine Bearbeitung des jeweiligen Items zu ermöglichen.

Die Auswertung der mit dem TEDI-MATH erhobenen Rohdaten erfolgt über die Bestimmung von Prozenträngen, C-Werten (M=5, SD=2) und T-Werten (M=50, SD=10) aus den Rohpunktsummen. Für eine Verlaufsdiagnostik, bei der bei einem Kind absolute Leistungsveränderungen verglichen mit der Ausgangsleistung erhoben werden sollen, „müssen die Testrohwerte aus beiden zu vergleichenden Untersuchungen in Normwerten für die Ausgangsklassenstufe ausgedrückt werden" (L. Kaufmann et al., 2009, S. 90). Dies ist mit dem C- bzw. T-Wert für Kinder im Kindergarten (und im ersten Schuljahr) auf der Ebene der einzelnen Untertests möglich, nicht jedoch auf der Ebene der Kernbatterie, da die Kernbatterien der einzelnen Halbjahre nicht aus denselben Untertests bestehen (dies wiederum ist ab dem zweiten Schuljahr der Fall). Für den Vergleich auf der Ebene der Untertests stehen tau-normierte C- und T-Werte zur Verfügung, in die neben den gemessenen Werten auch noch die jeweiligen Reliabilitäten der Untertests und die Populationsmittelwerte einfließen (vgl. Huber, 1973, S. 74 ff.). Die Tau-Normierung führt hierbei zu einer etwas höheren Auflösung, indem sie die Standardabweichung der T-Werteskala von SD=10 je nach Klassenstufe auf etwa SD=12 vergrößert.

Da in der vorliegenden Arbeit nicht die Prüfung auf Vorliegen einer Dyskalkulie bei einzelnen Stichprobenkindern bzw. deren Verlaufsdiagnostik sondern die Abbildung der mathematischen Leistungsstände von Gesamt- und Teilstichproben zu den beiden Messzeitpunkten rund um die Intervention im Vordergrund steht, werden entsprechende Mittelwertdifferenzen betrachtet, wie im Unterkapitel 6.5 näher ausgeführt wird.

3.4   DEMAT 1+

Neben den Einzelinterviews, mit denen die mathematischen Leistungsstände der Kinder unmittelbar vor und nach der Intervention erhoben wurden, sollte noch ein Weg gefunden werden, die mathematischen Kompetenzen der Untersuchungskinder ein Jahr nach der Intervention als Follow-up zu erheben. Zu diesem Zeitpunkt befanden sich die Kinder sämtlich am Ende ihres ersten Schulbesuchsjahres. Hier wurde eine ökonomische Erhebungsmethode gewählt, die es zudem erlaubt, auch noch den Stand der jeweiligen Lerngruppe zu berücksichtigen, um auf diese Weise potenziell den *Big-Fish-Little-Pond*-Effekt zu kontrollieren (vgl. Marsh & Hau, 2003). Mit der Schulleistungstestreihe DEUTSCHE MATHEMATIKTESTS (DEMAT) liegt ein solches Verfahren vor. Der DEMAT 1+ orientiert sich inhaltlich an den Lehrplänen der ersten Klasse aller deutschen Bundesländer und kann als Paper-Pencil-Gruppentest während einer Schulstunde mit der ganzen Klasse durchgeführt werden.

Wie der TEDI-MATH ist auch der DEMAT 1+ standardisiert und normiert und gibt dementsprechend Prozentränge und T-Werte (*M*=50, *SD*=10) aus. Die originäre Zielsetzung des DEMAT 1+ besteht laut der Autor*innen darin, „Aspekte der mathematischen Kompetenz, wie sie in ersten Schulklassen der deutschen Bundesländer üblicherweise vermittelt werden, abzubilden" (Krajewski et al., 2002, S. 8), außerdem wird das Ziel verfolgt, „rechenschwache Kinder zu identifizieren" (ebd., S. 6). In die theoretischen Vorbetrachtungen des DEMAT 1+ fließen nicht nur neuropsychologische Ansätze der Zahlenverarbeitung ein, sondern auch das Teil-Ganzes-Schema nach Resnick (vgl. Unterkapitel 2.3) und Rechenstrategien (vgl. Unterkapitel 2.5). Während Jacobs und Petermann (2012, S. 53) den Vorteil des DEMAT 1+ „in der guten Differenzierung im oberen *und* unteren Leistungsspektrum" sehen, weisen die Autor*innen darauf hin, dass die Verteilung der Testergebnisse des DEMAT 1+ rechtsgipflig verschoben und damit der Test „relativ leicht" sei Krajewski et al., (2002, S. 6), was mit einer verringerten Differenzierung im oberen Leistungsbereich einhergeht, die jedoch in Hinblick auf die Zielsetzung des DEMAT 1+ akzeptabel erscheint. Das Manual ist im Vergleich zu denen des EMBI-KiGa und des TEDI-MATH mit nur 36 Seiten inklusive Literaturverzeichnis und Tabellenanhang auffällig kurz gehalten. Die Ausführungen zu den theoretischen Grundlagen passen auf vier Seiten und werden nur kursorisch auf die einzelnen Subtests bezogen; auf inhaltliche Interpretationshinweise wird, abgesehen von einer Auswertungsanleitung, gänzlich verzichtet. Die ökonomische Erfassung des erreichten Prozentrangs kann somit als zentrales Ziel des DEMAT 1+ gelten.

Der DEMAT 1+ besteht aus neun Subtests, wobei die Aufgaben der beiden Subtests „Addition" und „Subtraktion" innerhalb eines Aufgabenblocks gemischt präsentiert werden, „um die Flexibilität im Umgang mit Lösungsalgorithmen einzubeziehen" (Krajewski et al., 2002, S. 14). Der Anweisungs-Sprechtext ist zu jedem Subtest explizit vorgegeben und wird von der Person, die den DEMAT 1+ durchführt, in der Regel abgelesen; anders als der TEDI-MATH enthält der DEMAT 1+ hierbei auch zahlreiche motivationale und organisatorische Äußerungen wie *„Fangt jetzt an! (...) Wer fertig ist, deckt das Blatt ab!"* (ebd., S. 16), was der Tatsache geschuldet sein dürfte, dass die korrekte Testdurchführung bei zumeist über 20 Kindern gleichzeitig sicherzustellen ist. Von einer natürlichen Gesprächssituation ist dieses Vorgehen sicherlich weit entfernt, da die durchführende Person über sehr viel Erfahrung verfügen muss, um etwa auf das Ablesen sehr langer Textpassagen verzichten zu können, ohne damit das Gütekriterium der Objektivität zu verletzen. Die Aufgaben werden verbal gestellt und von den Kindern in einem Testheft bearbeitet. Zusätzlich gibt es kurze schriftliche Anweisungen im Testheft, was denjenigen Kindern einen Vorteil verschaffen dürfte, die bereits gut lesen können. Der DEMAT 1+ liegt in zwei Pseudo-Parallelformen[7] vor.

Die Inhalte der Subtests (Testform A) werden im Folgenden genauer dargestellt. Für jede korrekt gelöste Aufgabe in den Subtests gibt es jeweils einen Punkt.

Subtest 1 („Mengen – Zahlen") besteht aus drei Aufgaben, die als kurze Rechengeschichten akustisch präsentiert und durch abstrakt-schematische Darstellungen visualisiert sind. In der ersten Aufgabe soll das Kind genauso viele Bälle in einen Kreis malen, wie Kinderfiguren abgebildet sind. Hier sind zur Bearbeitung verschiedene Strategien denkbar: So könnte das Kind zunächst die sieben Figuren abzählen, und dann zu dem bereits dargestellten einen Ball sechs weitere Bälle dazumalen. Ebenso möglich wäre die Lösung über eine Eins-zu-eins-Zuordnung. Jede Figur könnte zeichnerisch mit einem Ball „verbunden" werden, und es müssen so viele Bälle gemalt werden, bis jede Figur genau eine solche Verbindung aufweist. In diesem Fall wäre eine Bestimmung der Mächtigkeit der Figurenmenge nicht notwendig. Diese Unterscheidung treffen auch Piaget und Szeminska (1972, S. 65 ff.) in ihren Versuchen zur „Stück-für-Stück-Korrespondenz". Über die gewählte Strategie gibt die Auswertung keine sichere Auskunft, und sie fließt auch nicht in die Bewertung ein.

In der zweiten Aufgabe sind vier schmale Rechtecke zusehen, in denen jeweils in einer Reihe Punkte angeordnet sind. Dies soll vier Kisten mit Bällen darin darstellen, und das Kind soll diejenige Kiste ankreuzen, in der die meisten Bälle sind. Diese Aufgabe weist einen engen Bezug auf zu den Versuchen Piagets zur Bestimmung von Mächtigkeiten (vgl. Piaget & Szeminska, 1972, S. 100 ff.).

---

[7] Pseudo-Paralleltests bestehen typischerweise aus identischen Items, unterscheiden sich aber hinsichtlich deren Reihenfolge. „Echte" Paralleltests bestehen aus ähnlichen, aber nicht identischen Items, die sich beispielsweise in den genauen Zahlensets unterscheiden.

In der dritten Aufgabe von Subtest 1 soll eine Menge von acht Quadraten („Geschenke") zu gleichen Teilen auf zwei Personen aufgeteilt werden, indem die passende Anzahl Geschenke in zwei Kreisfelder hineingezeichnet wird. Auch für diese Aufgabe sind unterschiedliche Bearbeitungsstrategien denkbar, etwa das Durchstreichen der Quadrate, sobald sie – möglicherweise abwechselnd – in die Zielkreise hineingezeichnet wurden, was einer ikonisch repräsentierten Handlung in einer Divisionssituation zur Grundvorstellung des *Verteilens* entspricht (vgl. Padberg & Benz, 2011, S. 154). In eher geometrisch geprägten Lösungen lässt sich beispielsweise ein Trennungs- oder Teilungsstrich finden, den Kinder durch die Mitte der Quadratemenge gezogen haben, so dass rechts und links vom Strich jeweils vier Quadrate zu sehen sind. Als produktorientiertes Verfahren gibt der DEMAT 1+ auch hier keine sichere Auskunft über die vom Kind gewählten Strategien.

In **Subtest 2** („Zahlenraum") werden vier Zahlenstrahlen präsentiert, auf denen gesuchte Zahlen markiert werden sollen. Auf einem waagerechten Zahlenstrahl in 5er-Einteilung, der zusätzlich 1er-Striche enthält, sollen die in zwei Kästchen, die per Pfeil dem vierten und dem siebzehnten Einerstrich zugewiesen werden, die passenden Zahlsymbole geschrieben werden. In drei weiteren, senkrecht orientierten Zahlenstrahlen sollen die Positionen vorgegebener Zahlen gekennzeichnet werden. Die ersten beiden Zahlenstrahlen weisen eine 10er-Einteilung mit zusätzlichen 5er-Strichen auf, der dritte Zahlenstrahl eine 50er-Einteilung mit zusätzlichen 10er-Strichen. Auffällig ist in diesem Subtest die inkonsistente grafische Darstellung der vier Zahlenstrahlen. So endet der erste Zahlenstrahl grafisch bei 20, während die anderen drei bei Null beginnen und mittels Pfeilen über die letztmarkierte Zahl (20 bzw. 100) hinausgehen. Beim ersten Zahlenstrahl sind 0, 10 und 20 mit einem langen dicken Strich markiert, während 5 und 15 nur einen langen Strich haben. Beim zweiten und dritten Zahlenstrahl sind die Striche bei 0 und 20 lang, die Striche für 5, 10 und 15 kurz. Die gesuchten Zahlen (6 und 13) müssen „freihändig" auf dem Zahlenstrahl markiert werden, da dort keine 1er-Striche vorhanden sind (was die Bepunktung erschwert). Beim vierten Zahlenstrahl sind die Striche für 0, 50 und 100 lang, und die gesuchte Zahl (20) kann dem entsprechenden Strich präzise zugeordnet werden.

Die **Subtests 3 und 4** („Addition" und „Subtraktion") umfassen je vier Aufgaben im Zahlenraum bis 20, die gemeinsam gemischt auf einer Doppelseite stets in der Syntax $Zahl \pm Zahl = \square$ präsentiert werden. Die Aufgaben werden, abgesehen von der Beispielaufgabe, nicht vorgelesen, sondern von den Kindern innerhalb von 3 Minuten im eigenen Tempo bearbeitet. Dies setzt sicheres Lesen und Schreiben der Zahlsymbole voraus. Alle Additionsaufgaben beinhalten den Übergang bei 10, und bei drei davon ist der erste Summand kleiner als der zweite (Beispiel: $3 + 14 = \square$). Unter den vier Subtraktionsaufgaben weisen drei Aufgaben einen

Zehnerübergang auf, zwei davon mit der Syntax $ZE - E = \square$, die dritte in der Form $ZE - ZE = \square$, wobei hier der Einer des Subtrahenden kleiner ist als der Einer der Minuenden, so dass eine Lösung über die Strategie *stellenweises Rechnen* analog zur Addition möglich ist (vgl. Padberg & Benz, 2011, S. 120). Eine hierarchische Ordnung hinsichtlich deren Anforderungsgrads ist bei den acht Aufgaben nicht erkennbar: Die ersten beiden Aufgaben lauten $3 + 14 = \square$ und $15 + 9 = \square$, die letzten beiden $6 + 13 = \square$ und $14 - 6 = \square$.

Auch die Aufgaben in den vier folgenden Subtests sind rein symbolisch präsentiert. **Subtest 5** („Zahlenzerlegung - Zahlenergänzung") besteht aus vier Aufgaben im Zahlenraum bis 20 mit der Syntax $Zahl + \square = Zahl$ bzw. deren kommutativer Vertauschung, wobei in zwei der vier Aufgaben der erste Summand und in den anderen zwei Aufgaben der zweite Summand gesucht ist. **Subtest 6** heißt „Teil-Ganzes" und besteht aus vier Aufgaben, deren syntaktischer Unterschied zu den Aufgaben aus dem vorhergehenden Subtest 5 lediglich darin besteht, dass auf einer Seite keine Ergebniszahl, sondern ebenfalls eine Summe (oder Differenz) steht, wie in der ersten Aufgabe $5 + \square = 6 + 2$. Wie in Unterkapitel 2.3 ausgeführt, geht die Entwicklung eines Teil-Ganzes-Konzepts mit dem Verständnis der Tatsache einher, dass Zahlen flexibel in Zahlen zerlegt und aus (ggf. anderen) Zahlen wieder zusammengesetzt werden können. So kann die 5 nicht nur beispielsweise in 4 und 1 zerlegt, sondern auch aus 3 und 2 zusammengesetzt werden oder gemeinsam mit der 2 die 7 bilden. Werden diese Aspekte als Eigenschaften der 5 erkannt, kann von einem entwickelten Teil-Ganzes-Konzept gesprochen werden, das eine tragfähige, kardinale Basis für das Verständnis von Addition und Subtraktion darstellt. In diesem Sinne zielen beide Subtests auf das Teil-Ganzes-Konzept abz, genauer, auf dessen Anwendung auf symbolisch kodierte Additionsaufgaben, bei denen jeweils ein Summand zu bestimmen ist.

Einsicht in Teil-Ganzes-Beziehungen zwischen Zahlen gilt als notwendige Voraussetzung für nicht-zählende Lösungen von Additions- und Subtraktionsaufgaben (vgl. Peter-Koop & Rottmann, 2013); als solche erscheint sie in diesen Subtests zumindest implizit operationalisiert, so dass man bei einer korrekten Bearbeitung davon ausgehen kann, dass das Kind über ein entwickeltes Teil-Ganzes-Konzept verfügt. Umgekehrt jedoch ist fraglich, ob eine Nicht- oder Falschbearbeitung ihre Ursache tatsächlich in mangelnder Einsicht in Teil-Ganzes-Beziehungen hat, oder ob nicht möglicherweise die rein symbolische Ebene, die algebraische Formulierung oder die hohen Anforderungen ans Arbeitsgedächtnis zur Nicht- oder Falschbearbeitung beigetragen haben. Auf den möglichen Einfluss eines noch zu abstrakten Darstellungsmodus' weisen auch Küspert und Krajewski (2013, S. 31 ff.) hin.

Subtest 7 („Kettenaufgaben") beinhaltet viergliedrige Addition- und Subtraktionsaufgaben im Zahlenraum bis 20. Die Additionsaufgabe und zwei der Subtraktionsaufgaben haben einen Zehnerübergang, die dritte Subtraktionsaufgabe $(17 - 1 - 2 - 3 = \square)$ nicht. Durch die Notwendigkeit, sich bei jeder Aufgabe – zumindest bei konsequent beibehaltener Bearbeitungsrichtung von links nach rechts – zwei Zwischenergebnisse merken und mit diesen weiterrechnen zu müssen, ergeben sich besondere Anforderungen an das Arbeitsgedächtnis der Kinder. Die Autor*innen geben keine genauere Begründung an, warum dieser spezielle Aufgabentypus als Untertest aufgenommen ist, zumal auch hier die genutzten Strategien weder im Manual thematisiert noch bei der Bepunktung berücksichtigt werden (eine denkbare Strategie wäre etwa die geschickte Anwendung des Assoziativgesetzes beispielsweise bei $5 + 4 + 2 + 4 = \square$ zu $5 + 10 = \square$). Abgesehen von der Anzahl der Summanden bzw. Subtrahenden ist kein struktureller oder inhaltsspezifischer Unterschied zu den Aufgaben der Subtests 3 und 4 („Addition" und „Subtraktion") erkennbar. Die Anforderungen an das Kind in Hinblick auf Operationsverständnis, Orientierung im Zahlenraum oder syntaktische Struktur und Abstraktionsgrad der Aufgaben sind mit denen der Subtests 3 und 4 identisch.

Auch **Subtest 8** („Ungleichungen") wird auf formal-symbolischer Ebene bearbeitet, und zwar indem hier die Relationszeichen $\lessgtr$, $\gtrless$ und $\ominus$ in (Un-)Gleichungen eingesetzt werden sollen. Zu den wiederum vier Aufgaben sind zwei Beispiele angegeben: $7 \; \gtrless \; 4$ und $2 + 6 \; \lessgtr \; 9$. Die Aufgaben sind dann sämtlich vom Typus *Zahl* $\bigcirc$ *Zahl* $\pm$ *Zahl*.

Die Autor*innen beschreiben den Inhalt von Subtest 8 mit: „Das Verständnis der Relationszeichen ‚ist gleich', ‚größer als' und ‚kleiner als' ist Gegenstand dieses Subtests" (Krajewski et al., 2002, S. 14). Das Verständnis der Bedeutung des Gleichheitszeichens wurde also offenbar in den Subtests 3 bis 7 vorausgesetzt. Inwiefern die Anforderung, das Gleichheitszeichen in Subtest 8 nicht, wie bei den anderen Subtests, nur zu lesen sondern hier selbst einzutragen, dessen Verständnis überprüft, erscheint diskutabel.

Falls bei diesem Subtest vorrangig die Überprüfung intendiert war, ob ein Kind kardinale Mengenvergleiche bewältigt und Aussagen darüber machen kann, ob eine bestimmte Menge größer als, kleiner als oder gleich eine(r) andere(n) Menge ist, wäre auch die Konzeption von Items auf deutlich niedrigerem Abstraktionsniveau möglich gewesen. Offenbar sollte jedoch gerade der Umgang mit Symbolen auf formal-abstrakter Ebene erfasst werden, was auch unter Berücksichtigung aller anderen bislang dargestellten Subtests im DEMAT 1+ ein recht einseitiges Bild von Mathematik vermittelt.

Subtest 9 („Sachaufgaben") schließt den DEMAT 1+ mit vier Aufgaben, in denen kurze Rechengeschichten akustisch präsentiert werden, ab. In diesem Subtest werden vorrangig die *Modellierungs*-Kompetenzen des Kindes verlangt, indem das Kind „Sachtexten (...) die relevanten Informationen" entnimmt und zudem

„Sachprobleme in die Sprache der Mathematik übersetzen, innermathematisch lösen und diese Lösungen auf die Ausgangssituation beziehen" soll (ebd., S. 8). Die Autor*innen geben an, dass „alle vier" (Krajewski et al., 2002, S. 11) Situationstypen nach Schipper in diesem Subtest verwendet werden, also je eine Aufgabe zum *Verändern*, zum *Verbinden*, zum *Vergleichen* und zum *Aus-/ Angleichen*. Die Analyse der vier Aufgaben zeigt jedoch, dass die erste und die dritte Aufgabe hinsichtlich sowohl ihres Situationstypus' als auch ihrer syntaktischen Struktur identisch sind:

9.1 *„Klaus und Andy haben zusammen 9 Spielzeugautos. Klaus hat 6 Autos. Wie viele Autos hat Andy?"*

Situation: Verbinden. Struktur: $b + x = a$. ZR: 9

9.3 *„Thomas und Maria pflücken Blumen. Sie haben zusammen 12 Blumen. Thomas hat 6 Blumen. Wie viele Blumen hat Maria?"*

Situation: Verbinden. Struktur: $b + x = a$. ZR: 12

Insgesamt wurden zwei Aufgaben verwendet, die Schipper zum Sachsituationstypus *Verbinden* zählt. Eine Aufgabe vom Situationstypus *Verändern* fehlt, lediglich in der Beispielaufgabe (*„Susi hat 7 Bonbons. Sie bekommt noch 3 dazu. Wie viele Bonbons hat sie dann?"*) wird dieser Situationstypus gewählt. Die Kinder sollen dann die Lösungszahl im Testheft zum passenden Bild (Auto, Blume usw.) schreiben. Eine formale Übersetzung der Rechengeschichte in den zugehörigen Term (9 − 6 usw.) ist bei der Bearbeitung nicht intendiert.

Fazit: Der DEMAT 1+ bildet nur einen relativ kleinen Ausschnitt der in den Bildungsstandards formulierten inhaltsbezogenen und allgemeinen, prozessbezogenen Kompetenzen ab. Mit dem TEDI-MATH hat er gemeinsam, dass der Fokus auf dem inhaltsbezogenen Kompetenzfeld *Zahlen und Operationen* liegt und er somit über andere inhaltsbezogene Kompetenzen, etwa zur Muster- und Struktur-Erkennung oder zur Raumwahrnehmung, keine Informationen liefert. Bezüglich der arithmetischen Kompetenzen erlaubt der DEMAT 1+ jedoch auf ökonomische Weise eine Leistungseinschätzung eines Kindes, insbesondere im direkten Vergleich zu seiner Lerngruppe. Auch die „frühzeitige Diagnose einer Rechenschwäche (Dyskalkulie)" (Krajewski et al., 2002, S. 8) ist mit Hilfe des Vergleichs mit der Eichstichprobe möglich, diese sollte jedoch stets durch die Durchführung eines Einzeltestverfahrens untermauert werden, das auch die Möglichkeit zur individuellen Fehleranalyse bietet (vgl. Jacobs & Petermann, 2012, S. 54).

3.5   Zusammenfassung

Die in diesem Kapitel dargestellten Erhebungsinstrumente sind sämtlich den „Verfahren mit hoher Standardisierung" (vgl. Peucker, 2011) zuzurechnen, aber von unterschiedlicher Ausrichtung. Testbatterien für Rechenfertigkeiten, zu denen auch der TEDI-MATH zählt, entsprechen im Kontext der Dyskalkuliediagnostik den Leitlinien der DGKJP (Jacobs & Petermann, 2012, S. 50) und stellen damit in der Gruppe der „spezifischen Testverfahren" den „state of the art" dar (Bzufka, von Aster & Neumärker, 2013, S. 84). Da die für die vorliegende Arbeit untersuchte Stichprobe aus Kindern im letzten halben Jahr vor der Einschulung besteht, sind die schulmathematiknahe Operationalisierung mathematischer Kompetenzen sowie die zufriedenstellende Differenzierung über alle Leistungsbereiche hinweg als Vorteile anzusehen, mit denen die Wahl des TEDI-MATH als normiertes Verfahren auch im Kontext wissenschaftlicher Untersuchungen begründet werden kann.

Das EMBI-KiGa zielt als prozessorientiertes Einzelinterview auf die Erhebung früher mathematischer Kompetenzen mit dem Fokus der Strategiebeobachtung ab. Durch dessen Halb-Standardisierung hat die durchführende Person im Vergleich zu den anderen beiden Instrumenten beim EMBI-KiGa den größten Gestaltungsspielraum. Von der konsequenten Materialbasiertheit profitieren nicht nur Kinder mit eingeschränkten Deutschkenntnissen, sondern auch Kinder mit Sprachentwicklungs- und Sprechstörungen. Die Operationalisierung klassischer Vorläuferfähigkeiten in Piaget'scher Tradition liefert verbunden mit den Items zu den Zählkompetenzen einen umfassenden Einblick in den jeweiligen Stand der Zahlbegriffsentwicklung der interviewten Kinder und kann somit die TEDI-MATH-Rohdaten qualitativ sinnvoll ergänzen.

Der DEMAT 1+ gehört zu den Schulleistungstests und wird zur ökonomischen Erhebung mathematischer Leistungen eingesetzt, vorrangig im Kontext vergleichender Leistungsevaluationen „zwischen Klassen, Schulen und Bundesländern sowohl innerhalb einer Klassenstufe als auch zwischen verschiedenen Klassenstufen" (Krajewski et al., 2002, S. 5). Im Rahmen wissenschaftlicher Untersuchungen gibt der DEMAT 1+ Auskunft über die vorrangig formal-arithmetischen Kompetenzen von Erstklässlern. Da die Wirkung der Intervention auf die arithmetischen Fähigkeiten der Untersuchungskinder im Zentrum dieser Untersuchung steht, erscheint der Einsatz des DEMAT 1+, auch wenn er nur einen relativ kleinen Ausschnitt der *inhaltsbezogenen Kompetenzen* abbildet, für die Follow-up-Messung geeignet.

Theorien und Befunde zum Lernen in Familie und Kita

4

Das familiäre Umfeld und die Kita gelten bezogen auf die kindliche Bildungsbiografie als die beiden wichtigsten Bildungsorte für junge Kinder (vgl. Rauschenbach et al., 2004, S. 29). Versuche, die Einflussgrößen beider Bildungsorte auf die Entwicklung junger Kinder zu quantifizieren, beispielsweise im Rahmen von Qualitätsstudien, kommen überwiegend zu dem Schluss, dass die Familie im Vergleich zur Kita den größeren Einfluss darstellt. Die „besondere Wirkungskraft des Bildungsorts Familie" (von Hehl, 2011, S. 41) kommt nicht nur durch Merkmale und Prozesse innerhalb der Familie zustande, sondern hängt auch damit zusammen, dass die Familie als „primäre Sozialisationsinstanz" (Schüpbach & von Allmen, 2013, S. 344) den Zugang zu institutionellen Bildungsangeboten wie den Kitabesuch maßgeblich beeinflusst, diesbezüglich also die Rolle eines „Gatekeepers" (Betz, 2006a) einnimmt.

Der Besuch einer Kita kann ebenfalls weitreichende Auswirkungen auf Kinder haben. Die „pädagogische Qualität des Familiensettings" hat zwar die höchste Erklärkraft für den kindlichen Entwicklungsstand im Grundschulalter (vgl. Tietze, 2004, S. 149), aber der Einfluss der Qualität des Kindergartensettings ist „wenigstens so groß (...) wie der des Grundschulsettings" (ebd.). Roßbach, Kluczniok und Kuger (2008) haben beispielsweise in einer umfassenden Betrachtung internationaler Studien die Auswirkungen auf die kognitiv-leistungsbezogene Entwicklung von Kindern beschrieben und festgestellt, dass der Kitabesuch kompensatorisch wirken kann (vgl. ebd., S. 147) und dass das vollendete zweite Lebensjahr in Hinblick auf spätere Schulleistungen das beste Eintrittsalter zu sein scheint (vgl. ebd., S. 153). Solche und ähnliche Befunde rechtfertigen eine genauere Betrachtung der Rolle, die der Besuch einer Kita in Hinblick auf die Entwicklung von Kindern spielt.

J. Streit-Lehmann, *Mathematische Familienförderung in der Kita*, Bielefelder Schriften zur Didaktik der Mathematik 9, https://doi.org/10.1007/978-3-658-39048-8_4

Die Analyse von (auch wechselseitigen) Einfluss- und Kompensationsmöglichkeiten der beiden Bildungsorte Familie und Kita in Hinblick auf die Entwicklung junger Kinder ist seit vielen Jahren Gegenstand zahlreicher bildungs- und sozialwissenschaftlicher Diskurse (vgl. Liegle, 2010). Eine Hauptmotivation dafür liegt in dem gesellschaftspolitischen Ansatz, dass allen Kindern *gleiche* Bildungschancen zustehen (sollten), unabhängig von ihrer sozialen Herkunft. Diese Forderung hat bereits John Rawls[1] in den 1970er Jahren in seiner wissenschaftlich breit rezipierten *Theory of Justice* ausgeschärft. Unter dem Schlagwort *Chancengleichheit* kann einerseits ein Merkmal auf Individualebene verstanden werden: In Anlehnung an O'Neill (vgl. 1993, S. 151) bezeichnet dieser Begriff die empirisch messbare Gleichwahrscheinlichkeit, dass zwei Personen mit der gleichen natürlichen Ausstattung wie Begabungen oder Talent, die beide ein bestimmtes Ziel erreichen wollen, dies auch tatsächlich tun. Dies geht über die Forderung nach bloß *formaler* Chancengleichheit (diese garantiert lediglich, dass es grundsätzlich *möglich* ist, dass beide Personen ihr Ziel erreichen) deutlich hinaus. Klinkhammer (2010, S. 207) verwendet in diesem Zusammenhang bewusst den Begriff *Chancengerechtigkeit* anstelle von *Chancengleichheit.* Chancen(un)gleichheit hat andererseits starke Auswirkungen auf der Ebene der Gesellschaft, denn es gefährdet die Gesellschaft insgesamt, wenn ihre Teile unterschiedliche Möglichkeiten der Teilhabe und Zugang zu relevanten Ressourcen haben (vgl. Burzan, 2011, S. 139 ff.). Chancengerechtigkeit beinhaltet stets den Aspekt des Ausgleichs und der Kompensation, damit aus sozialen *Unterschieden* keine sozialen *Ungleichheiten* werden.

In Deutschland ist der Bildungserfolg besonders stark von der sozialen Herkunft abhängig; die soziale Mobilität ist gering (vgl. Stamm, 2013, S. 684). Bischoff und Betz (2018, S. 25 ff.) führen aus, dass die Gewährleistung gleicher Startchancen zum Schulanfang und die frühe Kompensation von Benachteiligungen ein zentrales, übergreifendes Ziel moderner Gesellschaften darstellen, jedoch die empirische Grundlage für Fragen des Abbaus von Ungleichheit durch spezifische Angebote insgesamt trotz des hohen politischen und gesellschaftlichen Interesses nach wie vor überschaubar ist. Studien, die sich mit den mittel- und langfristigen (kompensatorischen) Effekten des Kitabesuchs auseinandersetzen, kommen zu widersprüchlichen Ergebnissen. Das genannte Ziel ist also bislang noch nicht erreicht; nicht nur die PISA-Studien belegen regelmäßig, dass der Bildungserfolg von Kindern und Jugendlichen hierzulande im Vergleich zu anderen Staaten besonders stark von der sozialen Herkunft abhängt:

---

[1] John Rawls (1921–2002), US-amerikanischer Philosoph

Kinder wachsen in Deutschland in andauernden Ungleichheitsverhältnissen auf, die sich in vielen Teilbereichen der Gesellschaft, so auch im deutschen Bildungssystem, zeigen. Große Hoffnungen, dass sich bildungsbezogene Ungleichheiten früh und nachhaltig abbauen lassen, werden seit einigen Jahren in die Kindertagesbetreuung gesetzt(...). (ebd., S. 25)

Mit diesen Hoffnungen gehen zwangsläufig qualitätsbezogene Anforderungen an die Kitas einher. Honig (vgl. 2002, S. 184 ff.) formuliert solche Anforderungen an das System Kita aus „instituetischer" Perspektive und weist in diesem Zusammenhang auf die Tatsache hin, dass in Deutschland der auf Selbstbildung abzielende *Situationsansatz* über Jahrzehnte hinweg die vorrangig präsente Antwort auf die sozialpolitische Forderung darstellte, öffentliche Kleinkinderbetreuung zu gewährleisten. Kritik am Situationsansatz bezieht sich häufig auf

die einseitige anthropologische Fundierung, die fachdidaktische Aversion, die Priorisierung der sozialen gegenüber der fachlichen Dimension des Lernens, die Vereinseitigung des Lernens selbst und insbesondere die Resistenz gegenüber wissenschaftlicher Überprüfung. (Hacker, 2004, S. 275)

Eine Darstellung bzw. Gegenüberstellung des Diskurses zum Situationsansatz ist in den Beiträgen von Zimmer (2000) und Fthenakis (2000) zu finden. Ab den 1990er Jahren erfolgte eine breite Qualitätsdiskussion, die auf Länderebene in der Formulierung umfassender Bildungspläne für den Kitabereich mündete (vgl. Gisbert, 2004, S. 46 ff.), aber im Grunde bis heute anhält und in den letzten Jahren einige große Studien wie die BiKS-Studie, die NUBBEK-Studie oder das NEPS geprägt hat (vgl. Honig, 2015, S. 45). International hatte diesbezüglich das Positionspapier zur frühkindlichen Bildung der NAEYC (National Association for the Education of Young Children, 2009) großen Einfluss auf die Entwicklung von Konzepten zur Elementarerziehung, die pädagogischen Standards, also Qualitätsmerkmalen gerecht werden sollten (vgl. Gisbert, 2004, S. 62 f.), wobei mit der großen Popularität dieses Papiers auch viel inhaltliche Kritik einer ging, insbesondere bezogen auf dessen als „unzulänglich und veraltet" bezeichneten theoretischen Bezugsrahmen (vgl. New, 2010, S. 36).

Für die Messung pädagogischer Qualität (vgl. Tietze, Roßbach & Grenner, 2005, S. 44) sind einige Instrumente entwickelt worden (vgl. S. Weinert, 2015, S. 35), beispielsweise das HOME[2] (Caldwell & Bradley, 1984), auf dessen Basis Anders et al. (2012) ein Instrument zur Messung des *home literacy environment* und des *home numeracy environment* entwickelt haben, und die ECERS- R, die in Form der

---

[2] Home Observation for Measurement of the Environment

revidierten KINDERGARTEN- EINSCHÄTZ- SKALA KES-R auch in Deutschland zum Einsatz kommt (vgl. Roßbach, 2005, S. 70 ff.). Solche Instrumente sollen Status- und Prozessmerkmale abbilden; sie können auf die Kita und teilweise auf das heimische Umfeld angewendet werden und damit potenziell auch die Beziehung zwischen beiden Bildungsorten – nicht selten als *Spannungsfeld* bezeichnet (vgl. beispielsweise Barthold, 2018; Brunner, 2015; Nentwig-Gesemann, 2017) – beschreiben, insbesondere in deren Berührungspunkten.

Einen klassischen Berührungspunkt zwischen Kita und Familie stellt die Elternarbeit dar. Gisbert (2004, S. 61) stellt diesbezüglich fest: „In Einrichtungen, die eine hohe Gesamtqualität in allen Variablen (Struktur, Kontext, Prozess) aufweisen, wird in der Regel auch ernsthaft und intensiv Elternarbeit betrieben". Der Begriff *Erziehungspartnerschaft* betont in diesem Zusammenhang eine bestimmte Art des Zusammenwirkens zwischen Familie und Institution, die seitens der Kita von einer „,neuen' Haltung gegenüber Eltern" (Cloos & Karner, 2010, S. 171) geprägt ist und sich damit von einer altmodischeren Sichtweise abgrenzt, Elternarbeit bestünde lediglich aus der regelmäßigen „Unterrichtung der Eltern über den Stand der Dinge" (Bauer & Brunner, 2006, S. 9): „Die Entwicklungsförderung der Kinder und die Stärkung der elterlichen Erziehungskraft können als Erziehungspartnerschaft im engeren Sinne verstanden werden" (Thiersch, 2006, S. 94).

Im vorliegenden Kapitel wird zunächst der Versuch unternommen, den Einfluss der Familie auf den kindlichen Bildungsverlauf darzustellen, beginnend mit einer ausführlichen Betrachtung und Klärung des Begriffs *home learning environment*, unter dem typische mögliche Einflussfaktoren zusammengefasst werden. Im Anschluss daran wird dasselbe Ziel bezogen auf die Kita verfolgt. Darauf aufbauend wird Elternarbeit als ein wichtiger Berührungspunkt zwischen diesen beiden Systemen in den Blick genommen, da die Intervention der vorliegenden Arbeit als Gestaltungsmerkmal von Elternarbeit gedeutet werden kann (siehe Kapitel 6).

4.1   Begriffsklärung: *Home Learning Environment*

Der Begriff *home learning environment* (kurz: HLE) ist in der englischsprachigen Literatur weit verbreitet, um das *Zuhause* von Kindern als Bildungsort zu beschreiben, in Abgrenzung zu institutionellen Bildungsorten wie Kita, Schule oder Hort. In der deutschsprachigen Literatur gibt es keine eindeutige Entsprechung, aber einige gängige Übersetzungen: Lehrl, Ebert, Roßbach und Weinert (2012) sprechen beispielsweise von der *familiären Lernumwelt*, Tillack und Mösko (2013, S. 129) von *familiären Prozessmerkmalen* und Attig und Weinert (2019) von der *häuslichen Lernumwelt*. Grube et al. (2015) untersuchen den Einfluss der *häuslichen*

Umwelt auf die Entwicklung numerischer Kompetenzen im Vorschulalter, und bei Schuchardt, Piekny, Grube und Mähler (2014) ist diesbezüglich vom Einfluss der *häuslichen Umgebung* die Rede.

Das zentrale Ziel der Identifikation relevanter Merkmale für die Beschreibung von HLEs ist die Untersuchung des Zusammenhangs des HLE mit dem (späteren) kindlichen Bildungserfolg. Das Forschungskonstrukt *Bildungserfolg* wird für gewöhnlich mit Hilfe einiger vergleichsweise weniger Kennzahlen gemessen, etwa über Schulnoten (ggf. in bestimmten Fächern), Punktzahlen in bestimmten Tests oder den erreichten Schulabschluss; ein Überblick über entsprechende Operationalisierungsmöglichkeiten ist beispielsweise bei Schmitt (2009, S. 724) zu finden. Das Konstrukt *home learning environment* ist ungleich komplexer, weil sich das HLE erst durch eine Vielzahl möglicher Merkmale konstituiert, die immer wieder anders miteinander kombiniert und untereinander gewichtet werden können. Eine angemessene Beschreibung des *Zuhauses* eines Kindes kann dementsprechend nur gelingen, indem die Komplexität dieses Begriffs mit Hilfe einer endlichen Zahl von für relevant gehaltenen Merkmalen reduziert wird. Damit wird die Identifikation relevanter Merkmale des HLE selbst Forschungsgegenstand: Es soll geklärt werden, *woran* sich abschätzen lässt, ob eine häusliche Lernumgebung *gut* für ein Kind ist und deshalb *positiv* auf seine Entwicklung wirkt.

Als mögliche Einflussfaktoren, die in ihrer Gesamtheit das HLE ausmachen, werden unterschiedliche Merkmale diskutiert: etwa die Anzahl der Geschwister, die im selben Haushalt leben, die Anzahl der Bücher, zu denen das Kind Zugang hat, die Dauer täglicher Gespräche zwischen Eltern und Kind, der praktizierte Erziehungsstil und vieles mehr. Zu jedem Merkmal lassen sich Modelle postulieren, die mögliche Wirkmechanismen beschreiben; so könnte etwa die Anzahl der Geschwister *deshalb* negativ mit dem Bildungserfolg korrelieren, weil Eltern in kinderreichen Familien für jedes einzelne Kind weniger Zeit aufwenden können. Melhuish et al. (2008) haben in ihrer vielbeachteten Studie zum Einfluss des HLE und Kindergartenbesuchs auf spätere Schulleistungen 14 alltagsnahe Aktivitäten wie *gemeinsam essen* oder *vorgelesen bekommen* als bedeutsam vermutet, die sich durch die Angabe von Dauern bzw. Häufigkeiten pro Tag oder Woche quantifizieren lassen. An ihrer Aufzählung wird deutlich, dass sich die Autor*innen auf *Prozesse* konzentrieren, die zuhause stattfinden. *Status*merkmale (vgl. Tillack & Mösko, 2013) hingegen, wie Geschwisteranzahl, Einkommen der Eltern oder welche Sprache zuhause gesprochen wird, werden dadurch nicht oder allenfalls implizit abgebildet. Auch die Haltungen, Überzeugungen und Einstellungen (*Beliefs*) der Eltern bezüglich der Bildung und Erziehung ihrer Kinder werden von vielen Autor*innen als relevante Merkmal des HLE erkannt (z. B. Deppe, 2014; Gradnitzer, 2009; Sigel, 1994).

Das HLE kann begrifflich noch genauer beschrieben werden hinsichtlich spezifischer Inhaltsfelder, in denen Kinder sich entwickeln und Kompetenzen ausbilden. Insbesondere zum sogenannten *home literacy environment* liegen zahlreiche Studien vor, welche die späteren sprachlichen Leistungen von Kindern gut vorhersagen können (siehe Unterkapitel 4.2). Das *home literacy environment* wird typischerweise durch Merkmale beschrieben, die sich auf die zuhause gesprochene(n) Sprache(n), den Umgang mit Schrift sowie den Zugang zu und die Nutzung von Büchern und anderen Schriftmedien beziehen (vgl. Jäkel, Wolke & Leyendecker, 2012, S. 151).

Der Begriff *home numeracy environment* wird verwendet, um speziell die „Bedeutsamkeit der mathematischen Lernumwelt in Familien" herauszustellen (Niklas & Schneider, 2012, S. 134) und umfasst alle Charakteristika, die in Kombination die späteren mathematischen Kompetenzen des Kindes vorhersagen können (vgl. Niklas, Cohrssen & Tayler, 2016, S. 124). Gunderson und Levine (2011) haben beispielsweise 44 Kinder und ihre Familien vom ersten bis zum vierten Lebensjahr der Kinder alle 4 Monate zuhause besucht und auf zahlen- und mengenbezogene Aktivitäten hin untersucht und dabei die Häufigkeit, mit der Eltern mit ihren Kindern über Zahlen sprechen, als bedeutsamen Faktor erkannt, der das kardinale Zahlenverständnis der Kinder beeinflusst.

Skwarchuk et al. (2014, S. 69) haben für ihre Untersuchung zum Zusammenhang zwischen elterlichen Erwartungen, häuslichen Lernpraktiken und der kindlichen Kompetenzentwicklung bezogen auf *numeracy* und *literacy* bei Vorschulkindern ähnlich wie Melhuish et al. (2008) *home numeracy practices* formuliert, die Zählen, Rechnen, mathematikhaltige Spiele und Umgang mit Uhren, Kalendern und Messwerkzeugen umfassen. Solche Aufzählungen von Mathematik-bezogenen Eltern-Kind-Aktivitäten zeigen, dass diese „ganz natürlich" in den Alltag eingebettet sind, und gleichzeitig, dass sich Eltern über den potenziellen Nutzen solcher Aktivitäten bewusst sein müssen, um diese konsequent anzuregen.

Im Folgenden werden allgemein für das *home learning environment* relevante Merkmale näher vorgestellt. Diese lassen sich unterteilen in psychologisch-pädagogische und soziologische Merkmale, sind jedoch nicht völlig trennscharf.

Zunächst sei also auf die Bedeutung **psychologisch-pädagogischer** Merkmale des HLE hingewiesen. Diese sind vor allem bestimmt durch die Gestaltung der persönlichen Beziehungen zwischen dem Kind und seiner Familie. Bowlby (2016) hält eine feste und sichere Bindung zu seinen Bezugspersonen für die wichtigste Voraussetzung für die gesunde Entwicklung des Kindes. Ein Überblick über die hohe Relevanz der Bindungssicherheit in Hinblick auf zahlreiche Entwicklungsdimensionen wie das Spiel-, Lern- und Sozialverhalten ist bei Zimmermann, Celik und Iwanski (2013) zu finden. Die Auswirkungen elterlichen Engagements scheinen bei Grundschulkindern in Hinblick auf deren soziale Entwicklung größer zu sein als in Hinblick auf deren schulische Leistungen (vgl. El Nokali, Bachman & Votruba-Drzal, 2010). Korntheuer, Lissmann und Lohaus (2010) sowie Walper (2012) haben in einer Untersuchung der Auswirkungen elterlicher Erziehungsstile gezeigt, dass sicher gebundene Kinder wesentlich empathischer und kompetenter im Umgang mit Gleichaltrigen sind, weniger ängstlich und aggressiv sowie sprachlich besser entwickelt als unsicher gebundene Kinder. Als besonders günstig erscheint in zahlreichen Studien ein liebevoll-konsequentes („autoritatives") Erziehungsverhalten (vgl. auch Fuhrer, 2007), das wesentlich von elterlicher Feinfühligkeit geprägt ist (vgl. Becker-Stoll, 2017, S. 13) und auch zu besseren Schulleistungen der Kinder zu führen scheint (vgl. Walper, 2012, S. 12). Eine Klärung des Erziehungsstilbegriffs nimmt beispielsweise Liebenwein (2008) vor.

Großen Einfluss auf die kindliche Entwicklung scheinen auch die (bloßen) diesbezüglichen Erwartungen der Eltern zu haben (Fan & Chen, 2001; Jullien, 2006; Neuenschwander, 2005). Wenn Eltern beispielsweise davon ausgehen, dass ihre Kinder künftig gute Schulleistungen zeigen werden, scheint allein diese Erwartungshaltung bereits zu guten Schulleistungen beizutragen. Schmitt (2009) hat zudem, neben der Erwartungshaltung der Eltern, noch das elterliche Unterstützungsverhalten und den respektvollen Umgang miteinander als relevantes HLE-Merkmal nachgewiesen.

Studien zur Qualität innerfamilialer Beziehungen betonen häufig die Menge an gemeinsam verbrachter Zeit und die konkrete inhaltliche Ausgestaltung derselben; darin geht es beispielsweise um die schädlichen Folgen des Konsums von Bildschirmmedien im Kleinkindalter (vgl. Bleckmann, 2014; Hering, 2018) oder um das Ausmaß der elterlichen Unterstützung bei den Hausaufgaben im Schulalter. Ein in diesem Zusammenhang vielfach belegter Befund ist, dass Eltern ihr Kind gerne beim Lernen unterstützen möchten, es ihnen dazu aber oft an Wissen über geeignete pädagogische Strategien und didaktisch sinnvolle Impulse mangelt (H. Cooper, Lindsay & Nye, 2000; Hoover-Dempsey, Bassler & Burow, 1995; Jäger, 2010; Luplow & Smidt, 2019; E. Wild & Remy,2002).

Psychologisch-pädagogische Merkmale beziehen sich zusammengefasst also auf die Menge und die Ausgestaltung der interaktionalen Anregungen und Impulse, die das Kind zuhause durch seine Bezugspersonen erfährt. Diese sind maßgeblich durch das grundsätzliche Beziehungs- und Erziehungsverhalten innerhalb der Familie geprägt.

Soziologische Merkmale des HLE kennzeichnen das Zuhause des Kindes als Sozialraum[3], der in gesellschaftliche Kontexte eingebunden und unweigerlich von

---

[3] Kessl und Reutlinger (2010) beschreiben soziale Räume als „ständig (re)produzierte Gewebe sozialer Praktiken" (S. 21).

gesellschaftlichen Rahmenbedingungen geprägt ist. Als gängiges soziologisches HLE-Merkmal wird beispielsweise der Besitz von Konsumgütern genannt (z. B. Anzahl der Bücher, Ausstattung an Unterhaltungselektronik, Mobilität), außerdem das Familien- bzw. Haushaltseinkommen, die etwaige Migrationsgeschichte einer Familie, der SES[4], kulturelle Praktiken (Nutzung von Sportangeboten, Anzahl der jährlichen Theater- und Museumsbesuche,...), der höchste Bildungsabschluss der Eltern usw. Soziologische Merkmale sind oft nicht trennscharf; das Einkommen etwa ist *Teil* des SES.

Soziologische HLE-Merkmale können weiter unterteilt werden, etwa in ökonomische, herkunftsbezogene oder bildungsbezogene Merkmale. Diese werden im Folgenden prototypisch anhand von *Armut, Migrationshintergrund* und *Bildungsnähe* aufgezeigt. Eine getrennte Betrachtung erscheint vor dem Hintergrund der Kritik von Horvath (2017), dass die Begriffe *soziale Herkunft* und *Migrationshintergrund* oft geradezu synonym gebraucht werden, sinnvoll:

> Die Vermengung von migrationsbezogenen, ethnisierenden und sozialen Bedeutungskomponenten im Migrationshintergrund hat bedeutende Auswirkungen auf die Formen der Problematisierung aktueller Bildungsverhältnisse. (ebd., S. 209)

Als erstes relevantes, soziologisches Merkmal des HLE soll also zunächst **Armut** betrachtet werden. Boehle (vgl. 2019, S. 10) definiert Armut als einen Mangel an Ressourcen, Chancen und sozialer und kultureller Teilhabe, also als ökonomische Mangellage, die mit eingeschränkten Handlungsräumen und Teilhabechancen einhergeht. Im Rahmen mehrerer Studien, die im Auftrag des Arbeiterwohlfahrt Bundesverbands e.V. (AWO) zu Kinderarmut durchgeführt wurden (vgl. Holz, Richter, Wüstendörfer & Giering, 2006; Laubstein, Holz, Dittmann & Sthamer, 2012), sind verschiedene soziologische Typmodelle entstanden, die dazu dienen, die Merkmale bestimmter gesellschaftlicher Schichten zu beschreiben. Bei Meier, Preuße und Sunnus (vgl. 2003, S. 295 ff.) beispielsweise werden vier empirisch trennscharfe Armutstypen beschrieben – trennscharf in dem Sinne, dass sich die in ihrer Studie untersuchten Haushalte sämtlich jeweils einem dieser Typen eindeutig zuordnen ließen: die *verwalteten Armen*, die dauerhaft in prekären Verhältnissen leben und ihren Alltag ohne behördliche Hilfe kaum bewältigen können, die *erschöpften Einzelkämpfer*innen*, die trotz Erwerbstätigkeit in Armut und deshalb unter andauernder Belastung leben, die *ambivalenten Jongleur*innen*, die durch risikoreiche Entscheidungen immer wieder in Notlagen geraten, und die *vernetzten Aktiven*, die

---

[4] Eine Betrachtung des *Sozioökonomischen Status* (SES) erfolgt ab Seite 106.

sicher in soziale Netzwerke eingebunden sind, über Unterstützungsangebote gut Bescheid wissen und daher selbstbewusst agieren.

Schiek, Ullrich und Blome (2019, S. 24) stellen fest, dass „allem voran die Familie als zentrale Instanz der Weitergabe von Ungleichheit gilt", Armut also „vererbt" werden kann. Dies gilt nicht nur für Armut selbst, sondern auch für das Risiko, dass Armut eintritt. Ein erhöhtes Armutsrisiko, das potenziell Kinder betrifft, besteht insbesondere für Alleinerziehende, kinderreiche Familien, Familien mit Migrationshintergrund sowie Eltern, die im Niedriglohnsektor arbeiten oder arbeitslos sind (vgl. Weimann, 2018, S. 45 ff.).

Viele Studien zum Thema (Kinder-)Armut arbeiten mit mehrdimensionalen Armutskonstrukten anstatt lediglich (fehlendes) Familieneinkommen zu betrachten. Merkle und Wippermann (2008) nutzten für ihre Studien zu elterlichen Lebenslagen und Erziehungsstilen die Sinus-Milieus[5], die mit Hilfe einer Verknüpfung von sozioökonomischen Daten wie Einkommen und Bildungsstand mit Einstellungsdaten wie Werten und Wünschen charakterisiert werden (vgl. Barth, Flaig, Schäuble & Tautscher, 2018, S. 11). Drei der insgesamt zehn Sinus-Milieus werden vorrangig der Unterschicht[6] zugeordnet: das *traditionelle* Milieu, das *hedonistische* Milieu und das *prekäre* Milieu. Familien mit kleinen Kindern sind nur im zweiten und dritten Milieu zu finden, weil die Merkmale des zuerst genannten *traditionellen* Milieus wie Sparsamkeit, Kleinbürgerlichkeit und langjährige Angepasstheit ans Notwendige der traditionellen Arbeiterkultur zugeschrieben werden und damit praktisch nur auf ältere Menschen zutreffen (können). Eltern aus dem *hedonistischen* Milieu sind modern und unbekümmert, legen Wert auf Spaß und Unterhaltung und pflegen einen spontanen, trendorientierten Konsumstil, während sich Eltern aus dem *prekären* Milieu eher abgehängt fühlen. Solche Typenbildungen machen deutlich, dass sich Armut sehr unterschiedlich darstellen kann und es „große Unterschiede zwischen den Menschen gibt, die über sehr begrenzte finanzielle Ressourcen verfügen" (Bird & Hübner, 2013, S. 48).

Gippert (2009) diskutiert den Milieubegriff ausführlich, auch dessen historische Genese, und beschreibt Milieus als Orte, wo sich „relativ homogene Lebenswelten" sowie „kollektive Wertorientierungen und Verhaltensmuster" nachweisen lassen (vgl. ebd., S. 37). Er unterscheidet zwischen historischen und modernen Milieus und stellt fest, dass moderne Milieus flüchtiger sind und kaum auf gemeinsame Traditionen zurückgreifen, weil bei Generationswechseln oft völlig neue Wahlmög-

---

[5] Der Begriff geht zurück auf die Firma Sinus Sociovision GmbH, die Sozialforschung als Marketing-Instrument anbietet.

[6] Eine pointierte Diskussion dieses Begriffs und dessen Gebrauchs aus politikwissenschaftlicher Perspektive ist bei Butterwegge (2012, S. 225 ff.) zu finden.

lichkeiten entstehen – diese werden typischerweise mit *Lebensstil* umschrieben. Angehörige moderner Milieus weisen ähnliche Werte, Ziele, Lebensweisen, ästhetische Neigungen oder Konsumpräferenzen auf.

Ein weiteres prominent diskutiertes soziologisches Merkmal, beispielsweise im Kontext der PISA- und IGLU-Studien (Bos, Tarelli, Bremerich-Vos & Schwippert, 2012), ist der **Migrationshintergrund**. Dieses Merkmal wird Menschen zugewiesen, die bzw. deren Familien aus einem anderen Land eingewandert sind. Der Begriff wird allerdings nicht einheitlich verwendet. Häufig wird der Geburtsort herangezogen: Beispielsweise haben in Deutschland Menschen dann einen Migrationshintergrund, wenn mindestens *ein* Elternteil im Ausland geboren wurde (vgl. Statistisches Bundesamt, 2017, S. 4). In Österreich müssen *beide* Elternteile im Ausland geboren worden sein[7]. Horvath (2017) macht in seiner kritischen Analyse zum Verständnis und Gebrauchs des Begriffs *Migrationshintergrund* deutlich, dass dieser überwiegend als *Differenzkategorie* eingesetzt wird, die nicht nur objektive Attribute wie „Geburtsort und Staatsbürgerschaft" (ebd., S. 199) umfasst, sondern auch Mehrdeutigkeiten wie Zugehörigkeit zu bestimmten Religionsgemeinschaften und Kulturkreisen, Hautfarbe oder Ethnizität. Dadurch wird der Migrationshintergrund zu einer „diffusen Kategorie", die durch ihre Ungeklärtheit dazu beiträgt, „zwischen ‚uns' und den ‚anderen' zu unterscheiden" (ebd.) und somit grundsätzlich Ausgrenzung zu befördern (siehe auch Hunner-Kreisel & Steinbeck, 2018, S. 246 f.).

Personen, die einen Migrationshintergrund haben, wurden in Deutschland lange als *Ausländer*in* bezeichnet – auch solche, die in Deutschland geboren wurden. Der Begriff wurde vor allem wegen der fremdbestimmten Perspektive vom Begriff *Migrant*in* abgelöst, doch auch dieser neue Bedeutungsschwerpunkt – nämlich die Wanderungserfahrung an Stelle der Nationalität – wird den Nachkommen von Menschen mit eigener Wanderungserfahrung nicht gerecht. Castro Varela und Mecheril (2010, S. 38) mahnen an, dass „in erster Linie nicht die Wanderungserfahrung, sondern eher eine vermutete und zugeschriebene Abweichung von Normalitätsvorstellungen im Hinblick auf Biografie, Identität und Habitus[8]" beim Gebrauch des Begriffs vorherrscht, der Begriff also ähnlich diffus ist. Auch der Begriff *ethnische*

---

[7] Diese Definition folgt der Empfehlung der United Nations Economic Commission for Europe (UNECE), siehe http://www.statistik.at/web_de/statistiken/menschen_und_gesellschaft/bevoelkerung/bevoelkerungsstruktur/bevoelkerung_nach_migrationshintergrund/index.html, Zugriff am 10.12.2019.

[8] Begriff nach Pierre Bourdieu (1930–2002), Kultursoziologe und Sozialphilosoph. Der Habitus einer Person geht mit spezifischen Wahrnehmungs-, Denk- und Handlungsschemata (etwa Auftreten, Sprache, Geschmack, Sozialverhalten...) einher und gibt so Auskunft über den Status dieser Person bzw. deren Zugehörigkeit zu einer bestimmten Gesellschaftsschicht. Gemäß Bourdieu ist die Familie derjenige Ort, von dem gesellschaftliche Positionierungschancen

Minderheit wird für die Bezeichnung sehr unterschiedlicher Gruppen verwendet (ebd., S. 49); gemeinsam ist diesen Gruppen lediglich, dass ihnen von der Majoritätsgesellschaft ein *Anderssein* zugewiesen wird und sie dadurch Diskriminierung und Ausgrenzung erfahren.

In der BRD ist Migration insbesondere mit dem Phänomen der Arbeitsmigration verknüpft, die ab Mitte der 1950er Jahre bis zur Wirtschaftskrise in den 1970er Jahren durch Anwerbeabkommen mit mehreren süd(ost)europäischen Staaten, Marokko und Südkorea stark politisch befördert wurde (vgl. Cudak, 2017, S. 75 ff.). Hierbei bildete sich ein erster Niedriglohnsektor, denn die zugewanderten Menschen waren vorrangig für körperlich anstrengende, gefährliche oder aus anderen Gründen unattraktive Tätigkeiten vorgesehen. Die größte Gruppe, die oder deren Angehörige aus den genannten Herkunftsländern kommen und heute in Deutschland leben, bilden türkischstämmige Menschen.

Eine weitere große Gruppe eingewanderter Menschen in Deutschland bilden Aussiedler*innen (bzw. Spätaussiedler*innen, falls nach 1992 eingewandert). Sie sind Nachkommen deutscher Siedler*innen in Osteuropa (überwiegend Russland, zum Teil auch Südosteuropa und Asien) und „gelten im Selbstverständnis der Bundesrepublik als deutsche ‚Volkszugehörige'" (Castro Varela & Mecheril, 2010, S. 27). Mit dem Verständnis nationaler Zugehörigkeit – das in diesem Fall auf einem Abstammungsprinzip[9] beruht – geht ein gegenüber anderen Einwanderungsgruppen privilegierter Status einher, der allerdings nicht vor Ausgrenzung zu schützen vermag (vgl. ebd.).

Die beiden in Bildungsdiskursen am stärksten beachteten Kategorien, die verbunden mit dem Migrationshintergrund diskutiert werden, sind *Sprache* und *Kultur*.

Sprache ist als Denkwerkzeug für die individuelle Entwicklung und als Kommunikationsmittel für das soziale Zusammenleben von zentraler Bedeutung. Zuwander*innen sind in der Regel mit der Hürde konfrontiert, die Sprache des Aufnahmelandes zunächst nicht gut zu beherrschen. Sich bloß „mit Händen und Füßen" verständigen zu können, reicht für majoritätsgesellschaftliche Teilhabe nicht aus:

> Die Sprachkompetenz, die ausreicht, um Sätze zu bilden, kann völlig unzureichend sein, um Sätze zu bilden, auf die gehört wird, Sätze, die in allen Situationen, in denen gesprochen wird, als rezipierbar anerkannt werden können. (Bourdieu, 2005, S. 60)

---

ihren Ausgang nehmen und an dem sie ihre ursprüngliche Prägung erfahren (vgl. Ecarius & Wahl, 2009, S. 14).

[9] Staatsangehörigkeit beruhte in Deutschland bis zur Umstellung des deutschen Staatsbürgerschaftsrechtes im Jahr 2000 grundlegend auf dem Abstammungsprinzip.

Sprachliche Heterogenität tritt jedoch nicht nur im Kontext von Migration in Einwanderungsländern auf. Eine spezifische Sprache ist ein relevantes Merkmal spezifischer Milieus – auch wenn alle Deutsch sprechen. Die Kompetenz, zwischen Sprachregistern wie Alltagssprache, Bildungssprache, Fachsprache (siehe beispielsweise die Unterscheidung von BICS[10] und CALP[11], die auf Cummins (1979) zurückgeht), Dialekten, Soziolekten usw. zu wechseln, ist entscheidend für die Integration und den Bildungserfolg (vgl. Benholz, Kniffka & Winters-Ohle, 2010).

Im „monolingual verfassten Nationalstaat" (Dirim & Mecheril, 2010, S. 108) Deutschland werden *Volk, Nation* und *Sprache* gleichgesetzt: Dass Deutsche aus Deutschland kommen, in Deutschland wohnen und Deutsch sprechen, ist ein hierzulande ideologisch gültiges Konzept, das dazu führt, dass der deutschen Sprache als eindeutig dominante Sprache ein „alltagskulturell abgesicherter Vorrang" zukommt, dessen Infragestellung Ablehnung und Empörung auslöst (ebd.). Mehrsprachigkeit wird damit als Abweichung, mitunter als Problem angesehen (in diesem Zusammenhang spricht Niedrig (2011, S. 94) von der Wahrnehmung von Zweisprachigkeit „als grundlegendes Bildungshindernis"); und der jeweilige soziale Wert, der den Erst-, Zweit- oder Drittsprachen beigemessen wird (Englisch und Französisch haben einen hohen Wert, Türkisch einen niedrigen) spielt eine große Rolle (vgl. Dirim & Mecheril, 2010, S. 109).

Der Umgang der Bildungsinstitutionen mit Mehrsprachigkeit fällt in den jeweiligen Einwanderungsländern sehr unterschiedlich aus. Eine Zusammenfassung ist bei Löser (2011, S. 208 ff.) zu finden: Während es in Deutschland zwar muttersprachlichen Unterricht (für türkische Kinder schon seit den 1980er Jahren) gibt, der häufig als Notwendigkeit im Übergang zur sprachlich-kulturellen Assimilation angesehen wird („*bis die Kinder genug Deutsch können*"), wird beispielsweise in Kanada das gemeinsame *Feiern* sprachlich-kultureller Vielfalt propagiert. Dementsprechend gibt es dort herkunftssprachlichen Unterricht auch für Kinder der zweiten und dritten Einwander*innengeneration, damit die Kinder ihre Mehrsprachigkeit behalten und auch in den Herkunftssprachen ihrer Familien ein hohes Sprachniveau erreichen.

In ihrem Aufsatz über Mehrsprachigkeit aus der Perspektive Bourdieus stellen Fürstenau und Niedrig (vgl. 2011, S. 81) fest, dass in Deutschland oft über die ‚Sprachprobleme' von Kindern aus eingewanderten Familien gesprochen wird, aber ungleich seltener über die Probleme der Schule oder des Unterrichts, diese Kinder

---

[10] BICS = *basis interpersonal communicative skills*, also die Sprache, die für Alltagskommunikation gebraucht wird.

[11] CALP = *cognitive academic language proficiency*, also die Sprache, die in Bildungskontexten gebraucht wird.

angemessen auf ihrem Bildungsweg zu unterstützen. Gleichwohl ist klar, dass „die Fähigkeiten in der Unterrichtssprache die zentrale Bedingung auch für das schulische Lernen in Mathematik sind" (A. Heinze, Herwartz-Emden, Braun & Reiss, 2011, S. 26). Dies gilt nicht nur für das Fach Mathematik. Kempert et al. (2016, S. 174) kommen bei der Betrachtung von Studien zum Übergang Grundschule-Sekundarstufe zu dem Schluss, dass die Kompetenzen in der unterrichtsrelevanten Zweitsprache grundsätzlich „einen erheblichen Einfluss auf den Übergang auf weiterführende Schulen haben".

Die zweite im Kontext des Migrationshintergrunds oft diskutierte Kategorie ist die **Kultur**, die Migrant*innen nach Deutschland „mitbringen". Radtke (2011) definiert folgendermaßen:

> Mit dem Begriff Kultur wird das Phänomen aller menschlichen Lebensweisen und Hervorbringung beschrieben, die nicht bloße Natur sind, sondern im Medium von Sinn geformt, kommuniziert und reflektiert werden. (ebd., S. 43 f.)

Den (inter-)aktionalen Aspekt von Kultur betont auch Knapp (2013) in ihrer Klärung des Kulturbegriffs aus sprachwissenschaftlicher Perspektive. Sie definiert Kultur als

> abstraktes, ideationales System von zwischen Gesellschaftsmitgliedern geteilten Wissensbeständen, Standards des Wahrnehmens, Glaubens, Bewertens und Handelns (...), das in Form kognitiver Schemata organisiert ist und das sich im öffentlichen Vollzug von symbolischem Handeln manifestiert. (ebd., S. 86)

Der historische Umgang deutscher Bildungssysteme mit Heterogenität war stets von der Auffassung von Homogenität als Regelfall und Heterogenität als Ausnahme geprägt (vgl. Mecheril, 2010, S. 58). In jüngerer Zeit wurde diese Auffassung hinterfragt, etwa durch die Feststellung grundsätzlicher Notwendigkeit interkultureller Sensibilität (vgl. Scheunpflug & Affolderbach, 2019, S. 16).

Interkulturelle Aspekte spielen in der Gestaltung pädagogischer Settings eine große Rolle. Für Hoffman (vgl. 2013, S. 129 ff.) ist es in interkulturellen Kommunikationssituationen beispielsweise in der Schule wichtig, stets zwei Prinzipien zu beachten: das Prinzip der Gleichheit und das Prinzip der Diversität. Diese sind untrennbar miteinander verbunden; sie bedingen und korrigieren einander. Dadurch wird sowohl Übergeneralisierung als auch Negierung von Unterschieden vermieden. Für die vorliegende Arbeit, in der das Spielen von Würfelspielen einen Teil der Intervention darstellt (siehe Unterkapitel 6.4), ist beispielsweise zu berücksichtigen, dass die Frage, ob Würfeln *haram* oder *halal* ist, Gegenstand von Diskussionen[12] unter Muslim*innen ist. Merkle und Wippermann (2008, S. 59) und Wippermann und Flaig (2009, S. 49 f.) benennen „Migranten-Milieus", die speziell die Lebenswelten von Menschen mit Migrationshintergrund beschreiben und dabei vorrangig kulturelle Aspekte in Anlehnung an Knapp (2013) abbilden. Vier dieser acht Milieus werden der unteren Mittelschicht bzw. der Unterschicht zugeordnet:

1. das *religiös-verwurzelte* Milieu, in dem die Migrant*innen sehr stark an den zumeist religiösen Traditionen ihrer Herkunftsregion festhalten und wenig Interesse an Integration zeigen,
2. das *traditionelle Gastarbeiter*-Milieu, das vom Zusammenhalt von Großfamilien, sparsamen Lebensstil und von einer Alleinverdienerstruktur (dies kann von ungelernten Hilfstätigkeiten bis hin zu gut bezahlten Facharbeiterberufen reichen) geprägt ist,
3. das *entwurzelte* Milieu, in dem die Migrant*innen sich weder in Deutschland zu Hause noch den Traditionen der Herkunftsregion verbunden fühlen, und
4. das *hedonistisch-subkulturelle* Milieu, in dem junge Migrant*innen sowohl die Herkunftskultur kritisch sehen (teils in heftigen Auseinandersetzungen mit der Elterngeneration) als auch Ausgrenzungserfahrungen in der Majoritätsgesellschaft gemacht haben.

Das dritte und vierte hier genannte Milieu gelten als prekär. Die Empfindungen der Chancenarmut und Benachteiligung unterscheiden sich in diesen beiden Milieus nicht wesentlich vom *prekären Milieu* nach Merkle und Wippermann (2008). Eltern sind vorrangig in den ersten drei hier genannten Migranten-Milieus zu finden. Thiersch (2006) weist allerdings darauf hin, dass Migrantenfamilien im Rahmen von Elternarbeit (siehe Unterkapitel 4.4) häufig „pauschal als defizitär angesehen" werden. Dies ist „unzulänglich, weil Migration erst in Verbindung mit bildungsferner Herkunft, schlecht bezahlten Arbeitsverhältnissen oder ungesicherter Lebensperspektive zu einem Risikofaktor für die Entwicklung der Kinder wird" (ebd., S. 101).

Nachdem zuerst *Armut* und als zweites der *Migrationshintergrund*, letzterer mit Hilfe der Kategorien *Sprache* und *Kultur*, untersucht wurden, soll nun als drittes und letztes soziologisches HLE-Merkmal die **Bildungsnähe** der Eltern betrachtet werden. Diesem Merkmal wird in der sozial- und erziehungswissenschaftlichen Literatur überwiegend sehr große Bedeutung beigemessen. Auf die hohe Relevanz

---

[12] siehe beispielsweise www.shia-forum.de/index.php?/topic/25392-spiele/, Zugriff am 10.12.2019. Die Google-Suche zu „Würfelspiel Islam" liefert weit über eine Million Einträge.

des elterlichen Bildungsstands für den kindlichen Bildungserfolg – in Abgrenzung
zur ethnischen Herkunft – weisen Boos-Nünning und Karakasoglu (2004) hin:

> Die Zugehörigkeit zu einer ethnischen Gruppe spielt (...) eine untergeordnete Rolle.
> Kinder und Jugendliche aus Zuwandererfamilien schneiden im deutschen Bildungssystem schlechter als Deutsche ab, weil sie häufiger einer eher bildungsfernen sozialen Arbeiterschicht angehören und weniger oder nicht, weil sie aus Familien mit türkischem, griechischem, italienischem usw. Hintergrund stammen. Sie sind als Angehörige der Arbeiterschicht und nicht als Angehörige einer ethnischen Minderheit benachteiligt. (ebd., S. 262)

Der Begriff *Bildungsnähe* wird nicht einheitlich gebraucht. Häufig wird darunter
eine Mischung aus elterlichem Bildungsstand, etwa deren höchster Bildungsabschluss oder deren Eingruppierung in bestimmte Berufssystematiken (beispielsweise bei Ganzeboom, de Graaf & Treiman, 1992), und elterlichen Wünschen und
Überzeugungen in Hinblick auf die (künftige) Bildungsbiografie ihrer Kinder verstanden.

Der Bildungsstand der Eltern ist nicht automatisch deckungsgleich mit den bildungsbezogenen Wünschen und Zielen, die Eltern in Hinblick auf ihre Kinder entwickeln. In der Forschungsliteratur wird hierbei zwischen den realistischen Bildung*serwartungen* und den eher idealistischen Bildung*saspirationen* unterschieden (vgl. Becker & Gresch, 2016, S. 76). Grundsätzlich wirken sich hohe elterliche
Erwartungen an ihre Kinder positiv auf die tatsächlichen Leistungen der Kinder aus;
dies wurde bereits im Kontext der Darstellung psychologisch-pädagogischer HLE-Merkmale erwähnt. Eltern mit Migrationshintergrund haben im Vergleich zu einheimischen Eltern häufig besonders hohe Bildungsaspirationen. Dies ist „insofern
bemerkenswert, als Kinder mit Migrationshintergrund meistens über einen niedrigeren sozioökonomischen Familienhintergrund verfügen als Kinder ohne Migrationshintergrund" (ebd., S. 74); und dementsprechend würde man laut etablierter
Habitus-Modelle in Familien mit niedrigerem sozioökonomischen Status eher das
Vorhandensein niedriger Bildungsziele erwarten.

Der Begriff *Bildungsnähe* wird häufig als graduelles Antonym zu *Bildungsferne*
gebraucht. Auf eine klare Definition wird dabei oft verzichtet, auf eine offensichtliche Konnotation hingegen nicht, regelmäßig erkennbar an Anführungszeichen oder
Ausdrücken wie *Familien aus sogenannten bildungsfernen Schichten*, als solle diffus darauf hingewiesen werden, dass die Familien *nicht wirklich* bildungsfern seien,
sondern eben nur so genannt würden. Bozay (2016, S. 528) legt sich fest mit der
Definition, ein bildungsfernes Elternhaus sei eines, „in dem beide Elternteile über
keine abgeschlossene Berufsausbildung oder Qualifikation" verfügen.

Für Schindler (vgl. 2013, S. 366) ist Bildungsferne schlicht dadurch kennzeichnet, keine „höheren Bildungsgänge" anzustreben – dies ist also eine Definition, die praktisch vollständig auf dem Konzept der Bildungsaspiration beruht. Yada (2005, S. 67) greift ebenfalls Bildungsaspiration als zentrales Merkmal für Bildungsnähe auf, ergänzt dieses aber noch durch bildungsbezogenes Wissen und konkretes Unterstützungsverhalten der Eltern.

Reichenbach (vgl. 2015, S. 6) weist auf den überwiegend euphemistischen Begriffsgebrauch hin, weil *bildungsfern* eigentlich zumeist *ungebildet* bedeuten soll. Zudem ist die Konnotation der *Bildungsferne* durchweg negativ; typische Assoziationen sind etwa geringe Leistungsfähigkeit, schlechte Manieren oder ein kaum ausgeprägter Gestaltungswille.

Vor allem die Mittelschicht-Milieus sind stark darauf bedacht, sich von derlei Zuschreibungen nachdrücklich abzugrenzen. Merkle und Wippermann (2008) haben in ihrer Elternstudie eine Grundtendenz des Auseinanderdriftens der Milieus festgestellt, hin zu einer Art von Klassengesellschaft. Einkommen und Vermögenswerte spielen dabei nur vordergründig eine Rolle; das Zugehörigkeitsgefühl entsteht vielmehr durch die Bildungskultur, also den Bildungsstand, das zur Verfügung stehende Bildungskapital und den Bildungsehrgeiz insbesondere von Mittelschichtfamilien, die sich stark „nach unten" hin abgrenzen. Diese Gruppe zieht beispielsweise bewusst in Wohnviertel mit „guten" Nachbarschaften, Kitas und Schulen und legt viel Wert auf (gemeinsame) Bildungsaktivitäten. Besonders in den letzten Jahren, in der moderne Gesellschaften bei der Bewertung ihrer Ökonomien zunehmend sozioökologische Aspekte berücksichtigen, kann die Konstituierung von Bildungseliten auch in konsumkritischen Subkulturen beobachtet werden, in denen hohes Einkommen oder Vermögen explizit *gerade nicht* angestrebt wird.

Mögliche Kombinationen und Gewichtungen soziologischer Merkmale werden – nicht nur bezogen auf die Beschreibung des HLE junger Kinder – häufig unter dem Konstrukt *Sozioökonomischer Status* (kurz: SES) zusammengefasst. Einer bestimmten Person oder Personengruppe, wie beispielsweise Familie, wird ein SES zugewiesen, um zu beschreiben, über welches Kapital diese verfügt. Der Begriff *Kapital* soll hier im Sinne Bourdieus verstanden werden, der zwischen ökonomischem, kulturellem und sozialem Kapital unterscheidet und damit die Möglichkeiten spezifischer gesellschaftlicher Teilhabe wie etwa Zugang zu Macht und Einfluss beschreibt und erklärt (vgl. Bourdieu, 2012). Becker (vgl. 2017, S. 32) zählt einige gängige Begriffsauslegungen für den SES auf und weist darauf hin, dass die genaue inhaltliche Füllung dieses Konstrukts stets vom jeweiligen Forschungsinteresse abhängig ist. Die verschiedenen Auslegungen haben aber gemeinsam, dass der SES die Stellung einer Person oder einer Gruppe innerhalb einer gesellschaftlichen Hierarchie kennzeichnet, und zum Zweck dieser Kennzeichnung werden ökonomische, soziale und kulturelle Ressourcen dieser Person bzw. Gruppe herangezogen.

Wendt, Stubbe und Schwippert (2012) bauen auf diesen Überlegungen bezogen auf die Möglichkeiten zur *Messung* des SES auf und beschreiben eine Systematisierung für Erhebungsinstrumente, die auf dem Kapital-Begriff nach Bourdieu basiert:

> Theoretisch lassen sich die Erhebungsinstrumente, die zurzeit in der empirischen Bildungsforschung zur Operationalisierung des sozialen Status eingesetzt werden, sehr gut auf der Grundlage der Arbeiten von Pierre Bourdieu (...) ordnen. Als ökonomisches Kapital beschreibt Bourdieu alles, was direkt in Geld umwandelbar ist. Beim kulturellen Kapital unterscheidet Bourdieu (1) das erworbene Wissen einer Person (inkorporiertes Kulturkapital), (2) Besitztümer wie Bücher oder Musikinstrumente, die nur von Personen adäquat genutzt werden können, die über das notwendige inkorporierte Kulturkapital verfügen (objektiviertes Kulturkapital), und (3) offizielle schulische und akademische Titel (institutionalisiertes Kulturkapital). Soziales Kapital besteht nach Bourdieu aus den Beziehungsnetzwerken der Menschen. Dabei hängt das Ausmaß des sozialen Kapitals, über das eine Person verfügt, zum einen von der Größe dieses Netzes ab und zum anderen von dem Kapital, das die übrigen Personen im Netzwerk besitzen. (ebd., S. 176)

Eine weitere Kenngröße, die häufig in den SES einfließt, ist der Beruf der Eltern. In der empirischen Bildungsforschung wird beispielsweise der *International Socio-Economic Index of Occupational Status* (ISEI) als Index für den beruflichen Status genutzt (Ganzeboom et al., 1992). Der ISEI gibt an, in welchem Maße ein Beruf geeignet ist, die schulisch-akademische Ausbildung einer Person in Einkommen und Prestige zu transformieren. Der in einem Haushalt höchste vorhandene ISEI wird mit HISEI abgekürzt. In vielen Untersuchungen ist es sinnvoll, Informationen sowohl über den Bildungsstand als auch über den Berufsstand zu erheben (vgl. Wendt et al., 2012, S. 177).

In diesem Unterkapitel ist das *home learning environment* durch psychologisch-pädagogische und soziologische Merkmale charakterisiert worden. Walper und Stemmler (2013) wählen eine ähnliche Systematik wie in der obigen Betrachtung grundlegender HLE-Merkmale, rücken dabei aber explizit die Bedeutung elterlichen *Verhaltens* in den Mittelpunkt. Sie beschreiben im Rahmen des Bundesprogramm *Elternchance ist Kinderchance*, angelehnt an Schneewind (2008), drei Aspekte der Elternrolle, die in Hinblick auf die Qualität des HLE junger Kinder relevant sind:

1. Eltern als Interaktions- und Beziehungspartner der Kinder
2. Eltern als Erzieher und Bildungsförderer der Kinder
3. Eltern als Arrangeure kindlicher Entwicklungsgelegenheiten

Mit dem ersten Aspekt wird die herausragende Bedeutung einer sicheren Bindung zwischen Eltern und Kind betont; an dieser Stelle fließen die oben dargestellten psychologisch-pädagogischen Merkmale des HLE, die die Menge und Art der interaktionalen Anregungen beschreiben, direkt ein. Die herausragende Bedeutung der Beziehungsqualität ist nicht nur in Hinblick auf die sozial-emotionale Entwicklung festzustellen, sondern auch in Hinblick auf die intellektuell-kognitive Entwicklung. Daher sollten Modelle, die das HLE beschreiben, nicht nur auf „leicht" messbare Merkmale, also vor allem materielle Ressourcen wie Anzahl der Bücher, Spielsachen oder Fernsehzeiten abzielen, sondern auch die Qualität der Eltern-Kind-Bindung berücksichtigen.

Der zweite Aspekt beschreibt die Rolle der Eltern bei der Gestaltung konkreter bildungsbezogener Situationen, etwa in Hinblick auf Sprache (*home literacy environment*) oder Mathematik (*home numeracy environment*). Hierbei spielen sowohl allgemeine Erziehungskompetenzen eine Rolle als auch spezifische kulturelle Praktiken, wie sie unter den Begriffen *home literacy* bzw. *family literacy* sowie *family numeracy* zusammengefasst werden. Es sind also zudem die soziologischen HLE-Merkmale bedeutsam, weil die Ressourcen, die für Erziehung und Bildungsförderung benötigt werden, durch soziologische Modelle wie den Bourdieu'schen Kapitalbegriff beschrieben werden können.

Der dritte Aspekt ist vorrangig systemisch zu verstehen und trägt der Tatsache Rechnung, dass sowohl innerfamiliale als auch außerhalb von zuhause gemachte Erfahrungen der Kinder im Wesentlichen durch die Eltern bestimmt sind; denn die Eltern entscheiden, ob überhaupt eine (und wenn ja welche) Kita vom Kind besucht wird und welche Freizeitangebote und Sozialkontakte das Kind wahrnimmt. Diesen Teil der Elternrolle hat Betz (2006a) wie eingangs erwähnt mit dem Begriff *Gatekeeper* umschrieben. Werden Eltern als *Arrangeure* angesehen, steht nicht die persönliche Interaktion mit dem Kind im Vordergrund, sondern die informierte Kenntnis und aktive Nutzung sowie die (Mit-)Gestaltung der sozialen Strukturen, innerhalb derer das Kind aufwächst.

Für die vorliegende Arbeit ist der Versuch unternommen worden, zumindest einige der hier dargestellten HLE-Merkmale empirisch zu erfassen (siehe Kapitel 6). Diese beziehen sich auf

- Sprache, Migration und Bildungsstand der Stichprobenfamilien,
- Familienstand und -größe,
- partizipative Praktiken im Kontext der Intervention.

Im folgenden Unterkapitel werden zentrale Befunde dargestellt, die einige Zusammenhänge zwischen bestimmten, schwerpunktmäßig soziologischen HLE-

Merkmalen und dem (späteren) kindlichen Bildungserfolg aufklären. Dies erlaubt eine Abschätzung des potenziellen Nutzens der Intervention, die im Rahmen der vorliegenden Arbeit stattgefunden hat.

4.2 *Home Learning Environment* und kindlicher Bildungserfolg

Zum Zusammenhang zwischen der häuslichen (Lern-)Umgebung eines Kindes und dessen späterer Lernbiografie wurden in den vergangenen Jahrzehnten zahlreiche Untersuchungen durchgeführt. Tietze et al. (2005, vgl. S. 149) haben systematisch die Einflüsse pädagogischer Qualität in der Familie einerseits und in der Kita andererseits auf die kindliche Entwicklung untersucht und konnten zeigen, dass der Einfluss der Familie durchweg größer ist als der Einfluss der Kita. Dieser Befund wurde mehrfach bestätigt (vgl. Szydlik, 2007, S. 82) und gilt heute als Konsens (vgl. Stamm, 2013, S. 683). Besonders groß ist der familiäre Einfluss auf den sozioemotionalen Bereich; auf den kognitiven Bereich etwas weniger groß. Da sich sowohl die Erscheinungsformen des Aufwachsens in Familienverbünden als auch die Anforderungen und Erwartungen an Bildungsprozesse stetig wandeln, wird der Zusammenhang zwischen dem HLE und dem kindlichen Bildungserfolg sicherlich ein dauerhaft aktuelles, relevantes Thema in der Bildungsforschung bleiben.

Einige dieser Studien verfolgen das explizite Ziel, Wirkmechanismen zu entdecken: Welcher Art und wie groß ist der Einfluss bestimmter HLE-Merkmale auf Messgrößen, die den Bildungserfolg repräsentieren? Andere Studien zeigen lediglich korrelative Zusammenhänge zwischen HLE-Merkmalen und Bildungskennzahlen auf, ohne kausale Erklärmodelle anzubieten. Insbesondere die Aufgabe, Wirkzusammenhänge aufzuklären, ist schwierig (vgl. Hartas, 2012, S. 877).

Die Darstellung der Befunde zum Zusammenhang zwischen dem HLE und dem kindlichen Bildungserfolg soll auch eine Grundlage bieten, Maßnahmen, die die Förderung des kindlichen Bildungserfolgs zum Ziel haben, hinsichtlich ihres mutmaßlichen Nutzens beurteilen zu können.

Im Folgenden werden also empirische Befunde zusammengefasst, die mögliche Zusammenhänge zwischen bestimmten *home learning environments* und Bildungsbiografien von Kindern thematisieren. Dazu wird zunächst in Abb. 4.1 – in Anlehnung an die im vorhergehenden Unterkapitel dargestellte Systematik – auf der einen Seite eine Übersicht gegeben über Größen, die in den analysierten Studien als typische, vorrangig soziologische HLE-Merkmale betrachtet werden. Die Übersicht auf der anderen Seite zählt Größen auf, die typischerweise zur Messung des kindlichen Bildungserfolgs herangezogen werden. Potenzielle Forschungsgegenstände sind dann beliebige Kombinationen aus diesen beiden Aufzählungen. Einige prominente Kombinationen werden in der folgenden Darstellung besonders hervorgehoben. Zunächst werden allgemeinere Outcomes[13] von Kindern im Zusammenhang mit ihrem HLE betrachtet, um die fundamentale Bedeutung des HLE herauszustellen. Darauf folgend werden speziell Befunde zum Einfluss des HLE auf die Entwicklung sprachlicher und zum Schluss mathematischer Kompetenzen zusammengefasst.

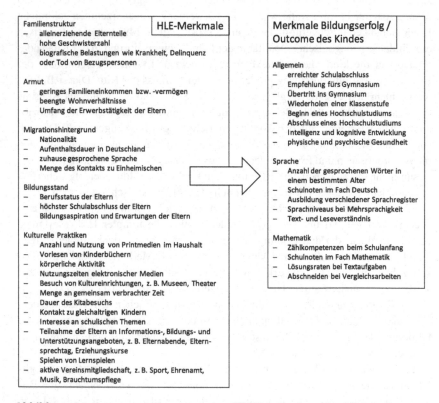

Abbildung 4.1 Zusammenstellung typischer HLE-Merkmale und typischer Outcome-Größen

---

[13] in Anlehnung an Böttcher und Hense (vgl. 2016, S. 128): feststellbare, intendierte und nicht-intendierte Wissenszuwächse, Einstellungswandel und Verhaltensänderungen, die als Wirkungen von Maßnahmen interpretiert werden

Allgemeine Befunde

Zwischen allgemeinen Outcomes wie Schulerfolg, kognitive Entwicklung oder Gesundheit und dem SES des Elternhauses werden regelmäßig hohe Zusammenhänge festgestellt. Die direkten Auswirkungen eines niedrigen SES sind immens. Bradley und Corwyn (2002) stellen fest, dass Kinder aus Familien mit niedrigem SES im Durchschnitt nicht nur schlechtere Schulleistungen zeigten, sondern auch eine schlechtere Gesundheit. Außerdem treten sozio-emotionale Fehlanpassungen, psychische Erkrankungen wie beispielsweise Depressionen und Delinquenz in Familien mit niedrigem SES häufiger auf als in Familien mit hohem SES. Benachteiligungen für Kinder aus Familien mit niedrigem SES lassen sich in fast allen alltagsrelevanten Bereichen feststellen (vgl. Niklas, 2014, S. 30). Allgemein bildungsbezogene Beeinträchtigungen wie emotionale und soziale Störungen, verzögerte kognitive Entwicklung, Sprachstörungen und motorische Auffälligkeiten sind bei Kindern aus armen Familien deutlich häufiger zu finden als bei Kindern aus Familien mit mittlerem oder hohem Sozialstatus, und ganz ähnliche Zusammenhänge lassen sich bezogen auf den Bildungsstand der Eltern feststellen (vgl. Weimann, 2018, S. 89 ff.). Ökonomische Ressourcen stellen damit ein wesentliches Kennzeichen des HLE dar.

„Bildungsungleichheiten sind in der Regel die Folge von sozioökonomischen Ungleichheiten und nicht umgekehrt" (Klundt, 2016, S. 337). Nothbaum und Kämper (2010, 2011) haben in ihren Studien zu Lebenslagen von Personen, die sich in individuell benachteiligenden Situationen befinden, 300 Familien und 136 Mitarbeiter*innen von Einrichtungen und Institutionen, die vor Ort mit diesen Familien arbeiten, zum Verzichtverhalten und zum Unterstützungsbedarf ausführlich befragt und die jeweiligen Angaben der beiden Gruppen miteinander verglichen. Hierbei traten deutliche Differenzen zu Tage. Während die Eltern sich vorrangig Unterstützung im Umgang mit Behörden und Institutionen wie Kita und Schule wünschten, schätzen die Mitarbeiter*innen die Eltern so ein, dass sie sich vorrangig Hilfe bei der Erziehung wünschen. Auch in anderen Antwortkategorien lagen die von den Eltern selbst angegebenen Bedarfe weit von den seitens der Fachleute geschätzten Bedarfen entfernt, sowohl quantitativ als auch qualitativ. Es kann daher nicht ausgeschlossen werden, dass benachteiligende Stereotype und Zuschreibungen, die in bessergestellten sozialen Milieus vorhanden sind, speziell im Bildungswesen dazu beitragen, soziale Ungleichheiten zu reproduzieren und sogar zu verstärken (vgl. auch Mecheril, 2010, S. 74). Menschen aus schlechtergestellten Milieus könnten fälschlicherweise Haltungen zugeschrieben werden, die mit geringerem elterlichen Engagement in Bildungsbelangen assoziiert sind und daher bei Menschen mit hohem Bildungsstatus auf Ablehnung stoßen. Erfahrungen der Ablehnung wiederum können sich negativ auf das tatsächliche Engagement auswirken.

Die Haltung der Eltern scheint ein entscheidender Faktor für den kindlichen Bildungserfolg zu sein. Jullien (vgl. 2006, S. 51 f.) fasst empirische Befunde zu den Auswirkungen elterlichen Engagements auf den kindlichen Schulerfolg zusammen. Das elterliche Engagement wird dabei meist durch Aspekte wie Erziehungsstil, Rückmeldeverhalten, Bildungsaspiration, Interesse an schulischen Themen, Hausaufgabenhilfe und die Häufigkeit von Gesprächen mit den Lehrkräften operationalisiert. Als bedeutsamsten Einflussfaktor auf die kindliche Bildungseinstellung nennen Klopsch, Sliwka und Maksimovic (2017, S. 380) die „Einstellung der Eltern zu Bildung, die sie explizit und implizit vorleben". Von großer Bedeutung ist dabei, inwiefern es Eltern gelingt, dass ihre Haltungen in ihren Handlungen als bildungsförderliche Praktiken sichtbar werden (vgl. Anger, 2012; Büchner, 2013; Fiese, 2012; Glick, Walker & Luz, 2013; Walker, Wilkins, Dallaire, Sandler & Hoover-Dempsey, 2005).

Eine umfassende Studie, in der der Einfluss des HLE im Vorschulalter auf die schulischen Kompetenzen von US-amerikanischen Fünftklässler*innen untersucht wurde, haben Tamis-LeMonda, Luo, McFadden, Bandel und Vallotton (2019) vorgelegt. Die Autor*innen haben dazu Daten von rund 3.000 Kindern des *Early Head Start*-Projekts mit den drei HLE-Merkmalen *Literacy Activities*, *Betreuungsqualität seitens der Mutter* und *Zugang zu Lernmaterialien* (wie Bücher und altersangemessenes Spielzeug) verknüpft. Die schulischen Kompetenzen in der 5. Klasse wurden mit Hilfe der vier Merkmale *Wortschatz*, *Lesen*, *Rechnen* und *Intelligenz* und entsprechenden spezifischen Messinstrumenten ermittelt. Die Studie liefert weitere Evidenz für die hohe Bedeutung des HLE im Vorschulalter für die spätere Kompetenzentwicklung und erklärt diese im Strukturmodell weitgehend über diejenigen Kompetenzen, die die Kinder bereits im Vorschulalter ausbilden. Dieser Befund kann als starkes Argument dafür dienen, dass die Förderung und Verbesserung des frühen HLE große positive Auswirkungen auf die spätere Kompetenzentwicklung haben und sich dementsprechend über alle sozialen Schichten hinweg auszahlen.

Von großer Bedeutung ist dabei die relativ hohe Stabilität des HLE, wie (vgl. Rodriguez & Tamis-LeMonda 2011, S. 1070) insbesondere für die Entwicklung sprachlicher Fähigkeiten in den ersten fünf Lebensjahren nachgewiesen haben. Dieser Befund unterstreicht also die Notwendigkeit, das HLE junger Kinder von außen zu beeinflussen, wenn gewünscht ist, den Automatismus vorgezeichneter Bildungstrajektorien zu durchbrechen.

Kuger, Marcus und Spieß (2018) haben den Zusammenhang zwischen hoher Betreuungsqualität in der Kita und der Qualität des HLE derjenigen Kinder, die die Kita besuchen, untersucht und eine positive Korrelation festgestellt. Als mögliche direkte Erklärung nennen die Autor*innen die Interaktion zwischen Erzieher*innen und Eltern. Die Interaktion ist immanenter Bestandteil von Elternarbeit, wie in

Unterkapitel 4.4 ausgeführt wird. Zudem wurde hier der *Matthäus-Effekt*[14] beobachtet: Insbesondere Kinder, die ohnehin schon in günstigen HLEs aufwachsen,
profitieren besonders von sehr guten Kitas. Das ist insofern kritisch zu betrachten,
als dass besonders gute Betreuungseinrichtungen mit hochqualifizierten Fachkräften vorrangig für die Förderung von Kindern mit besonderen Bedürfnissen eingesetzt werden sollten, falls Chancenungleichheiten zumindest verringert werden
sollen (vgl. Stamm, 2013, S. 688). Diese Forderung wird in Unterkapitel 4.3 über
die Rolle der Kita als Teil der Bildungslandschaft erneut aufgegriffen.

Befunde zur sprachlichen Entwicklung
Zahlreiche Studien haben einen Zusammenhang zwischen dem SES und dem HLE
einerseits und dem SES und den Lesekompetenzen von Kindern andererseits nachgewiesen (beispielsweise Artelt et al., 2001, 2007; Bos et al., 2012; Melhuish
et al., 2008). Typische Erkläransätze für diesen Befund arbeiten ebenfalls mit dem
Matthäus-Effekt. Jüngere Forschungen relativieren dieses Bild jedoch unter Berücksichtigung des *akademischen Selbstkonzepts*. Dieses Konstrukt beschreibt die Wahrnehmung und Bewertung der eigenen Leistung in Lernkontexten (vgl. Schneider
& Lindenberger, 2012, S. 544 ff.). Das akademische Selbstkonzept von Kindern
wird auch durch die Kompetenzeinschätzungen der Eltern beeinflusst, zumindest in
Mathematik (vgl. Gniewosz, 2010, S. 139 f.). Crampton und Hall (vgl. 2017, S. 366)
weisen darauf hin, dass empirisch bislang nicht abschließend geklärt ist, inwiefern
das akademische Selbstkonzept auch vom HLE abhängt und welche Rolle das akademische Selbstkonzept bei der Entwicklung von Lesekompetenzen spielt.

   Juska-Bacher (2013, S. 492) benennt die Familie als diejenige Instanz, deren
Einfluss auf die (sprech- und schrift-)sprachlichen Kompetenzen eines Kindes „am
frühsten einsetzt und am längsten wirksam ist". Als „zentrale familiale Einfluss- und
potentielle Risikofaktoren" identifiziert sie ebenfalls den SES und einen eventuellen Migrationshintergrund, stellt aber klar, dass diese Faktoren die Kompetenzentwicklung nicht auf direktem Wege, sondern indirekt über den Zusammenhang mit
vorhandenen Bildungsressourcen beeinflussen. Eine besondere Rolle kommt hierbei dem Vorlesen in den ersten Lebensjahren zu, die Stiftung Lesen, DIE ZEIT und
Deutsche Bahn Stiftung (2018) sprechen in ihren Vorlesestudien von einem „un-
einholbaren Startkapital", wie zahlreiche weitere Studien belegen (vgl. Cohrssen,
Niklas & Tayler, 2016; Farrant & Zubrick, 2011; Gilkerson, Richards & Topping,
2017; Nickel, 2013; Sonnenschein & Munsterman, 2002). Als besonders vorteil-

---

[14] Dieses Prinzip der positiven Rückkopplung wurde für die Pädagogik von Stanovich (1986)
formuliert, es besagt, dass Kinder mit günstigen Lernausgangslagen, beispielsweise viel Vorwissen oder viel elterlicher Unterstützung, von pädagogischen Angeboten stärker profitieren
als Kinder mit weniger Ressourcen („Wer hat, dem wird gegeben").

haft hat sich dabei das *dialogische Vorlesen* nach dem Konzept von Whitehurst et al. (1988) erwiesen, wie insbesondere im Kontext der Sprachförderung vielfach bestätigt wurde (zusammengefasst beispielsweise bei Schönauer-Schneider, 2012). Lehrl et al. (2012) haben den Einfluss des HLE auf die Entwicklung der schriftsprachlichen Vorläuferfähigkeiten untersucht und dazu HLE-Merkmale gewählt, die in Anlehnung an Sénéchal und LeFevre (2002) in formelle und informelle Kategorien unterteilt wurden: Die erste Gruppe bezieht sich auch auf den direkten Umgang mit Buchstaben, wie das Schreiben des eigenen Namens oder elterliche Anleitung; die zweite bezieht sich auf die Qualität der Eltern-Kind-Interaktion oder den Inhalt der geschriebenen Sprache, mit der die untersuchten Familien umgingen. Auch diese Forscher*innengruppe kommt zu dem Schluss, dass

> die Bedeutung des Vorlesens bzw. die Erfahrungen, die Kinder mit Büchern und Geschriebenem machen, für die Entwicklung schriftsprachlicher Kompetenzen weniger auf das Vorlesen und die Erfahrungen mit Büchern selbst zurückzuführen ist, sondern auf die Art und Weise, wie in Vorlesesituationen zwischen Kind und Eltern interagiert wird. (Lehrl et al., 2012, S. 127)

Besondere biografische Belastungen können durch physische und psychische gesundheitliche Beeinträchtigungen entstehen, die als potenzieller Stressfaktor zum HLE beitragen. Nuttall, Froyen, Skibbe und Bowles (2019) haben die Auswirkungen von Depressionen bei einem oder beiden Elternteilen auf die frühe sprachliche Entwicklung von Kindern untersucht und konnten diese damit erklären, dass sich die Erkrankung eines Elternteils auf die Interaktionsqualität zwischen den gesunden Elternteil und dem Kind auswirkt. Auch Armut und Migrationserfahrungen dürften als Stressfaktoren in Betracht gezogen werden, deshalb werden diese Aspekte im Folgenden betrachtet. Zunächst soll der Migrationshintergrund aber im Kontext der Mehrsprachigkeit in Hinblick auf die sprachliche Entwicklung von Kindern untersucht werden.

Befunde zur Entwicklung von Kindern mit Migrationshintergrund im Zusammenhang mit Sprache
Im Zusammenhang mit der sprachlichen Entwicklung sind Kinder, die zwei- oder mehrsprachig aufwachsen, besonders interessant. Das Verhältnis zwischen Erst- und Zweitspracherwerb von Kindern mit Migrationshintergrund ist daher nach wie vor Forschungsgegenstand. In Unterkapitel 4.1 wurde von Ansätzen berichtet, die (auch) der Förderung der Herkunftssprache einen hohen Wert beimessen. Die Studienlage zum Nutzen von Sprachförderung in der Herkunfts- und/oder der Unterrichtssprache ist aber nicht eindeutig (vgl. Diehl & Fick, 2016; Esser, 2012; Steinbach, 2006).

Solange Deutschland ein „monolingual verfasster Nationalstaat" und gleichzeitig „Einwanderungsland" ist, solange werden Bildungschancen empfindlich davon abhängen, auf welchem Niveau Menschen mit Migrationshintergrund die deutsche Sprache beherrschen. Eine bestimmte Sprache nicht zu können, ist zunächst nur ein *Nachteil* gegenüber denjenigen, die sie können; eine *Benachteiligung* wird daraus erst, wenn mit dem Nachteil systembedingte oder gesellschaftliche *Ungerechtigkeiten* verbunden sind (vgl. Diefenbach, 2009, S. 434 ff). Joos (2006, S. 285) sieht Sprachförderung daher nicht nur als „sinnvolle Integrations- und Bildungsmaßnahme" an, „sondern auch als Instrument der Armutsprävention". In vielen Studien ist nachgewiesen worden, dass die Bildungschancen für Kinder mit Migrationsgeschichte umso höher sind, je früher ein Kind mit der deutschen Sprache in Kontakt kommt, also beispielsweise: je jünger ein Kind bei seiner eigenen Einwanderung ist oder je früher es in die Kita geht (z. B. die SOKKE[15]-Studie, vgl. A. Heinze et al., 2011). Gleichzeitig gehen gerade Kinder mit Migrationshintergrund in geringerem Maße in die Kita als deutsche Kinder. „Dies ist alarmierend, da die Kinder, die am meisten davon profitieren könnten, immer noch die geringste Förderung erhalten" (Ramsauer, 2011, S. 9) und deshalb die Bildungschancen bereits frühzeitig sinken. Aus diesem Grund wurde bei der für die vorliegende Arbeit untersuchten Stichprobe erhoben, welche Sprache zuhause gesprochen wird. Gleichzeitig ist die Anerkennung und Wertschätzung der Herkunftssprache geboten. Bildungsangebote in der Herkunftssprache ermöglichen oft überhaupt erst die Teilhabe bzw. Teilnahme daran. Deshalb sind schriftsprachliche Materialien, die an die Eltern adressiert sind, für die vorliegende Untersuchung in die wichtigsten Herkunftssprachen übersetzt worden. Dies wird in Kapitel 6 ausgeführt.

Die Bedeutung des HLE für den formalen Bildungserfolg ist Teil des aktuellen Diskurses. Lingl (2018) kommt ähnlich wie Diefenbach (2006) beim Vergleich deutscher, türkischer und russlanddeutscher Schüler*innen zu dem Schluss, dass die Bedeutung des familialen Hintergrunds für den Schulerfolg überschätzt wird. Laut Diefenbach werden neben Sprachhürden normalerweise zwei Erklärungsansätze für Unterschiede zwischen Familien mit und Familien ohne Migrationshintergrund postuliert (vgl. ebd., S. 220): 1. dass das kulturelle Klima, das Familien mit Migrationshintergrund aus ihren Herkunftskulturen mitbringen, für die kognitiven und motivationalen Anforderungen des deutschen Bildungssystems nicht förderlich ist, und 2. dass die sozioökonomische Situation von Familien mit Migrationshintergrund häufig mit einem Mangel an bildungsrelevanten Ressourcen wie Zeit, Zuwendung und Geld einhergeht. In ihrer Studie, die auf Daten von über 1.300 Familien beru-

---

[15] Sozialisation und Akkulturation in Erfahrungsräumen von Kindern mit Migrationshintergrund (SOKKE)

hen, die im Rahmen des DJI-Kinderpanels befragt wurden, konnten allerdings „so gut wie keine systematischen Zusammenhänge zwischen Merkmalen des familialen Hintergrunds von Kindern, verschiedenen Aspekten ihrer schulischen Sozialisation und dem elterlichen Engagement" festgestellt werden (ebd., S. 255). Heimken (vgl. 2017, S. 134) stellt fest, dass bezogen auf das Lernen der deutschen Sprache und auch auf andere Lerninhalte die Bildungsaspiration bei Familien mit Migrationshintergrund durchaus hoch ist.

Andere Untersuchungen finden durchaus systematische Zusammenhänge: Mütter türkischer Herkunft lesen ihren Kindern Vergleich zu deutschen Müttern seltener vor (vgl. Jäkel et al., 2012). In der Internationalen Grundschul-Lese-Untersuchung (IGLU) wurde festgestellt, dass Informationen über das Geburtsland der Schüler*innen und ihrer Eltern sowie über die zuhause gesprochenen Familiensprache(n) eine „bedeutsame Erklärungskraft für beobachtete Leistungsunterschiede" besitzen (Schwippert, Hornberg, Freiberg & Stubbe, 2007, S. 249). In den Untersuchungen wird zwischen der sozialen Herkunft der Kinder (Wendt et al., 2012) und dem Migrationshintergrund der Kinder (Schwippert, Wendt & Tarelli, 2012) wohl unterschieden. Hußmann, Stubbe und Kasper (2017) sehen einen deutlichen Effekt des Bildungsniveaus im Elternhaus auf die Leseleistungen:

> Über alle Erhebungszeitpunkte hinweg erreichen Kinder aus Familien, in denen mindestens ein Elternteil einen (Fach-) Hochschulabschluss besitzt, 45 Punkte (ungefähr ein Lernjahr) mehr als Kinder aus Familien, in denen dies nicht der Fall ist. (ebd., S. 212)

Insgesamt lässt sich also feststellen, dass sich „trotz verbreiteter, programmatischer Bemühungen in den vergangenen 15 Jahren" (ebd., S. 214) der vergleichsweise hohe Einfluss sozialer Ungleichheiten auf den kindlichen Bildungserfolg in den letzten Jahren kaum abgeschwächt hat, wobei speziell bezogen auf Kinder mit Migrationshintergrund durchaus Erfolge festzustellen sind (Wendt & Schwippert, 2017, vgl. S. 230).

Befunde zur mathematischen Entwicklung

Viele der oben dargestellten Befunde zeigen, dass Eltern die Bedeutung familialer Aktivitäten für die sprachliche Entwicklung ihrer Kinder in hohem Maße bewusst ist. In Bezug auf die mathematische Entwicklung ist dies hingegen deutlich weniger der Fall (vgl. Musun-Miller & Blevins-Knabe, 1998). Die Autorinnen bietet einige plausible Erklärungen für diese Tatsache an:

One is that the use of mathematics may not be as obvious in the everyday world as the use of reading.(...) Another explanation for the lower importance placed on mathematics skills could be that mathematics are perceived as a difficult subject. Since the study is interested in children about to enter first grade, subjects might have believed that mathematical skills were too difficult and would be dealt with later in the child's schooling. Finally, parents may see reading as central to the first-grade curriculum, but perceive mathematics as a subject that does or should gain more prominence later in a child's school career. (ebd., S. 199)

Das quantitative Ausmaß mathematischer Aktivitäten zuhause scheint dabei allerdings nur gering von den elterlichen Überzeugungen bezüglich Mathematik abzuhängen (vgl. Sonnenschein et al., 2012, S. 10). Eine plausible Begründung für diesen Befund ist, dass viele Eltern junger Kinder nicht ausreichend darüber wissen, welche konkreten Aktivitäten hinsichtlich der mathematischen Entwicklung förderlich sind, und zwar unabhängig vom Bildungsstand der Eltern (vgl. Kluczniok, 2017; Kluczniok, Lehrl, Kuger & Rossbach, 2013). Wenn zuhause also wenig spezifisch mathematische Aktivitäten stattfinden, dann nicht unbedingt deshalb, weil Eltern Mathematik nicht wichtig oder relevant finden, sondern möglicherweise deshalb, weil Eltern nicht wissen wie.

Diese Vermutung bestätigen neuere Forschungen (Elliott & Bachman, 2018), in denen zudem vorgeschlagen wird, zwischen formellen Aktivitäten wie der Umgang mit Mathematikbüchern und Rechnenüben und informellen Aktivitäten wie das Spielen mathematikhaltiger Spiele und das Schaffen mathematikhaltiger Alltagsaktivitäten unterscheiden (vgl. Hart, Ganley & Purpura, 2016). Typische informelle mathematikbezogene kulturelle Praktiken, die speziell zum *home numeracy environment* beitragen, sind vor allem Zählen und Zählzahl-bezogene Aktivitäten wie das Aufsagen der Zahlwortreihe in Büchern, Liedern und Reimen, Abzählen von realen und in Medien präsentierten Objekten, Zählen beim Spielen von Gesellschafts- und Würfelspielen oder das Lösen erster Additions- und Subtraktionsaufgaben (vgl. Blevins-Knabe & Musun-Miller, 1996; Melhuish et al., 2008; Niklas & Schneider, 2012; Young-Loveridge, 1989).

Zähl- und Mengenkompetenzen im Vorschulalter haben eine hohe Vorhersagekraft für erfolgreiches Mathematiklernen in der Schule (vgl. Aunola, Leskinen, Lerkkanen & Nurmi, 2004; Jordan, Glutting & Ramineni, 2010), deshalb werden Aktivitäten, die auf diese Kompetenzentwicklung abzielen, allgemein empfohlen. Aber auch viele andere informelle Aktivitäten sprechen mathematische Inhalte an, beispielsweise das Messen von Längen, das Konstruieren mit Bauklötzen, der Umgang mit Formen und Körpern, das Sprechen über Zeitspannen und Kalenderdaten oder das Abwiegen von Zutaten in der Küche (vgl. Blevins-Knabe, 2012; Bottle, 1999; LeFevre, Polyzoi, Skwarchuk, Fast & Sowinski, 2010; LeFevre et al., 2009;

Starkey, Klein & Wakeley, 2004). Der Einfluss solcher Eltern-Kind-Aktivitäten auf die kindliche Kompetenzentwicklung ist erheblich (vgl. Blevins-Knabe, 2016; Kleemans, Peeters, Segers & Verhoeven, 2012), wenn auch wahrscheinlich geringer als der Einfluss spezifischer *literacy*-bezogener Aktivitäten auf die Sprachentwicklung (vgl. Niklas & Schneider, 2010), wobei Huntsinger, Jose und Luo (2016) in ihrer Studie mit 200 Vier- und Fünfjährigen und ihren Familien festgestellt haben, dass formelle mathematische Aktivitäten wie Addieren und Subtrahieren abgesehen vom Alter der Kinder den größten Einfluss auf die kindliche Kompetenzentwicklung haben.

Ehmke und Siegle (2008) unterscheiden distale und proximale HLE-Merkmale; diese entsprechen im Wesentlichen den Statusmerkmalen und den Prozessmerkmalen nach Tillack und Mösko (2013), die sich in HLEs identifizieren lassen. Aus der Gruppe der proximalen Merkmale haben Ehmke und Siegle (2008) besonders den Einfluss der elterlichen Mathematikkompetenz auf die schulischen Leistungen der Kinder untersucht. Sie sind zu dem Schluss gekommen, dass Kinder und Jugendliche, deren Eltern über eine besonders hohe Mathematikkompetenz verfügen, gleich zweifach profitieren (vgl. ebd., S. 261), denn mathematikkompetente Eltern wirken zum einen positiv durch spezifisch mathematische, hochwertige Lern- und Unterstützungsangebote und zum anderen durch die allgemeine Bereitstellung lernförderlicher Umgebungen, etwa „kulturelle Aktivitäten und lernrelevante Besitztümer" (ebd.), die ebenfalls deutlich mit elterlicher Mathematikkompetenz korreliert.

Soto-Calvo et al. (2019) haben in ihrer groß angelegten Studie den Zusammenhang zwischen zahlreichen HLE-Merkmalen und den mathematischen Kompetenzen von Vierjährigen untersucht und mögliche Formen solcher inhaltlichen Ausgestaltung genauer betrachtet. Die Betonung häuslicher konkreter Praktiken kann – auch mit unterschiedlichen inhaltlichen Forschungsschwerpunkten zur *literacy*, *numeracy* oder sonstigen Konstrukten – als ein zentrales Prinzip bei der Beschreibung förderlicher HLEs identifiziert werden. Hieraus ergeben sich Ansatzpunkte für die in der vorliegenden Arbeit vorgestellten Intervention, die die ausdrückliche Aufforderung und Ermutigung der Eltern beinhaltet, mit ihren Kindern zuhause mathematikbezogen aktiv zu werden.

Mathematisches Lernen wird wesentlich auch durch Intelligenz und (Arbeits-) Gedächtnisleistungen bestimmt (vgl. Grube, 2004; Krajewski, Schneider & Nieding, 2008). Die Merkfähigkeit oder die Auffassungsgabe sind zwar auch von der genetischen Ausstattung abhängig, aber als individuelle Eigenschaften nicht stabil (vgl. von Aster & Lorenz, 2013, S. 15), sondern deren Ausprägung und (Weiter-) Entwicklung hängen von der Umwelt ab, in der das Individuum lebt. Bedeutsam auch für bildungspolitische Fragestellungen ist der Befund, dass spezifisches Vorwissen zu Zahlen und Mengen spätere mathematische Schulleistungen besser vorhersagen kann als allgemeine kognitive Faktoren wie Intelligenz (vgl. Dornheim, 2008; Krajewski, 2003; Krajewski, Schneider & Nieding, 2008). Grube et al. (2015) positionieren sich in ihrer Studie mit rund 180 Kindergartenkindern klar dahingehend, dass „die vergleichsweise gering ausgeprägte numerische Kompetenz einiger Kinder auf eine mangelnde Anregung zur Beschäftigung mit Mengen, Zahlen und Zählen zurückgeführt werden kann" (S. 97). Spezifisches Vorwissen kann (nur) in einer Umwelt erworben werden, die entsprechende Anregungen und Lerngelegenheiten bietet. Eine solche Umwelt zu gestalten muss daher ein zentrales Ziel einer bildungsorientierten Gesellschaft sein.

Wie zu Beginn dieses Kapitels ausgeführt wurde, wird die (Lern-)Umwelt kleiner Kinder zuallererst durch die Familie konstituiert. Von besonderem Interesse ist daher die Frage, ob es gelingt, derart von außen auf das HLE einzuwirken, dass mehr Kinder von einer lernförderlichen Umgebung zuhause profitieren. Anleitung und Training von Eltern mit dem Ziel, das mathematische Lernen ihrer Kinder zuhause zu unterstützen, ist vielfach erfolgreich evaluiert worden (Berkowitz et al., 2015; Niklas et al., 2016; Niklas & Schneider, 2012; Starkey & Klein, 2000). Dieser Befund soll mit der vorliegenden Arbeit genauer untersucht werden und wird daher im Unterkapitel 4.4 zur Elternarbeit noch einmal aufgegriffen.

Die Bildungsinstitutionen sind diejenigen Akteurinnen, die aufgrund der Verknüpfung von pädagogisch-fachdidaktischer Kompetenz einerseits und der Möglichkeit zur professionellen Gestaltung von Beziehungs- und Vertrauensverhältnissen andererseits das größte Potenzial haben, positiv auf das HLE einzuwirken. Bezogen auf das HLE junger Kinder kommt dem Kindergarten daher eine Schlüsselrolle zu, die im folgenden Unterkapitel genauer betrachtet werden soll.

4.3   Die Kita als Teil des Bildungssystems

Anders als die Schule ist die vorschulische Kindertagesbetreuung in Deutschland formal Teil des Jugendhilfesystems, nicht des Bildungssystems (vgl. Cortina, Baumert, Leschinsky, Mayer & Trommer, 2008). Die Zuständigkeiten liegen daher im Bundesfamilienministerium[16], nicht bei den Kultus- bzw. Bildungsministerien der Länder. Diese Tatsache ist „unterschiedlichen Entstehungskontexten" zu verdanken; diese „gaben der weiteren Entwicklung eine Richtung, die bis heute nachwirkt" (Reyer, 2015, S. 16). Schule und Kita unterscheiden sich damit strukturell, konzeptuell und personell in deutlich größerem Maße, als bei späteren Übergängen im Bildungssystem sichtbar wird, etwa beim Übergang von der Primar- in die Sekun-

---

[16] Bundesministerium für Familie, Senioren, Frauen und Jugend (BMFSFJ)

darstufe. „Historisch gesehen bildet der Kindergarten seit jeher eine Schnittstelle zwischen Bildungs- und Jugendhilfesystem" (Hoffmann, 2002, S. 350).

Die heutige Situation der frühkindlichen Bildung ist in Deutschland eng mit der historischen Entwicklung der vorschulischen Kindertagesbetreuung verknüpft (vgl. Stieve, 2013). Das Selbstverständnis der Kitas, die Anforderungen an die Kita und die pädagogischen Konzepte unterliegen seit dem 19. Jahrhundert dem gesellschaftlichen Wandel und lassen sich aus einer (sozial-)pädagogischen und auch sozialpolitischen Perspektive verstehen. Die umfassende Betrachtung der Kita aus einer bildungswissenschaftlichen Perspektive nahm mit dem Fröbel'schen Kindergarten ihren Anfang, findet auf konsequente Weise in Deutschland jedoch erst seit den 1960er Jahren statt und ist damit ein vergleichsweise junger Prozess.

Ab Mitte der 1970er Jahre wurden diejenigen Modellversuche unter dem Sammelbegriff *Situationsansatz* zusammengefasst, in denen versucht wurde, für Kinder bedeutsame „Schlüsselsituationen" zu identifizieren, um diese in der Kita als individuelle Lern- und Entwicklungsgelegenheiten pädagogisch zu bearbeiten (vgl. Macha, Bielesza & Friedrich, 2018). Die Schlüsselsituationen traten damit an die Stelle von Kompetenzbereichen oder Lernfeldern, die andere pädagogische Konzepte benannten (vgl. Kobelt Neuhaus, Macha & Pesch, 2018, S. 12). Seit den 1980er Jahren gehört der Situationsansatz in Deutschland zu dem am meisten verbreiteten elementarpädagogischen Konzepten (vgl. Fthenakis, 2000, S. 115). Das wesentliche Kennzeichen des Situationsansatzes ist die Betrachtung des Kindes in seiner gesellschaftlich-kulturellen Eingebundenheit. Die Zugehörigkeit zu bestimmten Milieus und die Erfahrungen, die das Kind in ihnen und mit ihnen macht, Stichwort „Soziales Lernen", werden aktiv in der Kita aufgegriffen; damit bringt der Situationsansatz „eine sozialwissenschaftliche Perspektive in den frühpädagogischen Bildungsdiskurs ein" (Stieve, 2013, S. 59).

Zahlreiche Kritikpunkte am Situationsansatz hat beispielsweise Fthenakis (2000, S. 116 ff.) zusammengefasst: etwa wissenschaftliche Defizite wie unzureichende Begriffsklärungen und Evaluation sowie Konzept-bezogene Defizite wie eine einseitige Sicht aufs Kind und das Fehlen einer pädagogisch-didaktischen Programmatik. Antworten auf diese Fragen werden seitdem vornehmlich in sozialkonstruktivistischen Ansätzen gesucht:

> Der häufig als co-konstruktivistisch bezeichnete Ansatz von Gunilla Dahlberg und Peter Moss wurde in Deutschland vor allem von W. Fthenakis eingeführt.(...) Die Wurzeln des bildungstheoretischen Konzepts von Dahlberg und Moss liegen in einer soziologischen Diskursanalyse. Am Anfang steht nicht, wie das Kind durch selbstbildende Konstruktionen Welt hervorbrächte, sondern wie Kind und Kindheit gesellschaftlich konstruiert werden und wie daraus entstehende Konventionen den Rahmen von Bildung und Erziehung bestimmen. (Stieve, 2013, S. 62)

In vorschulischen Bildungseinrichtungen gehen mit der Gestaltung ko-konstruktiver Interaktionsprozesse neben einer reflektierenden und fragenden Haltung auch fachliche Anforderungen an begleitende Erwachsene, also in der Regel Erzieher*innen, einher (vgl. Dahlberg, 2010, S. 27). Speziell bezogen auf mathematische Bildung umfassen diese fachlichen Anforderungen beispielsweise das Wissen um den typischen Verlauf frühkindlicher Zahlbegriffsentwicklung, Kenntnisse zu Diagnosemöglichkeiten spezifischer Entwicklungsauffälligkeiten und diagnosebasierten Förderansätzen sowie das Bewusstsein für die Anschlussfähigkeit kindlicher Kompetenzen im Übergang Kita-Grundschule (vgl. Lorenz, 2012, S. 107).

Das Konzept der Ko-Konstruktion ist in der Frühpädagogik zwar seit vielen Jahren vorherrschend (vgl. Fthenakis & Oberhuemer, 2010; Gisbert, 2004), aber in Hinblick auf die Reproduktion sozialer Ungleichheiten sicherlich kein Allheilmittel. Stamm (2013, S. 690) sprich sogar von einem „Konstruktionsmerkmal von Ungleichheit", denn Kinder aus bildungsfernen Sozialmilieus, welche „mit wenig vorstrukturierten Angeboten kaum ohne weiteres umgehen können", sind eher auf eine „kognitive Aktivierung, eine provokativ angeleitete Förderung sowie auf die Anleitung zu günstigen und kognitions- und motivationsförderlichen Attributionsstilen" angewiesen und könnten durch rein ko-konstruktivistische Settings benachteiligt werden.

Seit den 2000er Jahren ist festzustellen, dass sich Kitas im Kontext von Elternbildung und Elternarbeit zunehmend als *Familienzentren* verstehen (vgl. Aden-Grossmann, 2011, S. 217), was die Anforderungen an Erzieher*innen weiter vergrößert. Der Rechtsanspruch auf einen Betreuungsplatz für Kinder über 3 Jahren, der keineswegs bildungspolitisch motiviert war, sondern Anfang der 1990er Jahre im Zusammenhang mit der Reform um den § 218 StGB beschlossen wurde (vgl. ebd., S. 211), sowie ein entsprechender Anspruch für Kinder zwischen 1 und 3 Jahren seit 2013 verschärften den Fachkräftemangel erheblich. Dies wird auch im Kontext der pädagogischen Qualität in Kitas diskutiert, wie im Laufe dieses Unterkapitels noch weiter ausgeführt wird. Dazu werden zunächst die gesetzlichen Rahmenbedingungen beschrieben, die die heutige Situation der Kitas bedingen.

Heutige Rahmenbedingungen und Bildungspläne
Die Situation der Kita in Deutschland ist zum einen durch eine hohe Heterogenität gekennzeichnet, die sowohl hinsichtlich der Trägerlandschaft als auch hinsichtlich der pädagogischen Konzepte und deren Umsetzung erkennbar ist. Zum anderen ist die Rolle der Kita im Bildungssystem nach wie vor von Inkonsistenz und Unsicherheit geprägt. Fthenakis (2010, S. 388) stellt fest, dass Deutschland um die Jahrtausendwende „europaweit eines der am stärksten unterentwickelten Betreuungssysteme für die Jüngsten und für die Schulkinder" hat. Der PISA-Schock im Jahr

2000 bestand unter anderem in der Erkenntnis, dass am international vergleichsweise schlechten Abschneiden der bundesdeutschen 15-jährigen die frühkindliche Bildung hierzulande einen nennenswerten Anteil hat (vgl. Deutsches PISA-
Konsortium, 2001, S. 134). Ein Wechsel der vorschulischen Betreuungsangebote
vom Jugendhilfe- ins Bildungssystem ist daher immer wieder diskutiert worden
(vgl. Hoffmann, 2002, S. 350). Auf die formalen Bedingungen dieser „Schnittstelle"
(ebd.) soll an dieser Stelle genauer geschaut werden.

Der Bildungsauftrag der Grundschulen ist in den jeweiligen Schulgesetzen
der Bundesländer verbindlich geregelt. Im Schulgesetz Nordrhein-Westfalens, § 11
Abs. 1 S. 2 SchulG[17] ist die Anforderung an die Grundschule, auf den Besuch der
weiterführenden Schule vorzubereiten, explizit enthalten. Zusammen mit den Lehrplänen der Länder ergibt sich daraus ein recht festgeschriebener Auftrag mit wenig
Spielraum, der auf Verpflichtungen wie der allgemeinen Schulpflicht und der Treue-
pflicht verbeamteter Lehrer*innen beruht und kaum Auslegung erlaubt.

Dies ist in der Kita so nicht der Fall. Hierzu heißt es im § 22 Abs. 3 S. 1 SGB
VIII[18]:

> Der Förderauftrag [der Tageseinrichtungen] umfasst Erziehung, Bildung und Betreu-
> ung des Kindes und bezieht sich auf die soziale, emotionale, körperliche und geistige
> Entwicklung des Kindes.

Dieser Auftrag wird von den Bundesländern flexibel ausgelegt. Zehn Länder betonen den „eigenständigen" Bildungsauftrag der Kita; darunter ist auch Nordrhein-
Westfalen (siehe § 3 Abs. 1 S. 1 KiBiz). Der Begriff hat in der Historie der Kita eine
lange Tradition und ist beispielsweise als „Problemgeschichte" von Reyer (2015)
umfassend aufgearbeitet worden; die Eigenständigkeit kann nämlich mindestens
sowohl *gegenüber der Familie* als auch *gegenüber der Schule* verstanden werden
(vgl. ebd., S. 57) und ist insofern immer klärungsbedürftig.

In Nordrhein-Westfalen werden aus Sicht der Kita konkrete Maßnahmen zur
Zusammenarbeit mit der Schule empfohlen, und zwar immerhin

---

[17] Schulgesetz für das Land Nordrhein-Westfalen (Schulgesetz NRW – SchulG) vom 15.
Februar 2005 (GV. NRW. S. 102) zuletzt geändert durch Gesetz vom 13. November 2012
(GV. NRW. S. 514)

[18] Das Achte Buch Sozialgesetzbuch- Kinder- und Jugendhilfe – in der Fassung der Bekannt-
machung vom 14. Dezember 2006 (BGBl. I S. 3134), das zuletzt durch Artikel 1 des Gesetzes
vom 28. Oktober 2015 (BHBl. I S. 1802) geändert worden ist

- eine kontinuierliche gegenseitige Information über die Bildungsinhalte, -methoden und -konzepte,
- die Kontinuität bei der Förderung der Entwicklung der Kinder,
- regelmäßige gegenseitige Hospitationen,
- die für alle Beteiligten erkennbare Benennung fester Ansprechpersonen in beiden Institutionen,
- gemeinsame (Informations-) Veranstaltungen für die Eltern und Familien der Kinder,
- gemeinsame Konferenzen zur Gestaltung des Übergangs in die Grundschule und
- gemeinsame Fort- und Weiterbildungsmaßnahmen der Fach- und Lehrkräfte. (§ 14b Abs. 2 KiBiz NRW)

Das KiBiz NRW führt also sehr konkret und umfassend aus, auf welche Weise Kitas mit der Schule zusammenarbeiten sollen. Das nordrhein-westfälische Schulgesetz hingegen ist diesbezüglich nicht annähernd so präzise. Hier heißt es lediglich:

Die Schule wirkt mit Personen und Einrichtungen ihres Umfeldes zur Erfüllung des schulischen Bildungs- und Erziehungsauftrages und bei der Gestaltung des Übergangs von den Tageseinrichtungen für Kinder in die Grundschule zusammen. (§ 5 Abs. 1 SchulG NRW)

Dazu merkt Westholt (2020, o. S.) kritisch an:

Bedenkt man die Konsequenzen dieser nicht spezifizierten Aussagen (SchulG NRW) auf der einen, und der spezifizierten Aussagen (KiBiz NRW) auf der anderen Seite, ergibt sich folgende Schwierigkeit: Es wird keine gemeinsame Basis für eine Kooperation der beiden Einrichtungen geschaffen. Eher das Gegenteil ist der Fall. Das Thema wird mit komplett unterschiedlichen Erwartungen angegangen. Problematisch erscheint das vor allem in Bezug auf die Umsetzung der Kooperation in der Praxis.

Die Entwicklung mathematischer Kompetenzen ist aktuell Bestandteil aller 16 durch die zuständigen Landesministerien herausgegebenen Bildungspläne für den Elementarbereich in Deutschland[19], allerdings hinsichtlich Umfang und formulierter Inhalte und Zielsetzungen unterschiedlich ausgestaltet.

Das NRW-Familienministerium[20] hat in seinen gemeinsam mit dem NRW-Ministerium für Schule und Weiterbildung herausgegebenen *Grundsätzen zur Bil-*

---

[19] Übersichtliche Auflistungen aller Bildungspläne sind auf https://www.bildungsserver.de/Bildungsplaene-fuer-Kitas-2027-de.html (aktualisiert im Juli 2017) sowie auf https://kindergartenpaedagogik.de/fachartikel/bildung-erziehung-betreuung/1951 (aktualisiert im Januar 2019) zu finden (Zugriff jeweils am 30.07.2019).

[20] Ministerium für Familie, Kinder, Jugend, Kultur und Sport des Landes Nordrhein-Westfalen

dungsförderung für Kinder einen eigenen Bildungsbereich Mathematik formuliert (Ministerium für Familie, Kinder, Jugend, Kultur und Sport des Landes Nordrhein-Westfalen & Ministerium für Schule und Weiterbildung des Landes Nordrhein-Westfalen, 2011, S. 57), in dem institutionsübergreifende Leitideen und konkrete „Leitfragen zur Unterstützung und Gestaltung von Bildungsmöglichkeiten" auf rund zwei Textseiten ausgeführt sind, und diesen in die 2016 in Hinblick auf Inklusion überarbeitete Version unverändert übernommen (vgl. Ministerium für Familie, Kinder, Jugend, Kultur und Sport des Landes NordrheinWestfalen, 2016, S. 114 ff.).

Im rund 500 Seiten starken Bayerischen *Bildungs- und Erziehungsplan* wird der Bildungsbereich Mathematik hingegen sehr ausführlich dargestellt; entsprechend sind fachliche und pädagogische Leitlinien, differenziert aufgefächerte mathematische Inhaltsbereiche, Vorschläge für Lernumgebungen und mathematikhaltige Spiele sowie Projektbeispiele zu finden (Bayerisches Staatsministerium für Arbeit und Sozialordnung, Familie und Frauen, 2012). Ganzheitlichkeit wird in diesem Dokument häufig zusammen mit spielerischen Zugängen genannt, auch im Bereich Mathematik; gleichzeitig wird die Bedeutung von Anleitung und Begleitung deutlich (vgl. ebd., S. 240)

Fthenakis, Schmitt, Daut, Eitel und Wendell (2009, S. 23) weisen in diesem Zusammenhang wieder auf die zentrale Rolle „ko-konstruktiver Interaktionen" zwischen Kindern und Bezugspersonen hin. Zudem kann als Qualitätsmerkmal von Bildungsplänen gelten, Bildungsbiographien über mehrere Altersstufen und damit über Kita, Grundschule und weiterführende Schule hinweg zu entwerfen (vgl. A. Heinze & Grüßing, 2009). Dies ist in den Curricula zahlreicher anderer Staaten auch der Fall, unabhängig davon, ob deren Vorschulbereich jeweils in das Bildungssystem eingegliedert oder dem Sozialsystem zugeordnet ist. Antworten auf normative Fragestellungen wie *„ Was sollten Kinder können, wenn sie in die Schule kommen?"* sind in den Bildungsplänen der deutschen Bundesländer jedoch nicht zu finden: „Ein zu erreichendes Schuleingangsniveau als Zielbeschreibung der Bildungsarbeit wird (...) durchgängig vermieden" (Diskowski, 2008, S. 54). Für eine zusammenfassende, kritische Darstellung der weiteren Unterschiede und Gemeinsamkeiten der Bildungspläne sowie der historischen, politischen und gesellschaftlichen Rahmenbedingungen bei deren Genese sei ebenfalls auf Diskowski (2008) verwiesen.

Die Besuchsquote von Vorschulkindern in der Kita ist schon seit den 1990er Jahren hoch (vgl. Alt, Blanke & Joos, 2005, S. 134). Die Autor*innen sehen jedoch folgendes Problem:

Insbesondere diejenigen Kinder, die von einem Kindergartenbesuch in besonderer
Weise profitieren würden, die Kinder aus besonders benachteiligten Schichten, bleiben
überdurchschnittlich häufig zu Hause und werden dort von ihren Eltern betreut. (ebd.,
S. 132)

Becker und Biedinger (2016) bestätigen diesen Befund in Hinblick auf Ungleichheiten in der vorschulischen Bildung aus internationaler Perspektive. Beispielsweise werden Beteiligungsquoten bezüglich des Kita-Besuchs von Kindern unterschiedlicher Herkunft in verschiedenen Ländern untersucht. Verschiedene neuere
Studien kommen dabei zu dem Schluss, dass ethnische Unterschiede praktisch verschwinden, sobald der soziale Status der Familien berücksichtigt wird (vgl. ebd).
Die Ansprache und Ermutigung von Familien, die in benachteiligenden Situationen
leben, vorschulische Bildungsangebote für ihre Kinder wahrzunehmen, scheint also
besonders geboten.

Internationale Befunde
Die vergleichende Betrachtung verschiedener nationaler Konzepte zur frühen Bildung von Oberhuemer (2010) hat ergeben, dass in vielen Ländern inzwischen sozio-
kulturell geprägte Konzepte umgesetzt werden, denen ko-konstruktivistische Bil-
dungstheorien zugrunde liegen. Der ko-konstruktivistische Bildungsbegriff ist auch
in vielen Qualitätskonzepten verankert.

International bilden die großen längsschnittlich angelegten vorschulischen Bildungsprogramme aus dem UK und den USA wichtige Meilensteine in der Qualitätsforschung. Diese Programme sind kompensatorisch angelegt, sprechen also
explizit Kinder aus benachteiligenden Lebenslagen an und bieten ein „qualitativ
hochstehendes Angebot von Dienstleistungen im Bereich Bildung, Betreuung und
Erziehung" (J. Egger & Straumann, 2013, S. 36).

Das US-amerikanische *Head Start Program* war in den 1960er Jahren zunächst
als schulvorbereitender Sommerkurs konzipiert, wurde jedoch schnell umfassend
ausgebaut und beinhaltet neben Bildung und Betreuung der Kinder in der Kita auch
Hausbesuche, Gesundheitsvorsorgemaßnahmen und soziale Dienstleistungen für
die Familien. Die aktive Integration der Eltern ist eine wesentliche Komponente
von *Head Start*; diese umfasst vorrangig sozialpädagogische Maßnahmen wie die
Unterstützung bei der Jobsuche (vgl. Esch, Klaudy, Micheel & Stöbe-Blossey, 2006,
S. 77). Zentrales Ziel von *Head Start* ist die Unterstützung benachteiligter Kinder
beim Erreichen der Schulfähigkeit als „first national education goal" (Starkey &
Klein, 2000, S. 660), um die Startchancen aller Kinder für eine erfolgreiche Bildungsbiografie anzugleichen. Hierin liegt bereits ein fundamentaler Unterschied zu
vorschulischen Bildungsbemühungen in Deutschland, in denen derlei Zielvorgaben
traditionell nicht zu finden sind (vgl. Diskowski, 2008, S. 54).

Ein ebenfalls wegweisendes, US-Vorschulprogramm ist der *HighScope*-Ansatz, der im Rahmen des *Perry Preschool Project* ebenfalls in den 1960er Jahren entwickelt und über Jahrzehnte evaluiert wurde und heute auch außerhalb der USA in Kitas weit verbreitet ist. Das ursprüngliche Ziel war, ähnlich wie bei *Head Start*, sozial benachteiligte Kinder im Kindergartenalter zu fördern (vgl. Esch et al., 2006, S. 85). Wesentliches Kennzeichen dieses Ansatzes ist die hohe Qualität der Interaktionen zwischen Kind und Erzieher*innen in kleinen Gruppen sowie der Lernumgebungen und Materialien, die verschiedene Kompetenzbereiche abdecken und die die Kinder frei auswählen dürfen. Das aktive Lernen wird durch Impulse der Erzieher*innen unterstützt, die auf Reflexion und Verbalisierung abzielen. Damit legt der *HighScope*-Ansatz einen besonderen Schwerpunkt auf die kognitive Entwicklung der Kinder (vgl. Shouse, 2000). Außerdem wird besonderer Wert auf eine starke Elternbeteiligung gelegt, mit „Elternbildungsmöglichkeiten, programmierten häuslichen Bildungsaktivitäten und Familienunterstützungsmaßnahmen" (Leseman, 2008, S. 133). Besonders bekannt wurde der *HighScope*-Ansatz durch dessen longitudinale Begleitforschung, die auch auf ökonomische Fragestellungen ausgerichtet ist. Hierbei konnte kontinuierlich der „außerordentliche Nutzen" dieser Art von Vorschulerziehung für Kinder belegt werden, die in Armut aufwachsen oder der besonderen Gefahr des Schulversagens unterliegen (vgl. Siraj-Blatchford & Moriarty, 2010, S. 94).

So schreibt Weikart (2000, S. 65) von einem Betrag von US $7,16 pro Kind, der für jeden Dollar, den der Staat in das *HighScope Perry Preschool Program* investiert hat, zurück in den Wirtschaftskreislauf fließt, bis das Kind ein Alter von 27 Jahren erreicht hat. Bis zum Alter von 40 Jahren wächst der Betrag noch auf $12,90. Diese Summe setzt sich aus verschiedenen Komponenten zusammen, beispielsweise Einsparungen bei Sozialleistungen wegen des größeren beruflichen Erfolgs der ehemaligen Teilnehmer*innen, höhere Steuereinnahmen im Zusammenhang mit höherem Einkommen und geringere Gerichtskosten im Zusammenhang mit geringeren Kriminalitätsraten (vgl. Esch et al., 2006, S. 86).

Leseman (vgl. 2008, S. 132 f.) fasst zusammen, warum das *HighScope*-Programm zu den sehr erfolgreichen Modellprojekten gehört, nämlich weil diese Projekte intensive, früh ansetzende, kindzentrierte Bildungsangebote machen, die grundsätzlich unter wissenschaftlicher Aufsicht entwickelt und durchgeführt werden. Gleichzeitig sind eine ausreichende finanzielle Ausstattung, um Bildung und Betreuung in kleinen Gruppen zu ermöglichen, und angemessene Gehälter für das Personal gewährleistet. Zudem umfassen solche Projekte in der Regel eine starke Elternbeteiligung, Bildungsmöglichkeiten für Eltern, Bildungsaktivitäten in der Kita und zuhause sowie sozialpädagogische Familienunterstützungsmaßnahmen (vgl. ebd.).

Aus diesem Befund lassen sich Potenziale ableiten, auf welche Weise die für die vorliegende Arbeit durchgeführte Intervention zu einem Programm hoher Qualität ausgebaut werden könnte, wie in Kapitel 7 skizziert wird. Kuger, Sechtig und Anders (vgl. 2012, S. 191) mahnen allerdings die begrenzte Übertragbarkeit der Ergebnisse US-amerikanischer Kita-Studien auf deutsche Verhältnisse an, da sich beispielsweise die Stichprobenzusammensetzung, politische Rahmenbedingungen und curriculare Vorgaben erheblich unterscheiden können.

Groß angelegte Längsschnittstudien wie das *Effektive Provision of Pre-School Education (EPPE) Project* (vgl. Sylva et al., 2004) oder die NICHD[21]-Studie sollten Auskunft über die Langzeitfolgen öffentlicher Kleinkindbetreuung geben und Einflüsse des Kita-Besuchs auf den Schulerfolg sowie Qualitätsmerkmale guter Kitas klären. Die wichtigsten Befunde sind die positive Korrelation zwischen Kita-Besuch und kognitiven, sprachlichen und sozialen Fähigkeiten (vgl. ebd., S. 156 ff.) und die gleichzeitig nur begrenzte kompensatorische Wirkung der Kita bezogen auf ungünstige HLEs (vgl. Niesel, Griebel & Büker, 2015, S. 20 f.).

Seit den 2000er Jahren ist der Begriff *Qualität* für die Bewertung frühpädagogischer Bildungsangebote zentral (vgl. König, 2009, S. 51). Dabei ist normativ klärungsbedürftig, was unter „guter" oder „hoher" Qualität zu verstehen ist. Für die Beurteilung, ob die Bildung und Betreuung in einer Kita von hoher Qualität ist oder nicht, ist dementsprechend die Formulierung von Qualitätskriterien erforderlich, deren Grad der Erfüllung empirisch messbar sein muss (vgl. ebd., S. 54). Siraj-Blatchford und Moriarty (2010, S. 94) stellen beispielsweise in ihrer Analyse verschiedener Studien zur Wirksamkeit der Teilnahme an vorschulischen Bildungsprogrammen dar, dass stark instruktive Programme zwar kurzfristig zu Wissenszuwachs bei den Kindern führt, dieser aber in der Regel nicht nachhaltig ist. Gleichzeitig führten solche Programme zu unerwünschten Wirkungen in der Persönlichkeitsentwicklung, die beispielsweise mit emotionalen Beeinträchtigungen und Delinquenz einhergehen. Dieser Befund verdeutlicht die Notwendigkeit, Konzepte der Vorschulerziehung nicht nur auf die (kurzfristige) kognitive Entwicklung hin zu überprüfen, sondern auch emotionales Wohlbefinden, ein positives Selbstkonzept und die soziale Entwicklung zum Maßstab zu machen. Im Zusammenhang mit dem „Erfolg" institutioneller Bildung ist also eine präzise Fassung des Qualitätsbegriffs entscheidend (vgl. Esch et al., 2006).

Dazu sind Instrumente zur Messung von Qualität entwickelt worden. Die NUBBEK[22]-Studie war die erste große, bundesweite Untersuchung zur Qualität der Betreuung, Bildung und Erziehung in Familien und Kitas (vgl. Tietze et al., 2013).

---

[21] National Institute of Child Health and Human Development (NICHD)
[22] Nationale Untersuchung zur Bildung, Betreuung und Erziehung in der Kindheit (NUBBEK)

Hinsichtlich der außerfamilialen Betreuungssituation haben die Ergebnisse der NUBBEK-Studie insbesondere für die Unterdreijährigen erhebliches Verbesserungspotenzial aufgezeigt: Grob 85 % der untersuchten Einrichtungen (Krippen, Tagespflegestellen und altersgemischte Kita-Gruppen) wiesen eine mittlere Betreuungsqualität auf. Nur in weniger als 5 % der untersuchten Einrichtungen wurde eine gute oder ausgezeichnete Qualität gefunden, und bei rund 10 % wurde die Betreuungsqualität als unzureichend beurteilt.

Roßbach (vgl. 2005, S. 69) und Tietze (vgl. 2008, S. 18) unterscheiden drei verschiedene, prinzipiell messbare Qualitätsdimensionen:

1. *Strukturqualität*
   Strukturmerkmale beziehen sich auf die räumlich-materiellen, sozialen und personalen Rahmenbedingungen in den Einrichtungen. Darunter fällt etwa Einrichtung und Ausstattung, der Platz, der in den Räumen und in den Außenbereichen jedem Kind zur Verfügung steht, der Betreuungsschlüssel, die Gruppengröße, die Qualifikation des pädagogischen Personals und dessen zeitliche Ressourcen, die für die Vorbereitung, Durchführung und Nachbereitung pädagogischer Angebote für jedes Kind zur Verfügung stehen.
2. *Prozessqualität*
   Prozessmerkmale beziehen sich auf die Anregungen, die die Kinder in den einzelnen Bildungs- und Entwicklungsbereichen erhalten, die Art der Interaktionen zwischen dem pädagogischen Personal und den Kindern wie auch den Kindern untereinander, kurz: die „realisierte Pädagogik" (vgl. Tietze, 2008, S. 18). Der Umgang mit dem Kind ist seiner Sicherheit und Gesundheit verpflichtet, die Anregungen und Aktivitäten sollen sein Wohlbefinden und seine kognitive und soziale Entwicklung fördern. Spezifische Angebote zur Förderung der sprachlichen und mathematischen Entwicklung des Kindes unterstützen eine erfolgreiche Bildungsbiografie. Zudem zielen die pädagogischen Bemühungen des Personals auf eine Erziehungspartnerschaft mit den Eltern ab.
3. *Orientierungsqualität*
   Dieser Qualitätsbereich beinhaltet die normativen Orientierungen, Leitideen und Überzeugungen, unter denen das pädagogische Handeln (Prozessqualität) stattfindet bzw. stattfinden soll, kurz also den „Blick aufs Kind". Mit den Bildungsplänen der Bundesländer liegen solche Orientierungen vor. Die pädagogischen Konzepte der einzelnen Kitas sowie die Aus- und Fortbildung des pädagogischen Personals bestimmen ebenfalls die Orientierungsqualität.

Die Messung bzw. Erhebung von Strukturqualität und Orientierungsqualität kann vergleichsweise einfach über Befragungen, Recherche und Überprüfungen erfolgen und ist von hoher Objektivität. Merkmale der Prozessqualität werden mit Hilfe kriteriengeleiteter Beobachtungsverfahren erfasst, beispielsweise mit der revidierten Form der EARLY CHILDHOOD ENVIRONMENT RATING SCALE (ECERS-R) (vgl. Harms, Clifford & Cryer, 2015) bzw. deren deutschsprachiger Adaption KINDERGARTEN- EINSCHÄTZ- SKALA KES- R (vgl. Roßbach, 2005, S. 70 ff.). Innerhalb dieser Skalen gibt es auch Items, die eher zur Strukturqualität zählen, etwa zum Platz und zur Ausstattung der Kita; aber die meisten Beobachtungskategorien beziehen sich auf Prozessmerkmale wie Betreuung und Pflege der Kinder sowie auf die Ausgestaltung der pädagogischen Aktivitäten und Anregungen. Zudem gibt es weitere Abwandlungen dieser Skalen, die auch auf Kitas für Unterdreijährige anwendbar sind (vgl. ebd.).

Selzer (vgl. 2015) greift die enge Verbindung von Prozessqualität und Orientierungsqualität auf, denn hier wird das professionelle Handeln als „wesentlich für das berufliche Selbstverständnis von pädagogischen Fachkräften" angesehen, das als eine „spezifische fachliche und persönliche Haltung gegenüber Entwicklungs- und Bildungsprozessen" gilt (ebd., S. 117).

Insbesondere bei internationalen Vergleichen aus deutscher Perspektive werden Qualitätsdiskussionen eng mit dem Professionsgrad der **Erzieher*innen** verknüpft. Begriffe wie *preschool teacher, professeur/e des écoles* oder *förskollärare* für Menschen, die in Großbritannien, Frankreich oder Schweden in Kitas arbeiten, lassen auf einen anderen beruflichen Schwerpunkt und eine größere Nähe der Kita zum Schulsystem schließen, als dies für *Erzieher*innen* in Deutschland der Fall ist. Die Kitasysteme Europas sind historisch bedingt sehr unterschiedlich ausgestaltet; dies betrifft auch die Personen, die dort arbeiten (vgl. Oberhuemer & Schreyer, 2012). Oberhuemer (2010) weist beispielsweise auf den engen Bezug zwischen Vor- und Grundschulen in Frankreich hin: Curriculare Kontinuität wird dadurch gewährleistet, dass das letzte Jahr der *école maternelle* und die ersten beiden Jahre der *école élémentaire* als ein zusammenhängender „Lernzyklus" aufgefasst werden, und Vorschul- und Grundschullehrkräfte werden gemeinsam im selben Universitätsstudiengang mit postgradueller Praxisphase ausgebildet. Diese stringente Übergangsgestaltung geht allerdings mit der Beobachtung einher, dass diese „zu einer Formalisierung vorschulischer Bildung führen kann" (ebd., S. 377).

Auf allgemein gestiegene Anforderungen an Erzieher*innen weisen Mackowiak, Wadepohl, Fröhlich-Gildhoff und Weltzien (2017) hin, die Professionalität offenkundig mit einem wissenschaftlich-hochschulisch geprägten Ausbildungshintergrund verknüpfen:

Die grundlegende wertschätzende und empathische Haltung gegenüber den Kindern ist ein zentrales Merkmal professioneller Fachkräfte (...). Im frühpädagogischen Kontext reichen diese berufsidentifizierenden Kompetenzen jedoch nicht aus, sondern es müssen ebenso Kompetenzen erworben werden, die es den Fachkräften ermöglichen, kindliche Lernprozesse explizit (auf der Basis entsprechenden fachwissenschaftlichen und fachdidaktischen Wissens) sowie reflektiert anzuregen und damit eine professionelle Bildungsarbeit zu realisieren. (Mackowiak et al., 2017, S. 210 f.)

Die Anforderungen an Erzieher*innen steigen zudem mit dem Anspruch an die Kita, Chancenungleichheiten abzumildern: Benachteiligte Kinder, die von ihren Eltern nicht die notwendige Unterstützung und Förderung erhalten, um erfolgreich in die Grundschulzeit zu starten, sollen kompensatorisch wirksam in besonderem Maße durch die Erzieher*innen gefördert werden (vgl. Betz, 2010b, S. 120).

Besondere Aufmerksamkeit in der Qualitätsforschung erfährt dabei die konkrete Interaktion zwischen Kind und Erzieher*in (vgl. Wertfein, Wildgruber, Wirts & Becker-Stoll, 2017). Wirts et al., (2017) haben im Kontext der BIKE[23]-Studie festgestellt, dass in deutschen Kitas die „emotionale Unterstützung und die Alltagsorganisation (...) ein hohes Niveau zeigen", jedoch im Bereich der Lernunterstützung „noch deutlicher Optimierungsbedarf besteht" (ebd., S. 59). Bereits in Unterkapitel 2.6 wurde auf die niedrige Interaktionsqualität in Freispielphasen hingewiesen, die nur sehr wenig Lernunterstützung generiert, was insofern problematisch ist, weil das Freispiel in Kitas in der BRD traditionell einen Großteil der Zeit einnimmt. Offene Fragen beispielsweise, mit denen Erzieher*innen Kinder aktiv ansprechen und einbeziehen, gelten als eine effektive Strategie zur Anregung kognitiver und sprachlicher Kompetenzen (vgl. Siraj-Blatchford & Moriarty, 2010), aber offene Fragen werden im Kita-Alltag nur sehr selten gestellt (vgl. Tournier, Wadepohl & Kucharz, 2014). Wenn Lernprozesse unterstützt werden sollen, ist es daher wichtig „dass in Alltagssituationen vermehrt Strategien der Denk- und Sprachanregung zum Einsatz kommen" (Wirts et al., 2017, S. 65). Bezogen auf mathematische Lernprozesse berichtet Hauser (2017) von dem interessanten Befund, dass der Zeitanteil, der in spielintegrierten Fördersettings, etwa beim Spielen mathematikhaltiger Regelspiele, auf die tatsächliche Interaktion zwischen Kind und Erzieher*in entfällt, mit durchschnittlich rund 3 % überraschend gering ist. In trainingsbasierten Fördersettings ist dieser Zeitanteil etwa 10 mal höher; der Lernunterstützungserfolg ist hierbei jedoch keineswegs höher als beim spielintegrierten Ansatz. Die Erklärung dafür könnte nach Hauser in der Tatsache liegen, dass Kinder beim Regelspiel kognitiv

---

[23] *Bedingungsfaktoren für gelingende Interaktionen zwischen Kindern und Erzieherinnen* (BIKE)

viel aktiver sind und sich selbst mit den mathematischen Inhalten erheblich intensiver auseinandersetzen, als dies bei eher instruktiv angelegten Trainings der Fall ist (vgl. ebd., S. 55). Dieser Befund wird in Kapitel 5 noch einmal aufgegriffen.

Seit einigen Jahren wird insbesondere der Übergang Kita-Grundschule in den Blick genommen (vgl. Carle, 2014; Förster, 2015). Übergänge sind oft Stressoren, besonders für bildungsbewusste Familien, die die richtigen Entscheidungen für ihr Kind treffen wollen (vgl. Faas, Landhäußer & Treptow, 2017, S. 34). Leseman (2008, S. 132 ff.) fasst zahlreiche Studien der 1990er und 2000er Jahre aus verschiedenen Ländern zusammen, die in der Gesamtschau einen deutlichen Hinweis darauf geben, wodurch Qualität in der frühkindlichen Bildung zustande kommt, beispielsweise ein günstiger Betreuungsschlüssel (Strukturqualität), eine hohe Qualifikation der Erzieher*innen oder Unterstützungsangebote für und Zusammenarbeit mit Eltern. Die Gestaltung von Übergängen, etwa der Übergang vom Elternhaus in die Kita oder von der Kita in die Grundschule, wird hier ebenfalls als besonders wichtig genannt (vgl. ebd., S. 145).

Der Aspekt der gemeinsamen Gestaltung von Übergängen wird in Kapitel 7 noch einmal aufgegriffen, um aufzuzeigen, welches Potenzial die für die vorliegende Arbeit durchgeführte Intervention diesbezüglich hat. Damit in Verbindung stehen auch ökonomische Betrachtungen, denn hier müssen Zeit und Geld investiert werden.

Die Berücksichtigung der **Ökonomie** bei der Planung, Durchführung und Bewertung von Bildungsmaßnahmen gewinnt zunehmend an Bedeutung. Dies betrifft einerseits den Zusammenhang zwischen der ökonomischen Entwicklung von Gesellschaften und Individuen und deren Bildungsstand: „Many major economic and social problems can be traced to low levels of skill and ability in the population" (Heckman, 2006, S. 1901). Grundsätzlich besteht ein deutlicher Zusammenhang zwischen dem Bildungsstand der gesamten Bevölkerung und der wirtschaftlichen Wohlstandsniveau eines Landes (vgl. Heckman, 2011).

Eine der kürzestmöglichen Zusammenfassungen, wodurch Kitas hoher Qualität gekennzeichnet sind, hierarchisiert Liegle (2002) in Form dieser zwei Punkte:

1. Die Bezugspersonen und die Qualität der Beziehung zum Kind sind am wichtigsten.
2. Die „Welt der Dinge" muss „vorbereitet und mit Rücksicht auf die Bildungsbedürfnisse, Entwicklungsaufgaben und besonderen Strukturmerkmale der Bildungsprozesse der Kinder gestaltet werden" (ebd., S. 64).

Die staatlicherseits zu leistenden Investitionen bilden die notwendigen Ressourcen, um hochwertige vorschulische Bildungs- und Betreuungsangebote bereitzu-

stellen. Ein idealtypisches Modell eines „Sozialinvestitionsstaats" stellt beispielsweise Klinkhammer (2010, S. 208 ff.) vor. Die staatlichen Ressourcen lassen sich
in Anlehnung an Liegle (2002) ebenfalls in zwei Bereichen einsetzen:

1. die Aus- und Weiterbildung der Erzieher*innen bezogen auf

   • Orientierungsqualität, insbesondere die liebevolle Gestaltung der Beziehung
     zum Kind
   • fachdidaktische Fachkompetenz, insbesondere hinsichtlich *literacy* und
     numeracy
   • Einbezug und Förderung der Eltern

2. Infrastruktur

   • ein bedarfsdeckendes Netz von für alle Familien gut erreichbaren Kitas mit
     geeigneten Räumlichkeiten
   • die materielle Ausstattung innerhalb jeder Kita, die den Anforderungen
     an eine kindgerechte Tagesgestaltung gerecht wird (Spielmöglichkeiten im
     Außenbereich, Tobe- und Ruhezonen, Ernährung, Hygieneeinrichtungen,
     Lern-, Spiel- und Verbrauchsmaterial)

Die Kita nimmt in Hinblick auf ökonomische Überlegungen insofern eine besondere Rolle ein, als dass davon prinzipiell alle Kinder und ihre Familien profitieren könnten. Bildungsökonomische Studien belegen in großer Übereinstimmung,
dass „die Rendite von Bildungsinvestitionen im Vergleich zu anderen Phasen im
Lebenszyklus in der frühen Kindheit am höchsten ist, d. h., mit zunehmendem
Alter geringer wird" (Spieß, 2013, S. 121 f.). Aus einer Lebensverlaufsperspektive
erscheint es besonders effizient, Bildungsinvestitionen auf das frühe Kindesalter
zu konzentrieren. Besonders in Hinblick auf Kinder aus benachteiligten Familien
sollten in einer Gesellschaft entsprechende Gerechtigkeitsüberlegungen angestellt
werden, um Chancenungleichheiten zu verringern (vgl. Heckman, 2006, 2011).

Böttcher und Hogrebe (2014) sehen ökonomische Perspektiven im Kontext von
Bildungsfragen als ein problematisiertes, mit Skepsis belegtes Feld an, was eigentlich unverständlich erscheint, weil „die ökonomisch basierte Forschung in der Vergangenheit robuste Argumente zur *Stärkung* pädagogischer Konzepte und Angebote liefern" konnte (S. 107, eigene Hervorhebung); S. Egger (vgl. 2011, S. 36)
beispielsweise spricht in diesem Zusammenhang von einem zu erwartenden volks-
wirtschaftlichen Gewinn in Höhe des doppelten Investments in frühe Bildung. Die
Autor*innen weisen allerdings darauf hin, dass die vielen Forschungsprojekte, die

die hohe Rendite frühkindlicher Bildungsangebote belegen konnten, als Leucht-
turmprojekte einen exklusiven Charakter haben, so dass aus diesen Befunden nicht
geschlossen werden kann, dass der Besuch einer „Durchschnitts-Kita" – diesbezüglich sei erneut auf die NUBBEK-Studie hingewiesen – automatisch „kosteneffizient
und gewinnbringend" ist (Böttcher & Hogrebe, 2014, S. 110). Weiterhin mahnen
die Autor*innen an, dass nicht nur eine generell hohe Qualität von Bildungsangeboten gewährleistet sein sollte, sondern beachtet und geprüft werden sollte ebenfalls,
„ob Investitionen gezielt auf Kinder ausgerichtet werden, die in benachteiligenden Lebenssituationen aufwachsen" (ebd.), denn solche Investitionen bringen den
höchsten Nutzen (vgl. Heckman, 2011, S. 7). Diese Forderungen werden in Kapitel 8
noch einmal aufgegriffen.

In Unterkapitel 4.2 wurde die Rolle des HLE in Hinblick auf die sprachliche und
mathematische Entwicklung junger Kinder dargestellt. An dieser Stelle soll eine
kurze entsprechende Betrachtung für die Kita erfolgen.

Befunde zur sprachlichen Entwicklung
Die Bedeutung der Sprache für kindliche Lernprozesse im Allgemeinen und für
mathematisches Lernen im Speziellen ist immens, wie zahlreiche empirische Studien belegen (z. B. LeFevre, Fast et al., 2010; van Oers, 2013). Der Kindergartenbesuch wirkt sich tendenziell positiv auf die kindliche Sprachentwicklung aus; die
Befunde sind allerdings nicht einheitlich (vgl. Anders & Roßbach, 2013, S. 188 f.).
Kinder, die Deutsch erst als Zweitsprache im Kindergarten lernen, sind (auch) hinsichtlich der Entwicklung ihrer mathematischen Kompetenzen benachteiligt (A.
Heinze et al., 2011; Moser Opitz, Ruggiero & Wüest, 2010; Schmitman gen. Pothmann, 2008). Im Kontext hoher Kita-Besuchsraten *aller* Kinder ist auch die Kita als
Bildungsort zunehmend in den Fokus gerückt, die sprachliche Kompetenzentwicklung junger Kinder (stärker) zu unterstützen. Diese Forderung wird häufig bezogen auf zwei Zielgruppen besonders diskutiert: Kinder mit Deutsch als Zweitsprache und Kinder mit allgemeinen und umschriebenen Sprachentwicklungsstörungen
(vgl. Girlich, Jurletta & Spreer, 2018, S. 20 ff.), wobei für die vorliegende Arbeit
nur die erste Gruppe weiterhin betrachtet wird.

Kammermeyer und Roux (2013) unterscheiden zwischen alltagsintegrierter und
additiver Sprachförderung in der Kita und berichten für beide Sprachförderansätze
von insgesamt eher überschaubaren Erfolgen. Zudem bestätigen die Autorinnen
wieder den enormen Einfluss des Professionsgrads der Erzieher*innen:

> Die Qualität alltagsintegrierter Sprachbildung und -förderung hängt maßgeblich mit
> dem gezielten Einsatz von Sprachförderstrategien durch die Erzieherin zusammen,
> mit denen sie die Kinder zu Sprachäußerungen in der Zone der nächsten Entwicklung

herausfordert (...). Die angeführten empirischen Befunde führen zu der Annahme, dass ein viel versprechender Weg zur Verbesserung der sprachlichen Kompetenzen von Vorschulkindern in der Qualifizierung von Erzieherinnen liegt. (ebd., S. 522 f.)

Heimken (vgl. 2017, S. 132 ff.) schließt hieran an und benennt neben der Anhebung des Ausbildungsniveaus der Erzieher*innen „analog zur Praxis der meisten Länder mindestens auf Fachhochschulniveau" einen verbesserten Betreuungsschlüssel, ganz besonders in Kitas, in denen Kinder viel Unterstützung in ihrer Sprachentwicklung benötigen. Von „Sprachproblemen" sollte hierbei allerdings nicht reflexhaft gesprochen werden:

> Für Kinder, die mehrsprachig aufwachsen, sind die Bedeutung und die Akzeptanz ihrer Familiensprachen im Alltag zentral. Die unterschiedliche Wertschätzung von Sprachen erfahren Kinder oft schon im Elementarbereich als erstem außerfamiliärem Bereich und ziehen daraus für sich entsprechende Konsequenzen. (Füssenich, Geisel & Schiefele, 2018, S. 8)

In diesem Zusammenhang können auch Eltern, deren Muttersprache nicht Deutsch ist, stark verunsichert werden, vor allem dann, wenn sie dem heute als überholt geltenden Rat folgen, mit ihren Kindern zuhause mehr Deutsch zu sprechen (vgl. Zettl, 2019, S. 9). Thomauske (vgl. 2017, S. 196) weist Fälle nach, in denen Kindern und Eltern gegenüber sogar entsprechende „Sprachverbote" nicht-deutscher Sprachen in der Kita ausgesprochen wurden, zumindest in bestimmten formalisierten Situationen wie „beim Morgenkreis, beim gemeinsamen Essen" (S. 198). Solche Restriktionen sind praktisch nur für Sprachen mit niedrigem Prestige beobachtbar, nicht für Englisch oder Französisch (vgl. Zettl, 2019, S. 42 ff.). Es gibt bereits einige Ansätze, um solch ungünstigen Mechanismen entgegen zu wirken. Im Rahmen des Hamburger Pilotprojekts *Family Literacy* (FLY), in dem die *family literacy* durch institutionelle Angebote in Schule und Kita aktiv unterstützt wird, gestalten die teilnehmenden Eltern beispielsweise zweisprachige „Minibücher" zur Familiengeschichte, außerdem kommen mehrsprachige Lernmedien zum Einsatz (vgl. Elfert & Rabkin, 2007, S. 54).

Ein früher bzw. mehrjähriger Kitabesuch ist besonders für Kinder mit Deutsch als Zweitsprache eine gute Voraussetzung, sowohl die Muttersprache als auch Deutsch auf hohem Niveau zu lernen.

> Ein Kind hat kein erhöhtes Risiko, die Umgangssprache nicht erlernen zu können, wenn seine Eltern mit ihm zu Hause eine andere Sprache sprechen. Es braucht nur genügend Möglichkeiten, die Umgangssprache ausreichend oft hören und sprechen zu können. (Kieferle, 2012, S. 344)

Kinder, deren Eltern ihre Familiensprache auf hohem Niveau sprechen, haben hier klare Vorteile für den Spracherwerb in *beiden* Sprachen (vgl. ebd.).

Sprachliche Bildung in der Kita geht mit spezifischen Anforderungen an die Erzieher*innen einher, die sich laut Kieferle im übrigen bezogen auf einsprachig und mehrsprachig aufwachsende Kinder kaum unterscheiden: Ein umfangreicher Wortschatz kann nur kontextualisiert erworben werden, das heißt, er muss auf „konkrete Erfahrungen, viel Anschauungsmaterial und reale Gegenstände beziehbar" sein (ebd., S. 350). Der sprachlichen Begleitung eines anregungsreichen Alltags kommt dabei eine fundamentale Bedeutung zu. Gutenberg und Pietzsch (2012) weisen darauf hin, dass auf der Ebene komplexer Sprachprozesse die „Eigen-Gesprächskompetenz" der Erzieher*innen von deren „Lehr-Kompetenz faktisch nicht zu trennen" ist; die Autoren sehen hier eine „ganz besonders hohe Anforderung an Gesprächsfähigkeit" (ebd., S. 409), deren Bewältigung durch eine „Fachschulbildung wie bisher" nicht erreicht werden kann (ebd., S. 410). Die Forderung nach Qualifikation mindestens auf Bachelorniveau ist auch international weit verbreitet (vgl. Bowman, 2011, S. 54).

Befunde zur mathematischen Entwicklung
Mit der Frage „Verpasste Chancen?" im Titel ihres Kapitels in einem Sammelwerk zur LOGIK[24]-Studie kritisiert Stern (2008) die nur schleppende Etablierung einer konstruktivistischen Lernkultur im Mathematikunterricht in Deutschland während der ersten Jahre nach dem PISA-Schock 2002. Für die LOGIK-Studie wurden seit 1984 über einen Zeitraum von 20 Jahren hinweg Daten von 200 zu Beginn vierjährigen Kindern gesammelt. Ziel war die präzise Beschreibung der Entwicklung von Persönlichkeitsmerkmalen und schulischer Fertigkeiten sowie allgemeiner Entwicklungsverläufe unterschiedlicher kognitiver, sozialer und motorischer Kompetenzen (vgl. Schneider, 2008b). Bezogen auf die Entwicklung mathematischer Kompetenzen wurde folgender Zusammenhang gefunden: Personen, die im Kindergartenalter hoch entwickelte mathematische Vorläuferfähigkeiten aufwiesen, zeigten im jungen Erwachsenenalter entweder ebenfalls hohe mathematische Kompetenzen oder – häufiger – blieben hinter den Erwartungen zurück. Personen, die im Kindergartenalter über niedrige mathematische Vorläuferfähigkeiten verfügten, zeigten später nie überdurchschnittliche Leistungen, sondern behielten ihre leistungsschwache Position bei. Stern weist darauf hin, dass in der Kita zu Beginn der 1980er Jahre „sehr bewusst und dezidiert auf systematische Frühförderung verzichtet" wurde (ebd., S. 193). Dies hatte große Nachteile für Kinder, die ihre Kompe-

---

[24] *Longitudinalstudie zur Genese individueller Kompetenzen* (LOGIK)

tenzen nicht zuhause und/oder in der Kita „nebenbei" entwickeln konnten, sondern von gezielter Unterstützung potenziell profitiert hätten.

Die Stabilität der Zugehörigkeit zu bestimmten Leistungsgruppen während der Schulzeit wurde in der SCHOLASTIK[25]-Studie, die kurz nach der LOGIK-Studie mit einem deutlich größeren Stichprobenumfang (1.150 Schüler*innen) unter ähnlichen Fragestellungen durchgeführt wurde, bestätigt (vgl. Helmke & Schrader, 1998). Mit den Befunden von Krajewski (2005), Krajewski und Schneider (2006) und Dornheim (2008) ist die hohe Relevanz der Förderung früher mathematischer Kompetenzen deutlich geworden. Verbindet man diese mit der Tatsache, dass fast alle Fünfjährigen in die Kita gehen (vgl. Statistische Ämter des Bundes und der Länder, 2016) und nicht alle Eltern gleichermaßen in der Lage sind, ein entsprechendes HLE zu schaffen (vgl. Büchner, 2013, S. 47), ist die Kita der richtige Ort und insbesondere das letzte Kita-Besuchsjahr die richtige Zeit, um Kinder in ihrer mathematischen Entwicklung zu unterstützen. Dies könnte zum Abbau von Chancenungleichheiten beitragen (vgl. Stamm, 2013) und wäre daher auch als ökonomisch sinnvoll einzustufen (vgl. Böttcher & Hogrebe, 2014).

Sowohl international als auch in Deutschland hat es in den vergangenen Jahren einige vielversprechende Ansätze für spezifische mathematische Förderaktivitäten in der Kita gegeben. Solche Aktivitäten können inklusiv-zieldifferent angelegt sein in dem Sinne, dass jedes Kind im Rahmen seiner individuellen Möglichkeiten bestmöglich gefördert werden soll. Mathematischen Förderung in der Kita kann aber auch auf das Erreichen bestimmter Bildungsziele hin ausgerichtet sein, beispielsweise auf den Erwerb der Zahlwortreihe oder ein anderes bestimmtes Kompetenzniveau im Übergang Kita-Grundschule, um die Chancen für das weitere Erreichen zufriedenstellender schulischer Leistungen im Fach Mathematik zu erhöhen. Die Frage, ob dazu in der Kita eher alltagsintegrierte (z. B. Peter-Koop & Grüßing, 2006), regelspielbasierte (z. B. Gasteiger, 2013) oder trainingsbasierte (z. B. Krajewski, Nieding & Schneider, 2007) Aktivitäten bevorzugt durchgeführt werden sollten, ist nach wie vor Gegenstand von Untersuchungen. Als gesichert gilt, dass stark instruktiv-formalisierte Programme und Aktivitäten wie etwa das Bearbeiten von Arbeitsblättern im Vorschuljahr zwar weit verbreitet sind, aber kaum förderliche Wirkung haben, da junge Kinder auf den Prozess der Ko-Konstruktion mathematischer Bedeutung in der Interaktion mit begleitenden Erwachsenen angewiesen sind. Stattdessen sollte „unbedingt das Spiel als wichtigste Lernform des Kindes" berücksichtigt werden (Fthenakis et al., 2009, S. 60).

---

[25] *Schulorganisierte Lernangebote und Sozialisation von Talenten, Interessen und Kompetenzen* (SCHOLASTIK)

Hierbei müssen Sichtweisen und Einstellungen von Erzieher*innen zum Mathematiklernen in der Kita berücksichtigt werden. Benz (2008) bestätigt in ihrer
Interview-Studie internationale Befunde, dass Erzieher*innen Mathematik häufig
schwierig finden, Vorbehalte haben, mathematische Aktivitäten in der Kita anzulei-
ten, und häufig über ein eher statisches Mathematikbild verfügen (vgl. Copley, 2004;
Lee & Ginsburg, 2007a, 2007b). Dies kann sich auf das Wissen und die Bereitschaft,
die mathematische Entwicklung von Kindern in der Kita aktiv zu unterstützen, auswirken.

Eltern von Kleinkindern wissen meist mehr über sprachförderliche Aktivitäten als über entsprechend sinnvolle mathematikhaltige Aktivitäten (vgl. Elliott &
Bachman, 2018; Kluczniok et al., 2013). Das Potenzial der Kita besteht daher nicht
nur aus Bildungsaktivitäten, die in der Kita stattfinden, sondern auch daraus, mit
Eltern über sinnvolle Unterstützungsmaßnahmen für ihre Kinder ins Gespräch zu
kommen. Der Kita kommt damit ausdrücklich die Rolle zu, auf das HLE Einfluss
zu nehmen und Eltern als kompetente Begleiter*innen der frühen mathematischen
Lernprozesse ihrer Kinder wahrzunehmen (vgl. Phillipson, Gervasoni & Sullivan,
2017). Elternarbeit ist damit ein Bereich, in dem Familie und Kita einander explizit
begegnen und beeinflussen, wie im folgenden Unterkapitel dargestellt wird.

4.4   Elternarbeit

Verglichen mit der Geschichte der Kita (und erst recht mit der der Schule) ist
das Konzept der institutionellen Erziehungs- und Bildungspartnerschaft ausgesprochen jung. Dies ergibt sich aus dem insbesondere in Deutschland über lange
Zeit einseitigen sozialfürsorgerischen Motiv institutioneller Kleinkindbetreuung,
die ja gerade eine Antwort auf familiale defizitäre Betreuungspotenziale darstellte
und dementsprechend keinerlei partnerschaftliche Ansätze verfolgte (vgl. Thiersch,
2006, S. 83). Die Idee der Elternarbeit hingegen ist, im Sinne einer Ansprache und
Anleitung in Richtung Eltern, bereits bei Fröbel zu finden, der Eltern – zumeist
Mütter – in die Umsetzung seiner Bildungsideen explizit einbezog (vgl. Erning,
2004, S. 36).

In diesem Abschnitt werden daher zunächst die Begriffe *Elternarbeit*, *Erziehungspartnerschaft* und *Bildungspartnerschaft* diskutiert. Dabei wird auch der
Begriff *Familienbildung* (beziehungsweise quasi synonym: *Elternbildung*) beleuchtet. Wie sich im Rahmen des Versuchs dieser Klärung zeigen wird, sind die genannten Begriffe nicht streng voneinander abgrenzbar, und sie werden in der Literatur
auch nicht einheitlich gebraucht. Als verbindendes Element kann zumindest Kooperation zwischen Eltern und Erzieher*innen erkannt werden, die in bestimmten Prak-

tiken sichtbar wird (vgl. Stange, Krüger, Henschel & Schmitt, 2013, S. 29). Die genannten Begriffe werden häufig gebraucht, um unterschiedliche Schwerpunktsetzungen dieser Praktiken zu betonen.

Im Anschluss folgt eine Darstellung empirischer Befunde zum Nutzen und zur Wirksamkeit von Praktiken seitens der Bildungsinstitutionen, welche Eltern mit dem Ziel adressieren, die positive Entwicklung des Kindes zu unterstützen.

Die folgende Betrachtung des Begriffs ist zunächst angelehnt an Streit-Lehmann (2015). **Elternarbeit** ist je nach Perspektive mit unterschiedlichen Bedeutungen behaftet, historisch geprägt und entsprechend unterschiedlich konnotiert. Die Frage, ob in der Elternarbeit „mit den Eltern", „gegen die Eltern", „an den Eltern" oder „durch die Eltern" gearbeitet werde, beantworten die am kindlichen Bildungsgeschehen beteiligte Akteur*innen, also im Wesentlichen die Eltern, Erzieher*innen, Lehrer*innen sowie sozial- und sonderpädagogischen Fachkräfte, unterschiedlich.

Eltern verstehen unter diesem Begriff häufig diejenige Arbeit, die *sie selbst* im Kontext von Kita und Schule in der Regel unentgeltlich leisten, beispielsweise Kuchenbacken fürs nächste Kitafest oder das Pflanzen neuer Bäume auf dem Außengelände von Kita oder Schule. Je nach sozioökonomischer Zusammensetzung des Einzugsgebietes der betreffenden Bildungseinrichtung ist der Anteil engagierter Eltern, die sich bei solchen Anlässen einbringen wollen und können, unterschiedlich hoch. Auch die „Arbeit von Eltern für Eltern" kann unter dem Begriff verstanden werden (Arnhold, Bonin, Cortés & Sánchez Otero, 2010, S. 6).

Für viele Erzieher*innen hingegen ist in diesem Kontext mit dem Begriff *Elternarbeit* vorrangig diejenige Arbeit bezeichnet, die sie leisten müssen, um Eltern dazu zu bringen, Gartenarbeit oder die Begleitung von Ausflügen zu übernehmen. Sacher (2014) spricht in diesem Zusammenhang davon, „Eltern – irgendwie – in das (...) Geschehen ‚einzubinden'" (ebd., S. 25).

Elternarbeit umfasst nach Wolf (vgl. 2013, S. 157 f.) drei Bedeutungsaspekte bzw. Sichtweisen, die faktisch in Einklang zu bringen sind: erstens die partnerschaftliche, gleichberechtigte Position von Eltern in der Kita, zweitens die Würdigung der Eltern als Kund*innen der Kita, deren Wünsche besonders berücksichtigt werden müssen, und drittens die führende Rolle der Erzieher*innen als Fachleute, die die Eltern anleiten. Forschungen zeigen, dass alle drei Sichtweisen in der Realität praktiziert werden (vgl. ebd., S. 161).

Aden-Grossmann (vgl. 2002, S. 225) konkretisiert Elternarbeit vorrangig als eine Sammlung von Praktiken aus der Perspektive der Kita und unterscheidet zwischen *Elternbildung* als Vermittlung pädagogischer Kenntnisse, wie weiter unten noch einmal aufgegriffen wird, und *Elternarbeit* als „allgemein akzeptierte Aufgabe des Kindergartens". Elternarbeit wird nach Aden-Grossmann geleistet durch das Aufnahmegespräche und Gespräche zwischen Tür und Angel, das Anbieten von Sprechstunden und Durchführen von Elternabenden sowie durch gemeinsame Feste, Feiern und Hospitationen (vgl. ebd., S. 229 f.).

Weiterhin werden in Kita und Schule im Rahmen von Elternarbeit Begegnungsmöglichkeiten wie Elterncafés und Spielnachmittage geschaffen (vgl. Thiersch, 2006, S. 81); diese sind bei Aden-Grossmann nicht explizit aufgeführt. Solche Begegnungsmöglichkeiten, die Eltern, Erzieher*innen und Kinder gleichermaßen ansprechen, fallen etwas kleiner aus als „Feste und Feiern" und grenzen sich durch den fehlenden kulturellen Anlass ab. Manchmal wird dabei auch eine Beratungsdienstleistung angeboten, sodass Begegnungsmöglichkeiten Ähnlichkeit mit Sprechstunden haben, aber im Vergleich dazu informeller angelegt sind. Ähnliche Aufzählungen von Elternarbeit als *Praktiken* finden sich bereits bei Furian und Furian (1982) und Textor (1992), später auch bei Textor (2009); Thiersch (2006) und Hennig und Willmeroth (2012).

Außerdem umfasst Elternarbeit bei viele Autor*innen, anders als bei Aden-Grossmann und Westphal (vgl. 2017, S. 389), die wiederum zwischen Elternbildung, Elterntrainings und Elternarbeit unterscheidet, häufig Maßnahmen, die hinsichtlich defizitärer elterlicher Erziehungsleistungen als Prävention derselben und als Reaktion darauf verstanden werden können. Dazu werden beispielsweise Elternkurse angeboten, die die Erziehungskompetenzen der Eltern verbessern sollen und somit zur pädagogischen Bildung der Eltern beitragen (vgl. Hartung, 2012), aber sicherlich werden zu diesem Zweck auch Sprechstunden oder Trainings angeboten. An dieser ersten, oben genannten Aufzählung nach Aden-Grossmann zeigen sich also bereits Schwierigkeiten bei der Systematisierung der Begriffe, die in diesem Abschnitt geklärt werden sollen, denn die Aufzählung stellt faktisch eine Methodensammlung dar, die jedoch allenfalls implizit Auskunft gibt über die *Ziele*, die mit Hilfe dieser Methoden verfolgt werden sollen.

Stange et al. (2013) systematisieren anders und unterscheiden die Begriffe praktisch nicht; stattdessen stellen sie die unterschiedlichen Facetten von Elternarbeit *als* Erziehungs- und Bildungspartnerschaft umfassend vor. Sie verstehen darunter

- Bildungsprogramme für werdende Eltern und für Eltern von Kindern von 0 bis 3 Jahren wie *Wellcome* und *PEKiP*, die Eltern insbesondere bei der Gestaltung der Eltern-Kind-Beziehung unterstützen sollen (vgl. ebd., S. 84 ff.),
- Programme und Trainings für Eltern von Kindern im Kindergartenalter und im Schulalter, bei denen unterschiedliche Funktionen im Vordergrund stehen (Förderung der Entwicklung des Kindes, Stärkung von Erziehungskompetenz, sozialraumorientierte Vernetzung von Familien untereinander und im Gemeinwesen (vgl. ebd., S. 153),

- Hilfen zur Erziehung im Sinne des SGB VIII sowie bezogen auf die Prävention der „klassischen fünf jugendlichen Problemverhaltensweisen (Gewalt, Delinquenz, Schulabbruch, problematischer Drogen- und Alkoholgebrauch sowie frühe Schwangerschaften" (ebd., S. 18),
- offene Angebote zu allen Sozialthemen rund um die Familie, z. B. Beratung oder materielle Hilfen im karitativen Bereich
- Partizipation, also Mitgestaltung und Mitbestimmung der Eltern in Bildungsinstitutionen

Die Ziele der jeweiligen Maßnahmen gehen aus dieser Aufzählung klarer hervor als aus der Aufzählung von Aden-Grossmann; trotzdem bleibt die Diktion diffus: Bei Stange et al. (2013) stellen Erziehungs- und Bildungspartnerschaften einen „lohnenden Weg" (ebd., S. 14) dar, der geeignet ist, „Elternarbeit auf ein für alle Seiten tragendes Fundament" zu stellen (ebd., S. 13).

Die inzwischen weit verbreitete Idee der **Erziehungspartnerschaft** wurde begrifflich erstmalig in den 1990er Jahren im Kontext der Frühpädagogik etabliert und später von der Schule übernommen (vgl. Textor, 2015). Für Thiersch (2006, S. 95) gibt es zwei „Leitlinien einer neuen Zusammenarbeit" von Kita und Familie: Erstens die Erziehungspartnerschaft als „gemeinsame Förderung der einzelnen Kinder und Stärkung der Erziehungskompetenz der Eltern", und zweitens Partizipation als „Mitgestaltung und Mitbestimmung". Partizipationsmöglichkeiten sind häufig formal relativ klar geregelt, etwa über Elternabende, Elternsprechtage, Pflegschaften oder elterliches Engagement bei Festen und Feiern oder in Träger- und Fördervereinen. Beim ersten Punkt hingegen, „gemeinsame Förderung der einzelnen Kinder und Stärkung der Erziehungskompetenz der Eltern", sind die Methoden und Praktiken deutlich weniger vorgegeben. Thiersch weist darauf hin, dass Eltern und Erzieher*innen eine neue Zusammenarbeit dieser Art nur realisieren können, wenn sie „ihre traditionellen Einstellungen[26] verändern".

In der „neuen" Zusammenarbeit von Eltern und Erzieher*innen hingegen (Thiersch, 2006, S. 93) erkennen Erzieher*innen und Eltern *einander* als Expert*innen an: Eltern sind die Expert*innen für den soziokulturellen Hintergrund der Familie, die Biografien der Herkunftsfamilien und des Kindes, die Rolle des Kindes im familiären System und als Bestandteil der elterlichen Identität, sowie die aktuellen familiären Lebensbedingungen. Die Erzieher*innen sind die Expert*innen

---

[26] Textor (vgl. 2015) fasst prägnant zusammen, woran solch traditionelle Einstellungen zu erkennen sind, nämlich das Eltern in den 1950er und 1960er völlig außen vor waren und ihr Kind schlichtweg im Vorraum der Kita abgaben, und dass Elternarbeit in den 1970er und 1980er Jahren vorrangig ideologisch geprägt war und Eltern zunehmend in Projektmitarbeit einbezogen wurden.

für pädagogisches Fachwissen, den Umgang mit Kindern allgemein, das Kind als Mitglied einer Gruppe und deren Gruppendynamik/-prozesse, sowie die aktuellen Arbeitsbedingungen in der Kita (vgl. Dusolt, 2008, S. 12 f.). Für Cloos, Gerstenberg und Krähnert (2018) bedeutet Erziehungspartnerschaft erst einmal lediglich, „das Kind und seine Förderung als Ausgangspunkt der gemeinsamen Bemühungen von Fachkräften und Eltern" zu betrachten (ebd., S. 70). Scholl (2009) führt die wechselseitigen und dabei asymmetrischen Erwartungen, die Familie und Bildungseinrichtung aneinander haben, aus soziologischer Perspektive aus. Dies erfolgt bei Scholl bezogen auf die Schule, aber die Argumentation, in der es um den Unterschied zwischen Institutionen und Organisationen geht (vgl. ebd., S. 80 ff.), lässt sich uneingeschränkt auf die Kita übertragen, was im Folgenden geschieht:

Eine *Institution* ist immer verknüpft mit normativen Erwartungsstrukturen. Diese Strukturen beinhalten Regeln, Werte und Normen. Außerdem sind Rollen mit den Erwartungsstrukturen verbunden. Beispielsweise wird von einer Person, die Teil einer Institution ist, erwartet, dass sie sich an bestimmte Regeln hält, wenn sie eine bestimmte Rolle innehat.

In *Organisationen*[27] werden institutionelle Regeln formell angewendet und somit umgesetzt in Handlungen. Dadurch wird eine reale Verhaltensstruktur erkennbar, die zwingend mit einer organisatorischen Aufgliederung spezifischer Aufgaben einhergeht. Bezogen auf die Kita sind solche Aufgaben beispielsweise: die Räume einrichten, die Kinder beschäftigen, die Gruppen einteilen, das Essen kochen, die Betreuungszeiten festlegen, die Sicherheit kontrollieren, den Dienstplan machen, die kindliche Entwicklung dokumentieren... Die Kita verfügt somit über einer formale Absicherung ihrer Erziehungshandlungen durch ihre Organisationsstruktur. Dazu gibt es in Familien keine Entsprechung. Familie und Kita sind somit beides Institutionen, aber nur Kita ist eine Organisation (vgl. ebd., S. 75). Die Familie hingegen ist gerade nicht durch die Aufgliederung spezifischer Aufgaben gekennzeichnet, sondern die Institution Familie konstituiert sich durch das *Gesamt*verhalten ihrer Personen. Dies bedeutet nicht, dass sich die Personen innerhalb einer Familie die anfallenden Aufgaben nicht auch irgendwie aufteilen könnten; natürlich können sie das, und dafür gibt es unzählige Beispiele. Aber *gekennzeichnet* ist die Institution Familie dadurch nicht: Wenn gewünscht, könnte jeder alles machen.

Gegenseitige Erwartungen der Institutionen Familie und Kita hat Ebbeck (vgl. 2010, S. 129) betrachtet. In ihrer Studie über kulturelle Vielfalt und Bildungserwartungen in Australien wurden Elterngruppen aus fünf asiatischen Ländern und australische (Früh-)Pädagog*innen befragt. Diese Befragung ergab nennenswerte Unterschiede in den Werten, Erwartungen und Aspirationen, zum Beispiel: Die Vor-

---

[27] Konzept nach Max Weber (1864–1920), Begründer der Organisationssoziologie

bereitung des Kindes auf die Schule finden viele Immigrant*innenfamilien wichtig, die Pädagog*innen weit weniger. Die Unterstützung der moralischen Entwicklung des Kindes fanden die Eltern ebenfalls wichtiger als die Pädagog*innen. Die Erziehung zum Umweltschutz hingegen fanden die Pädagog*innen wichtiger als die Eltern. Hier zeigen sich also kulturelle Unterschiede. Betz (vgl. 2010a, S. 133) berichtet über Studien aus Deutschland von ähnlich diskrepanten Erwartungen und Werten. Natürlich gibt es Unterschiede innerhalb einer ethnischen Elterngruppe, und die können durchaus größer sein als mittlere Unterschiede zwischen ethnischen Gruppen. Trotzdem konnte Ebbeck (2010) Implikationen für eine Erziehungspartnerschaft zwischen Eltern und Erzieher*innen ableiten, die interkulturelle Kompetenzen besonders betont.

Textor (2015) prognostiziert, dass sich die Ausgestaltung der Erziehungspartnerschaften in der Frühpädagogik vor allem durch die stark steigenden Betreuungsraten für Unterdreijährige erheblich verändern wird. Eine weitere Hauptursache sieht Textor in zunehmend heterogenen Elternschaften. Als Beispiele nennt er Eltern, die ab dem 1. Geburtstag des Kindes wieder in Vollzeit erwerbstätig sind und auch Betreuung in den Abendstunden und an Wochenenden benötigen, sowie Eltern, die mit Angeboten seitens der Kita überhaupt nicht erreicht werden können: „Es ist eher noch schwieriger geworden, Migranteneltern – sowie bildungsferne bzw. sozial schwache deutsche Familien – zu erreichen oder gar eine Erziehungspartnerschaft mit ihnen einzugehen" (ebd., o. S.). Durch Zeitmangel beim Bringen und Abholen bzw. Delegieren dieser Aufgabe an beispielsweise Großeltern entstehen „weniger tragfähige Beziehungen" zwischen Eltern und Erzieher*innen (ebd.). Kooperation ist dementsprechend eine Praktik, die auf persönliche, vertrauensvolle Beziehungen angewiesen ist.

Stange (2013) fasst die Erziehungspartnerschaft deutlich weiter. Anders als bei Textor gehen nicht vorrangig Erzieher*innen und Eltern mit einer Erziehungspartnerschaft eine bestimmte Form von persönlicher Beziehung ein, sondern Stange spricht von einem ganzen infrastrukturellen Netzwerk aus Kita, Schule, Jugendhilfe, Frühförderung, Bildungsangeboten, Sozialberatung, Gesundheitsämtern usw., die Hand in Hand arbeiten (müssten), kurz: von „Elternarbeit als Netzwerkaufgabe" (ebd., S. 17).

Auch empirische Untersuchungen belegen, dass die Idee der Erziehungspartnerschaft von den beteiligten Akteur*innen sehr unterschiedlich ausgelegt wird. Ruppin (2015) fasst eine Reihe an Studien zusammen, in denen die wechselseitigen Erwartungen, Haltungen und Kooperationsformen von Eltern und Erzieher*innen untersucht wurden und eine entsprechend hohe Heterogenität erkannt werden kann.

Insgesamt zeigt sich, dass „Elternarbeit *als* Erziehungspartnerschaft" (so z. B. bei Dusolt, 2008; Sacher, 2014; Stange, 2013, eigene Hervorhebung) ein nach wie vor stark (er-)klärungsbedürftiges Konzept ist, was im Kitabereich wesentlich mit seiner historisch bedingt großen (sozial-)pädagogischen Gestaltungsfreiheit zusammenhängen dürfte.

Das Konzept der **Bildungspartnerschaft** ist jünger. Es taucht seit einigen Jahren häufig als Teil des Wortpaars *Erziehungs- und Bildungspartnerschaft* auf. Die Ergänzung erfolgte parallel zur der Auffassung, dass die Kita nicht nur einen Betreuungs- und Erziehungsauftrag hat, sondern auch einen Bildungsauftrag. Der Begriff legt also den Schwerpunkt auf das gemeinsame Ziel von Institutionen, besonders die Bildungsprozesse des Kindes zu unterstützen.

Aus schulischer Perspektive ist eine Bildungspartnerschaft sicherlich von großer Asymmetrie geprägt. In Deutschland gibt es keine Bildungspflicht, sondern eine Schulpflicht. „Ausgenommen von den elterlichen Pflichten der Erziehung" ist daher „die schulische Bildung. Sie ist Aufgabe des Staates oder eines anerkannten nicht-staatlichen Schulträgers" (Arnhold et al., 2010, S. 7).

Dementsprechend ist das elterliche Mitbestimmungsrecht in den Bildungsangelegenheiten ihrer übersechsjährigen Kinder stark beschränkt. Eltern können bei den Hausaufgaben helfen, regelmäßig zum Elternsprechtag erscheinen und in einigen Bundesländern entscheiden, auf welchen weiterführenden Schultyp ihr Kind gehen soll. Eine curriculare Partizipation ist, abgesehen von den begrenzten Einflussmöglichkeiten der Pflegschaften, praktisch nicht vorgesehen. Die Rolle der Eltern ist weitgehend durch die Erwartung der Lehrkräfte bestimmt, ein lernförderliches HLE schaffen, was von den meisten Eltern akzeptiert wird (vgl. Horstkemper, 2014, S. 56), wozu jedoch nachweislich nicht alle Eltern in der Lage sind (vgl. Büchner, 2013).

Im Kontext *direkter* elterlicher Beteiligung am Bildungsgeschehen der Kinder wird Elternarbeit bislang eher selten verortet. In vielen Kitas und Schulen gibt es „Lesemütter", die den Kindern regelmäßig vorlesen und damit eine Verbindung zwischen Kita/Schule und dem HLE schaffen; zu diesem Konzept gibt es bislang einige Praxisberichte (z. B. bei Schlösser, 2012), jedoch kaum Forschungsarbeiten. Im Rahmen schulischer, mathematischer Förderarbeit gibt es erprobte Übungsformate, die für den häuslichen Einsatz geeignet sind und dabei der expliziten Anleitung und Begleitung durch Lehrkräfte bedürfen (vgl. Gaidoschik, 2007; Streit-Lehmann, 2013).

Rollett (2005) weist aus motivationspsychologischer Perspektive darauf hin, dass bei Schulkindern, die bereits – in aller Regel durch Misserfolge ausgelöste – Anstrengungsvermeidungstendenzen zeigen, „einzig und allein die kompetente Unterstützung des Kindes bei der selbständigen Bewältigung der Hausaufgaben Erfolge bringt" (ebd., S. 104); einen Ansatz zur Förderung solch kompetenter Unterstützungsleistungen, nämlich ein Elterntraining zur Förderung autonomieunterstützender Instruktionsstrategien, untersucht beispielsweise Wittler (2008). Eine aktive Rolle im Rahmen einer Bildungspartnerschaft stellt also sehr hohe Anforderungen an Eltern, insbesondere wenn das Kind Lernschwierigkeiten hat. Möglicherweise ist die begriffliche „Abkehr von der Elternarbeit" (vgl. Ruppin, 2015, S. 56) hin zur *Erziehungs- und Bildungspartnerschaft*, wie sie beispielsweise Bauer und Brunner (2006) vollziehen, nicht nur vorteilhaft. Menschen sollten sich in sozialen Kontexten, ganz besonders in der Kita (vgl. Preissing & Wagner, 2003), ohnehin immer mit Respekt und auf Augenhöhe unter Anerkennung gegenseitiger Kompetenzen, Unterschiede und Potenziale begegnen; dafür braucht es den Begriff der Partnerschaft nicht. Arbeit „am Menschen" hingegen wird nicht dadurch weniger oder einfacher, dass sich der Mensch, der arbeitet, und der Mensch, mit dem und an dem gearbeitet wird, als Partner*innen bezeichnen. Elternarbeit ist ein Teilgebiet der sozialpädagogischen Anforderungen an pädagogische Fachkräfte und anders als Partnerschaft kein *Zustand*, sondern sie umfasst *Tätigkeiten*, die praktisch verrichtet werden müssen. In der Fachliteratur wird auf den Gebrauch von „uneinheitlich verwendeten Begriffen" hingewiesen, umfangreich beispielsweise bei Stange (2013, S. 26 f.), aber der Paradigmenwechsel, der in der „Abkehr von der Elternarbeit" hin zu jüngeren Begriffen erkennbar ist, wird kaum kritisiert. Eine zusammenfassende Diskussion einiger zentraler Kritikpunkte bezüglich der Partnerschaftsbegrifflichkeiten ist zumindest bei Knoll (2018, S. 96 ff.) zu finden.

Stange (2013, S. 27) hält ebenfalls *Elternarbeit* für den „nach wie vor zutreffende[n] Oberbegriff für alle [hier] genannten Formen", da dieser Begriff „alle Formen der organisierten Kommunikation und Kooperation zwischen pädagogischen Einrichtungen und den Eltern umfasst". Für die vorliegende Arbeit wird daher folgender Definitionsversuch unternommen:

Elternarbeit wird verstanden als jede professionelle, organisationsseitig erbrachte Leistung, die Eltern mit dem Ziel adressiert, die allgemeine (d. h. kognitive, intellektuelle, soziale und emotionale) Entwicklung ihres Kindes zu unterstützen.

Empirische Befunde zur Elternarbeit

In Unterkapitel 4.2 wurden Befunde zu den den Auswirkungen unterschiedlicher HLEs dargestellt. Im Folgenden werden nun Befunde dargestellt, die allgemeine Aussagen über die Praktik und das Gelingen von institutioneller Elternarbeit und die Ausgestaltung von Erziehungspartnerschaften erlauben. Zum Abschluss werden spezielle Befunde zur *literacy* und *numeracy* betrachtet, insbesondere auch in Hinblick auf die Einbindung von Eltern mit Migrationshintergrund.

Elternarbeit in der Kita ist häufig auf Prävention ausgerichtet, beispielsweise Prävention von schulischen Lernschwierigkeiten oder Prävention physischer und psychischer Gefährdungslagen. Zmyj und Schölmerich (vgl. 2012, S. 589) berichten vom *Early Head Start Program*, das aus einem Bündel von unterschiedlichen und umfassenden Strategien besteht, Familien mit Kindern unter 3 Jahren und mit niedrigem SES zu unterstützen. Förderliche Aktivitäten findet sowohl zu Hause als auch in Kitas statt. Sie umfassen die regelmäßige Unterstützung und Beratung der Eltern in Gesundheits-, Erziehungs- und Familienfragen. Im Alter von 3 Jahren zeigten die Kinder ein deutlich reduziertes aggressives Verhalten und einen positiveren Umgang mit ihren Eltern im Vergleich zu Kindern aus einer Kontrollgruppe.

Stange (2013) analysiert den Ansatz der Prävention genauer und stellt fest, dass viele Maßnahmen, die ursprünglich aus präventiver Absicht für potenziell gefährdete Gruppen entwickelt wurden, „gut für alle" sind (ebd., S. 26). Dabei ist allerdings zu berücksichtigen, dass nicht alle Familien gleichermaßen von solchen Maßnahmen profitieren:

Bischoff und Betz (vgl. 2018, S. 39) fassen einige Studien zu den Erscheinungsformen von Ungleichheiten in Erziehungspartnerschaften zusammen. Beispielsweise dominieren in Gesprächen zwischen Fachkräften und Eltern häufig die Fachkräfte die Gespräche, indem sie einen großen Teil der Redezeit nutzen und auf diese Weise die Bildungserwartungen der Institutionen ins Zentrum der Gespräche rücken. Eltern ordnen sich den auf diese Weise erkennbaren Deutungsansprüchen der Fachkräfte eher unter. Zudem werden Eltern dabei häufig mit widersprüchlichen gesellschaftlichen Vorstellungen von einer ‚guten' Kindheit und angemessener Mutterschaft konfrontiert, was die Eltern unter Rechtfertigungsdruck setzt.

Auch Bischoff, Betz und Eunicke (2017) stellen in ihrem Beitrag zwei Elterntypen vor: diejenigen, die sich solchen Deutungsmustern unterordnen, weil „die Erfordernisse der Bildungsinstitutionen erfüllt werden müssen" (ebd., S. 221), und diejenigen, die eine „selbstsichere Expertise" (ebd., S. 218) einbringen und „auch gegen mögliche Widerstände" (ebd., S. 220) entsprechende Kooperation von den Erzieher*innen einfordern.

Ecarius und Wahl (vgl. 2009, S. 20) erklären solche Verhaltensweisen mit dem Habitus. Im Kontext gesellschaftlichen Zusammenlebens werden erfolgreiche und nicht-erfolgreiche Habitusstrategien sichtbar, die soziale Anerkennung oder Nicht-Anerkennung zur Folge haben, mit entsprechenden Auswirkungen auf die kulturelle Teilhabe und soziale Anschlussfähigkeit. Unterschiedliche Habitusstrategien zeigen sich bereits im Kindesalter: Lareau (2002) beobachtete, dass sich Arbeiterkinder beim Spielen anders verhalten als Mittelschichtkinder. Sie identifizierte bei Grundschulkindern zwei Habitusmuster, bei Kindern der Mittelschicht einen vorherrschenden *sense of entitlement*, und bei Unterschichtkindern einen *sense of constraint*. Ersterer bezeichnet einen – von den Eltern übernommenen – handlungsleitenden Sinn für die Berechtigung, Institutionen für sich selbst nutzbar zu machen und arbeiten zu lassen (vgl. Ecarius & Wahl, 2009, S. 21). Der Beschränkungssinn der Arbeiterkinder dagegen sorgt – passend zu den Erfahrungen ihrer Eltern – für die Empfindung der institutionellen Aktivitäten als einschränkenden Zwang in Bezug auf die eigenen Handlungsmöglichkeiten. Mittelschichtkinder entwickeln Vertrauen in die Institutionen gleichermaßen, wie sie Zutrauen in ihre eigenen Handlungsmöglichkeiten gewinnen. Arbeiterkinder hingegen sind weitaus passiver und den Institutionen gegenüber skeptischer eingestellt (vgl. ebd.). Soziale und kulturelle Unterschiede hinsichtlich bildungs- und kulturabhängigen Weltsichten, Lebensstilen oder Geschmacksmustern ziehen Erfahrungen der Diskriminierung oder Privilegierung nach sich. Durch diesen Reaktionsmechanismus werden aus Unterschieden Ungleichheiten (Büchner, 2006, S. 26).

Aus diesem Befund ergeben sich relevante Konsequenzen für die methodische Anlage der vorliegenden Arbeit, wie in Kapitel 6 ausgeführt wird, weil die Bereitschaft der Eltern, sich seitens der Kita zu spezifischen bildungsbezogenen Aktivitäten auffordern zu lassen, direkt mit dem potenziellen Nutzen dieser Aktivitäten für die Kinder zusammenhängt: Eltern der Unterschicht könnten mit Misstrauen reagieren und sich vielleicht gedrängt oder gemaßregelt fühlen, wenn Erzieher*innen in bester Absicht zu Förderaktivitäten aufrufen.

Elternarbeit hat im Alltag praktisch immer mit Kommunikation zu tun. Dabei sollten nicht nur Möglichkeiten der „organisierten Kommunikation" Stange (2013, S. 27) genutzt werden, sondern auch die zahlreichen Gelegenheiten der spontanen Kontaktaufnahme „durch den alltäglichen Kontakt, durch informellen Austausch, durch spontane Situationen (...). Pädagogische Fachkräfte können diese Gesprächsanlässe nutzen, um Eltern zu stärken, ihre Ressourcen wahrzunehmen und Entwicklungshemmnisse zu thematisieren" (Brock, 2013, S. 121).

Die Nutzung dieser Möglichkeiten und Gelegenheiten kann durch Sprachhürden erschwert sein. Ein interessanter Befund von Bange (2016) ist, dass in knapp einem Drittel aller Kitas in Deutschland gar keine regelmäßigen Elterngespräche geführt werden. Als Begründungen werden in der Tat Sprachprobleme angegeben, aber auch psychische Erkrankungen der Eltern oder das Leben in Armutslagen, die es beispielsweise erschweren, dass Eltern in der Kita erscheinen. Ungünstigerweise findet also gerade mit Eltern, die besondere Unterstützung durch die Kita gebrauchen könnten, besonders wenig Kooperation statt.

Die Gestaltung der persönlichen Beziehung zwischen Erzieher*innen und Eltern ist wichtig, denn Aden-Grossmann (vgl. 2002, S. 225) berichtet von grundlegend großem Misstrauen zwischen Eltern und Erzieher*innen in „allen einschlägigen Veröffentlichungen". Das Durchbrechen solch ungünstiger Dynamiken fällt in den Professionsbereich der Erzieher*innen.

Sylva et al. (2004) beschreibt die Anforderungen an Erzieher*innen diesbezüglich folgendermaßen: „In den effektivsten Einrichtungen tauschen Eltern und

Mitarbeiterinnen regelmäßig kindbezogene Informationen aus" (ebd., S. 162). Die Kinder entwickeln sich in besser, wenn „die Erziehungs- und Bildungsziele von Eltern und Mitarbeiterinnen der Einrichtung geteilt werden" (ebd.). Dies geht mit der Forderung einher, dass Erzieher*innen das häusliche Lernen ggf. „aktiv anregen und unterstützen" (ebd.) müssen. Wenn Familien entsprechende Unterstützung erhalten, können geringere Startchancen der Kinder zumindest teilweise kompensiert werden, denn eine „anregende häusliche Lernumwelt kann als ‚Schutzfaktor' gegenüber Entwicklungsdefiziten von Kindern" angesehen werden (ebd., S. 164). Damit unterstreichen Sylva et al., dass die Schutzwirkung davon ausgeht, was die Eltern mit ihren Kindern *tun*, und nicht davon, wer sie *sind* (vgl. Schmitt, 2009, S. 727). Dieser Befund sollte zu entsprechenden familienbezogenen Fördermaßnahmen motivieren.

In diesem Zusammenhang stellt Leseman (2008, S. 134 f.) fest, dass die unterschiedlichen organisatorischen Möglichkeiten des Einbezugs von Eltern nicht gleichwirksam sind (eine Sammlung solcher Praktiken ist beispielsweise bei S. Hess (2012) zu finden), sondern er wirbt für kombinierte Ansätze, in denen sowohl Kinder mit besonderen Bedarfslagen in der Kita speziell gefördert werden als auch gleichzeitig intensive Elternarbeit stattfindet. Westpha (vgl. 2017, S. 391) schlägt vor, dass künftig die Eltern- und Familienzentren (vgl. Meyer-Ullrich, 2008) solche Orte sein könnten, an denen die als besonders effektiv evaluierten kombinierten Modelle stattfinden, weil sich in solchen Netzwerken verbindliche Absprachen und Kooperationen gut umsetzen lassen (vgl. ebd., S. 5).

Die Potenziale der Elternarbeit rund um die Förderung der **family literacy** und **family numeracy** haben beispielsweise Brooks et al. (2008) untersucht. Dazu haben sie in einer Metastudie zahlreiche Bildungsprojekte mit dem Ziel analysiert, diejenigen Praktiken zu identifizieren, die die kindliche Sprachentwicklung, *family literacy* und *family numeracy* am besten unterstützen. Der Schwerpunkt liegt auf Projekten aus dem UK, es wurden aber auch viele Projekte aus anderen Ländern berücksichtigt. Die Autor*innen konnten jedoch kaum Belege für die Überlegenheit bestimmter Ansätze gegenüber anderen Ansätzen finden (vgl. ebd., S. 62). Gleichzeitig kommt Leseman (2008) in seiner zusammenfassenden Betrachtung entsprechender Studien zu dem Schluss, dass häuslich durchgeführte Projekte hinsichtlich der kindlichen Kompetenzentwicklung weniger effektiv sind als in Bildungsinstitutionen stattfindende Programme (vgl. ebd., S. 134).

Ein klassischer, international bekannter Vertreter überwiegend häuslich durchgeführter, elternzentrierter Programme ist HIPPY[28], das L. Friedrich und Siegert (2013) zu den Eltern- und Familienbildungsprogrammen zählen. HIPPY wurde in

---

[28] Home Instruction for Parents of Preschool Youngsters (HIPPY)

den 1960er Jahren in Israel entwickelt und war auf die „Bildungsbedürfnisse der Immigranten ausgerichtet" (Westheimer, 2007, S. 96). Damit adressierte HIPPY die überwiegend formal ungebildeten Mütter von Kindern im Vorschulalter. Evaluationen von HIPPY in Deutschland (vgl. Kiefl, 1996) belegen eher positive Effekte für die Kinder, allerdings wieder vorrangig für Kinder mit ohnehin bereits guten bis mittleren Ausgangsbedingungen.

Das Hamburger *Family Literacy (FLY)*-Projekt (vgl. Elfert & Rabkin, 2007, S. 33) verfolgt das Ziel, Eltern zu motivieren und zu befähigen, ihre Kinder beim Erwerb der (Schrift-)Sprachkompetenz zu unterstützen. Die Arbeit mit den Eltern findet überwiegend in der Schule/Kita statt, sowohl gemeinsam mit ihren Kindern als auch mit den Eltern allein. Dabei kommen vielfältige, kooperative Methoden und Arbeitsmaterialien zum Einsatz. Die Autorinnen weisen in diesem Zusammenhang auch auf die Vorteile für die Bildungseinrichtungen hin, beispielsweise, dass sich die FLY-Teilnehmerinnen mit Migrationshintergrund stärker als bisher in schulischen Gremien engagieren (vgl. ebd., S. 56).

Langanhaltende Effekte auf die kindliche Kompetenzentwicklung fallen noch größer aus, wenn mehrdimensionale Ansätze verfolgt werden: Das Kind besucht eine Kita besonders hoher Qualität, die Eltern erhalten spezifische Unterstützung bei der Begleitung der Lernprozesse ihrer Kinder, und darüber hinaus stehen sozialpädagogisch ausgerichtete Familienunterstützungssysteme im Sinne eines „Netzwerks" (Stange, 2013 vgl.) zur Verfügung. Aus diesem Grund waren die Effekte beim *HighScope Perry Preschool Project* auch größer als bei *Head Start*: Bei *Head Start* liegt der Fokus hauptsächlich auf dem Kitabesuch des Kindes. Geht das Kind zufällig in eine Kita, die keine hohe Qualität erreicht, oder besucht das Kind eine hochqualitative Kita nur für kurze Zeit bzw. für wenige Stunden am Tag, sind keine langanhaltenden Effekte zu erwarten. Bei *HighScope* ist der Einbezug der Eltern in Aktivitäten, die direkt auf die Förderung der kindlichen Entwicklung abzielen, stärker umgesetzt.

Lange (2013) weist in seinem kritischen Aufsatz über soziologische Theorien zur frühkindlichen Bildung darauf hin, dass mit der Identifikation der ersten Lebensjahre als die für spätere Lebenserfolge prägende Phase zwar erhebliche bildungsbezogene Anforderungen an Eltern gestellt werden, die Mehrzahl der Eltern diesen Anforderungen aber durchaus gerecht wird. Entsprechende tatsächliche Bedarfe für Beobachtung, Unterstützung und ggf. Reglementierung des aktiven Einbezugs von Eltern sollten daher seitens der Bildungsinstitutionen kritisch überprüft werden (vgl. ebd., S. 76 ff.). Langes Argument passt zu bildungsökonomisch geprägten Forderungen, entsprechende Ressourcen vorrangig für tatsächlich benachteiligte Kinder und Familien einzusetzen (vgl. Nicholson et al., 2016). Wenn dies gelingt, dann hat Elternarbeit, die die Förderung des HLE zum Ziel hat, gute Erfolgschancen.

Niklas und Schneider (2015) und Niklas et al. (2016) haben in diesem Zusammenhang untersucht, auf welche Weise Eltern bezogen auf ihre Kinder zu lernförderlichem Verhalten ermutigt werden könnten, und konnten nachweisen, dass schon niedrigschwellige Angebote, wie etwa ein einzelner Informationsabend zur *family literacy*, den kindlichen Outcome verbessern können:

Providing parents with adequate information about how to improve the HLE (*hier: home literacy environment, eigene Anmerkung*) in the family at one parents' evening session, and helping parents to use dialogic reading at home in one individual reading session, helped to support the development of the HLE and supported gains in children's vocabulary in comparison with a non-participating group at least in a sample with above average mean SES. (Niklas & Schneider, 2015, S. 505 f.)

Ähnliche Befunde zeigten sich für *family numeracy* (vgl. Niklas et al., 2016). Ein Großteil der Eltern wäre prinzipiell durch „non-intensive interventions" (ebd.) wie Elternabende und praxisbezogene Informationen in Schriftform (beispielsweise wie von Niklas, 2014, 2017) erreichbar, allerdings erreichen solche Angebote eben nur einen Teil der Elternschaft. Einige Eltern benötigen bezogen auf frühe mathematische Bildung mehr Anleitung; eine ganze Reihe internationaler Ansätze dazu, wie Fachleute Eltern in die vorschulische mathematische Bildung ihrer Kinder einbinden können, stellen Phillipson et al., (2017) vor.

Sylva et al. (vgl. 2004, S. 162) machen dazu konkrete Vorschläge: Der regelmäßige persönliche Austausch von Informationen zwischen Eltern und Erzieher*innen ist wichtig, denn auf diese Weise können Eltern aktiv an Entscheidungen über spezifische Lernziele des Kindes beteiligt werden. Erzieher*innen sollten konkrete häusliche Lernaktivitäten aktiv anregen (vgl. Gervasoni, 2017) und unterstützen und gleichzeitig eine hohe Erwartungshaltung zeigen, dass die Eltern die Aktivitäten auch gut umsetzen können. Solche Ansätze sind, wie schon in Unterkapitel 4.2 erwähnt, vielfach erfolgreich evaluiert worden, sowohl für *literacy* (McElvany, Herppich, van Steensel & Kurvers, 2010; Reese, Sparks & Leyva, 2010; Rueda & Yaden, 2006; van Steensel, McElvany, Kurvers & Herppich, 2011) als auch für *numeracy* (Berkowitz et al., 2015; Dever & Burts, 2002; Niklas et al., 2016; Niklas & Schneider, 2012; Starkey & Klein, 2000). Die Auswahl der Eltern, die mit besonders intensiven Angeboten „präventiv" adressiert werden sollen, ist jedoch keineswegs simpel, wie Lanfranchi und Burgener Woeffray (2013, S. 609) ausführlich darstellen. Sie erkennen zwei Präventionsdilemmata: Erstens den Matthäus-Effekt, der bereits auf Seite 113 der vorliegenden Arbeit erwähnt wurde, und zweitens sind die Kinder ja (noch) nicht auffällig in ihrer Entwicklung geworden, so dass die Eltern möglicherweise gar keinen Handlungsbedarf sehen.

Eine umfassende Metastudie zu den Effekten der Einbindung von Familien in die Bildungsprozesse von Vor- und Grundschulkindern mit dem Ziel der Unterstützung der Entwicklung der kindlichen *literacy* und *numeracy* legen van Voorhis, Maier, Epstein und Lloyd (2013) vor. Dazu wurden insgesamt 95 Forschungsarbeiten zum Thema untersucht und dabei vier Kategorien des Einbezugs herausgearbeitet: 1. Lernaktivitäten zuhause, also häusliche Praktiken der *family literacy* und *numeracy*, 2. Familienmitwirkung in der Kita, 3. Betreuung durch die Bildungseinrichtung, um Familien zu beteiligen und zu gewinnen mit dem Ziel, dass sich Eltern willkommen fühlen, und 4. unterstützende pädagogische Aktivitäten, z. B. sozialpsychologische Erziehungsberatung.

Die Autor*innen fanden positive, aber insgesamt eher kleine Auswirkungen auf die kindliche Entwicklung. Dieser Befund kann sicherlich mit unterschiedlich hoher Qualität der Maßnahmen erklärt werden, da hier nicht nur „Leuchtturm-Projekte" einbezogen wurden. Gleichzeitig zeigen sich insgesamt begrenzte Einflussmöglichkeiten seitens der Bildungseinrichtungen, ungünstige HLEs kompensatorisch auszugleichen, wenn nicht qualitativ und quantitativ besondere Anstrengungen unternommen werden.

Zum Abschluss dieses Unterkapitels sollen Befunde dargestellt werden, die Elternarbeit thematisiert, die speziell mit **Eltern mit Migrationshintergrund** stattfindet.

Die meisten Eltern mit Migrationshintergrund legen großen Wert auf eine gute Beziehung zu den Erzieher*innen (vgl. Honig, Joos & Schreiber, 2004) und finden auch Bildungsangebote für Eltern sehr wichtig (vgl. Lokhande, 2014). Allerdings nehmen sie solche Angebote seltener wahr als Eltern, die aus der Mehrheitsgesellschaft stammen (vgl. Hartung, 2012). Als Gründe dafür nennen Eltern mit Migrationshintergrund neben Sprachbarrieren und daraus resultierender Unsicherheit im Umgang mit anderen Eltern und Fachkräften eigene negative Erfahrungen mit Bildungsinstitutionen (vgl. V. Fischer, Krumpholz & Schmitz, 2007) und eigene Benachteiligungserfahrungen (vgl. Hawighorst, 2009) genannt. Einen Teil der dieser Erfahrungen kann Otyakmaz (2017) in ihrer Zusammenfassung von Studien zur Kooperation zwischen Erzieher*innen und Eltern mit Migrationshintergrund präzisieren. Sie weist darauf hin, dass Erzieher*innen in den Fällen von pädagogischer Nicht-Übereinstimmung mit den Eltern die elterlichen Erziehungsvorstellungen in der Regel als „falsch und defizitär" beurteilen (ebd., S. 458). Familien mit Migrationshintergrund sind eine sehr heterogene Gruppe, dies muss auch in Kommunikationssituationen berücksichtigt werden.

Ulich, Oberhuemer und Soltendieck (2005), Schlösser (2012) und Deniz (2013a) stellen umfangreiche Sammlungen erprobter Praktiken vor, wie die Zusammenarbeit mit zugewanderten Eltern erfolgreich gestaltet werden kann. Wesentliches Merkmal ist die Berücksichtigung interkultureller Grundannahmen wie Multikulturalität und Mehrsprachigkeit als Selbstverständlichkeit, nicht als Komplikation. Informationspraktiken wie Elternabende, Eltern-Stammtische oder Elternbriefe sind gängig (vgl. Thiersch, 2006, S. 90), stellen aber hohe literale und interkulturelle Anforderungen an Eltern, denen nicht alle Eltern gerecht werden können.

> Der Zugang zu Informationen kann durch Unterschiede im literalen Niveau zwischen Eltern und Fachkräfte ernsthaft gefährdet sein. Aus diesem Grund ist es außerordentlich wichtig, dass Fachkräfte ihre Worte sehr achtsam wählen (...).Sprachliche Unterschiede können Eltern von wichtigen Informationen abschneiden und sie davon abhalten, ihr eigenes Wissen mit den Fachkräften zu teilen. Hier wäre ein Übersetzungskomitee (aus interessierten Eltern/Familienmitgliedern und Fachkräften sowie dem Elternbeirat) hilfreich, das Mitteilungen nicht nur in die verschiedenen Sprachen übersetzt, sondern auch auf ihre Verständlichkeit hin überprüft. (Kieferle, 2017, S. 97)

Dieser Ansatz wird für die Intervention der vorliegenden Arbeit explizit aufgegriffen (siehe Kapitel 6).

Heimken (vgl. 2017, S. 131 ff.) weist darauf hin, dass die Arbeit der Kita ist für die Sprachentwicklung von ausgesprochener Bedeutung ist und Eltern mit Migrationshintergrund dies in aller Regel erkennen. Sie schicken ihre Kinder häufig „extra dafür" in die Kita, damit die Kinder gut Deutsch lernen; die Kita kann die in sie gesteckten Erwartungen allerdings nicht immer wie gewünscht erfüllen. Ganz besonders wichtig ist Elternarbeit – unabhängig vom Migrationshintergrund – besonders in den Fällen, in denen Kinder zu Hause in ihrer Entwicklung nicht ausreichend gefördert werden. Für qualifizierte Elterngespräche fehlt es in der Kita aber oft an Zeit und manchmal auch an der Ausbildung.

Kieferle (vgl. 2017, S. 92 ff.) fasst aus der Perspektive der Kommunikationsforschung zentrale Befunde zur Elternarbeit zusammen und hebt hervor, dass Kommunikationspraktiken zwischen Erzieher*innen und Eltern einen relevanten Aspekt der Prozessqualität darstellen. Durch individuelle gezielte Gesprächsangebote, die an die diversen Hintergründe der Familien angepasst sind, erscheint es ggf. mit Unterstützung durch eine dolmetschende Person möglich, Informationen mit *allen* Eltern zu teilen.

4.5 Zusammenfassung

In diesem Kapitel wurden die Familie und die Kita als die beiden zentralen Sozialisations- und Bildungsinstanzen junger Kinder betrachtet. Die Merkmale, die das Zuhause eines Kindes als Bildungsort konstituieren, werden unter dem Begriff *home learning environment* (HLE) zusammengefasst (siehe Unterkapitel 4.1). Zur Beschreibung des HLE werden – je nach Forschungsinteresse – pädagogisch-psychologische Merkmale, die vorrangig auf der Individualebene verortet sind, sowie soziologische Merkmale herangezogen. In der zweiten Gruppe spielen Armut, Migrationserfahrung und Bildungsniveau der Eltern besonders in Deutschland eine große Rolle, wie in diesem Kapitel ausführlich herausgestellt wurde. Bildungsunterschiede der Elterngenerationen verdichten sich später „zu milieubedingten Bildungsungleichheiten" der Kinder (Büchner, 2013, S. 47).

Wie in Unterkapitel 4.2 beleuchtet wurde, gehört Deutschland zu denjenigen Ländern, in denen der Bildungserfolg eines Kindes überdurchschnittlich stark von seiner sozialen Herkunft abhängt. „Der Zusammenhang zwischen dem SES der Eltern und den Bildungsergebnissen ihrer Kinder ist (...) einer der eindeutigsten Befunde in der empirischen Bildungsforschung" (Becker, 2017, S. 34).

Das HLE ist jedoch keine statische Größe. Dimosthenous, Kyriakides und Panayiotou (2019) weisen beispielsweise darauf hin, dass diese Tatsache insbesondere bei Langzeitstudien berücksichtigt werden muss. Sie führen als Beispiel elterliche, bildungsbezogene Aktivitäten an, die für ältere Kinder besser geeignet sein könnten als für jüngere – in diesem Beispiel würde sich das HLE des betreffenden Kindes dann „von selbst" verbessern. Auch Bildungsinstitutionen, Kita und Schule, können „von außen" auf das HLE einwirken.

Die Kita als Bildungsort ist bis heute stark von der Tatsache beeinflusst, dass die Kita in der BRD nie formaler Teil des westdeutschen Bildungssystems war, wie in Unterkapitel 4.3 dargestellt wurde. Die Verabschiedung von vorschulischen bzw. die Kleinkind- und Grundschulzeit umfassenden Bildungsplänen in allen Bundesländern war zwar ein wichtiger Schritt, die Kita in die gesamtgesellschaftliche Verantwortung für frühkindliche Bildung mit einzubeziehen, trotzdem haben die Bildungspläne bislang den Status einer Empfehlung. Die Kita verfügt jedoch

> über präventive Bildungsressourcen, wenn sichergestellt ist, dass Kinder dort in die Lage versetzt werden, trotz der Einschränkungen und Lasten, die sich aus ihren Sozialisations-, Entwicklungs- bzw. Lernrisiken ergeben, eigene Erfahrungen zu machen, Bedeutungen mit Anderen sozial auszuhandeln und dabei z. B. ihre Interessen und Wissenskonstruktionen selbstaktiv weiterzuentwickeln. (Fried, 2002, S. 345)

Kitas, die diesem Anspruch gerecht werden, weisen eine hohe Struktur-, Prozess- und Orientierungsqualität auf.

Das Präventions- und Kompensationsvermögen der Kita hängt zudem stark mit ihren Ressourcen zusammen, mit Eltern im Interesse des Kindes aktiv zusammenzuarbeiten; dies wurde in Unterkapitel 4.4 thematisiert. Für eine Kooperation auf

Augenhöhe hat sich der Begriff *Bildungs- und Erziehungspartnerschaft* etabliert. Elternarbeit, die nicht nur sozialpädagogisch, sondern auch bildungsbezogen ausgelegt ist und somit auch die *family literacy* und *family numeracy* unterstützen soll, muss dabei an das jeweilige kulturelle Kapitel im Bourdieu'schen Sinne der Familie anknüpfen (vgl. Nauck & Lotter, 2016, S. 144 f.). Mit der großen Diversität unter den Familien geht einher, dass es nicht möglich ist, sich auf eine einzige Methode der Kommunikation und Kooperation zu stützen, die alle Familien gleichermaßen erfolgreich mit einer vorgegebenen Botschaft erreicht. Es bedarf einer Vielfalt an Methoden, die an die Bedürfnisse der einzelnen Familie angepasst sind (vgl. Kieferle, 2017) und Erzieher*innen müssen dafür ausreichend qualifiziert werden.

Die großen gestalterischen Freiheiten, die Kitas in ihrer pädagogischen Ausrichtung im Allgemeinen und in der Strukturierung von Lernangeboten im Speziellen genießen, bieten die Möglichkeit, mathematisches Lernen mit Hilfe sehr unterschiedlicher Ansätze zu unterstützen. Im folgenden Kapitel werden entsprechende Förderkonzepte systematisch dargestellt.

Förderung früher mathematischer Kompetenzen

In den vorhergehenden drei Kapiteln wurden die für diese Arbeit relevanten Theorien und Befunde zum frühen Mathematiklernen, zur Diagnostik früher mathematischer Kompetenzen und zum Lernen in Familie und Kita vorgestellt. Für das Thema des folgenden letzten Theoriekapitels werden diese in Synthese gebracht, um systematisch darzustellen, welche Möglichkeiten und Schwerpunktsetzungen Förderansätze aufweisen, die auf die Unterstützung der mathematischen Entwicklung junger Kinder abzielen. Dabei wird deutlich werden, dass gleichsam das Wissen um natürliche Entwicklungsschritte, die Möglichkeit zur theoriegeleiteten Diagnostik und der Einbezug der sozialen Umwelt des Kindes zentrale Aspekte sind, die bei der Gestaltung von Förderansätzen berücksichtigt werden sollten.

Zunächst wird der Versuch einer Begriffsklärung unternommen. Anschließend werden einige prominente und weniger bekannte Förderansätze zusammengefasst und mit Hilfe der in den vorhergehenden Kapiteln genannten Theorien systematisiert. Dabei werden auch wichtige empirische Befunde zur Effektivität von Förderung vorgestellt. Dies erfolgt mit dem Schwerpunkt auf mathematische Förderung, aber es werden aufgrund der Anlage der vorliegenden Studie auch Befunde zur *literacy*-Förderung gestreift.

5.1 Begriffsklärung: Förderung

Den Konzepten *Frühe (mathematische) Bildung* und *Frühkindliche Förderung* liegt implizit die Prämisse der frühen Prägungsannahme zugrunde (vgl. Diehm, 2018, S. 12 f.). Diese Prämisse stellt ein „konstitutives Element pädagogischen Konzeptualisierens und Argumentierens" dar und wird kaum hinterfragt (ebd., S. 13). Die grundlegende Annahme, Lernprozesse verliefen umso erfolgreicher, je früher sie

J. Streit-Lehmann, *Mathematische Familienförderung in der Kita*,
Bielefelder Schriften zur Didaktik der Mathematik 9,
https://doi.org/10.1007/978-3-658-39048-8_5

begännen, ist zwar plausibel, aber deren Gültigkeit ist bislang empirisch nicht explizit nachgewiesen.

„In der Bundesrepublik scheint es keine einheitliche Vorstellung darüber zu geben, in welcher Weise mathematische Ideen im Vorschulalter behandelt werden sollten" (Lorenz, 2012, S. 112). Angebote zur Förderung früher mathematischer Kompetenzen in der Kita sind typischerweise entweder eher alltagsintegriert oder eher lehrgangsmäßig gestaltet. Benz et al. (2015, S. 100) unterscheiden zwischen „Trainings- und Förderprogrammen mit lehrgangsartigem Aufbau" und Konzepten, die „vielfältige Materialien zu verschiedenen mathematischen Bereichen anbieten", mit denen Kinder sich „mit und ohne Anleitung durch eine pädagogische Fachkraft (...) individuell oder in kleinen Gruppen" auseinandersetzen können. Weitreichende Einigkeit scheint aber darüber zu herrschen, dass die Unterstützung lebensweltbezogener, ganzheitlicher Lernprozesse die für junge Kinder angemessenste Art der Förderung darstellt; Bishop-Josef und Zigler (2011, S. 88) sprechen von „unequivocal evidence for a whole child approach in early childhood education". Ganzheitliche Förderansätze zielen gemäß der Definition von Liebertz (2001) nicht einseitig auf intellektuelle Fertigkeiten wie Üben, Auswendiglernen oder Abstrahieren ab, sondern beziehen aktives Handeln, Entdecken und Ausprobieren sowie soziale und emotionale Aspekte wie Sprache und zwischenmenschliche Beziehungen mit ein. G. Wild (2007, S. 211) erkennt Ganzheitlichkeit als allgemeines erziehungsmethodisches Konzept:

> Bei Pestalozzi und Fröbel wird eine ganzheitliche Erziehung dadurch konstituiert, dass der natürliche Entwicklungsgang des Kindes respektiert wird. Ganzheitlichkeit heißt verkürzt: eine entwicklungsgemäße Erziehung. (ebd.)

Entwicklungsgemäße mathematische Förderung ist in vielen Varianten ausgestaltet denkbar. Sie kann – um zwei Extremvarianten zu nennen – durch ausschließlich spontanes Aufgreifen zufällig entstandener mathematikhaltiger Situationen entstehen oder streng programmatisch ein schulähnliches Curriculum durchlaufen. In *adaptiver* Förderung wird darüber hinaus betont, dass bei der Förderung das individuelle Vorwissen und individuelle Lernverläufe des Kindes berücksichtigt werden (Bruns & Eichen, 2017, S. 126). Egal welches Bild von Förderung in diesem Kontext entworfen wird, sie erfordert immer eine fachkundige Begleitung und Anleitung. Wittmann und Deutscher (2013, S. 215) sprechen von einer „Schlüsselrolle für die Umsetzung", die den Erzieher*innen zukommt, „von denen vermutlich viele der Mathematik aufgrund negativer Erfahrungen in der Vergangenheit reserviert gegenüberstehen", und heben damit die für die Durchführung von Förderaktivitäten notwendige Fachkompetenz der Erzieher*innen hervor.

Der Begriff *Förderung* wird in der fachdidaktischen, erziehungswissenschaftlichen und psychologischen Literatur mit unterschiedlichen Bedeutungen verwendet und als Teil der Alltagssprache auch in entsprechender Forschungsliteratur häufig nicht streng definiert (vgl. Hildenbrand, 2016, S. 47). Hussy, Schreier und Echterhoff (vgl. 2013, S. 19) verstehen darunter aus psychologischer Perspektive diejenige Form von Intervention, die auf die Verbesserung eines an sich *nicht* problematischen Ausgangszustands hin zu einem „optimierten" Endzustand abzielt. Wischer (2014, S. 7) beispielsweise schlägt in der Pädagogik die Unterscheidung zwischen einer „weiten" und einer „engen Auslegung" des Förderbegriffs vor. Ein eher weit gefasstes Begriffsverständnis kann Ricken (2008, S. 74) unterstellt werden:

> Förderung kann als Oberbegriff *für alle* pädagogischen Handlungen gelten, die auf die *Bildung und Erziehung* von Menschen ausgerichtet sind und zwar so, dass sie möglichst optimal verläuft. (ebd., eigene Hervorhebungen)

Eine engere Auslegung hingegen lassen beispielsweise Arnold und Riechert (2008) erkennen, indem sie Förderaktivitäten durch spezifische Merkmale von anderen, allgemeineren Unterrichtshandlungen abgrenzen. Diese Merkmale sind etwa die Notwendigkeit individueller Lernstandsdiagnostik, die Identifikation spezieller inhaltlicher und methodischer Bedarfe sowie die hohe Adaptivität, die Lernangebote aufweisen, die sich sinnvollerweise an die Diagnostik anschließen.

An dieser Stelle soll zunächst eine Darstellung dreier gängiger Bedeutungen in eigener Systematik und im Anschluss daran eine pragmatische Begriffsfestlegung erfolgen, um die für die vorliegende Arbeit gewählte Intervention genauer theoretisch fundieren zu können. Die folgenden drei Bedeutungen sind sicher nicht trennscharf (realistische Förderaktivitäten weisen oft Eigenschaften aller drei Ansätze auf), fokussieren aber erkennbar unterschiedliche Schwerpunkte.

A) Förderung als *Gestaltung förderlicher Umgebungen.*
    Die unspezifischste Lesart des Begriffs *Förderung* ist gekennzeichnet durch einen vorrangig infrastrukturellen Ansatz. Für eine gesunde kindliche Entwicklung „allgemein förderlich" ist es, spezifische Entwicklungs- und Sozialisationsrisiken bei jungen Kindern abzumildern oder außer Kraft zu setzen. Ahnert (2013) weist darauf hin, dass es „unstrittig" (S. 75) sei, dass bereits sehr junge Kinder „aktiv in ihre Lebenswirklichkeit hineinwirken" (ebd.) und auf diese Weise selbst aktiv an der Minderung solcher Risiken beteiligt sein können. Als Risikofaktoren gelten aus pädagogischer Perspektive Armut, schwierige familiäre Umfelder (besonders bei Scheidung oder bei schwerer Krankheit und Tod eines Elternteils) und mangelnde Passung zwischen Kind und Umwelt

(vgl. ebd., ff.). Dementsprechend werden stabile Familienverhältnisse, emotional positive Beziehungsstrukturen, ausreichend Freizeit und Kontakt zu Gleichaltrigen sowie Zugang zu Bildungsangeboten und Gesundheitsvorsorge als förderlich identifiziert.

Meier-Gräwe (2013) liefert aus soziologischer Perspektive Vorschläge für entsprechend förderliche Vernetzungsstrukturen und bezieht hier im Kontext des Sozialraum-Konzepts[1] Maßnahmen wie beispielsweise umfassende Kinderbetreuungsangebote, Kooperationen zwischen Kita, Schule und Erziehungsberatungsstellen, Einsatz von Integrationslots*innen und mobile Dienste für Frühförderung und Gesundheitsdienstleistungen ein.

Allgemein förderliche Maßnahmen, die speziell auf die kognitive Entwicklung von Kindern abzielen, beziehen sich auf die Unterstützung von Lernprozessen. Nach Piaget gibt es vier Faktoren, die der geistigen Entwicklung gemeinsam zugrunde liegen, nämlich Reifung, Erfahrung, soziale Vermittlung und Äquilibration (zusammengefasst z. B. bei Ginsburg & Pappas, 2004, S. 272 ff.). Soziale Vermittlung, also etwa Ansprache, Erklärung und Unterweisung, kommt natürlich durch andere Menschen zustande, nicht durch das lernende Kind selbst. In Piagets Theorien stehen jedoch sich selbst regulierende Prozesse im Vordergrund, beispielsweise, wie das Kind mit Hilfe von Assimilation und Akkommodation (siehe Abschnitt 2.4.1) auf Erklärungen von Erwachsenen reagiert. Förderung bezieht sich in diesem Sinne darauf, für das Kind eine Umwelt zu schaffen, in der diese Selbstbildungsprozesse möglichst ungestört ablaufen, beispielsweise eine Umgebung, die altersgerechtes Spiel ermöglicht (siehe Unterkapitel 2.6).

B) Förderung als *soziale Interaktion*.
Will man betonen, dass Menschen soziale Wesen sind, dann sind Erfahrungsaustausch, Erleben von Gemeinschaft, Meinungsbildung und Konstruktion gemeinsamer Realität – vor allem durch (gemeinsame) Sprache – wesentliche Kennzeichen von Lernprozessen. Für Fthenakis et al. (2009, S. 23) ist Förderung bestimmt durch die Interaktion zwischen Kind und erwachsener Person (Erzieher*in, Lehrer*in oder auch Eltern). Hierbei geht es nicht bloß um die Schaffung einer Umgebung, in der kindliche Selbstbildungsprozesse angeregt werden könnten, sondern um die inhaltliche und methodische Gestaltung ko-konstruktiver Settings mit explizit messbar entwicklungs- und kompetenzfördernder Wirkung. Die ko-konstruktivistische Perspektive geht auf Wygot-

---

[1] Eine ausführliche Beschreibung des Konstrukts *Sozialraum* ist beispielsweise bei Kessl und Reutlinger (2010) zu finden.

ski zurück. Er hat die Rolle der sozialen Umwelt eines Kindes, insbesondere den Einfluss der Sprache auf kindliche Lernprozesse herausgestellt und damit gewissermaßen eine gegensätzliche Ansicht zu Piaget vertreten (vgl. Ginsburg & Opper, 2004, S. 281).

Im Kontext zwischenmenschlicher Interaktion kann Lernen verstanden werden als „entwickelndes Denken" (Lorenz, 2012, S. 106) und tritt immer dann auf, „wenn die bisherigen Begriffe nicht mehr zur Erklärung der wahrgenommenen Phänomene ausreichen" (ebd.), denn Sprache kann immer nur gemeinsam in sozialen Situationen entwickelt werden. Bei dieser Verwendung des Begriffs *Lernen* wird deutlich, dass Wahrnehmung allein zum Verstehen der Welt nicht ausreicht, sondern die auf der Wahrnehmung beruhenden *Begriffsbildung* den zentralen Strukturierungsprozess darstellt, mit dessen Hilfe der lernende Mensch seine Umwelt interpretiert. Denkprozesse stellen eine „innere Sprache" dar, mit deren Hilfe das Kind sein Handeln und Problemlösen zunehmend selbst steuern kann. „Das Kind erlangt die Fähigkeit, eine Idee darzustellen, vom Gedanken zur Situation und nicht wie bisher von der Situation zum Gedanken zu gelangen" (Wygotski, 1987, S. 264). Förderung ist in diesem Sinne jede Handlung, die das Kind bei seinen Begriffsbildungsprozessen unterstützt. Bezogen auf speziell mathematisches Lernen bedeutet das, dass die Ausbildung tragfähiger Grundvorstellungen im Fokus der Förderbemühungen steht, die ihrerseits als Verständnisindikator dienen (vgl. Wartha & Schulz, 2012, S. 39). Die besondere Bedeutung der Sprache als wesentlicher Aspekt sozialer Interaktion für mathematische Lernprozesse ist Gegenstand zahlreicher Untersuchungen; ein Überblick über aktuelle Diskurse ist beispielsweise bei Leiß, Hagena, Neumann und Schwippert (2017) zu finden.

C)   Förderung als *spezifische Reaktion auf individuelle Lernstände.*
Das Anbieten individuell zugeschnittener Lerninhalte, die auf Basis von diagnostisch erhobenen Informationen zum Lernstand einzelner Kinder (oder weitgehend homogen zusammengesetzter Lerngruppen) ausgewählt und aufbereitet wurden, ist der zentrale Bestandteil förderdiagnostischer Konzepte (vgl. Bundschuh, 2007, S. 244). In solchen Konzepten ist das wiederholte Durchlaufen von Diagnostik-, Planungs-, Durchführungs- und Evaluationsphasen vorgesehen (vgl. ebd.). Welchen Lernstand genau ein einzelnes Kind aufweist, also ob es im Vergleich zu einer wie auch immer zustande gekommenen (Norm-) Gruppe eine schwache, mittlere oder besonders starke Leistung zeigt, ist dabei zunächst unerheblich. Relevant ist nur, dass die angebotenen Lerninhalte zum jeweiligen Kompetenzprofils des Kindes passen. Dieser Ansatz passt zum in Kapitel 4 herausgearbeiteten Befund, dass viele „Studien über die Wechselwirkung der

Einflüsse von Familie und öffentlichen Bildungsinstitutionen (...) den hohen Stellenwert der Lernausgangslage für den weiteren Verlauf der Bildungsbiografie" bestätigen (Büchner, 2013, S. 47). Dem stimmen L. Kaufmann, Handl, Delazer und Pixner (2013) zu: „Ein Förderprogramm ist dann am effektivsten – und ökonomischsten – wenn es auf die Bedürfnisse des jeweiligen Kindes speziell zugeschnitten ist" (ebd., S. 238).

Eine Auswahl spezifischer Förderansätze im Bereich der frühen mathematischen Kompetenzen, die sich als spezifische Reaktion auf individuelle Lernstände eignen, wird in Unterkapitel 5.2 vorgestellt. Montada, Lindenberger und Schneider (2012, S. 48) weisen in diesem Zusammenhang darauf hin, dass sich kompensatorische Förderaktivitäten im Vorschulalter zwar regelmäßig als kurzfristig erfolgreich erwiesen haben, „die Leistungs- und Positionsgewinne waren jedoch nicht stabil, wenn die besondere Förderung nicht fortgeführt wurde" . Grube et al. (2015) führen als Argument für frühe kompensatorische Förderung im Vorschulalter an, dass auf diese Weise die Entstehung eines ungünstigen Selbstkonzepts vermieden werden könnte, das dadurch entstehen kann, dass ein Kind zu Beginn seiner Schulzeit merkt, dass es seinen Mitschüler*innen bereits von Anfang an hinterher ist. Hackl (2015) macht deutlich, dass jedes Kind unabhängig von seiner Leistung Anspruch auf adaptive Förderung hat, weil

(...) Lernen, jede Lernetappe, jede Lernsequenz nirgend sonst ihren Anfang nehmen [kann], als bei der höchst individuellen Ausgangssituation, die durch die *bis dahin durchlaufene Lerngeschichte* hergestellt wurde. (ebd., S. 29, Hervorhebung im Original)

Dies lässt sich zusammenfassen als: *Lernen bedeutet immer Weiterlernen*. In Anlehnung daran gilt bezogen auf die Befunde zur Effektivität von Förderaktivitäten möglicherweise auch: *Fördern bedeutet immer Weiterfördern* – nicht etwa, weil förderbedürftige Defizite grundsätzlich dauerhaft fortbestünden, sondern weil Lernende grundsätzlich besser lernen, wenn die angeboten Inhalte und Methoden zu ihren individuellen Bedürfnissen passen.

Die in dieser Aufzählung A)-C) vorgestellten Bedeutungsschwerpunkte von *Förderung* finden sich in der Praxis des Elementar- und Primarbereichs häufig als Mischungen wieder, und dies nicht nur bezogen auf mathematisches Lernen.

Zettl (vgl, 2019, S. 28) macht bezogen auf frühe sprachliche Förderung deutlich, dass diese *grundsätzlich immer* auch „defizitär" konnotiert verstanden wird, weil insbesondere die Kinder aus Familien mit Migrationshintergrund adressiert sind, denen per se mangelhafte Sprach- (genauer: Deutsch-)Kenntnisse zugeschrieben werden (siehe Unterkapitel 4.1). In der schulischen Pädagogik hat sich daher das Begriffspaar *Fördern und Fordern* (möglicherweise in Anlehnung an das gleichlautende sozialpolitische Leitprinzip) durchgesetzt: Die schwachen Kinder werden fördert, die starken Kinder geffordert (vgl. Kultusministerkonferenz, 2006). Im Bedeutungssinn C) wäre eine solche Unterscheidung eigentlich überflüssig, und die defizitäre Konnotation von *Förderung* wäre entsprechend hinfällig.

Die Begriffe *Förderung* und *Lernbegleitung* verwendet Krammer (vgl. 2017, S. 118 f.) im Kontext mathematischer Lernprozesse synonym und zeigt damit ein weitgefasstes Begriffsverständnis. Für Benz et al. (2015) stehen Förderbemühungen grundsätzlich stets

> im Spannungsfeld zwischen der Notwendigkeit der gezielten individuellen Diagnostik und Förderung zur Prävention von Lernschwierigkeiten im Mathematikunterricht und einer alltagsintegrierten frühen mathematischen Bildung für alle Kinder (ebd., S. 76)

und damit für eine Mischung der Ansätze A) und C). Lorenz (2012) bezeichnet frühe mathematische Förderung als „umfassende Aufgabe" für die Kitas (S. 110), stellt aber gleichzeitig klar, dass sich „mathematische Kompetenzen (...) im Vorschulalter leicht fördern" lassen, propagiert hiermit also die Bedeutung A):

> Das Bereitstellen vielfältiger anregender Situationen, in denen die Kinder mit ihren Freunden Neues entdecken können und in denen Mathematik mit den anderen Lebensbereichen verknüpft bleibt, ist die beste Prophylaxe späterer Lernschwierigkeiten. (ebd., S. 109)

Es herrscht große Einigkeit darüber, dass spezifische Lern- und Förderziele im Sinne von C) stets aus der Perspektive der Lernenden unter Zuhilfenahme von Verbkonstruktionen formuliert werden sollten, welche beobachtbare Tätigkeiten beschreiben, die möglichst konkrete Bedingungen umfassen (vgl. Wittwer, Kratschmayr & Voss, 2020, S. 117).

Die inhaltlichen Ziele früher mathematischen Förderung fasst Krammer (2017, S. 110) zusammen und benennt drei Gruppen von Zielen, entsprechend der in Kapitel 2 dargestellten Entwicklungsbereiche und in der Diktion offenbar angelehnt an die Ursprungsversion des ZGV-Modells von Krajewski (2007):

1. Basisfertigkeiten: Aufsagen der Zahlwortreihe; Zahlen lesen und ggf. schreiben ohne Mengenverknüpfung,
2. Anzahlkonzept: Zahlworte und Mengen miteinander verknüpfen; einsehen, dass sich Mengen verändern,

3. Mengenrelationen: Mengen lassen sich zerlegen, zusammenführen, miteinander vergleichen; mit Mengen kann man rechnen.

In der Ursprungsversion des ZGV-Modells werden mit *Basisfertigkeiten, Anzahlkonzept* und *Mengenrelationen* (dort eigentlich: *Anzahlrelationen*) diejenigen Kompetenzen bezeichnet, die Kinder für gewöhnlich bis etwa in den Übergang Kita-Grundschule entwickeln. Gemäß Wittwer et al. (2020) müssten mindestens die zweite und die dritte Gruppe umformuliert werden, denn es ist unter anderem nicht beobachtbar, ob eine Person etwas „einsieht" oder nicht.

Denkbar wäre beispielsweise die folgende Operationalisierung:

1. Basisfertigkeiten: Aufsagen der Zahlwortreihe bis mindestens 20, Ziffern 0 bis 9 lesen.
2. Anzahlkonzept: Zahlworte und Zahlsymbole im ZR 9 den entsprechenden Mengen zuordnen, qualitative Mengenveränderungen im ZR 10 (*wird weniger/wird mehr*, wenn Objekte weggenommen/hinzugefügt werden) voraussagen.
3. Mengenrelationen: Mindestens eine Zerlegung einer Menge im ZR 5 benennen, von zwei Mengen im ZR 10 die größere/kleinere bestimmen, den Unterschied zwischen zwei Mengen durch eine Relationalzahl (wie *zwei mehr / einer weniger als*) ausdrücken.

Das Erreichen von Lernzielen, die auf solche Weise formuliert sind, lässt sich systematisch im Kontext der Arbeit mit Lern- und Entwicklungsplänen überprüfen (vgl. Bundschuh, 2007). Lernziele in Entwicklungsplänen, in denen typischerweise Zeiträume von etwa einer Woche bis hin zu einem Monat dokumentiert werden, sind häufig noch stärker differenziert (vgl. Fricke & Streit-Lehmann, 2015, S. 174 ff.); beispielsweise ließe sich noch präzisieren, ob *benennen* im Sinne von *automatisiert auswendig mitteilen* oder eher im Sinne von *spontan herausfinden und dann in Worte fassen* gemeint ist.

Die Intervention, die für die vorliegende Arbeit durchgeführt wurde, wird empirisch auf ihr Potenzial hin untersucht, bei den Stichprobenkindern eine förderliche Wirkung auf deren mathematische Kompetenzen hervorzurufen. Die oben vorgestellte Systematik A)-C) stellt einen Bezugsrahmen dar, der eine Vorortung dieser Intervention erlaubt:

Der Begriff *Förderung* wird in dieser Arbeit vorrangig im Sinne der Bedeutungsvariante B) verstanden, und zwar in einer eher weit gefassten Begriffsauslegung.

Förderaktivitäten im Sinne von B) sind geprägt durch ko-konstruktive Settings, in denen die beteiligten Erwachsenen ein Bewusstsein für die von Wygotski (1987) formulierte „Zone der nächsten Entwicklung" der ihnen anvertrauten Kinder zeigen und nicht nur Kooperations- sondern insbesondere auch Kommunikationspartner*innen für die Kinder sind. Die sich aus diesem Bewusstsein ergebenden Konsequenzen für Erziehende hinsichtlich der Auswahl geeigneter Maßnahmen fasst Textor (2000) folgendermaßen zusammen:

> Für Eltern, Erzieher/innen und Lehrer/innen bedeutet dies, dass erzieherische und bildende Maßnahmen nur sinnvoll und Erfolg versprechend sind, wenn sie in die Zone der nächsten Entwicklung des Kindes fallen – liegen sie auf dem aktuellen Entwicklungsniveau, lernt das Kind nichts hinzu, liegen sie oberhalb der Zone der nächsten Entwicklung, ist das Kind überfordert oder frustriert. Eine gute Erziehung, Anleitung und Bildung sind also immer der kindlichen Entwicklung ein wenig voraus. So wird das Kind herausgefordert, ist es motiviert zu lernen. (ebd., S. 78)

Ko-konstruktive Settings sind als solche aber nicht nur dadurch gekennzeichnet, dass eine erwachsene Person *anwesend* ist, sondern Studien haben schon in den 1980er und 90er Jahren die *Qualität* der sozialen Interaktion mit Erwachsenen als bedeutsam für kindliche Lernprozesse nachgewiesen. Rogoff, Mosier, Mistry und Göncü (vgl. 1993, S. 233 ff.) bezeichnen mit *guided participation* den aktiven Einbezug von Kindern in allgemein kulturelle Praktiken, bei denen sie durch ihre Bezugspersonen angeleitet, unterstützt und herausgefordert werden. Der kindliche Kompetenzerwerb kann deshalb auf diese Weise gut gefördert werden, weil die Erwachsenen ein geeignetes Herausforderungsniveau wählen können, etwa weil sie sich der Zone der nächsten Entwicklung nach Wygotski bewusst sind, oder intuitiv aus pädagogischem Gespür heraus. *Guided participation* beziehen Rogoff et al. nicht nur auf akademische Kompetenzen im Kontext von *literacy* und *numeracy*, sondern auch auf ganz allgemeine lebenspraktische Fähigkeiten. In der Intervention der vorliegenden Arbeit werden die Stichprobenkinder und ihre Eltern ermutigt, *guided participation* bei der gemeinsamen Beschäftigung mit mathematikhaltigen Büchern und Spielen zu praktizieren.

5.2   Förderansätze und Befunde zu Fördereffekten

Die Förderung mathematischer Kompetenzen junger Kinder wird überwiegend als wichtige Aufgabe aller am Bildungsgeschehen Beteiligter angesehen und durch unterschiedliche Ansätze, Konzepte und Aktivitäten realisiert. Ein Überblick aktueller Themenfelder der Förderung in der frühen Kindheit aus interdisziplinären Perspektiven ist bei Cloos, Koch & Mähler (2015) zu finden. Darin werden ältere und neuere Theorien der Entwicklungspsychologie, der Grundschulforschung, der Fachdidaktiken sowie der Professionsforschung gegenübergestellt.

In diesem Unterkapitel sollen einige Ansätze für die frühe mathematische Förderung aufgezeigt werden. Dabei werden insbesondere die beiden Lebenswelten Familie und Kita in den Blick genommen. Die vorgestellten Förderansätze für Kinder im Vorschulalter zeigen eine Vielfalt an Zielen, Settings, Aktivitäten sowie pädagogischen und didaktischen Grundannahmen. Ihnen gemeinsam ist jedoch die Annahme, dass die Förderaktivitäten grundsätzlich von einer Fachkraft, also Erzieher*in oder Lehrer*in, geplant und durchgeführt bzw. angeleitet werden. Mathematische Förderung wird an dieser Stelle somit als eine professionelle Praktik verstanden.

Es existieren unterschiedliche Kategorisierungen zur Beschreibung von Förderansätzen, beispielsweise hinsichtlich der Modularität der Programme (vgl. L. Friedrich & Smolka, 2012, S. 185) oder hinsichtlich unterschiedlicher Kombinationen von Bildungsorten und Adressat*innen (vgl. Leseman, 2008, S. 131). Grundsätzlich ist es möglich, mathematische Förderansätze, unter Beachtung weiterer Aspekte, sinnvoll in zwei Gruppen einzuteilen, nämlich bezogen auf die vorrangig von einer Fachkraft adressierten bzw. einbezogenen Personen: erstens Aktivitäten, die sich auf die Bildungsarbeit mit dem Kind beschränken, und zweitens Aktivitäten, die die Eltern explizit in die Bildungsarbeit mit einbeziehen. Der Begriff *Bildungsarbeit* soll hier als *auf das Kind ausgerichtet* verstanden werden in dem Sinne, dass die vorrangigen Förderziele die kindliche mathematische Entwicklung betreffen.

Der inhaltlichen Ausrichtung der Förderansätze liegen oft spezifische Entwicklungsmodelle zugrunde (siehe Unterkapitel 2.4). Die an dieser Stelle getroffene Auswahl der Konzepte soll eine gewisse Vielfalt abbilden. Sie ist zum einen bestimmt durch die Bekanntheit beziehungsweise Verbreitung der vorgestellten Ansätze, und zum anderen stellen einige Konzepte Vertreter bestimmter pädagogischer und fachdidaktischer Ausrichtungen dar. Bewusst nicht berücksichtigt sind hierbei Projekte, die vorrangig auf die Aus- und Fortbildung von Erzieher*innen abzielen, wie etwa *Minis und Erwachsene entdecken Mathematik (MiniMa)* (Benz, 2010), und Ansätze, die wie das *Haus der kleinen Forscher* (zur Evaluation des Themenfeldes Mathematik siehe den entsprechenden Band der Stiftung Haus der kleinen Forscher, 2017) neben Mathematik auch andere Themenfelder wie Naturwissenschaften in den Vordergrund rücken.

Großen Einfluss hatten in den letzten drei Jahrzehnten mathematische Förderkonzepte aus dem englischsprachigen Raum, beispielsweise das *Mathematics Recovery Programme* (MRP) nach Wright, Martland und Stafford (2008), *Number Worlds* (Griffin, 2004a; 2004b), *Building Blocks* (Sarama & Clements, 2002), das spielerisch orientierte Programm *Galaxy Math* (Fuchs, Fuchs & Bryant, 2010), oder das Förderprogramm *Big Math for Little Kids*, kurz: BMLK (Greenes, Ginsburg & Balfanz, 2004), bei dem besonderen Wert auf die Entwicklung einer tragfähigen mathematischen Fachsprache gelegt wird, was wiederum hohe Anforderungen an die begleitenden Erzieher*innen stellt (vgl. Ginsburg, Cannon, Eisenband & Pappas, 2006, S. 221 f.). Einige dieser Programme wurden für andere Länder bzw. Sprachen adaptiert, auch in Deutschland, beispielsweise *Wunderland Mathematik* (Schiller & Peterson, 2001), das auf dem Programm *Count on Math* mit dem Untertitel *Activities for Small Hands and Lively Minds* (Schiller & Peterson, 1997) basiert.

Eine Zusammenfassung einiger größerer US-Projekte, die im Rahmen einer nationalen Bildungsforschungsoffensive entstanden sind, ist beispielsweise bei Clements, Sarama und DiBiase (2004) zu finden. Ihnen ist häufig eine lehrgangsartige Struktur gemeinsam, die aus Lerneinheiten aufgebaut sind, die von den *kindergarten teachers* initiiert und angeleitet bzw. durchgeführt werden.

Eine Ausnahme bildet hierzu *Mathe-Kings*, das als maximal alltagsnahes und ganzheitliches Förderkonzept beschrieben werden kann (Hoenisch & Niggemeyer, 2019). Das Konzept stammt aus den USA und wurde erstmalig in den 1990er Jahren im Rahmen des *Stepping Stones*-Förderprogramms umgesetzt, das sich an Vierjährige richtet, „die Gefahr laufen, im Kindergarten nicht erfolgreich zu sein" (ebd., S. 17). Aus dem Förderkonzept ist im deutschsprachigen Raum eine interaktive Wanderausstellung entstanden (*Mathe-Kings und Mathe-Queens*[2]), die sich an vier- bis achtjährige Kinder und ihre Erzieher*innen und Lehrer*innen richtet.

Eine wissenschaftliche Fundierung oder Evaluation gibt es zu *Mathe-Kings* nicht. Gasteiger (2010) hat jedoch in ihrer Studie gezeigt, dass eine alltagszentrierte Förderung in der Kita erfolgreich ist, wenn die Erzieher*innen befähigt sind

> für mathematisch herausfordernde Lernumgebungen zu sorgen, in Situationen des Alltags mathematische Lerngelegenheiten zu erkennen und diese z. B. durch gezielte Impulse als Lernanregungen für die Kinder zu nutzen. (ebd., S. 172)

Big Math for Little Kids (BMLK) ist ein klassisches Kursprogramm für Vorschulkinder. Die Evaluation von BMLK hat die wichtige gestaltende Funktion der begleitenden Erwachsenen bestätigt – sogar in solch eher lehrgangsartig angelegten Förderansätzen:

> Although the curriculum does provide detailed descriptions of the activities, and often includes suggested questions or wordings, the activities are far from scripted. This leaves plenty of room for individual interpretation and variation, even when the teachers follow the general activity guidelines. Furthermore, these differences in implementation could affect the quality of instruction. (Lewis Presser et al., 2015, S. 420)

---

[2] https://wamiki.de/ausstellungen/mathekings/ Zugriff am 19.08.2019

Außerdem hat die BMLK-Evaluation ergeben, dass besonders Kinder aus Familien mit niedrigen sozioökonomischen Ressourcen von der Teilnahme an BMLK profitieren; die Autor*innen vermuten, dass dies auch an der starken Betonung von Sprache in BMLK liegt (ebd., S. 421 f.).

Unterschiede in den mathematischen Kompetenzen können häufig durch den unterschiedlichen SES der Herkunftsfamilien der Kinder erklärt werden (siehe auch Unterkapitel 4.2). Dies wurde auch im *Berkeley Math Readiness Project* (A. Klein & Starkey, 2004) beobachtet. Bei der Evaluation dieses Projekts im Rahmen eines Pre-Post-Designs zeigte sich ein großer Unterschied zwischen Kindern aus Familien mit einem mittleren SES und Kindern aus Familien mit einem niedrigen SES (vgl. ebd., S. 357): Die Mittelschichtkinder schnitten sowohl beim ersten als auch beim zweiten Messzeitpunkt deutlich besser ab, aber der Unterschied zu den Kindern aus Familien mit niedrigem SES verringerte sich zum zweiten Messzeitpunkt hin immerhin nennenswert, das heißt, die Kinder aus Familien mit einem niedrigen SES profitierten stärker von der Teilnahme am *Berkeley Math Readiness Project*, was hinsichtlich ethischer und ökonomischer Überlegungen begrüßenswert ist. Gleichzeitig betonen die Autor*innen die Notwendigkeit der individuellen Diagnostik und Förderung, egal welchen familialen Hintergrund ein Kind hat (vgl. ebd., S. 357 f.).

Das Konzept der *math readiness* bezieht sich explizit auf künftiges erfolgreiches schulisches Mathematiklernen, und auch beim *Galaxy Math*-Programm oder den *Number Worlds* steht Anschlussfähigkeit im Vordergrund. Dies hat in deutschsprachigen Förderansätzen keine Tradition (siehe Unterkapitel 4.3).

Eine gewisse Ausnahme bildet das Projekt *mathe 2000*, das seit 1987 auf die Entwicklung eines geschlossenen, stufenübergreifenden Konzepts zum Mathematiklernen abzielt, das „von der vorschulischen Erziehung bis zur Universität reicht" (Wittmann, 2004, S. 50). Dazu wurden Curricula für die Kita entwickelt, die nahtlos an das schulische Mathematiklernen anschließen. Die Curricula sind in Form von Büchern, Arbeitsheften, Materialien und Spielen aufbereitet worden. *Das kleine Zahlenbuch* und *Das kleine Formenbuch* decken mit Zahlen und Operationen bzw. Raum und Form wichtige Teile der inhaltsbezogenen Kompetenzen der Bildungsstandards umfassend ab und gelten damit als Vertreter eines Konzepts, das direkt an ein verbreitetes Lehrwerk für die Grundschule (*Das Zahlenbuch*) anknüpft. Die inhaltliche Ausrichtung von *mathe 2000* ist geprägt durch eine ausdrücklich mathematische, strukturorientierte Fundierung, die mit dezidierten didaktischen Grundannahmen verbunden wird.

Übergeordnetes Ziel des Forschungsprojekts *TransKiGs*[3] war in den 2000er Jahren die Verbesserung des Übergangs zwischen Kita und Grundschule. Dabei wurden kooperativ gemeinsame Standards zur Bildungs- und Erziehungsqualität entwickelt und in mehreren Bundesländern erprobt, die eine gemeinsame „Bildungsphilosophie" (Fried, Hoeft, Isele, Stude & Wexeler, 2012, S. 7) und konkrete Bildungspläne, Strategien und Materialien zur Übergangsgestaltung beinhalten. Zu den Materialien gehören auch das Instrument *Lerndokumentation Mathematik* (Steinweg, 2009), das zur individuellen Beobachtung und Dokumentation mathematischer Kompetenzentwicklung im Übergang Kita-Grundschule genutzt werden kann, sowie eine Sammlung konkreter Anregungsmaterialien (Sommerlatte, Lux, Meiering & Führlich, 2006), die im Kita- und Schulalltag zur Gestaltung substanzieller Lernumgebungen eingesetzt werden können.

Rund um *Galaxy Math* sind einige Forschungsarbeiten entstanden, die besonders Kinder mit schwach entwickelten Vorläuferfähigkeiten in den Blick genommen haben; einen guten Überblick liefern Fuchs, Fuchs und Gilbert (2018), die zudem zeigen konnten, dass der potenzielle Erfolg spezifischer Fördermaßnahmen nicht von der Ausgeprägtheit der Wissens- und Entwicklungslücken der Kinder abhängt. Obwohl *Galaxy Math* ähnlich wie *Wunderland Mathematik* einen starken Lehrgangscharakter hat und systematisch aus Themeneinheiten aufgebaut ist, die in festgelegter Abfolge durchlaufen werden sollen, stellen Powell und Fuchs (2012) ähnlich wie A. Klein und Starkey (2004) die Notwendigkeit individueller Förderung und Anpassung an die Voraussetzungen und Bedürfnisse einzelner Kinder heraus (vgl. Powell & Fuchs 2012, S. 14).

mathe 2000 sieht Mathematik als Fachgebiet, das in die Hände von Fachleuten gehört: Der Einbezug von Eltern beschränkt sich auf die Aufforderung, sich (schul-)pflegschaftlich zu engagieren, innovative Lehrkräfte zu unterstützen und „die breite Öffentlichkeit über zeitgemäße Formen des Lehrens und Lernens von Mathematik aufzuklären" [4]. Es gibt jedoch auch Förderansätze, die Eltern ausdrücklich als Zielgruppe adressieren und auf eine Veränderung des HLE abzielen. Ein bekannter Vertreter ist *Family Math*:

Das an der Universität Berkeley bereits in den 1980er Jahren entwickelte Programm *Family Math* (Coates & Thompson, 2003; Stenmark, Thompson & Cossey, 1986) adressiert Eltern und ihre fünf- bis zwölfjährigen Kinder vom Vorschulalter bis in die Sekundarstufe in Form von gemeinsam besuchten Kursen, die in der

---

[3] *Stärkung der Bildungs- und Erziehungsqualität in Kindertageseinrichtungen und Grundschule – Gestaltung des Übergangs* (TransKiGs)

[4] Zitat entnommen von der Projekt-Website http://www.mathe2000.de/mitarbeit-von-eltern, Zugriff am 08.03.2020

Regel an öffentlichen Orten wie Schulen oder Gemeindehäusern und -zentren stattfinden und meist von Lehrer*innen durchgeführt werden. In den Kursen spielen
Eltern und Kinder mathematikhaltige Spiele oder probieren gemeinsam andere alltagsnahe, mathematische Aktivitäten aus. Die Aktivitäten greifen einige bekannte
Spielideen auf. Dazu werden in der Regel im Haushalt ohnehin vorhandene Gegenstände wie Bastelmaterial, Würfel, Zahnstocher, Kronkorken, Reis, Sand usw. oder
kostengünstige Kopiervorlagen genutzt, aus der dann beispielsweise die klassischen
Tangram-Formen, Spielfelder, Zahlsymbolkarten usw. einfach ausgeschnitten werden können.

Die in verständlicher Alltagssprache verfassten *Family Math*-Bücher richten sich
sowohl an Kursleiter*innen als auch an Eltern, denn einerseits werden die Eltern
direkt mit Tipps angesprochen, wie sie für ihre Kinder ein mathematikfreundliches
HLE gestalten können, und andererseits finden Kursleiter*innen organisatorische
Hilfen und Vorschläge, wie solche Kurse beispielsweise vorbereitet, beworben und
evaluiert werden können.

Besonders angesprochen wurden in der Entstehungszeit Eltern mit lateinameri-
kanischem Migrationshintergrund, daher wurden in den USA auch viele Kurse auf
Spanisch angeboten. Weitere wichtige Zielgruppen sind Familien mit niedrigem
SES, *Native Americans* sowie afroamerikanische und Hmong/chinesische Familien
(vgl. Coates & Thompson, 2008, S. 214). Auf diese Weise wird deutlich, dass das
Family Math-Programm die Bedeutsamkeit des HLE besonders betont und dabei
sehr konkrete Vorschläge für gemeinsame Lernerfahrungen macht, die unabhängig vom SES der Eltern oder vom Leistungsstand der Kinder von den Familien
gleichermaßen gut umgesetzt werden können. Der Ansatz der Niedrigschwelligkeit
ist besonders wichtig, wenn vorrangig Familien erreicht und gefördert werden sollen, die sich in benachteiligenden Situationen befinden. Dieser Ansatz wird in der
Intervention, die für die vorliegende Arbeit durchgeführt wurde, aufgegriffen.

In *Wunderland Mathematik* und *Mathe-Kings* sind Eltern zwar nicht direkt
adressierte Kursteilnehmer*innen, aber es ist explizit eine intensive, teils direktive
Informationspolitik vorgesehen, durch die die Eltern regelmäßig über die Lerninhalte und Fortschritte des Kindes unterrichtet werden und außerdem konkrete
Vorschläge erhalten, wie sie die in der Bildungsinstitution verorteten Förderbemühungen zuhause weiter unterstützen können.

Der im Folgenden vorgestellte Förderansatz greift dies auf und liegt auch dem
Forschungsdesign der vorliegenden Arbeit zugrunde:

Das Projekt *Entdecken und Erzählen (Enter)* wurde Anfang der 2010er Jahre
mit dem Ziel entwickelt, Familien mit Kita-Kindern in sozialen Brennpunkten zu
family literacy- und *numeracy*-Aktivitäten anzuregen (Bönig & Thöne, 2017). Der
größte Teil der adressierten Familien hat gering ausgeprägte Deutschkenntnisse.

Durch die Förderung des HLE während der Kita-Zeit sollten die Bildungschancen der Kinder verbessert werden. Die Aktivitäten umfassen das Vorlesen von (Bilder-) Büchern und das gemeinsame Spielen von Gesellschaftsspielen. *Enter* soll die Sprachkompetenzen, genauer: die Erzählfähigkeit, sowie die arithmetischen und geometrischen Kompetenzen der Kinder verbessern.

Den am *Enter*-Projekt teilnehmenden Kitas wurden Bücher (plus ggf. zugehörige Hörspiele) und Spiele als Materialsammlung, präsentiert in einer Schatzkiste, zur Verfügung gestellt, die diese wiederum an die Familien ausleihen. Die Materialsammlung besteht aus kommerziellen Bücher und Spielen in mehrfacher Ausführung, die hinsichtlich ihres didaktischen Potenzials bezüglich *literacy* und *numeracy* ausgewählt wurden, ergänzt durch eigens konzipierte Materialien (vgl. Bönig, Hering & Thöne, 2014). Die Logistik ist ein großer Unterschied zu *Family Math*: *Enter* ist nicht als Kurs angelegt ist, der von Kindern und Eltern gemeinsam zum Beispiel in der Kita (oder anderswo) besucht wird, sondern es werden im Rahmen des alltäglichen Kitabesuchs direkt zunächst nur die Kinder adressiert. Die Kinder werden dann aufgefordert, die Materialien, die bei *Enter* zum Einsatz kommen, zuhause mit ihren Eltern zu nutzen. Dazu werden die Materialien vor dem Ausleihvorgang während eines wöchentlich stattfindenden *Enter*-Stuhlkreises in der Kita vorgestellt und ausprobiert. Im Anschluss an die heimische Nutzung der Materialien mit ihren Familien können die Kinder davon im Stuhlkreis berichten. Die Stuhlkreisarbeit gilt als „zentrales Projektelement" (Bönig & Thöne, 2017, S. 32). In diesem Setting werden die Kinder dabei unterstützt, von ihren Erfahrungen mit den Büchern und Spielen zu berichten, indem sie die folgenden Fragen beantworten:

1. *Wer bist du?*
2. *Was hast du gelesen / gespielt?*
3. *Mit wem hast du gelesen / gespielt?*
4. *Was passiert in der Geschichte? / Wer hat gewonnen?*
5. *Was fandest du spannend? / Gibt es einen Trick bei dem Spiel? / Wie oft hast du gespielt?*
6. *Wie hat es dir gefallen?*

Als Forschungsprojekt werden die *Enter*-Stuhlkreise durch Lehramtsstudierende unterstützt (vgl. Bönig, 2013, S. 21), so dass beispielsweise das Ausprobieren der Spiele in betreuten Kleingruppen erfolgen kann. Zudem werden die Eltern zu unregelmäßigen Lese- und Spielnachmittagen in die Kita eingeladen, um dort noch intensiver mit den *Enter*-Materialien umzugehen (vgl. ebd., S. 22). Eine Auswertung des *Enter*-Projekts hat gezeigt, dass tatsächlich ein Großteil der Familien mit diesen Angeboten erreicht werden konnte, wenngleich die Autor*innen auch von Schwierigkeiten berichten, die Eltern kontinuierlich in das Ausleihgeschehen einzubinden. Bezogen auf den Kompetenzzuwachs der Kinder berichten Bönig und Thöne (vgl. 2017, S. 35 f,) insbesondere von Erfolgen hinsichtlich der Entwicklung des Wortschatzes und der Erzählfähigkeit.

Die Begleitforschungen zu *Family Math* sind ebenfalls überwiegend qualitativ in teilnehmenden Beobachtungen angelegt; eine Übersicht ist beispielsweise bei Coates & Thompson (2008) zu finden. Neben dem mathematischen Lernerfolg und der positiven Beeinflussung von Bildungsverläufen steht bei *Family Math* das persönliche Kompetenzerleben der Eltern und Kinder, die gemeinsame lernförderliche Beziehungsgestaltung sowie die Freude an intellektuellen Herausforderungen im Vordergrund. Dies wird deutlich, wenn man sich die haltungsbezogenen Programmziele vor Augen führt, beispielsweise *„Provide positive mathematics experiences for students and their parents together"* und *„Give children an opportunity to see that their parents value mathematics"* (Coates & Asturias, 2008, S. 189).

Viele andere Förderansätze wurden aus psychologisch-psychometrischer Perspektive in quantitativen Treatment- und Kontrollgruppendesigns entwickelt und evaluiert, beispielsweise *Zahlenland* (G. Friedrich & Munz, 2006), *Mengen, zählen, Zahlen* (Krajewski et al., 2007), kurz: MZZ, *Zahlenzauber* (Clausen-Suhr et al., 2008), *Mit Baldur ordnen, zählen, messen* (Clausen-Suhr, 2011), *Mathematics Recovery* (Smith, Cobb, Farran, Cordray & Munter, 2013) und *Galaxy Math* (vgl. Fuchs et al., 2018).

Das Trainingsprogramm *Mina und der Maulwurf* (Fritz & Gerlach, 2011) beruht wie das *Mathematik- und Rechenkonzepte im Vor- und Grundschulalter – Training* (MARKO-T) (Gerlach, Fritz & Leutner, 2013) auf dem Entwicklungsmodell von (Fritz und Ricken, 2008) (siehe Unterkapitel 2.5) und ist als Förderbox aufbereitet. *Mina und der Maulwurf* wurde von der Autor*innengruppe im Kontrollgruppendesign evaluiert. Im Rahmen der Evaluation wurden unter anderem Kinder mit schwachen Sprachverständnisleistungen (vgl. Ehlert & Fritz, 2016), ein Großteil mit Deutsch als Zweitsprache, im letzten Kindergartenjahr mit dem *Mina und der Maulwurf*-Programm gefördert. Ein Teil der sprachlich schwachen Kinder hatte auch besonders schwach entwickelte mathematische Kompetenzen, der andere Teil war mathematisch unauffällig. Die Evaluation ergab, dass bei Kindern, die lediglich Sprachverständnisschwierigkeiten aufwiesen, Fördereffekte sowohl hinsichtlich Mathematik als auch hinsichtlich der Entwicklung des Sprachverständnisses beobachtet werden konnten. Kinder hingegen, die in beiden Kompetenzbereichen schwache Leistungen zeigten, erreichten nach der Förderung signifikant bessere mathematische Leistungen als die Kontrollgruppe. Fördereffekte hinsichtlich der

Sprachverständnisleistungen konnten bei dieser Gruppe jedoch nicht festgestellt werden.

In einer weiteren Studie wurden die Effekte des Einsatzes von *Mina und der Maulwurf* mit den Effekten einer alltagsintegrierten Förderung verglichen. Die Erzieher*innen beider Treatmentgruppen erhielten eine fünfteilige Fortbildung zum Thema. Gruppe 1 wurde dann in der Durchführung von *Mina und der Maulwurf* geschult, Gruppe 2 wurde „für den mathematischen Gehalt in Alltagssituationen sensibilisiert" und erarbeitete „selbstständig Förder-, Spiel- und Gestaltungsmöglichkeiten zu den zentralen mathematischen Konzepten" (Langhorst, Hildenbrand, Ehlert, Ricken & Fritz, 2013, S. 126). Bei dieser Untersuchung verbesserten sich im Vergleich mit der Kontrollgruppe nur diejenigen Kinder, die am *Mina und der Maulwurf*-Programm teilgenommen hatten, nicht jedoch die alltagsintegriert geförderten Kinder, was auf unzureichende Intensität und Qualität der Begleitung durch die Erzieher*innen zurückgeführt wurde (vgl. Langhorst et al., 2013, S. 131).

Es gab einige Studien, die explizit verschiedene *Fördersettings* in Hinblick auf ihre Wirkungen untersucht haben, beispielsweise *Spielend Mathe* (Quaiser-Pohl, 2008, S. 107), *MATHElino* (Royar & Streit, 2010) und das Projekt *Spielintegrierte mathematische Frühförderung* (SpiMaF) (Hauser, Vogt, Stebler & Rechsteiner, 2014). Die wichtige Rolle der begleitenden Erwachsenen wird hier sämtlich betont. Dem Begriff *Fördersetting* liegt zumeist die Bedeutungsvariante C) zugrunde, die in Unterkapitel 5.1 ausgeführt wurde; er umfasst neben der förderdiagnostischen Perspektive im Sinne von C) auch infrastrukturelle und organisatorische Aspekte.

Im Kontext der Förderung von sprachlichen bzw. kommunikativen Fähigkeiten im Kita-Alter heben Bertau und Speck-Hamdan (2004) insbesondere zwei Zielgruppen hervor: Kinder mit anderen Herkunftssprachen und Kinder in Armutslagen. Eine wirksame Förderung vor allem für diese Kinder ist den Autorinnen zufolge durch fünf Merkmale gekennzeichnet (vgl. ebd., S. 114 f.): Sie muss früh einsetzen, in emotional sicher gebundenen Situationen erfolgen und im Dialog mit unterstützenden Erwachsenen stattfinden. Weiterhin muss wirksame Förderung abgestimmt zwischen den unterschiedlichen Institutionen verlaufen (Stichwort: Anschlussfähigkeit) und auf Langfristigkeit angelegt sein, also dauerhaft und verlässlich stattfinden.

Die Autorinnen machen zudem vier Vorschläge für konkrete Förderaktivitäten, die den „besonderen Bedingungen der genannten Zielgruppen" (ebd., S. 116) gerecht werden. Zwei davon, die *Spielothek* und die *Sprachwerkstatt*, wurden im Rahmen der Intervention für die vorliegende Arbeit umgesetzt, mit deutlichem Schwerpunkt auf dem Konzept *Spielothek*, das das Ausleihen von Familien- und Gesellschaftsspielen unter pädagogischer Begleitung vorsieht. Dies wird im folgenden Kapitel ausführlich vorgestellt.

Einen ähnlichen Versuch, Merkmale positiv wirksamer Förderarbeit aufzuzählen, unternehmen Fuchs et al. (2008). Sie formulieren sieben schlagwortartige Prinzipien, die erfolgreiche mathematische Förderarbeit ausmachen. Diese sind zwar im Kontext der Förderarbeit mit rechenschwachen Drittklässler*innen anstatt Vorschulkindern entwickelt und validiert worden, trotzdem lassen sich viele Prinzipien auf die Arbeit mit jüngeren Kindern übertragen:

- instructional explicitness,
- instructional design to minimize learning challenges,
- attention to conceptual foundation of the mathematics,
- drill and practice,
- cumulative review,
- systematic motivation to promote self-regulation and encourage students to work hard,
- ongoing progress monitoring to quantify response and formulate individually tailored programs as needed. (ebd., S. 89)

Im Vergleich zu der Aufzählung von Bertau und Speck-Hamdan (2004) ist der größte Unterschied sicherlich die Betonung des Übens und sich Anstrengens. Ohne Bezugnahme auf konkrete Förderinhalte und methodische Schwerpunktsetzung, sondern generell bezogen auf kompensatorische Förderung haben T. Schmidt und Smidt (2014) die Aufzählung von Bertau und Speck-Hamdan (2004) erweitert und teilweise konkretisiert. Diese Bedingungen, die als allgemeine Anforderungen an wirksame Fördermaßnahmen in der Kita verstanden werden können, werden im Folgenden in Anlehnung an T. Schmidt und Smidt (vgl. 2014, S. 142) zusammengefasst: Die Förderung soll...

- ...alters- und entwicklungsangemessen und an den Interessen des Kindes orientiert sein,
- ...curricular verortet und gleichzeitig breit angelegt sein,
- ...umfangreich und intensiv sein,
- ...frühzeitig ansetzen und einen mehrjährigen Förderzeitraum umfassen,
- ...von gut ausgebildetem pädagogischen Personal mit einem günstigen Betreuungsschlüssel durchgeführt werden,
- ...den Übergang Kita-Grundschule begleiten und unterstützen,
- ...Teil der Erziehungs- und Bildungspartnerschaft sein (Kontinuität, partnerschaftliches, sozial-emotional unterstützendes Entwicklungs- und Lernklima).

- Die Eltern sollen in die Förderaktivitäten eingebunden sein, z. B. über wöchentliche Hausbesuche und regelmäßige Gruppentreffen mit anderen teilnehmenden Eltern.
- Der Einbezug der Eltern soll auf die unmittelbaren Bedürfnisse der Familie ausgerichtet sein.

Anhand dieser Aufzählung erscheinen viele ernüchternde Befunde zu den (insbesondere langfristigen) Effekten von Förderaktivitäten erklärbar. Bei vielen Förderansätzen werden die Eltern nicht aktiv einbezogen, die Förderzeiträume umfassen typischerweise eher einige Wochen anstatt einige Jahre, die curriculare Breite ist nicht immer gegeben, und viele Autor*innen betonen insbesondere im deutschsprachigen Raum die Notwendigkeit intensiver fachmathematischer und fachdidaktischer Fortbildung der Erzieher*innen.

Der Aspekt der Kurz- und Langfristigkeit soll an dieser Stelle noch einmal herausgestellt werden: Die Tatsache, dass viele Interventionen in der Kita zu unmittelbaren, also kurzfristigen Fördererfolgen führen, während nur in geringem Maße relevant zu sein scheint, worin genau die jeweilige Intervention besteht und wie sie ausgestaltet ist, lässt Rückschlüsse auf die Qualität der Kita-Betreuung zu; dies betrifft alle drei Qualitätsdimensionen nach Tietze (2008). In *sehr guten* Kitas sollten „extra durchgeführte" spezifische Förderaktivitäten von vergleichsweise geringer Intensität und begrenzter Dauer auf der Individualebene eigentlich *keine* unmittelbaren Effekte haben, nämlich weil in sehr guten Kitas jedes Kind bereits bestmöglich gefördert wird, sodass einige weitere Fördereinheiten keinen Unterschied herbeiführen sollten. Der langfristige Nutzen von Förderaktivitäten kann naturgemäß erst im Verlauf der weiteren Bildungsbiografie, insbesondere erst nach dem Übertritt in die Grundschule beurteilt werden; dies greift die Forderung von Fuchs et al. (2008) nach *ongoing progress monitoring* auf. Langfristige Wirksamkeit dient damit nicht nur als zentrales Gütekriterium von Fördermaßnahmen, egal ob diese „extra" durchgeführt wurden oder als Standard im Bildungskonzept der jeweiligen Kita implementiert sind, sondern sie liefert auch indirekte Informationen über die Unterstützung, die Kinder (weiterhin) im Anschluss an ihre Kita-Zeit erhalten.

Zudem sollten ökonomische und ökologische Rahmenbedingungen von Förderaktivitäten berücksichtigt werden: Die Beschaffung teurer didaktischer Materialien, insbesondere im digitalen Bereich, könnte überflüssig sein, wenn gängiges Spiel- und Büchermaterial *zusammen mit ko-konstruktiven Alltagsaktivitäten* bereits ausreicht, um jungen Kindern eine wirksam lernförderliche Umgebung zu bieten. Dieser Ansatz wird im folgenden Kapitel wieder aufgegriffen.

5.3   Zusammenfassung

In diesem Kapitel wurden die Grundlagen, Gestaltungsmöglichkeiten und Wirkungen mathematischer Förderarbeit dargestellt. Die Begriffsklärung in Unterkapitel 5.1 erlaubt eine Positionierung hinsichtlich desjenigen Verständnisses des Begriffs *Förderung*, wie er für die vorliegende Arbeit verwendet wird: Förderung wird in dieser Arbeit vorrangig als *soziale Interaktion* in ko-konstruktiven Settings in einer eher weit gefassten Begriffsauslegung verstanden (vgl. Wischer, 2014); dies wird im folgenden Kapitel durch die Beschreibung der Intervention noch weiter ausgeführt. Zudem wurden weitere Bedeutungsvarianten aufgezeigt und analysiert, die in einem Spannungsfeld anzusiedeln sind, das einerseits allgemeine Lerngelegenheiten für alle Kinder und andererseits spezifische Reaktionen auf diagnostisch festgestellte, zumeist defizitär interpretierte, individuelle Lernrückstände umfasst (vgl. Benz et al., 2015).

In Unterkapitel 5.2 wurden unterschiedliche Förderansätze vorgestellt, die trotz eines ähnlichen übergeordneten Ziels dieser Ansätze – das Angebot sinnvoller und spezifischer mathematischer Lerngelegenheiten – eine große Bandbreite an Ausgestaltungen aufweisen, die auf durchaus sehr unterschiedlichen inhaltlich-didaktischen Konzepten und Sichtweisen auf mathematische Lernprozesse beruhen und daher in entsprechend unterschiedlichen *Fördersettings* realisiert werden (vgl. Hauser, 2017; Hertling, 2020; Royar, Schuler, Streit & Wittmann, 2017). Ein zentraler Befund dieser Darstellung sind die hohen Anforderungen an Erwachsene, zumeist Erzieher*innen, die Kinder beim Erwerb früher mathematischer Kompetenzen begleiten und unterstützen. Mit diesen Anforderungen geht die Notwendigkeit hochwertiger Aus- und Fortbildung von Erzieher*innen einher: Erzieher*innen sollten sowohl bei der Durchführung programmartiger, ggf. diagnostikbasierter Trainings als auch in spontan entstehenden, ko-konstruktiven Settings (bei Gasteiger (2010, 2012, 2017): in natürlichen Lernsituationen) über umfassende Kenntnisse über die frühe mathematische Entwicklung, deren Bedeutung fürs spätere schulische Lernen und über Fördermöglichkeiten verfügen, um solche Lernsituationen möglichst wirksam mitgestalten zu können. Diesen Anforderungen werden nicht alle Erzieher*innen gerecht (vgl. Mackowiak et al., 2017), was durch die bildungs- und sozialpolitische Ausrichtung der Kita in Deutschland historisch erklärbar ist.

Eine sensible Phase in der Bildungsbiografie junger Kinder ist der Übergang Kita-Grundschule. In der Gestaltung dieses Übergangs liegen im Kontext mathematischer Förderung Hürden (vgl. Bruns & Eichen, 2017; Förster, 2015), aber auch Potenziale, die erst durch die Kooperation von Erzieher*innen und Lehrkräften aktiviert und genutzt werden können (vgl. Anders & Roßbach, 2013). In zahlreichen Projekten konnten dazu Empfehlungen erarbeitet werden (vgl. Fried et al., 2012; Knauf & Schubert, 2005; Royar & Streit, 2010; Wittmann & Müller, 2009).

Dem *home learning environment* kommt in Hinblick auf frühe mathematische Lernprozesse ebenfalls eine große Bedeutung zu. Kinder aus Familien, die sich in benachteiligenden Situationen befinden, brauchen besondere Unterstützung, das trifft insbesondere auf Kinder mit geringen Deutschkenntnissen und Kinder aus Familien in Armutslagen zu (vgl. Bange, 2016; Bertau & Speck-Hamdan, 2004). Konkrete häusliche Praktiken sind dabei wichtiger als soziologische Kategorisierungen (vgl. Sylva et al., 2004). Deshalb ist es lohnenswert, dass Eltern durch die Kita Unterstützung erhalten, ein lernförderliches HLE zu schaffen, das sowohl *literacy*- als auch *numeracy*-bezogene Praktiken einschließt.

Entsprechende Unterstützungsmaßnahmen, die die Eltern adressieren, können wiederum als Teil der professionellen Anforderungen an Erzieher*innen verstanden sowie in konkrete Förderansätze eingebunden werden. Beispiele dafür sind *Family Math*, *Wunderland Mathematik* und das *Enter*-Projekt. Dieser Ansatz ist in die methodischen Anlage der vorliegenden Arbeit eingeflossen.

Forschungsmethode

6

Der empirische Teil der vorliegenden Arbeit wird an dieser Stelle mit den Ausführungen zur methodischen Anlage der Studie eröffnet, die primär als Machbarkeitsstudie verstanden werden kann, um zu klären, ob sich die gewählte Intervention auch in der Fläche zur Förderung früher mathematischer Kompetenzen eignet. Die Bewertung der Intervention erfolgt mit Hilfe von *Evaluation*:

> Ergebnisse der Evaluationsforschung dienen in erster Linie dazu, die evaluierte Intervention zu verbessern oder Entscheidungen über die Nutzung oder Nichtnutzung bzw. Weiterführung einer Intervention zu treffen. (Döring & Bortz, 2016, S. 977)

Dabei unterscheiden Döring und Bortz zwischen Grundlagen-, Interventions- und Evaluationsforschung. Mittag und Bieg (2010) merken dazu allerdings an:

> Insbesondere bei pädagogischen Interventionen ist die Unterscheidung zwischen Interventions- und Evaluationsforschung kaum aufrecht zu erhalten, da die Entwicklung, Implementation und Evaluation pädagogischer Programme oft in einer Hand liegen. (ebd., S. 31)

Zur Bewertung der Wirksamkeit pädagogischer Interventionen nennen Mittag und Bieg (2010, S. 43) acht Kriterien, die gleichsam den Aufgabenbereich von Evaluation konkretisieren:

1. Auswahl geeigneter Untersuchungs- bzw. Evaluationsdesigns
2. Ermittlung kurzfristiger Veränderungen in den Zielindikatoren bzw. Kriteriumsmaßen im Nachtest
3. Ermittlung längerfristiger Veränderungen in den Zielindikatoren bzw. Kriteriumsmaßen im Follow-up

J. Streit-Lehmann, *Mathematische Familienförderung in der Kita*, Bielefelder Schriften zur Didaktik der Mathematik 9, https://doi.org/10.1007/978-3-658-39048-8_6

4. Ermittlung des Transfers auf programmzielrelevante Alltagssituationen und/oder Alltagsprobleme
5. Prüfung der Robustheit der Programmeffekte bei verschiedenen Vermittlungspersonen und Rahmenbedingungen
6. Prüfung auf differenzielle Programmeffekte in verschiedenen Zielgruppen
7. Prüfung der Effekte einzelner Programmkomponenten
8. Meta-Evaluation bisheriger Evaluationen

Evaluationen sollen also nicht nur Standards im Bereich der Datenerhebung und -auswertung erfüllen, sondern auch in den Bereichen Nützlichkeit, Durchführbarkeit und Nachhaltigkeit. Damit wird Evaluationsforschung nicht vorrangig durch die Forschungsmethoden von der Grundlagenforschung abgegrenzt, sondern durch ihre Kopplung an konkrete Verwertungsinteressen, beispielsweise seitens der Bildungspolitik (vgl. Kuper, 2015, S. 143 f.).

Eid, Gollwitzer und Schmitt (2013, S. 63 ff.) unterscheiden zudem zwischen quasi-experimentellen und korrelativen Ansätzen. Gemeinsam ist diesen beiden Ansätzen, dass nicht manipulierbare unabhängige Variable betrachtet werden. In quasi-experimentellen Studien wird aber der Versuch unternommen, den Einfluss personen- und/oder bedingungsgebundener Störvariablen zu verringern.

Typische abhängige Variable, die in (quasi-)experimentellen und korrelativen Designs betrachtet werden, sind in Anlehnung an Stelzl (vgl. 1999, S. 110 ff.):

a) Äußerungen, insbesondere verbale Stellungnahmen der Versuchspersonen
b) Leistungen der Versuchspersonen
c) spontanes, nicht instruiertes Verhalten der Versuchspersonen
d) physiologische Reaktionen der Versuchspersonen

In der vorliegenden Studie werden mit Hilfe von Fragebögen und Diagnostikinstrumenten Daten erhoben, die praktisch unmittelbar in Variable der Kategorien a) und b) übersetzt werden können.

Werden gleichartige Daten an mehreren Zeitpunkten gemessen und aufeinander bezogen, handelt es sich um eine *Längsschnittuntersuchung*. Längsschnitt- oder Longitudinalstudien werden zur Messung von Veränderungen eingesetzt (vgl. Petermann, 1999), die durch natürliche (im Sinne einer nicht willentlich beeinflussten) Entwicklung oder auch durch gezielte Intervention zustande gekommen sein können. Üblicherweise wird eine Veränderungsmessung als die Berechnung eines Differenzbetrages von Messwerten definiert, die zu zwei verschiedenen Messzeitpunkten gewonnen wurden (vgl. ebd., S. 580).

Die zu Beginn dieser Arbeit in Unterkapitel 1.2 vorgestellten Forschungsfragen können sinnvoll im Rahmen eines quantitativen Forschungsdesigns beantwortet werden. Dazu wird ein Längsschnitt-Panel-Design im Feld gewählt, um die Wirkung der Intervention auf die mathematischen Kompetenzen der Stichprobenkinder mit dem Anspruch hoher externer Validität explanativ evaluieren zu können. Die zu diesem Zweck eingesetzten spezifischen statistischen Verfahren werden im weiteren Verlauf dieses Kapitels an geeigneter Stelle diskutiert und ausgeführt.

In den Kapiteln 2 und 3 wurden die Entwicklung und Erhebung früher mathematischer Kompetenzen mit dem Schwerpunkt auf Arithmetik umfassend dargestellt. Mit dem TEDI-MATH und dem DEMAT 1+ liegen Erhebungsinstrumente vor, die sowohl ordinal- als auch intervallskalierte Informationen ausgeben. Das EMBI-KiGa liefert ordinalskalierte Daten. Mit diesen miteinander verbunden Datensätzen soll das Konstrukt *mathematische Kompetenz* gemessen werden; dies wird in Unterkapitel 6.1 ausgeführt. Die mathematische Kompetenz stellt die abhängige Variable dar, die zur Evaluation der Interventionswirkung herangezogen wird.

In Kapitel 4 wurden insbesondere soziologische HLE-Merkmale vorgestellt. Thiessen (2013, S. 276) leitet aus der Komplexität und Mehrdimensionalität von HLE-Konstrukten forschungsmethodische Forderungen ab:

> Diese komplexe Gemengelage stellt eine anspruchsvolle Herausforderung für die Evaluations- und Wirkungsforschung im Feld der frühkindlichen Förderung und Bildung von Kindern mit Migrationshintergrund dar. Bereits die Datenerhebung erfordert für die Wahl und Konzeption der Erhebungsinstrumente spezifische Zuschnitte und Fokussierungen.(...) Deutlich wird, dass ein Mehrebenenansatz notwendig ist. Sowohl die Migrationsfamilien müssen als Adressaten im Blick sein als auch die Fachkräfte der Elternbildung und -begleitung. (ebd.)

Zur Beschreibung des HLE werden je nach Forschungsinteresse operative Praktiken, die auch proximale oder prozessbezogene Merkmale genannt werden, herangezogen (beispielsweise die Häufigkeit gemeinsamer Bilderbuchlektüre) und/oder statusbezogene Merkmale wie beispielsweise der SES und dessen unterschiedliche Ausgestaltungen im Sinne von Becker (2017). Die gesprochene Familiensprache äußert sich zwar durch die Praktik des Sprechens, kann aber ebenso sinnvoll zu den Statusmerkmalen gezählt werden, weil die Familiensprache zumindest mittelfristig als Konstante gelten kann. Da eine nichtdeutsche Familiensprache eine zentrale Hürde darstellen kann, wenn Eltern auf Deutsch angesprochen werden bzw. mit auf Deutsch verfassten Schriftmaterialien umgehen sollen, stellt die Familiensprache ein wichtiges HLE-Merkmal in der vorliegenden Studie dar. Außerdem interessieren Zusammenhänge mit der Migrationsgeschichte und dem Bildungsgrad der Eltern, da diese Merkmale in zahlreichen Studien als hoch relevante HLE-Merkmale nachgewiesen wurden, insbesondere in Deutschland. Der Fokus auf die Familiensprache anstelle des Migrationshintergrunds in seiner in Deutschland gültigen Definition hat eine forschungsethische Komponente; Behrens (2019) beispielsweise führt das Dilemma aus, dass Forschung, die mit der Einteilung von Menschen in die Kategorien *Migrationshintergrund ja/nein* arbeitet, solche Differenzkategorien ja immer wieder selbst reproduziert. Aus diesem Grund wird für die vorliegende Arbeit erhoben, wie lange die Eltern der Stichprobenkinder bereits in Deutschland leben, seit ihrer Geburt oder kürzer. Auf Konstrukte wie die ethnische Zugehörigkeit wird verzichtet. Auch der Ausdruck *soziale Herkunft*, wie ihn zum Beispiel Wendt et al. (2012) verwenden, erscheint für die vorliegende Arbeit zu diffus, da an dieser Stelle keine Aussage darüber angestrebt wird, aus welcher sozialen *Schicht* jemand stammt. Stattdessen werden einige distale HLE-Merkmale als unabhängige Variable berücksichtigt, die als solche zwar in vielen SES-Konstruktionen zu finden sind (wodurch ihr Einsatz zumindest intuitiv begründet werden kann), in ihrer Gesamtheit jedoch kein für vollständig erachtetes SES-Konstrukt darstellen. Eine Beschreibung der verschiedenen Milieus, in denen die Stichprobenkinder aufwachsen, erfolgt im ersten Abschnitt des nächsten Unterkapitels, allerdings nicht ganz so umfassend wie bei der Analyse der „milieuspezifisch und interethnisch variierenden Sozialisationsbedingungen und Bildungsprozesse", die bei Betz (2006b) zu finden ist. Gleichwohl wird der Versuch einer Orientierung an der Konstruktion der Milieus nach Betz unternommen. Die Einteilung der Milieus erfolgt bei Betz in Anlehnung an Bourdieu anhand der im Haushalt vorhandenen ökonomischen und kulturellen Kapitalressourcen (vgl. ebd., S. 128). Daten zu Einkommen, Vermögen und Beruf wurden für die vorliegende Arbeit allerdings nicht erhoben wurden, um die Teilnehmer*innen nicht unnötig zu verschrecken (wie beispielsweise Tillack und Mösko (2013) berichten), sondern stattdessen eine möglichst vollständige Teilnahme zu generieren. Daher wurden lediglich Aspekte der (Aus-)Bildung der Erwachsenen im Haushalt und die Art des Zusammenlebens erhoben. Damit wird unter Rückgriff auf die Ausführungen in Unterkapitel 4.1 ein SES konstruiert, der vorrangig Bildung und Sprachpraktiken abbildet und als solcher die Identifikation verschiedener Milieus erlaubt. Das *Milieu* gilt damit als unabhängige Variable.

Zusätzlich soll im Rahmen der vorliegenden Arbeit nicht nur die Effektivität der durchgeführten Intervention beurteilt, sondern unter Berücksichtigung ökonomischer Aspekte auch deren Effizienz abgeschätzt werden. Bildungsökonomische Betrachtungen bedienen sich häufig eines Input-Output-Modells (vgl. Timmermann & Weiß, 2015, S. 188); in diesem Zusammenhang wird stets betont, dass die Rendite effektiver Bildungsmaßnahmen umso höher ist, je früher sie innerhalb der Bildungsbiografie ansetzt. Außerdem sollen Bildungsmaßnahmen zum Abbau sozialer Ungleichheiten (vgl. Betz, 2006b, S. 121) beitragen. Beispielsweise hat Beisenherz (vgl. 2006) in diesem Zusammenhang festgestellt, dass die Bildungsausgaben, also Kosten, die Eltern etwa für zusätzlichen außerschulischen Unterricht oder Bildungsmaterialien für ihre Kinder aufwenden, in türkischen und russlanddeutschen Familien deutlich unterschiedlich hoch sind. Kinder von Aussiedler*innen erhalten „nicht nur häufiger außerschulischen Unterricht, sondern auch noch teureren" (ebd., S. 58). Unabhängig von den Ursachen für diesen Befund kann daraus ein potenzieller Nachteil für Kinder aus türkischen Familien abgeleitet werden. Die Intervention soll daher auf den Anspruch hin überprüft werden, zum Ausgleich von Bildungsbenachteiligungen beitragen zu können.

Im ersten Unterkapitel wird die Datenerhebung genauer beschrieben. Der zeitliche Ablauf wird präzisiert, dann erfolgt eine Beschreibung der Stichprobe mit Hilfe des Milieubegriffs aus Kapitel 4. Anschließend wird dargestellt, welche Daten von welchen Personengruppen zu welchem Zweck erhoben wurden. In diesem Zusammenhang wird ausgeführt, wie auf der Ebene der Stichprobenkinder die Messinstrumente eingesetzt wurden (vgl. Kapitel 3).

Nach diesen Klärungen wird die inhaltliche Ausgestaltung der Intervention dargestellt, indem die grundlegende Idee des Interventionskonzepts beschrieben wird. Dadurch wird die Intervention unter Rückgriff auf die Ausführungen in den Kapiteln 2 und 5 als Förderansatz gerechtfertigt.

Im letzten Unterkapitel wird beschrieben, welche Datenanalysemethoden zum Einsatz gekommen sind. Zum Abschluss wird zusammengefasst, mit welcher Methode die in Kapitel 1 genannten Fragen beantwortet werden sollen.

6.1 Datenerhebung

Daten wurden von drei anonymisierten Personengruppen erhoben: von allen Vorschulkindern in drei verschiedenen Kitas, ihren Eltern und den sie betreuenden Erzieher*innen. Die Anonymisierung wurde derart vorgenommen, dass Kinder- und Elterndaten miteinander personalisiert verknüpft werden können. Sowohl Kinder- und Elterndaten als auch Auskünfte von den Erzieher*innen können der jeweiligen Kita zugeordnet werden.

Informationen über das HLE wurden per Fragebogenbefragung der Eltern erhoben. Um hier alle Eltern gleichermaßen ansprechen zu können, wurde mit Hilfe einer vorausgehenden Befragung der Erzieher*innen zunächst informell festgestellt, wie gut die teilnehmenden Eltern Deutsch lesen und schreiben können. Im Falle nicht ausreichender Deutschkenntnisse wurde zudem festgehalten, welche Familiensprache zuhause jeweils gesprochen wird. Insbesondere für Familien, die aus den postsowjetischen Staaten eingewandert waren, galt es im Vorfeld mit Hilfe der Erzieher*innen sensibel abzuschätzen, ob das Angebot eines auf Russisch übersetzten Eltern-Fragebogens als freundlich aufgenommene Geste oder als übergriffige ethnisierende Zuschreibung aufgefasst werden würde. Die Erhebung der Familiensprache vorab hatte daher zwei Ziele: erstens die ggf. sinnvolle oder notwendige Übersetzung der Eltern-Fragebögen und der Interventionsmaterialien in die jeweilige Familiensprache, um eine hohe Teilnahmerate zu ermöglichen, und zweitens die Beschaffung dieser Information als unabhängige Variable zur Beschreibung des HLE, die die seitens der Eltern gemachten Angaben ergänzt. Diese Vorgehensweise folgt der Empfehlung von Dimosthenous et al. (vgl. 2019, S. 25), Daten über das HLE aus mehr als nur einer Quelle zu erheben. Die sprachlichen Kompetenzen der Kinder wurden beispielsweise über Einschätzungen der Eltern, Einschätzungen der Erzieher*innen und das Ergebnis des *Delfin 4*-Tests[1] erhoben und sichern einander somit ab. Die vorwiegend demografisch ausgerichteten Eltern- und Erzieher*innen-Fragebögen werden allerdings dem Anspruch nicht gerecht, die Eltern-Kind-Beziehungsqualität mitzuerheben, obwohl die Qualität der Eltern-Kind-Bindung als eine wesentliche Komponente gilt, das HLE von Kindern zu beschreiben.

Die Fragebögen, die an die Eltern und die Erzieher*innen ausgegeben wurden, dienten vorrangig dem pragmatischen Gewinn demografischer Angaben über die untersuchte Stichprobe. Diese Informationen flossen in die Konstruktion unabhängiger Variablen ein.

Informationen über die Stichprobenkinder stellen einerseits die biografischen und sprachbezogenen Daten dar, die mit Hilfe der Fragebogenerhebung bei den Eltern und Erzieher*innen gewonnen wurden und als unabhängige Variable genutzt werden können. Zum anderen wurden die mathematischen Kompetenzen der Kinder als abhängige Variable vor und nach der Intervention untersucht.

In den Unterkapiteln 3.2 und 3.3 wurden die beiden Instrumente zur Erfassung mathematischer Kompetenzen junger Kinder vorgestellt, die beim ersten und zweiten Messzeitpunkt zum Einsatz kamen. In der Analyse der mit dem EMBI-KiGa und dem TEDI-MATH gewonnenen Daten musste berücksichtigt werden, dass die Daten unterschiedliche Messniveaus aufweisen. Während der TEDI-MATH als normiertes Verfahren Prozentränge (sowie C- und T-Werte, die aufgrund ihres Intervallskalenniveaus für parametrische Tests verwendet werden können) ausgibt, sind die EMBI-KiGa-Rohdaten von niedrigerem Skalenniveau und teilweise qualitativer Natur, etwa informell notierte Informationen zu individuellen Lösungsprozessen.

---

[1] *Diagnostik, Elternarbeit, Förderung der Sprachkompetenz in Nordrhein-Westfalen bei 4-Jährigen (Delfin 4)*, ein standardisiertes Verfahren zur Sprachstandsfeststellung, das von 2007 bis 2014 für alle vierjährigen Kinder in Nordrhein-Westfalen vorgeschrieben war

Bei der Follow-up-Messung wurden lediglich T-Werte (dort mit dem DEMAT 1+ bei 43 Kindern) erhoben. T-Werte können prinzipiell miteinander verglichen werden – vorausgesetzt, sie messen dasselbe Konstrukt. Dies muss hier vorsichtig hinterfragt werden; die DEMAT-Autor*innen sprechen von einem „lehrplanvaliden Messinstrument" (Krajewski et al., 2002, S. 27), das als solches zumindest Aufschluss darüber gibt, in welchem Maße die Stichprobenkinder am Ende von Klasse 1 den Anforderungen des Mathematik-Lehrplans gerecht geworden sind. Dem TEDI-MATH hingegen liegt ein modulares Modell aus der kognitiven (Neuro-)Psychologie zugrunde; er ist damit ausdrücklich „kein curricular orientiertes Diagnoseinstrument" (L. Kaufmann et al., 2009, S. 16). Um die Ergebnisse, die mit TEDI und DEMAT gewonnen wurden, aufeinander zu beziehen, muss also ohne weitere empirische Prüfung eine sehr hohe bivariate Korrelation postuliert werden: Die mit dem TEDI-MATH gemessenen „numerisch-rechnerischen Fertigkeiten" bestimmen *wesentlich* über die mit dem DEMAT gemessene Schulleistung.

Die als Fördermaßnahme angelegte Intervention fand im zweiten Halbjahr des letzten Kindergartenjahrs für die Stichprobenkinder statt, die im Sommer 2012 eingeschult wurden. Die Messzeitpunkte (kurz: MZP) 1 und 2 lagen direkt zu Beginn und nach Abschluss der Intervention, welche rund vier Monate umfasste und im folgenden Unterkapitel genauer vorgestellt wird. Als Diagnostikinstrumente wurden der EMBI-KiGa und der TEDI-MATH ausgewählt. Die Stichprobenkinder wurden an beiden Messzeitpunkten jeweils an zwei zumeist aufeinanderfolgenden Tagen in Einzelinterviews befragt, am ersten Tag mit dem EMBI-KiGa und am zweiten Tag mit dem TEDI-MATH. Zum ersten Messzeitpunkt wurde zusätzlich dazu am zweiten Tag auch noch der CPM[2]-Test (Raven, Court & Bulheller, 2010) durchgeführt, um die intellektuelle Leistungsfähigkeit der Kinder zu erheben. Eltern und Erzieher*innen wurden zu den Messzeitpunkten 1 und 2 mit Fragebögen befragt (siehe Abb. 6.1).

Der CPM-Test als nonverbales Testverfahren wurde einzig zu dem Zweck durchgeführt, signifikante Unterschiede zwischen den intellektuellen Leistungsfähigkeiten – speziell: logisches Schlussfolgern und sprachfreie Intelligenz (vgl. Kiese-Himmel, 2012) – der drei untersuchten Kita-Gruppen auszuschließen. Eine ausführliche individuelle Intelligenzdiagnostik fand nicht statt und war auch nicht intendiert.

Die Intervention sah einen Ausleihbetrieb mathematikhaltiger Materialien vor, die die Kitas zur Ausleihe bereit hielten und von den Kindern für einige Tage mit nach Hause genommen werden sollten; dies wird noch näher in Unterkapitel 6.4 ausgeführt. Während der Intervention fanden monatliche Besuche in den Kitas statt, um den bisherigen Ausleihstand zu dokumentieren und nach Bedarf organisatorische

---

[2] *Coloured Progressive Matrices* (CPM)

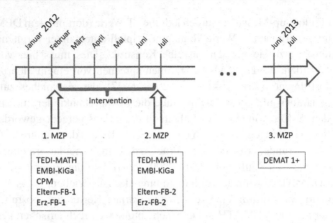

Abbildung 6.1 Ablauf der Datenerhebung zu drei Messzeitpunkten

Fragen zu klären. Ende Juni/Anfang Juli lag der zweite Messzeitpunkt, zu dem die Kinder erneut mit dem TEDI-MATH und dem EMBI-KiGa interviewt wurden. Hier konnten bis zum Beginn der Sommerferien 57 Datensätze der 58 Stichprobenkinder erhoben werden.

Zum dritten Messzeitpunkt, ein Jahr nach Abschluss der Intervention, fand eine Follow-up-Messung statt. Diese wurde mit Hilfe des DEMAT 1+ realisiert. Mit dem DEMAT 1+ wurde jeweils die gesamte Klasse erhoben, in die die Stichprobenkinder eingeschult worden waren; erreicht wurden so 42 Kinder in 15 ersten Klassen. Die Follow-up-Messung ist notwendig, weil viele Studien im Kontext der Förderung von Kindern mit schwach entwickelten Vorläuferfähigkeiten rund um die Einschulung unmittelbar nach Ende einer Intervention kurzfristige Effekte zeigen, die innerhalb des folgenden halben oder ganzen Jahres allerdings wieder verschwinden (beispielsweise Bailey, Fuchs, Gilbert, Geary & Fuchs, 2020; B. Clarke et al., 2016; Smith et al., 2013; S. 395 ff.). Durch die Follow-up-Messung sollten daher Informationen über die Nachhaltigkeit der Intervention gewonnen werden.

6.2 Beschreibung der Stichprobe

Kurz vor dem geplanten Interventionsbeginn wurden drei geeignete Kitas in Ostwestfalen-Lippe ausgewählt. Auswahlkriterien waren eine vergleichsweise hohe Motivation der dort arbeitenden Erzieher*innen, sich an der Umsetzung der Inter-

Tabelle 6.1 Übersicht über allgemeine und sprachbezogene Kennzahlen der Stichprobe. Das Alter ist in Monaten ($\pm 1 SD$) angegeben. *nur DaZ* (Deutsch als Zweitsprache) bezeichnet hier eine nicht-deutsche Familiensprache. Der sprachliche Förderbedarf wurde mit Hilfe des *Delfin 4*-Tests festgestellt

	Kita 1	Kita 2	Kita 3	Gesamt
Kinder	15	21	22	58
Jungen	8	10	12	30
Mädchen	7	11	10	28
ØAlter	70.4 ± 4.0	69.7 ± 3.8	68.3 ± 3.4	69.3 ± 3.8
nur Deutsch	13	5	9	27
D + EU	2	1	0	3
D + non-EU	0	9	4	13
nur DaZ	0	6	9	15
sprachlicher Förderbedarf	3	4	3	12

vention zu beteiligen, und der sozioökonomische Hintergrund der Kinder, die die Kitas besuchten.

In Tab. 6.1 sind die wichtigsten Kennzahlen der Stichprobenkinder aufgelistet. Gut erkennbar ist, dass sich die Zusammensetzungen der drei Kita-Gruppen hinsichtlich Geschlecht, Alter und IQ nicht nennenswert unterscheiden.

Weiterhin wird in Tab. 6.1 deutlich, dass die drei Kitas hinsichtlich ihrer Sprachzusammensetzung ganz erhebliche Unterschiede aufweisen. In rund der Hälfte aller Haushalte, $n = 27$, wird zuhause ausschließlich Deutsch gesprochen. Dies betrifft 13 der 15 Kinder aus Kita 1. Die zwei restlichen Kinder aus Kita 1 sprechen zuhause Deutsch *und* eine EU-Sprache (Französisch und Rumänisch, jeweils die Mütter).

Von den 21 Kindern aus Kita 2 sprechen nur fünf zuhause ausschließlich Deutsch. Ein weiteres Kind spricht zuhause Deutsch und Romani, neun Kinder sprechen zuhause Deutsch und eine weitere Non-EU-Sprache (Arabisch, Persisch, Kurdisch, Russisch, Türkisch, Vietnamesisch). Sechs Kinder in Kita 2 sprechen zuhause ausschließlich eine nicht-deutsche Familiensprache (Polnisch, Kurdisch, Russisch, Türkisch). Für die häusliche Situation gilt hier also grob: Die Hälfte der Kinder wächst zweisprachig auf, rund ein Viertel spricht nur Deutsch, rund ein Viertel spricht nur nicht-Deutsch.

Von den 22 Kindern aus Kita 3 sprechen neun zuhause ausschließlich Deutsch. Von diesen neun Familien sind sechs Familien als Spätaussiedler*innen eingewan-

Tabelle 6.2 Übersicht über die Bildungskennzahlen der Stichprobe, hier zum höchsten Bildungsabschluss der Mütter (der höchste Bildungsabschluss der Partner steht jeweils dahinter in Klammern). Hochschulreife umfasst Abitur und Fachabitur

	Kita 1	Kita 2	Kita 3	Gesamt
befragte Familien ($\hat{=}N$)	15	21	22	58
Rücklauf	14	18	15	47
dieses Item beantwortet	14	17	13	44
abgeschlossenes Studium	7 (8)	0 (0)	2 (2)	9 (10)
abgeschlossene Lehre	4 (4)	5 (5)	4 (3)	13 (12)
Hochschulreife (HSR)	1 (0)	3 (2)	1 (1)	5 (3)
10–12 Jahre Schule ohne HSR	2 (2)	4 (4)	3 (2)	9 (8)
weniger als 10 Jahre Schule	0 (0)	5 (5)	1 (5)	6 (10)
keine Schulbildung	0 (0)	0 (0)	2 (0)	2 (0)
keine Angabe dazu	1	4	9	14

dert. Vier Kinder sprechen zuhause Deutsch und eine weitere Non-EU-Sprache (Russisch, Tschetschenisch, Türkisch). Ebenfalls neun Kinder sprechen zuhause ausschließlich eine nicht-deutsche Familiensprache, davon fünf Kinder Russisch.

Insgesamt lässt sich bezüglich der sprachlichen Situation zusammenfassen:

Kita 1 wird ganz überwiegend von Kindern besucht, deren Familien einen deutschen Sprachhintergrund und nur selten eine Migrationsgeschichte haben. Kita 2 und Kita 3 sind beide von großer sprachlicher Vielfalt geprägt, trotzdem weisen Kita 2 und Kita 3 deutliche Unterschiede auf: Während in Kita 2 insgesamt eine hohe sprachliche und migrationsbezogene Heterogenität festzustellen ist, besuchen Kita 3 überwiegend Kinder aus Familien, die aus Postsowjet-Staaten eingewandert sind. Ein großer Teil dieser Familien spricht zuhause ausschließlich Deutsch, ein anderer großer Teil ausschließlich Russisch, ein dritter kleinerer Teil zwei Sprachen.

Damit kann die Auswahl der drei Kitas hinsichtlich der Fragestellung als sinnvoll bewertet werden, da durch diese drei Teilstichproben drei relevante, unterschiedliche *Sprachmilieus* abgebildet werden können, die so auch in vielen anderen elementarpädagogischen Settings und Einrichtungen überall in Deutschland zu finden sind (vgl. Diefenbach, 2006).

In Tab. 6.2 ist der höchste Bildungsabschluss der Mütter[3] der Stichprobenkinder aufgeschlüsselt. Dort sind sehr unterschiedliche Bildungshintergründe zu erkennen.

---

[3] Ein Stichprobenkind ist ohne Kontakt zu seinen Eltern bei seinen Großeltern aufgewachsen. In diesem Fall wurden Angaben zur Großmutter bzw. zum Großvater als Angaben zu

Tabelle 6.3 Übersicht über die Familienkennzahlen der Stichprobe aus Sicht der Mütter. $n = 47$ Antworten

	Kita 1	Kita 2	Kita 3	Gesamt
lebt mit Vater zusammen	14	12	10	36
lebt mit anderer Person	0	3	3	6
alleinerziehend	0	1	1	2
keine Angabe dazu	0	2	1	3
1–3 Kinder im Haushalt	13	15	10	38
Kinder im Haushalt > 3	1	3	5	9
1–2 Kinder im Haushalt	9	12	8	29
Kinder im Haushalt > 2	5	6	7	18

Weniger als 10 Jahre oder gar nicht zur Schule gegangen sind nur Mütter der Kitas 2 und 3. Ein Hochschulstudium oder eine Ausbildung in einem Lehrberuf haben in Kita 1 rund drei Viertel der Mütter abgeschlossen, in Kita 2 und 3 trifft dies jeweils nur auf rund ein Viertel der Mütter zu. Besonders auffällig ist die hohe Rate der fehlenden Angaben zum mütterlichen höchsten Bildungsabschluss, diese kommt durch die verringerte Rücklaufquote der Fragebögen zustande. Die Bildungshintergründe in den drei Kitas passen vollständig zum in Kapitel 4 ausführlich beschriebenen Zusammenhang, dass Menschen mit Migrationshintergrund in Deutschland häufiger einen geringeren Bildungsgrad haben als Menschen ohne Migrationshintergrund. Weitere erhobene Familienkennzahlen sind in Tab. 6.3 zusammengefasst. Die Anzahl der Kinder im Haushalt wird später in der Diskussion der Ergebnisse erneut aufgegriffen.

Im Rahmen der Fragebogenerhebungen zum MZP 1 und 2 wurden wie im vorhergehenden Abschnitt eingangs erwähnt auch Daten über die Eltern der Stichprobenkinder gewonnen. Diese Daten betreffen vor allem familien-, sprach-, bildungs- und migrationsbezogene Informationen, die als solche wiederum dem HLE jeden Kindes zugeordnet werden können. Eine zentrale Herausforderung bestand darin, möglichst viele Eltern zur Partizipation zu motivieren, um den mit $N = 58$ ohnehin schon überschaubaren Umfang der Gesamtstichprobe möglichst wenig durch fehlende Fragebögen zu dezimieren. Da in 15 der 58 Haushalte zuhause gar kein Deutsch gesprochen wurde und in drei weiteren Familien nach Einschätzung der Erzieher*innen nicht ausreichend Deutschkenntnisse vorhanden waren um den Fra-

---

Mutter bzw. Vater behandelt. Dementsprechend sind die Großeltern dieses Kindes in den Ausführungen über die *Eltern* der Stichprobenkinder ausdrücklich mit eingeschlossen.

gebogen auf Deutsch zu bearbeiten, wurden die Fragebögen für die betreffenden Familien ($n = 18$) in die jeweilige Familiensprache übersetzt (Arabisch, Polnisch, Russisch und Türkisch). Die hohe Rücklaufquote der nicht-deutschen Fragebögen zeugt davon, dass sich die mit der Übersetzung verbundene Mühe lohnt.

Ganz überwiegend (> 90% zum MZP 1, > 80% zum MZP 2) haben jeweils die Mütter den Fragebogen ausgefüllt. Ein nennenswerter Teil der Fragebögen wurden nicht vollständig beantwortet, das heißt, einige Angaben, insbesondere auch zu den Partnern fehlen. Beispielsweise sind die Angaben zu den Migrationsgeschichten der Partner oft unvollständig. In Einzelfällen konnten fehlende Daten vor deren Anonymisierung spontan mit Hilfe der Erzieher*innen ergänzt werden, so dass zur Aufenthaltsdauer in Deutschland von immerhin 52 Müttern Daten vorliegen. Daher wird an dieser Stelle noch die Migrationssituation nur der Mütter betrachtet (siehe Tab. 6.4). Die Daten ergänzen das Bild der hohen Rate ausschließlich nicht-deutscher Familiensprachen (siehe Tab. 6.1 auf Seite 185), besonders in Kita 3, dahingehend, dass diese *nicht* durch erst kürzlich erfolgte Zuwanderung erklärt werden kann, denn *beinahe alle* Familien der untersuchten Stichprobe leben bereits länger als 5 Jahre in Deutschland. Stattdessen können die Daten als ein Beispiel für *stabile*, monolingual-herkunftssprachliche HLEs angesehen werden, die grundsätzlich in Bildungskontexten mitbedacht, akzeptiert und in Hinblick auf ihre Potenziale wertgeschätzt werden müssen.

Diese Auskünfte der Eltern zu ihren deutschen Sprachkompetenzen sind in Tab. 6.5 nach Kitas sortiert dargestellt. Die methodische Herausforderung bestand hier in einer sinnvollen Verknüpfung der möglicherweise „zweierlei Maß", mit denen die Eltern ihre Einschätzungen vorgenommen haben – je nach dem, ob sie selbst Deutsch oder eine andere Muttersprache sprechen (zu den unterschiedlichen Maßstäben siehe auch die Erklärung von Becker und Biedinger (2016) zur hohen Bildungsaspiration von Eltern mit Migrationshintergrund, die in Unterkapitel 4.1 ausgeführt ist). Die Verknüpfung wurde durch im Fragebogen transparente Filterfragen

Tabelle 6.4 Aufenthaltsdauer der Mütter in Deutschland, $n = 52$

	Kita 1	Kita 2	Kita 3	Gesamt
in Deutschland geboren	14	6	4	24
länger als 10 Jahre	1	7	9	17
seit 6 bis 10 Jahren	0	6	4	10
seit bis zu 5 Jahren	0	0	1	1
Gesamt	15	19	18	52

Tabelle 6.5 Einschätzung der eigenen deutschen Sprachkompetenzen und ihrer Kinder seitens der Eltern, $n = 46$

		Kita 1	Kita 2	Kita 3
Kinder:	sehr gut	12	9	4
	eher gut	2	6	9
	nicht gut	0	3	0
	kaum/kein Deutsch	0	0	1
Eltern:	sehr gut	13	6	2
	eher gut	1	9	7
	nicht gut	0	2	4
	kaum/kein Deutsch	0	1	1
	Gesamt	14	18	14

nach Reinders (vgl. 2015, S. 66) generiert, die speziell auf den jeweiligen Sprachhintergrund zugeschnittene Antwortmöglichkeiten aufwiesen; so hat beispielsweise die Kategorie *Ich kenne höchstens ein paar Wörter und spreche ansonsten gar kein Deutsch* als Antwortmöglichkeit für deutsche Muttersprachler*innen keinen Sinn.

Die Erzieher*innen wurden bezogen auf die Sprachkompetenzen der Stichprobenfamilien um dieselbe Einschätzung gebeten, also hinsichtlich der Kinder und hinsichtlich ihrer Eltern[4]. Dies wird im Unterkapitel 6.3 dargestellt.

Von den neun familiären Risikofaktoren, die Kluczniok (vgl. 2017, S. 5) im Kontext der BiKs-Studie beschreibt (nicht-deutsche Familiensprache, große Familien (mehr als drei Kinder im Haushalt), Frühgeburtlichkeit, geringe mütterliche Schulbildung, geringe väterliche Schulbildung, geringe mütterliche berufliche Bildung, geringe väterliche berufliche Bildung, väterliche Arbeitslosigkeit, geringes Einkommen) wurden Frühgeburtlichkeit, Arbeitslosigkeit und Einkommen in der vorliegenden Arbeit nicht erhoben. Der am Ende von Kapitel 4 formulierten Forderung, dass zur Beschreibung des HLE auch die Qualität der Eltern-Kind-Bindung herangezogen werden sollte, wird der Eltern-Fragebogen ebenfalls nicht gerecht.

Becker (2017) hat nachgewiesen, dass Kinder mit Migrationshintergrund überwiegend in Kitas gehen, in denen auch viele andere Kinder einen Migrationshintergrund haben, und Kinder deutscher Herkunft besuchen überwiegend Kitas, in denen

---

[4] Die Eltern wurden hier nicht speziell getrennt, im Sinne von *Wie gut spricht die Mutter Deutsch?* und *Wie gut spricht der Vater Deutsch?*, sondern im Vordergrund der Befragung standen die grundlegenden Kommunikationsmöglichkeiten mit den Eltern. Diese hängen vom besser Deutsch sprechenden Elternteil ab.

nur wenige andere Kinder einen Migrationshintergrund haben. Es findet also wenig Mischung statt. Dies trifft auch auf die ausgewählte Stichprobe für die vorliegende Arbeit zu:

Kita 1 ist als Elterninitiative in freier Trägerschaft und liegt von Wald umgeben in einem Stadtteil mit einem hohen Anteil teurer Einfamilienhäuser, der überwiegend von Menschen mit hohem sozioökonomischen Status bewohnt wird. Diese Tatsache bildet sich in Kita 1 ab. In dem Stadtteil gibt es eine weitere Kita, die nicht in der Stichprobe enthalten ist. Kita 1 besuchen 75 Kinder in vier altersgemischten Gruppen. Die pädagogischen Schwerpunkte liegen in der Motorik und Naturwissenschaften („Haus der kleinen Forscher")[5].

Die städtisch getragene Kita 2 liegt nahe der Innenstadt zwischen alten, gewachsenen Stadtteilen hoher Verkehrsdichte in einer Siedlung größerer Mehrfamilien- und Hochhäuser, in denen überwiegend eher einkommensschwache Menschen leben. Großteils sind dies Menschen, die *traditionellen Gastarbeiter-Milieus* (vgl. Merkle & Wippermann, 2008) angehören, sowie Senior*innen, Alleinstehende und Geflüchtete. In dem Viertel gibt es eine weitere Kita, die nicht in der Stichprobe enthalten ist. Die kulturelle Heterogenität des Viertels findet sich auch in Kita 2 wieder. Erklärter pädagogischer Schwerpunkt dieser Kita, in der rund 100 Kinder in fünf Gruppen betreut werden, ist Sprache und Integration. Von den 21 Stichprobenkindern aus Kita 2 haben 19 Kinder einen Migrationshintergrund (ca. 90 %).

Kita 3 ist in Trägerschaft der Arbeiterwohlfahrt (AWO) und und liegt in einer Trabantensiedlung, die von Ackerbauflächen umgeben und kaum an die Innenstadt angeschlossen ist. Ursprünglich für die Familien britischer Soldaten errichtet, wurden in vielen Häusern seit dem Abzug der Rheinarmee in den 1990er Jahren überwiegend Spätaussiedler*innen untergebracht. Seit den 2000er Jahren ver viele der kleinen Mehrfamilienhäuser aufgrund zunehmenden Leerstands. In Kita 3 werden rund 90 Kinder und Säuglinge in fünf Gruppen betreut, die zu einem Großteil in Familien osteuropäischer bzw. russlanddeutscher Herkunft leben. Kita 3 ist die einzige Kita in der Siedlung. Der Fokus der pädagogischen Arbeit liegt hier ebenfalls auf Sprache und Integration, außerdem auf künstlerischen und sozialen Familienprojekten. Von den 22 Kindern aus Kita 3 haben 18 Kinder einen Migrationshintergrund (ca. 82 %).

Die Beschreibung der untersuchten Stichprobe soll an dieser Stelle mit einer Zusammenfassung abgeschlossen werden, die eine Konstruktion einer unabhängigen Variablen erlaubt, die für diese Arbeit genutzt werden soll:

---

[5] Die Erzieher*innen wurde per Fragebogen zum Konzept und zu Arbeitsschwerpunkten ihrer Kita befragt. Ihre Antworten auf diese Fragen waren in keiner Kita homogen gleichlautend.

Die drei Kitas repräsentieren drei unterschiedliche *Sprachmilieus*. Kita 1 ist in einem monolingualen Millieu angesiedelt, in dem ausschließlich Deutsch gesprochen wird mit einer „Selbstverständlichkeit", wie sie Dirim und Mecheril (2010, S. 106) beschreiben. Kita 2 ist durch ein multilinguales Milieu geprägt, in denen viele Kinder zuhause zweisprachig aufwachsen, dann meist in der Kombination Türkisch/Deutsch, aber viele Familiensprachen bzw. Sprachkombinationen sind in der Stichprobe auch nur „einzeln" vertreten. In Kita 3 ist die sprachliche Vielfalt weniger stark ausgeprägt als in Kita 2 und größtenteils durch Spätaussiedlung bedingt. Der Anteil an Kindern, die zuhause ausschließlich Russisch sprechen, ist hier besonders hoch.

Damit stehen die drei Stichprobenkitas prototypisch für drei Sprachmilieus, die jeweils ihre eigenen Herausforderungen bergen:

In *Sprachmilieu 1* wird ausschließlich Deutsch gesprochen. Hier muss die Kita *besondere* Fördermöglichkeiten für den eher selten auftretenden Fall umsetzen können, dass Kinder mit DaZ bzw. geringen Deutschkenntnissen die Kita besuchen (vgl. Rakhkochkine, 2012). Möglicherweise haben die Erzieher*innen damit wenig Erfahrung; entsprechende Förderansätze orientieren sich eher an Integration als an Inklusion (vgl. Griebel & Kieferle, 2012, S. 400). Gleichzeitig ist es für den erfolgreichen Zweitspracherwerb auf hohem Sprachniveau sehr günstig, wenn die Kinder möglichst viel Kontakt zur Zweitsprache auf eben diesem Niveau haben (vgl. Kieferle, 2012, S. 344), was in Kitas, die in Sprachmilieu 1 angesiedelt sind, in aller Regel automatisch realisiert ist.

Sprachmilieu 2 ist durch Multilingualität der Kinder, Eltern und Erzieher*innen gekennzeichnet. Manche Sprachen werden nur von sehr wenigen Personen in der Kita gesprochen, sodass erhebliche Kommunikationshürden vorhanden sein können, wie sie beispielsweise Bange (2016) berichtet. Die Multilingualität ist dabei untrennbar mit Multiethnizität und Multikulturalität sowie vielfältigen Migrationserfahrungen verbunden, so dass hohe interkulturelle Kompetenzen auf Seiten der Erzieher*innen erforderlich sind, damit die Kinder und ihre Familien durch gemeinsame frühkindliche Bildungsangebote erreicht werden können.

In *Sprachmilieu 3* sind ebenfalls viele nicht-deutsche Sprechhintergründe beobachtbar, jedoch ist die alltägliche Kommunikation, anders als in Sprachmilieu 2, kaum eingeschränkt, weil sich fast alle Kinder, Eltern und Erzieher*innen aufgrund der ausgeprägten „residenziellen Segregation" (Helbig & Jähnen, 2018, S. 6) neben Deutsch auch in den ein bis zwei hauptsächlich gesprochenen nicht-deutschen Sprachen (in der vorliegenden Stichprobe insbesondere Russisch, nachrangig Türkisch) problemlos verständigen können. Diese Problemlosigkeit endet allerdings in der Regel mit dem Übertritt in die Schule, wie zum Beispiel Krüger-Potratz (2011) aus historisch-politischer Perspektive nachzeichnet.

Die für die vorliegende Arbeit durchgeführte Intervention soll also hinsichtlich ihrer Effekte innerhalb der drei Kitas analysiert werden, die prototypisch für drei unterschiedliche Sprachmilieus stehen. Mit Hilfe inferenzieller Statistik sollen die Befunde dann auf die Sprachmilieus übertragen werden. In diesem Zusammenhang soll kurz die Stichprobenauswahl reflektiert werden. Nach Beller (2004, S. 87) ist eine Stichprobe „dann repräsentativ, wenn das Auswahlverfahren keine Elemente der Population in Bezug auf die interessierenden Merkmale bevorzugt". Für die vorliegende Studie lassen sich zwei Ziehungsebenen unterscheiden: die Untersuchungskitas und die Stichprobenkinder, die jeweils eine der drei Kitas besuchen, wobei auf der Ebene der Kita keine Stichprobe gezogen wurde, sondern jeweils eine Vollerhebung stattfand. Eine einfache Zufallsstichprobe auf der Individualebene würde Repräsentativität hinsichtlich aller potenziell relevanten Merkmale der Population garantieren. Dies ist hier nicht der Fall, da ja alle Kinder

1. eine Kita besuchen (das heißt, über Kinder, die keine Kita besuchen, liefert die vorliegende Studie keine Informationen),
2. im selben Kreis wohnen (das heißt, mögliche Effekte des Wohnorts werden nicht untersucht) und
3. in eine Kita gehen, die an der Studie teilnehmen, so dass Effekte, die sich möglicherweise allein durch die Teilnahme ergeben (wie etwa erhöhte Motivation oder Wachsamkeit gegenüber mathematischen Lerngelegenheiten seitens der Erzieher*innen), nicht ausgeschlossen werden können. Mögliche weitere Störvariablen werden in Unterkapitel 7.3 diskutiert.

In diesem Fall kann also von einer Klumpenstichprobe gesprochen werden (vgl. Hartmann, 1999, S. 224). Einen Spezialfall einer Mehrebenenanalyse stellt die Zweiebenenanalyse dar (vgl. Langer, 2009, S. 18); für die vorliegende Studie können als Makroebene die Kita und als Mikroebene die Stichprobenkinder erkannt werden.

6.3   Kita- und Prozessdaten

Die Erzieher*innen, die in den drei Untersuchungskitas mit der Betreuung der Stichprobenkinder betraut waren, haben ebenfalls zum ersten und zum zweiten Messzeitpunkt einen Fragebogen bearbeitet. Sie wurden gebeten, ihre Fragebögen allein ausfüllen, also ohne Absprache mit Kolleg*innen. Zum MZP 1 sollten die Erzieher*innen die Sprachkompetenzen der Stichprobenkinder und ihrer Eltern einschätzen, ganz ähnlich, wie das die Eltern für sich selbst und ihre Kinder auch tun sollten. Interessant erschien dabei einerseits die Frage, ob die Einschätzungen

Tabelle 6.6 Einschätzungen deutscher Sprachkompetenzen der Kinder und ihrer Eltern, vorgenommen durch die Erzieher*innen. Angegeben sind prozentuale Stimmanteile aller abgegebenen Beurteilungen je Kita

		Kita 1	Kita 2	Kita 3
Kinder:	sehr gut	77 %	39 %	46 %
	eher gut	23 %	39 %	29 %
	nicht gut	0	22 %	23 %
	kaum/kein Deutsch	0	0	2 %
Eltern:	sehr gut	84 %	20 %	46 %
	eher gut	16 %	27 %	32 %
	nicht gut	0	41 %	16 %
	kaum/kein Deutsch	0	12 %	6 %

der Erzieher*innen untereinander homogen ausfallen würden[6], und andererseits ob sich die Einschätzungen der Erzieher*innen mit den Selbstauskünften der Eltern decken würden.

Die Anzahlen der Nennungen sind unterschiedlich hoch, weil nicht alle Kinder allen Erzieher*innen gleichermaßen bekannt waren. Deshalb werden hier prozentuale Stimmanteile mit zum Teil unterschiedlichen Grundgesamtheiten anstatt der Absolutwerte angegeben. In Kita 1 haben je nach Kind zwischen vier und sieben Erzieher*innen ihre Einschätzung abgegeben, genauso für die Eltern. In Kita 2 waren je nach Kind drei oder vier Erzieher*innen beteiligt, für die Eltern bis zu fünf Erzieher*innen. In Kita 3 wurden die Kinder und deren Eltern von jeweils zwei bis drei Erzieher*innen eingeschätzt.

In Tab. 6.6 sind die durchschnittlichen Einschätzungen der deutschen Sprachkompetenzen seitens der Erzieher*innen für die Kinder und Eltern jeder Kita zusammengefasst. Alle Erzieher*innen aus Kita 1 bescheinigen „ihren" Kindern und Eltern gute bis sehr gute Deutschkenntnisse, den Eltern in etwas höherem Maße als den Kindern – was sich praktisch exakt mit der (Selbst-)Einschätzung der Eltern aus Kita 1 deckt, die bereits in Tab. 6.5 zu sehen war. Da überhaupt nur diese beiden Kategorien, *sehr gut* und *eher gut*, von den Erzieher*innen genutzt wurden, streuten die Beurteilungen bezogen auf ein *bestimmtes Kind* oder Eltern entweder gar nicht (das heißt, alle Erzieher*innen haben dieselbe Einschätzung abgegeben) oder sie

---

[6] Dieses Vorgehen ist durch das Konzept der Intercoder-Reliabilität beeinflusst (vgl. Döring & Bortz, 2016, S. 589).

umfassten höchstens zwei Nachbarkategorien (das heißt, die Erzieher*innen haben entweder mit *sehr gut* oder mit *eher gut* geurteilt). In den Kitas 2 und 3 wurden alle Bewertungskategorien genutzt. Die Bewertungen in Kita 2 und 3 fallen auch bezogen auf einzelne Kinder heterogener aus: In sechs Fällen hat ein bestimmtes Kind oder Eltern von den Erzieher*innen *drei* unterschiedliche Bewertungen erhalten. In einem Fall bekam ein Kind überraschenderweise sogar zweimal *sehr gute* und zweimal *nicht gute* Deutschkenntnisse attestiert; die Kategorie dazwischen (*eher gut*) wurde nicht genannt. In diesen Fällen waren sich die Erzieher*innen also offenbar uneinig.

Ein großer Unterschied zwischen den kindbezogenen Einschätzungen und den elternbezogenen Einschätzungen ist für Kita 2 festzustellen: Hier gaben die Erzieher*innen in 22 % ihrer Stimmabgaben an, dass bestimmte Kinder nicht gut Deutsch sprechen. Dieser Anteil ist erheblich geringer als entsprechende Einschätzungen bezüglich der Eltern in Kita 2: In 41 % der Stimmabgaben der Erzieher*innen wurden die Deutschkenntnisse der Eltern als nicht gut bewertet, in weiteren 12 % als kaum oder nicht vorhanden. Diese Beurteilung deckt sich damit *nicht* mit der (Selbst-)Einschätzung der Eltern in Kita 2 (siehe Tab. 6.5), die sowohl für sie selbst als auch für ihre Kinder deutlich positiver ausfällt.

Mit Hilfe des Fragebogens, den die Erzieher*innen zum ersten Messzeitpunkt ausgefüllt haben (kurz: Erz-FB-1), wurden auch Informationen zur Motivation und zu den Erwartungen der Erzieher*innen bezüglich der Teilnahme an der Intervention gewonnen sowie auf ähnliche Weise wie bei den Eltern Ansichten und Beliefs zum frühen Mathematiklernen ermittelt. Zum MZP 2 wurden die Erzieher*innen wieder per Fragebogen (Erz-FB-2) zu ihren Erfahrungen mit der Intervention befragt und um eine Bewertung gebeten. Diese werden im Rahmen der Evaluation in Kapitel 7 wieder aufgegriffen.

Während der Intervention wurden *Prozessdaten* generiert, die Aufschluss über deren Verlauf geben und eventuellen Nachsteuerungsbedarf aufzeigen sollten. Da die Intervention, ähnlich wie im *Enter*-Projekt (vgl. Bönig et al., 2014), aus der Zurverfügungstellung einer Materialsammlung bestand, sollten Daten über die Nutzung der Materialien erhoben werden. In etwa monatlichen Abständen wurde dokumentiert, welche Kinder welche Materialien ausgeliehen hatten. Zudem waren die Eltern aufgefordert, nach jeder Materialausleihe eine kurze Rückmeldung zur Nutzung des Materials zu geben, aber anders als beispielsweise bei Skwarchuk (2009) nicht per Tagebuch-Format, sondern direkt auf einem dem Material beigelegten kleinen Feedback-Zettel, der bei Rückgabe des Materials in der Kita von den Erzieher*innen eingesammelt und dem Rohdatensatz hinzugefügt wurde.

6.4 Intervention

Zu Beginn dieses Kapitels wurde die Anlage der vorliegenden Arbeit methodologisch als evaluative Interventionsstudie in einem längsschnittlichen Panel-Design verortet. Im Folgenden soll die konkrete inhaltliche Ausgestaltung der Intervention genauer erläutert werden. Dazu wird zunächst die Grundidee der Intervention vorgestellt, die wie bereits erwähnt aus dem Umgang mit mathematikhaltigen Materialien besteht, die die Kinder aus der Kita ausleihen und zuhause mit ihren Familien nutzen.

Im sich an die Vorstellung der Grundidee anschließenden Abschnitt werden die Materialien, die bei der Intervention eingesetzt wurden, genauer beleuchtet und hinsichtlich ihres Potenzials bewertet.

Die Intervention wurde als Kita-Projekt aufgezogen, so dass die Kitas grundsätzlich in die Lage versetzt waren, das Projekt nach Abschluss bzw. auch außerhalb des Forschungsvorhabens eigenständig fortzusetzen, falls sie dies wünschen.

Abbildung 6.2 KERZ-Logo

Das Kita-Projekt wurde zum Zwecke der erleichterten Kommunikation im Rahmen der Elternarbeit in den teilnehmenden Kitas mit einem Namen und Logo versehen: KERZ – *Kinder (er)zählen*. Der Name des Projekts und das damit verbundene Wortspiel *zählen/erzählen* sollten die Verbindung aus Mathematik und Sprache in den Vordergrund rücken (siehe Abb. 6.2). Für die Durchführung des KERZ-Projekts wurde den teilnehmenden Kitas

ein Materialpaket in Form einer *Schatzkiste* (siehe Abb. 6.3) zur Verfügung gestellt, die mit mathematikhaltigen Büchern und Spielen bestückt war. Die Bücher und Spiele konnten von den Kindern ausgeliehen werden, ungefähr einmal pro Woche und für die Dauer einer Woche; formuliert wurde eine solche Empfehlung, jedoch keine Vorgabe. Der Umgang mit dem Material fand zuhause in den Familien statt. Nach der Nutzung gaben die Kinder (oder Eltern) das Material in der Kita zurück und konnten etwas neues ausleihen. Die Kitas hatten zudem die Empfehlung

Abbildung 6.3 KERZ-Schatzkiste

erhalten, den Ausleihbetrieb nicht nur organisatorisch, sondern auch pädagogisch zu unterstützen, beispielsweise indem sie den Kindern ermöglichen, in Sitzkreissituationen von der Materialnutzung zu berichten.

Die Empfehlung zu Aktivitäten in den Sitzkreissituationen sind an das *Enter*-Projekt angelehnt, jedoch sind diese Aktivitäten kein formaler Teil der Intervention, zu dem Daten erhoben wurden. Hierin liegt der zentrale Unterschied zur Begleitforschung von *Enter*, bei der die qualitative Beschreibung der Sitzkreis-Kommunikation und damit die sprachliche Entwicklung der Kinder im Vordergrund stand. Das KERZ-Projekt zielte primär auf die Förderung der mathematischen Entwicklung der Kinder ab, und der Fördereffekt sollte über die kontinuierliche Beschäftigung mit den KERZ-Materialien realisiert werden, die ihrerseits durch die organisatorische und sprachliche Begleitung seitens der Erzieher*innen unterstützt wurde. Das Interventionsdesign weist damit Ähnlichkeiten zu Starkey und Klein (2000) auf, die im Kontext der *Head Start*-Studien ebenfalls von Materialausleihen an Familien berichten, allerdings fanden dort auch noch regelmäßige gemeinsame Mutter-Kind-Aktivitäten in der *Head Start*-Kita statt, was bei der Intervention im Rahmen des KERZ-Projekts nicht der Fall war. Die Festlegung, ob es sich bei der KERZ-Intervention um eine direkte oder eine indirekte Intervention im Sinne von M. Schmidt und Otto (vgl. 2010, S. 235 f.) handelt, ist nicht trivial, da die Intervention selbst ja durchaus direkt die Kinder betrifft (diese leihen die Materialien aus), gleichzeitig aber ein Fördereffekt (erst) durch die Interaktion mit ihren Eltern beim innerfamilialen Umgang mit den Interventionsmaterialien intendiert ist, was eher der Vorgehensweise einer indirekten Intervention entspricht.

Die Intervention besteht auf der Ebene der Kitas also aus der Bereitstellung der Schatzkiste und auf der Ebene der Kinder in der Ausleihe der darin enthaltenen Materialien. Im Januar 2012 wurden die drei Schatzkisten beschafft und mit Büchern und Spielen mit mathematischem Gehalt bestückt. Die Erhebungsinstrumente und Informationsmaterialien wurden erstellt und für Eltern mit geringen Deutschkenntnissen in ihre Muttersprachen übersetzt, wie es auch Kieferle (vgl. 2017, S. 97) empfiehlt.

Die Interventionsphase umfasste einen Zeitraum von rund 4 Monaten (siehe Abb. 6.1 auf Seite 184). Die Erzieher*innen waren gebeten, die Kinder und Eltern während dieser Phase zum häufigen Ausleihen und Nutzen der Fördermaterialien zu ermuntern, den Ausleihbetrieb zu organisieren und den Eltern nach Bedarf Hilfestellung bei der Materialnutzung zu geben. Ermunterung und Hilfestellung (etwa das Erklären von Spielregeln der Spiele) fanden überwiegend bei Gesprächen zwischen Tür und Angel statt, aber auch bei informellen Veranstaltungen wie gelegentlichen Spielenachmittagen. Was dann *tatsächlich* zuhause mit den Materialien konkret passiert ist, ist *nicht* Bestandteil systematischer Untersuchungen (solche hat in einem vergleichbaren Kontext beispielsweise Tiedemann (2012) vorgenommen); allerdings erlauben freiwillige Rückmeldungen seitens der Familien als Teil der Prozessdaten rudimentäre Rückschlüsse auf das Nutzungsverhalten. Die Interventionsphase wurde zum zweiten Messzeitpunkt mit der erneuten Erhebung der Kinderdaten und der Ausgabe der Fragebögen Eltern-FB-2 und Erz-FB-2 beendet.

Die Teilnahme an der Intervention war mit keinerlei Kosten für die Familien und mit vergleichsweise geringen Kosten für die Kita verbunden, wie weiter unten noch ausgeführt wird. Damit handelt es sich bei der Intervention um einen HLE-bezogenen, niedrigschwelligen *low-cost*-Förderansatz ähnlich wie *Family Math*, der in Anlehnung an die Systematisierung in Unterkapitel 5.1 auf die mathematische Förderung *als soziale Interaktion* (B) abzielt.

Die Aufgaben der Erzieher*innen lagen in der Organisation des Projektablaufs sowie in der auf Teilnahme abzielende Motivation, Ermutigung und Unterstützung der Eltern, immer wieder etwas auszuleihen und wieder zurückzubringen. Damit kann der KERZ-Förderansatz ohne Einschränkung als eine Form von Elternarbeit verstanden werden, wie sie in Unterkapitel 4.4 auf Seite 144 entwickelt und definiert wurde.

Das KERZ-Projekt deckt zudem einige Ansätze zur Leseförderung in der Kita nach Mähler und Kreibich (vgl. 1994, S. 134) ab und kann damit auch als Leseförderprojekt gelten, in dem die Lesesozialisation in der Familie gefördert wird (vgl. Artelt et al., 2007, S. 38 ff.).

Dem Fördermaterial kommt eine große Bedeutung zu, denn signifikante Effekte auf die mathematischen Kompetenzen der Kinder sollten im Wesentlichen durch den

Umgang mit dem Material zustande kommen. Da im KERZ-Projekt der Umgang mit dem Material in den Familien stattfindet und nicht etwa in angeleiteten Fördersituationen durch Fachpersonal, muss das Material neben dem mathematischen Gehalt einen hohen Aufforderungscharakter besitzen, gut verständlich sein und so zur Motivation der adressierten Familien beitragen, über die gesamte Projektdauer hinweg hochfrequent Material auszuleihen und zu nutzen. Die Erzieher*innen konn-

Tabelle 6.7 Übersicht über die in der Intervention genutzten Materialien sowie die Häufigkeiten, mit denen sie ausgeliehen wurden

	Kita 1	Kita 2	Kita 3	Gesamt
Bücher:				
Die ganze Welt	1	4	1	6
Super-Edgar	5	8	2	15
Abends, wenn ich schlafen geh	4	4	2	10
Meehr!	6	1	1	8
Gui-Gui, das kleine Entodil	7	7	0	14
Es fährt ein Boot nach Schangrila	8	7	4	19
Wer versteckt sich?	7	8	6	21
Die Torte ist weg!	9	14	3	26
Spiele:				
12er Memorys	8	30	35	73
6er Memory	0	2	0	2
Zahlen im Park	6	12	4	22
Verrückte Würfel	5	14	0	19
Mäuserennen	4	16	8	28
Was der Spiegel alles kann	1	14	4	19
Verflixte Farben	2	2	1	5
Spiegel-Tangram	10	11	7	28
Umspannwerk	10	14	6	30
Make'N'Break Junior	11	21	13	45
Halli Galli	8	20	15	43
Max Mümmelmann	10	15	12	37
Ubongo extrem	7	11	5	23
PotzKlotz	6	11	3	20
Gesamt	135	246	132	513
relative Ausleihrate	9.0	11.7	6.0	8.8

ten den Eltern und Kindern Materialien empfehlen, was wiederum Sachkenntnis der Erzieher*innen erfordert. Im *Enter*-Projekt der Universität Bremen wurden Bücher und Spiele nach eben diesen Kriterien ausgewählt und in einem Vorlauf mehrere Monate lang in einer Bremer Kita erprobt. Der Fokus lag hierbei auf der Erforschung der *family literacy* (siehe Unterkapitel 1.1). Die Bremer Materialliste wurde mit nur wenigen Änderungen für die vorliegende Studie übernommen. Zum Einsatz kamen (siehe Tab. 6.7):

- acht Bilderbücher, davon sechs mit Text (der auch übersetzt wurde)
- 19 Spiele, von denen sieben professionell verlegt wurden und zwölf mit Hilfe von Kopiervorlagen o. ä. selbst erstellt worden sind

Von den zwölf selbst erstellen Spielen sind sieben Memorys: ein 6er Memory, in denen sechs Paare gebildet werden aus Würfelbild und Zahlsymbol, und des Weiteren sechs unterschiedliche 12er Memorys mit jeweils zwölf Paaren (unterschiedliche Kombinationen aus Würfelbildern, Zahlsymbolen und strukturierten Tierbildern).

Als Bilderbücher wurden gewählt: *Die ganze Welt*[7], *Super-Edgar, Retter der Schmusetiere: Eine Verfolgungsjagd*[8], *Abends, wenn ich schlafen geh*[9], *Meehr!*[10], *Gui-Gui, das kleine Entodil*[11], *Es fährt ein Boot nach Schangrila*[12], *Wer versteckt sich?*[13], und *Die Torte ist weg! Eine spannende Verfolgungsjagd*[14].

Unter diesen Büchern behandeln nur zwei mathematische Themen: In *Es fährt ein Boot nach Schangrila* wird ordinales und kardinales Zählen behandelt (siehe Unterkapitel 2.2), und das zentrale Thema von *Wer versteckt sich?* ist die Piaget'sche Klassifikation (siehe Unterkapitel 2.4). Die anderen sechs Bücher sind ohne speziellen Mathematikfokus der Sprach- und Erzählförderung zuzuordnen (vgl. Hering, 2018).

Die Spiele, die zusätzlich zu den Memorys im Rahmen des *Enter*-Projekts eigens entwickelt bzw. adaptiert und kostengünstig mit Hilfe von Kopiervorlagen und leicht

---

[7] Buch von K. Couprie & A. Louchard, erschienen bei Gerstenberg 2008
[8] Buch von M. Huche & A. Kröger, erschienen bei Beltz & Gelberg 2010
[9] Buch von J. Bauer, erschienen bei Hanser 1995 und bei Carlsen 2008
[10] Buch von P. Schössow, erschienen bei Hanser 2010
[11] Buch von Chen C.-Y., erschienen bei Fischer 2008
[12] Buch von L. März & B. Scholz, erschienen bei Thienemann 2006
[13] Buch von S. Onishi, erschienen bei Moritz 2010
[14] Buch von Thé T.-K., erschienen bei Moritz 2006

beschaffbaren Materialien realisiert wurden, heißen *Zahlen im Park*[15], *Verrückte Würfel*[16], *Mäuserennen*[17], *Was der Spiegel alles kann*[18] und *Verflixte Farben*[19].

Die Beschaffung der professionell verlegten Spiele machen den größten Teil der Kosten aus, die im Zusammenhang mit der Bestückung der drei KERZ-Schatzkisten entstanden sind. Dies waren teils bekannte Klassiker: *Spiegel-Tangram*[20], *Umspannwerk*[21], *Make'N'Break Junior*[22], *Halli Galli*[23], *Max Mümmelmann*[24], *Ubongo extrem*[25] und *PotzKlotz*[26].

Gemäß der in Unterkapitel 2.6 entwickelten Systematisierung von Spielformen handelt es sich bei allen in der Intervention genutzten Spielen um Regelspiele. Die Würfel-und-Zug-Spiele haben ihren Ursprung im soziodramatischen Spiel, die Bau- und Legespiele im Konstruktionsspiel (siehe Abb. 2.2 auf Seite 56). Lediglich das Spiel *Was der Spiegel alles kann* ist aufgrund seines vorrangig explorativen Charakters nicht als Regelspiel zu bezeichnen, sondern weist Bezüge zum Objekt- und zum Fantasiespiel auf.

Für die Beschreibung und Beurteilung von Materialien hinsichtlich ihrer Eignung für den Einsatz in mathematischen Fördersettings wurden unterschiedliche werden Beschreibungs- und Beurteilungskategorien formuliert (beispielsweise von Schuler, 2008, 2009). Die Kategorien sind originär für klassische Gesellschaftsspiele und didaktische Materialien entwickelt worden; für die vorliegende Studie wurden diese auch auf die Bücher übertragen.

Speziell für mathematisch gehaltvolle Regelspiele haben auch Hertling, Rechsteiner, Stemmer und Wullschleger (2016) im Kontext des *SpiMaF*-Projekts Kriterien aufgestellt, die jedoch, anders als bei Schuler (2008), weniger als zu erfüllende

---

[15] Kopiervorlage, Würfel und Farbchips sind selbst zusammengestellt, die Spielidee stammt aus dem *mathe 2000*-Projekt (vgl. Wittmann & Müller, 2009).

[16] Das Spielmaterial wurde aus mit Lackfarbe bemalten Holzwürfeln selbst hergestellt; die Spielidee stammt aus dem Förderprogramm *Elementar* von S. Kaufmann und Lorenz (2009).

[17] Diese Spielidee stammt von J. Klep; Spielregeln und Layout wurden von B. Thöne für das *Enter*-Projekt angepasst.

[18] Die Spielidee stammt wie *Zahlen im Park* aus den *mathe 2000-Spielen zur Frühförderung* (vgl. Wittmann & Müller, 2009).

[19] Diese Spielidee wurde von S. Schaffrath entwickelt (vgl. Bönig & Schaffrath, 2004).

[20] Spiel von K. Knapstein, H. Spiegel & B. Thöne, erschienen bei Kallmeyer 2005

[21] Spiel von D. Götze & H. Spiegel, erschienen bei Kallmeyer 2006

[22] Spiel von A. & J. Lawson, erschienen bei Ravensburger 2010

[23] Spiel von H. Shafier, erschienen bei Amigo 1991

[24] Spiel von J. Rüttinger, erschienen bei Ravensburger 1996

[25] Mitbringspiel von G. Rejchtman, erschienen bei Kosmos 2009

[26] Spiel von H. & J. Spiegel, erschienen bei Kallmeyer 2003

Voraussetzungen für deren Einsatz als vielmehr als inhaltsbezogene Beschreibungs-
kategorien verstanden werden sollen (die sämtlich in Kapitel 2 der vorliegenden
Arbeit beschrieben wurden). Hertling et al. nennen als acht inhaltsbezogene Kriterien (vgl. ebd., S. 56):

1. Vergleichen von Mengen,
2. Aufsagen der Zahlwortreihe,
3. Bestimmen von Anzahlen,
4. Zerlegen und Zusammensetzen von Mengen,
5. Aufbauen, Herstellen und Untersuchen der Zahlenreihenfolge,
6. Zuordnen von Anzahl- und Zahldarstellungen,
7. Erkennen von Zahleigenschaften und
8. erstes Rechnen.

So lässt sich festhalten, dass mit den Interventionsmaterialien ein breites Spektrum an mathematischen Kompetenzen auf unterschiedlichen Anforderungsniveaus
angesprochen wird, die Diversität aber noch größer hätte ausfallen können. Von den
geometrisch fokussierten Spielen darf vorsichtig ein Transfereffekt auf die für die
vorliegende Arbeit betrachtete und arithmetisch fundierte *mathematische Kompetenz* der Kinder erhofft werden, weil die Entwicklungen früher arithmetischer und
geometrischer Kompetenzen in engem Zusammenhang stehen, wie beispielsweise
Deutscher (2012) und Grüßing (2012) gezeigt haben.

Die hier genannten Bücher und Spiele, mit denen jede Schatzkiste zumeist dreifach bestückt wurde, sind in Tab. 6.7 gemeinsam mit ihrer jeweiligen Ausleihrate
aufgelistet. Die sechs 12er-Memorys konnten einzeln ausgeliehen werden, sind aber
in der Tabelle zum Zwecke der Übersichtlichkeit als ein Spiel zusammengefasst
worden.

Der Tabelle 6.7 sind einige auf einen Blick erkennbare Informationen zu entnehmen:

- Die Spiele sind deutlich häufiger ausgeliehen worden als die Bücher.
- Die selbst hergestellten Spiele sind seltener ausgeliehen worden als die profes-
  sionell vermarkteten Spiele.
- Das (sehr einfache) 6er Memory wurde gar nicht oder kaum genutzt.
- Der Anteil wenig genutzter Bücher ist höher als der Anteil wenig genutzter
  Spiele.
- In Kita 1 und Kita 3 wurde in absoluten Zahlen insgesamt ungefähr gleich viel
  ausgeliehen, in Kita 2 ganz erheblich mehr.

- Bezogen auf den jeweiligen Stichproben-Umfang ($N_1 = 15$, $N_2 = 21$, $N_3 = 22$) ist die relative Ausleihrate in Kita 3 deutlich geringer als in Kita 1.
- Die relative Ausleihrate ist in Kita 2 rund doppelt so hoch wie in Kita 3.

Die Ausleihhäufigkeit kann als Hinweis auf die Beliebtheit eines Materials gedeutet werden (vgl. Böhringer, Hertling & Rathgeb-Schnierer, 2017, S. 49 f.). Die drei – mit recht deutlichem Abstand – beliebtesten Materialien waren mit Ausleihraten zwischen 37 und 45 *Make'N'Break Junior, Halli Galli* und *Max Mümmelmann*. Ausleihraten zwischen 26 und 30 wiesen die Materialien *Mäuserennen, Spiegel-Tangram, Umspannwerk* und als einziges Buch *Die Torte ist weg!* auf, das heißt diese Materialien wurden jeweils von rund der Hälfte der Stichprobenkinder ($N = 58$) ausgeliehen.

Die in Tab. 6.7 dargestellten Informationen lassen einige Schlüsse zu: Der wohl auffälligste Befund betrifft den Unterschied zwischen den relativen Ausleihraten in Kita 2 und 3. Dieser Unterschied kann als Argument für die Sinnhaftigkeit der Konstruktion unterschiedlicher *Sprachmilieus* gelten, im Gegensatz zum *Migrationshintergrund*, der in beiden Kitas vergleichbar sehr hoch ist. In Kita 2 ist es in erheblich größerem Umfang gelungen, die Familien zur Teilnahme am Ausleihprozess zu bewegen. Dies könnte auf massive Integrations- und Assimilationsbemühungen in Kita 2 zurückzuführen sein, während in Kita 3 stabilere Subkulturen beobachtbar sind.

Den Familien in Kita 1 kann eine große *Bildungsnähe* unterstellt werden (siehe Tab. 6.2 auf Seite 186), während die relative Ausleihrate recht genau in der Mitte zwischen denen von Kita 2 und 3 lag, also keineswegs besonders hoch war. Informelle Rückmeldungen ergaben den Befund, dass einige Spiele und Bücher deshalb nicht für die Ausleihe gewählt wurden, weil viele Familien aus Kita 1 diese Materialien bereits zuhause hatten.

Zum Abschluss dieses Unterkapitels sollen die zentralen Eckpunkte der Intervention noch einmal zusammengefasst werden, ehe mit dem folgenden Unterkapitel zur Datenanalyse der Methodenteil abgeschlossen wird:

Die Intervention bestand in der Bereitstellung einer Materialsammlung in Form einer Schatzkiste, die mit Büchern und Spielen bestückt war. Die Materialien waren zur Ausleihe bestimmt und sollten von der Kindern gemeinsam mit ihren Eltern genutzt und dann wiedergebracht werden. Empfohlen war dabei ein etwa wöchentlicher Rhythmus. Die Intervention war in den drei Kitas war für die gesamte Stichprobe identisch ausgestaltet. Auf die Bildung einer oder mehrerer *non-treatment*-Kontrollgruppen wurde vorrangig aus ökonomischen Gründen verzichtet, zumal das *non-treatment* durch die Verwendung normierter Erhebungsinstrumente abgebildet wird: Wird keine besondere Förderung durchgeführt, ist davon auszugehen, dass ein Kind – die Absenz weiterer Störvariablen vorausgesetzt – im Laufe seiner natürlichen Entwicklung seinen Prozentrang beibehält. Es lernt in durchschnittlichem Maße dazu, das heißt, das Kind wird also bei einer erneuten Testung zu einem späteren Messzeitpunkt mehr Aufgaben lösen können. Dieser durchschnittliche Kompetenzzuwachs wird in seiner ganzen Alterskohorte beobachtbar sein, also behält es relativ zur Alterskohorte seinen Prozentrang, wobei ein Kontrollgruppendesign diese Annahme allerdings überflüssig gemacht hätte. Die Intervention soll also dahingehend untersucht werden, ob sie bei den Untersuchungskindern zu einer mathematischen Kompetenzentwicklung beizutragen vermag, die über diejenige Entwicklung hinausgeht, die bei den Kindern allein durch Alters- und Reifezuwachs während der Interventionsmonate natürlicherweise zu erwarten wäre.

6.5 Datenanalyse

Im Folgenden wird dargestellt, mit welchen quantitativ-statistischen Methoden die gewonnenen Daten analysiert wurden. Die vorliegende Studie folgt als Interventionsstudie einem Pre-Post-Design plus Follow-up-Messung. Auf diese Weise kann sie auch als Machbarkeitsstudie für künftige größere Stichproben dienen. Die Begrenztheit der untersuchten Stichprobe liegt in ihrem Umfang mit $N = 58$, in ihrer Nichtrandomisierung und im Fehlen klassischer Kontrollgruppen.

Insbesondere soll die mathematische Kompetenz der Stichprobenkinder als abhängige Variable auf die unabhängige Variable *Kita* bezogen werden, wobei jede Kita prototypisch für jeweils ein *Sprachmilieu* steht. Der Vergleich der zu den ersten beiden Messzeitpunkten direkt vor und nach der Intervention (MZP 1 und MZP 2) für jede Kita ist ein Vergleich abhängiger, nämlich paarweise verbundener Stichproben (vgl. Tachtsoglou & König, 2017, S. 329). Dabei werden jeweils Mittelwertvergleiche angestellt. Eine einfache Möglichkeit, zwei Mittelwerte miteinander zu vergleichen, stellt der t-Test für unabhängige oder abhängige Stichproben dar (vgl. Rasch, Friese, Hofmann & Naumann, 2014a).

Der t-Test liefert eine Entscheidungshilfe dafür, ob ein in zwei Stichproben gefundener Mittelwertunterschied zufällig entstanden ist oder auf einen tatsächlich vorhandenen Unterschied in den zugrunde liegenden Grundgesamtheiten zurückgeführt werden kann (ebd., S. 34 ff.). Er gehört zu den parametrischen Hypothesentests, was mit der Forderung einhergeht, dass das zu testende Merkmal mindestens intervallskaliert sein muss.

Die Hypothese, gegen die getestet wird, ist die Nullhypothese H_0, die stets besagt, dass es bezüglich des betrachteten Merkmals keinen *echten* Unterschied zwischen den zwei durch die beiden Stichproben repräsentierten Grundgesamtheiten gibt, der

beobachtete Unterschied zwischen den beiden Stichproben also zufällig entstanden
ist. Mit H_0 wird ausgedrückt, dass die erwartete Mittelwertdifferenz gleich null ist:

$$H_0 : \mu_1 - \mu_2 = 0$$

Grundprinzipien eines jeden Hypothesentests sind die Annahme von (normal-)
verteilten (Mess-)Werten, die in der Grundgesamtheit mit der Standardabweichung
σ um den Mittelwert μ und in der Stichprobe mit der Standardabweichung s um den
Mittelwert $\bar{x}$ streuen, sowie die Unvermeidbarkeit der Fehler 1. und 2. Art. Um einen
Mittelwertvergleich mittels t-Test mathematisch exakt durchführen zu können, muss
neben der Intervallskaliertheit (a) des untersuchten Merkmals angenommen werden, dass das Merkmal in der Grundgesamtheit normalverteilt ist (b) und dass das
Merkmal in den beiden Grundgesamtheiten, aus denen die zwei Stichproben gezogen wurden, mit derselben (unbekannten) Varianz auftritt, also Homoskedastizität
vorliegt (c). In der Praxis gilt der t-Test als recht robust gegenüber Verletzungen
dieser Voraussetzungen (vgl. Bortz & Schuster, 2010, S. 122), weshalb der t-Test
auch oft durchgeführt wird, obwohl keine Intervallskala, Normalverteilung und/oder
Homoskedastizität vorliegen. Eine fundierte Stichprobenumfangsplanung ist für die
vorliegende Untersuchung nicht erfolgt.

Der t-Test eignet sich ausschließlich zum Vergleich *zweier* Mittelwerte; er stellt
damit einen Spezialfall des Standardverfahrens für den Vergleich von *mehreren*
Mittelwerten dar, der Varianzanalyse (ANOVA).

In einer univariaten einfaktoriellen Varianzanalyse wird eine abhängige Größe,
beispielsweise die mathematische Kompetenz K, betrachtet. Gefundene Größen-
unterschiede beim Vergleich zweier oder mehrerer Gruppen werden auf die unterschiedlichen Ausprägungen der einen zumeist kategorialen, unabhängigen Variablen, die auch Faktor genannt wird, zurückgeführt, also auf die unterschiedlichen
Faktorstufen (vgl. Eid et al., 2013, S. 371). Potenziell sinnvolle Faktoren in der vorliegenden Arbeit sind beispielsweise das *Sprachmilieu*, das Geschlecht, die Familiensprache usw. Werden mehrere Faktoren gleichzeitig untersucht, wird von einer
mehrfaktoriellen Varianzanalyse gesprochen; die gleichzeitige Betrachtung mehrerer abhängiger Variablen heißt *multivariate Varianzanalyse*.

Sollen anstelle von *Unterschieden* zwischen Gruppen hinsichtlich einer abhängigen Variablen bivariate *Zusammenhänge* zwischen Variablen untersucht werden,
so ist dies keine inferenzielle Fragestellung (vgl. Holling & Gediga, 2016), sondern hier werden deskriptive Korrelationskoeffizienten herangezogen (vgl. Holling
& Gediga, 2011). Die Wahl des jeweiligen Zusammenhangsmaßes hängt primär
vom Skalenniveau ab. Ist die eine Variable nominal und die andere Variable ordinal,
wird χ^2 gewählt. Für die vorliegende Arbeit werden für nominale Variablenpaare

Cramérs's V, für ordinale Variablenpaare *Kendall's* τ und für metrische Skalenpaare *Pearson's r* gewählt.

In *Pearson's r* gehen nur standardisierte Werte eine, daher lässt sich *r* selbst als Effektstärke interpretieren. Wird *r* quadriert, ergibt sich das *Bestimmtheitsmaß* r^2, das als derjenige Anteil der Varianz interpretiert werden kann, der in beiden Variablen durch gemeinsame Varianzquellen bestimmt wird. Aufgrund ihrer zu *r* ähnlichen Konstruktion sind auch ρ und τ direkt als Effektstärke interpretierbar.

Für den Vergleich von Mittelwerten zweier unabhängiger Stichproben mittels *t*-Test gibt beispielsweise *Cohen's d* die Effektstärke an. *Cohen's d* entspricht fast $t(df)$; anstelle der geschätzten Standardabweichung der Mittelwertedifferenz $\hat{\sigma}_{\bar{x}_1 - \bar{x}_2}$ wird jedoch die geschätzte gemittelte (= „gepoolte") Standardabweichung eingesetzt, so dass *d* ein Maß dafür ist, um wie viele auf die Grundgesamtheit bezogene Streuungseinheiten sich zwei Gruppen unterscheiden (vgl. Rasch et al., 2014a, S. 49).

Für abhängige Stichproben ist die Berechnung der Effektstärke d_z als dem Quotienten aus dem Mittelwert der Messwertedifferenzen und der geschätzten Standardabweichung der Messwertedifferenzen in der Grundgesamtheit sehr ähnlich (vgl. ebd., S. 62 ff.):

$$d_z = \frac{\bar{x}_d}{\hat{\sigma}_d}$$

d und d_z dienen also der Beurteilung, ob ein signifikanter, d. h. wahrscheinlich nicht zufällig entstandener Unterschied auch von inhaltlicher Relevanz ist.

In Varianzanalysen wird die Effektstärke typischerweise durch η^2 angegeben, genauer: durch das partielle η_p^2, wobei für *ein*faktorielle Varianzanalysen *ohne* Messwiederholung η_p^2 und η^2 identisch sind. η^2 ist also interpretierbar als der Anteil der

Tabelle 6.8 Übersicht über die in dieser Arbeit verwendeten Effektstärkemaße (ggf. deren Beträge) und deren Interpretation. In Klammern sind mit *kat(egorial)*, *ord(inal)* und *met(risch)* die (Mindest-)Skalenniveaus der betrachteten Variablen abgekürzt. Mit *V* ist *Cramér's V* gemeint

Testart		Effektgröße		
		klein	mittel	groß
Kreuztabelle *(kat/kat)*	V	.1	.3	.5
Rangkorrelation *(ord/ord)*	ρ, τ	.1	.3	.5
Korrelation *(met/met)*	r	.1	.3	.5
t-Test, ANOVA	d, d_z	.2	.5	.8
(kat/met)	η^2, ω^2	.01	.06	.14

aufgeklärten Varianz an der Gesamtvarianz und entspricht damit dem Bestimmtheitsmaß r^2.

Im Anschluss an die Berechnung des jeweils geeigneten Effektstärken-
Koeffizienten sollte dann noch eine Beurteilung des berechneten Wertes erfolgen
(vgl. Lakens, 2013). Hierzu liefern einschlägige Werke wie die von Cohen (1988)
oder Ellis (2010) umfassende Empfehlungen, die in konkreten Forschungsvorhaben
jedoch stets hinsichtlich inhaltlicher Angemessenheit hinterfragt werden sollten.
Zudem sollten Konfidenzintervalle der ermittelten Effektstärken angegeben werden
(vgl. Vacha-Haase & Thompson, 2004, S. 478 ff.). Typische Empfehlungen sind in
Tab. 6.8 aufgelistet.

Für die vorliegende Untersuchung wurden alle Analysen mit SPSS (vgl. Field,
2009; Janssen & Laatz, 2017) durchgeführt. Fehlende Datenwerte treten in den
meisten Longitudinalstudien auf, was sich nachteilig auf die Schätzer der in den
Analysemethoden genutzten Parameter auswirken kann. Es gibt unterschiedliche
Ansätze, jedoch keine eindeutige Empfehlung zum Umgang mit fehlenden Daten
(vgl. Göthlich, 2007, S. 132).

Dieses Kapitel kann nun mit Blick auf die in Unterkapitel 1.2 entwickelten
Forschungsfragen durch eine Formulierung von vier zentralen Hypothesen abge-
schlossen werden (vgl. Dunker, Joyce-Finnern & Koppel, 2016, S. 27 f.), die mit
Hilfe der hier vorgestellten Methoden untersucht werden können:

1. Die vorgestellte Intervention stellt eine wirksame Fördermaßnahme dar.
2. Die Förderwirkung ist nachhaltig.
3. Die Intensität der Teilnahme korreliert mit der Höhe des Leistungszuwachses.
4. Die Zugehörigkeit zu einem bestimmten *Sprachmilieu* beeinflusst die Förderwirkung.

Im Kontext dieser Hypothesen können weitere Untersuchungen angestellt werden,
beispielsweise zum Zusammenhang des Fördererfolgs mit weiteren Variablen wie
Geschlecht, Bildungsstand der Eltern oder bestimmten Einstellungen der Erzieher*innen. Für die vorliegende Untersuchung wurden alle Analysen mit SPSS (vgl.
Field, 2009; Janssen & Laatz, 2017) durchgeführt. Die Ergebnisse dieser Untersuchungen werden im nächsten Kapitel dargestellt.

6.6   Zusammenfassung

In diesem Kapitel wurde die methodische Herangehensweise an diese Arbeit
beschrieben. Dazu wurde die vorliegende Arbeit zunächst als quantitativ ausge-

richtetes Längsschnitt-Panel-Design methodologisch verortet, wobei rund um die Intervention Daten von den Stichprobenkindern, ihren Familien und den betreuenden Erzieher*innen der drei Untersuchungskitas erhoben wurden(siehe Unterkapitel 6.1 und 6.3). Dabei wird angenommen, dass die abhängige Variable mathematische Kompetenz deterministisch mit der in Tests beobachtbaren Performanz korreliert ist (Klassische Testtheorie).

Die Auswahl der Stichprobe ermöglichte in Unterkapitel 6.2 mit dem Sprachmilieu die Konstruktion einer unabhängigen Variablen, die auch für inferenziell-statistische Fragestellungen geeignet ist, bei denen von Stichproben auf Grundgesamtheiten geschlossen wird (vgl. Holling & Gediga, 2011, S. 33).

Im Zentrum dieser Arbeit steht die Evaluation der in Unterkapitel 6.4 vorgestellten Intervention, die in Anlehnung an Kapitel 5 als Förderprojekt angelegt wurde. Die erhobenen Daten werden für die Prüfung der vier zentralen Untersuchungshypothesen herangezogen. Die Hypothesen beziehen sich sowohl auf potenziell vorhandene Unterschiede zwischen den Teilstichproben sowie zwischen den Grundgesamtheiten, aus denen diese Teilstichproben gezogen wurden. als auch auf potenziell vorhandene Zusammenhänge zwischen Variablen, die aus den erhobenen Daten - zumeist sehr direkt - konstruiert wurden. Dazu wurden in Unterkapitel 6.5 geeignete deskriptive und inferenzielle Analysemethoden vorgestellt.

Die Erfassung einiger Merkmale des *home learning environment* (HLE) wie Familiengröße und Einstellungen zum frühen mathematischen Lernen per Fragebogen erlaubt die Analyse weiterer Unterschiede und Zusammenhänge. Dabei sollen auch forschungsethische bzw. wissenschaftsethische Aspekte berücksichtigt werden (vgl. Döring & Bortz, 2016, S. 123), insbesondere solche, die sich auf potenzielle Differenzkategorien beziehen (vgl. Behrens, 2019). Ein typischer Vertreter ist hier der Migrationshintergrund (vgl. vgl. Mecheril & Polat, 2019).

Empirische Ergebnisse

7

In diesem Kapitel werden die empirischen Befunde dargestellt, die aus der Analyse der Daten zu den Stichprobenkindern, ihren Eltern und den betreuenden Erzieher*innen abgeleitet werden konnten. Dazu werden im ersten Unterkapitel die vier zentralen Hypothesen aufgegriffen und zugehörige Hauptbefunde vorgestellt.

Im darauf folgenden Unterkapitel werden weitere Analysen angestellt, die die Hauptbefunde weiter erhellen sollen, aber auch der Untersuchung weiterer Aspekte dienen.

Die Interpretation der Befunde im dritten Unterkapitel dient der Bewertung der Intervention hinsichtlich ihrer Eignung, in der Breite als Fördermaßnahme um- und eingesetzt zu werden. Zum Abschluss werden einige Folgerungen benannt, die sich sowohl auf weitere Forschungen als auch auf die Gestaltung und Unterstützung früher mathematischer Bildungsprozesse beziehen.

7.1 Hauptbefunde

Zunächst sollen die vier am Ende des Methodenkapitels formulierten Hypothesen so präzisiert bzw. umformuliert werden, dass dadurch auch die Wahl der jeweiligen Auswertungsmethode verdeutlicht wird. Dann werden die auf diese Weise gewonnen Ergebnisse dargestellt.

Hypothese 1
Die vorgestellte Intervention stellt eine wirksame Fördermaßnahme dar. Das bedeutet: Kinder, die am KERZ-Projekt teilnehmen, verbessern ihre mathematische Kompetenz in höherem Maße, als es ihr bloßer Alterszuwachs erwarten ließe.

Hypothese 1 kann wegen der impliziten Leistungsvergleichs mit einer Norm-
stichprobe nur mit Hilfe der TEDI-MATH-Daten geprüft werden. Für den Mittel-
wertevergleich wird hier ein t-Test für abhängige Stichproben gewählt (vgl. Rasch
et al., 2014a, S. 62 ff.). Die betrachtete abhängige Variable, der Messwert T, gibt als
Normwerteskala Aufschluss über die jeweilige Performanz bezogen auf die gesamte
Alterskohorte, die damit als Kontrollgruppe dient. Interpretiert werden demnach die
Mittelwerte der Differenzen $\overline{x}_d$ der zueinander gehörenden Messwertpaare, die sich
für jedes Stichprobenkind aus denjenigen TEDI-Messwerten zusammensetzen, die
jeweils zum ersten und zum zweiten Messzeitpunkt erhoben wurden. Inhaltlich plausibel ist hier eine gerichtete Hypothese (vgl. Bortz & Schuster, 2010, S. 105), da
grundsätzlich davon auszugehen ist, dass die kindliche Kompetenz im Zeitverlauf
zunimmt. Demnach lauten H_0 und H_1 sinnvollerweise:

$$H_0 : \mu_d \leq 0 \text{ und } H_1 : \mu_d > 0$$

Wie Tab. 7.1 zeigt, hat sich die gesamte untersuchte Stichprobe zwischen MZP 1
und MZP 2 stark verbessert, $t(54) = 8.0, p < .001$. H_0 muss also abgelehnt
werden. In die Effektstärkenberechnung d_z fließt bei abhängigen Stichproben die
Stärke der Abhängigkeit mit ein (vgl. Rasch et al., 2014a, S. 63); dies verhindert
den direkten Vergleich mit d bei unabhängigen Stichproben. In den Nenner von d_z
geht die geschätzte Streuung der Differenzen $\hat{\sigma} \approx \overline{\sigma} = 8.87$ ein, so dass hier von
einem großen Effekt gesprochen werden kann, $d_z = 1.08, 95\,\% \text{ CI } [0.740, 1.406]$.

Tabelle 7.1 Vergleich der T-Messwerte zu MZP 1 und MZP 2, $N = 55$. Oben: Statistik der
gepaarten Stichprobe. Mitte: Korrelation der gepaarten Stichprobe. Unten: Ergebnisse des
t-Tests für $\Delta T = T_2 - T_1$ mit $\sigma_{\overline{x}}$ = Standardfehler des Mittelwertes, CI(ΔT) = Konfidenzintervall der Differenz, Sig.(2) = zweiseitige Signifikanz

	$\overline{x}$	σ	$\sigma_{\overline{x}}$
T_1 zum MZP 1	44.51	9.87	1.33
T_2 zum MZP 2	54.05	10.59	1.43

	Korrelation	Sig.
T_1 & T_2	.626	.000

	$\overline{x}$	σ	$\sigma_{\overline{x}}$	95 % CI(ΔT)	t	df	Sig.(2)
$T_2 - T_1$	9.55	8.87	1.20	[7.15, 11.94]	8.0	54	.000

Ein solcher Vergleich kann auch für die drei Untersuchungskitas getrennt angestellt werden, um zu überprüfen, ob der mittlere Kompetenzzuwachs ΔT für die
einzelnen Kitas gleichermaßen hoch ausfällt. Die Ergebnisse der t-Tests für abhängige Stichproben für alle drei Kitas sind in Tab. 7.2 zusammengefasst. Auf dem
Signifikanzniveau $p = .05$ kann $H_0 : \mu_d \leq 0$ für alle drei Kitas abgelehnt werden.
Die Effektstärken sind ähnlich hoch wie für die Gesamtstichprobe, weisen aufgrund
des geringeren Stichprobenumfangs jedoch erwartungsgemäß größere Konfidenzintervalle auf:

Kita 1) $d_z = 0.83$, 95 % CI [0.026, 1.629]
Kita 2) $d_z = 1.06$, 95 % CI [0.496, 1.598]
Kita 3) $d_z = 1.14$, 95 % CI [0.570, 1.708]

Besonders hoch war der unmittelbare Fördereffekt für die Kinder aus Kita 3: Die
Differenz der mittleren TEDI-T-Werte ist mit $\Delta T = 10.95$, was einer Leistungs-
zunahme um gut eine Standardabweichung entspricht, besonders groß. Im oberen
Teil von Tab. 7.2 ist zu sehen, dass der gemessene T_1 zum MZP 1 in Kita 3 mit

Tabelle 7.2 Vergleich der T-Messwerte zu MZP 1 und MZP 2, $N = 55$. Oben: Statis-
tik der gepaarten Stichproben, getrennt nach Kitas, darunter die drei Korrelationen. Unten:
Ergebnisse der t-Tests für $\Delta T = T_2 - T_1$, getrennt nach Kitas, mit $\sigma_{\overline{x}}$ = Standardfehler des
Mittelwertes, CI(ΔT) = Konfidenzintervall der Differenz, Sig.(2) = zweiseitige Signifikanz

	Kita 1 (n=15)			Kita 2 (n=20)			Kita 3 (n=20)		
	$\overline{x}$	σ	$\sigma_{\overline{x}}$	$\overline{x}$	σ	$\sigma_{\overline{x}}$	$\overline{x}$	σ	$\sigma_{\overline{x}}$
T_1	47.33	8.85	2.28	44.75	10.06	2.25	42.15	10.27	2.30
T_2	56.53	12.21	3.15	53.15	9.85	2.20	53.10	10.25	2.29

	Korrelation	Sig.	Korrelation	Sig.	Korrelation	Sig.
T_1 & T_2	.640	.010	.681	<.001	.568	.004

	$\overline{x}$	σ	$\sigma_{\overline{x}}$	95 % CI(ΔT)	T	df	Sig.(2)
ΔT Kita 1	9.20	9.44	2.44	[1.95, 16.45]	3.8	14	.002
ΔT Kita 2	8.40	8.00	1.78	[4.68, 12.21]	4.7	19	<.001
ΔT Kita 3	10.95	9.54	2.13	[6.49, 15.41]	5.1	19	<.001

$T_1 = 42.15$ am niedrigsten war; dieser Wert entspricht auf der T-Werteskala fast $-0.8SD$. Die Tatsache, dass die Teilstichprobe mit dem niedrigsten Ausgangswert den größten Leistungszuwachs zeigt, ist besonders erfreulich, weil diese Entwicklung einen Aufholvorgang bezeugt.

Den höchsten Entwicklungsstand vor Beginn der Intervention wiesen die Kinder aus Kita 1 auf. Ihre Leistungszunahme ist mit $\Delta T = 9.20$ zwar am kleinsten, beträgt aber immerhin ebenfalls noch fast $+1SD$.

Die dargestellten Ergebnisse werden durch die Daten, die mit dem EMBI-KiGa gewonnen wurden, gestützt. Der Vergleich der EMBI-Daten zu MZP 1 und MZP 2 zeigt eine mittlere Zunahme von 1.5 Punkten, wenn man für jedes korrekt gelöste Item im V-Teil einen Punkt vergibt. Dieser Befund, also erkennbare Steigerung bei gleichzeitiger Verringerung der Streuung, wird vollständig von den TEDI-Daten bestätigt.

Die Intervention wird somit – unter Annahme der Statthaftigkeit des Kontrollgruppenverzichts – für jede Teilstichprobe als tendenziell wirksam beurteilt. Daraus wird der Schluss gezogen, dass die Intervention als potenziell förderlich für Kinder angesehen werden kann, egal aus welchem der drei untersuchten Sprachmilieus sie stammen. Die eingangs formulierte **Hypothese 1** wird also durch die Datenanalyse bestätigt.

Hypothese 2

Die Förderwirkung ist nachhaltig. Das heißt, der zum MZP 2 erreichte Leistungsstand beeinflusst den in der Follow-up-Messung zum MZP 3 erreichten Leistungsstand.

Die Ermittlung längerfristiger Veränderungen in den Zielindikatoren ist ein wichtiger Aspekt bei der Evaluation von Förderkonzepten (vgl. Mittag & Bieg, 2010, S. 43). Eine entsprechende Analyse soll an dieser Stelle mit Hilfe der DEMAT-Daten geschehen, die zum MZP 3 von 42 der 58 Stichprobenkinder erhoben werden konnten. Aus Ressourcengründen wurden dafür nur diejenigen Schulklassen ausgewählt, in die mindestens zwei Stichprobenkinder eingeschult worden waren. In der letzten Spalte von Tab. 7.3 sollte also überall mindestens „2" stehen. Die letzte Spalte von Tab. 7.3 zeigt dennoch drei Einträge mit „1"; die (mindestens) drei Kinder fehlten also am Tag der Erhebung. Die 42 Kinder waren auf 15 Klassen an acht Grundschulen verteilt. Die fehlenden 16 Kinder waren entweder allein in eine (deshalb nicht erhobene) Klasse eingeschult worden oder am Tag der Erhebung nicht in der Schule oder zwischenzeitlich umgezogen. Auf Schulebene lässt sich feststellen, dass die Drop-out-Rate von Kindern aus Kita 2 mit knapp 50 % besonders hoch ist, denn 10 der 16 nicht erhobenen Kinder stammen aus Kita 2. Dies kann als Bestätigung des in Unterkapitel 6.2 formulierten Befundes angesehen werden, dass Kita 1 und Kita 3

Tabelle 7.3 Anzahlen der mit dem DEMAT 1+ befragten Kinder ($n = 42$), sortiert nach Kita und Schule

	Kita 1	Kita 2	Kita 3	DEMAT
Schul-Nr. 1	0	0	2	2
2	1	7	0	8
3	11	4	0	15
4	0	0	12	12
5	0	0	1	1
6	0	0	1	1
7	0	0	1	1
8	0	0	2	2
fehlend	3	10	3	16
gesamt	15	21	22	58

für – wenn auch sehr unterschiedliche – stabile, homogene, segregierte Milieus stehen, während Kita 2 ein eher heterogenes, dynamisches Milieu kennzeichnet, in dem sich die Kinder im Übergang Kita-Grundschule eher auf unterschiedliche Schulen verteilen und ggf. im Kontext von Migration und Flucht auch häufiger den Wohnort wechseln.

Zur Analyse der Nachhaltigkeit wurde eine zweifaktorielle Varianzanalyse mit Messwiederholung durchgeführt, wobei die drei Messzeitpunkte als Innersubjekt-Faktorstufen und die jeweilige Zugehörigkeit zur Kita als Zwischensubjekt-Faktorstufen festgelegt werden.

Neben Intervallskaliertheit und Normalverteilung der abhängigen Variablen ist das Vorliegen von Sphärizität Voraussetzung für dieses Verfahren (vgl. Rasch, Friese, Hofmann & Naumann, 2014b, S. 71); diese liegt vor, wenn die Varianzen der Differenzen zwischen jeweils zwei Messzeitpunkten gleich sind. Der *Mauchly*-Test auf Sphärizität testet gegen die Hypothese des Vorliegens eines Varianzunterschieds. Im vorliegenden Fall fällt der *Mauchly*-Test nicht signifikant aus, daher kann also Sphärizität angenommen werden (*Mauchly*-$W(2) = .99$, $p = .970$).

Die Leistungsentwicklungen der Kinder wurden mit einer gemischten (3) $\times$ 3 - Varianzanalyse untersucht. Über alle drei Messzeitpunkte konnten T-Wertedaten von $n = 39$ Kindern berücksichtigt werden. Gefunden wurden erwartungsgemäß statistisch signifikante *Haupteffekte* für den Messzeitpunkt, $F(2, 72) = 22.22$, $p \leq .001$, $\eta_p^2 = .38$, und für die Zugehörigkeit zur Kita, $F(2, 36) = 3.29$, $p = .049$, $\eta_p^2 = .16$. Beide partiellen η^2 können als hohe Effektstärken interpretiert werden. Eine statis-

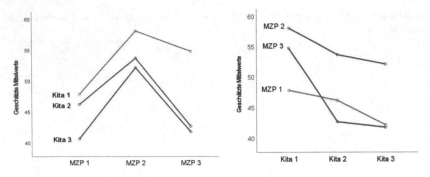

Abbildung 7.1 Profildiagramme, $n = 39$

tisch signifikante *Interaktion* zwischen MZP und Kita konnte nicht nachgewiesen werden, $F(4, 72) = 2.23$, $p = .08$, da die Nullhypothese, dass es keinen Interaktionseffekt gibt, nicht mit dem eingangs festgelegten Signifikanzniveau von maximal $p = .05$ abgelehnt werden konnte.

Die beiden Profildiagramme (siehe Abb. 7.1), MZP×Kita und Kita×MZP, sind folgendermaßen interpretierbar:

Im linken Diagramm stellt die Abszisse den Zeitverlauf dar. Zum MZP 1 starten Kita 1 und 2 auf ähnlichen mittleren Leistungsniveaus[1], Kita 3 liegt darunter. Zum MZP 2 konnten sich alle drei Kitas deutlich steigern. Für eine Steigerung in absolut gleichem Maße müssten die Linienverläufe parallel sein, was auf ein völliges Fehlen von Interaktionseffekten hindeuten würde (vgl. Fahrmeir, Heumann, Künstler, Pigeot & Tutz, 2016, S. 490). Richtung MZP 3 fallen die mittleren Leistungsniveaus wieder ab – für Kita 1 allerdings nur mit geringer negativer Steigung, für Kita 2 und 3 ganz erheblich. Ein nachhaltiger positiver Fördereffekt im Sinne eines altersnormierten mittleren Leistungszuwachses ist also nur für Kita 1 festzustellen.

Im rechten Diagramm in Abb. 7.1 kann die Abszisse nicht als Zeitverlauf interpretiert werden, sondern diesmal stellen die Graphen Beziehungen zwischen den Kitas dar: Für Kita 1 zeigt sich ein mittleres Leistungsniveau knapp unter 50 zum MZP 1, das zum MZP 2 fast auf ein überdurchschnittliches mittleres Leistungsniveau steigt, und dann zum MZP 3 wieder leicht sinkt. Dies stellt sich für Kita 2

---

[1] Der Grund dafür, dass Kita 1 und Kita 2 hier so nahe beieinanderliegend erscheinen, liegt im Stichproben-Drop-out im Rahmen dieser gemischten Varianzanalyse, für die nur Daten-Tripel über alle drei Messzeitpunkte berücksichtigt wurden. Dabei fielen insbesondere zum MZP 1 leistungsschwache Kinder aus Kita 2 heraus, so dass deren geschätzter Mittelwert in Abb. 7.1 höher erscheint, als er in Tab. 7.2 angegeben wurde.

völlig anders dar: Kita 2 startet zum MZP 1 ähnlich wie Kita 1, nur etwas niedriger, steigert sich dann zum MZP 2 ebenfalls deutlich, fällt aber zum MZP 3 stark ab. Der Unterschied zwischen Kita 1 und Kita 2 besteht im deutlich verschiedenen mittleren Leistungsniveau zum MZP 3, wie an der stark abfallenden Linie zu sehen ist, die die Beziehungslinie zwischen Kita 1 und Kita 2 zum MZP 1 sogar kreuzt, was an dieser Stelle auf einen Interaktionseffekt hindeutet. Vergleicht man Kita 2 und Kita 3 miteinander, fallen die beinahe parallelen Beziehungen bzgl. MZP 2 und MZP 3 auf: Zu beiden Messzeitpunkten lag die mittlere Leistung von Kita 3 leicht unterhalb von der von Kita 2. Kita 2 ist jedoch zum MZP 1 von einem höheren mittleren Leistungsniveau gestartet, als sie am Ende zum MZP 3 erreichen konnte. Deswegen kreuzen sich die Linien, die zu MZP 1 und MZP 3 gehören.

Mit dieser Betrachtung kann die **Hypothese 2** nicht für alle Teilstichproben bestätigt werden. Die Intervention ist durchaus nachhaltig, aber in der vorliegenden Untersuchung nur für Kinder, die Sprachmilieu 1 zuzuordnen sind. Hieraus ergeben sich Forderungen und Ansätze den mathematischen Anfangsunterricht betreffend, wie im nächsten Kapitel noch ausgeführt wird.

Hypothese 3
3a) *Die Intensität der Teilnahme, die als Ausleihrate der angebotenen Materialien verstanden wird, korreliert mit dem Leistungsstand zum MZP 2. Das heißt, Kinder, die viel ausleihen, zeigen am Ende der Intervention eine bessere Leistung als Kinder, die wenig ausleihen.*
3b) *Die Intensität der Teilnahme korreliert mit der Höhe des Leistungszuwachses während des Interventionszeitraums. Das heißt: Kinder, die viel ausleihen, verbessern sich stärker als Kinder, die wenig ausleihen.*

Die Prüfung dieser Hypothese soll dazu beitragen, genauere Informationen über die Beschaffenheit der Intervention aus der Perspektive der Adressat*innen zu erhalten. Aus Projektperspektive wurde die Intervention in Unterkapitel 6.4 dargestellt; dabei wurde implizit deutlich, dass eine Korrelation zwischen der Ausleihrate und dem Fördererfolg erwartet wird, zumal über die Art und Weise der tatsächlichen häuslichen Nutzung der Interventionsmaterialien keine systematischen Informationen vorliegen. Die Präzisierung dieser Hypothese in zwei Varianten **3a** und **3b** erlaubt unterschiedliche Erkläransätze, wie weiter unten noch ausgeführt wird. In Tab. 6.7 auf Seite 198 wurde bereits mitgeteilt, dass die Anzahl der insgesamt ausgeliehenen Materialien sowie die relative Ausleihrate in den drei Kitas recht unterschiedlich ausfiel. Daher werden nun sowohl die Gesamtstichprobe als auch die drei Kitas getrennt betrachtet, zunächst für die Variante **3a**.

An dieser Stelle wurde die Korrelation nach *Pearson* für die beiden metrischen Variablen *Anzahl der ausgeliehenen Materialien* und *T-Wert zu MZP 2* herangezogen. „Kann nicht klar entschieden werden, ob der Sachverhalt besser durch eine gerichtete oder eine ungerichtete Hypothese erfasst wird, muss in jedem Fall zweiseitig getestet werden" (Bortz & Schuster, 2010, S. 105). Hier allerdings wird eine gerichtete Hypothese aufgestellt, so dass ein einseitiger Test ausreicht. Die Analyse hatte zum Ergebnis, dass eine statistisch signifikante Beziehung *weder* für die Gesamtstichprobe, $r_{gesamt}(53) = .19$, $p = .082$, *noch* für die einzelnen Kitas festgestellt werden konnte ($r_{Kita\,1}(13) = .25$, $p = .185$, $r_{Kita\,2}(18) = .21$, $p = .190$, $r_{Kita\,3}(18) = .19$, $p = .209$). Über die entsprechenden Nullhypothesen kann also nicht entschieden werden; nicht einmal für einseitige Signifikanz, die hier aufgrund der gerichteten Formulierung von Hypothese 3 angegeben wird. Ein Streudiagramm (siehe Abb. 7.2) macht diesen Befund intuitiv sichtbar. Selbst bei Verwerfen der Nullhypothese, die keinen Zusammenhang zwischen den Variablen postuliert, und entsprechender Akzeptanz eines möglichen α-Fehlers $> .05$ weist die Analyse nur einen kleinen Effekt aus, $r_i < 0.3$. Die **Hypothese 3a**, dass das zum MZP 2 festgestellte Leistungsniveau positiv mit der Intensität der Ausleihaktivität korreliert, wird daher *nicht* bestätigt.

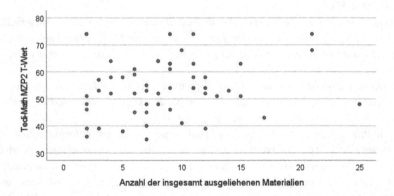

Abbildung 7.2 Streudiagramm zur Korrelation der ausgeliehenen Materialien und dem Leistungsstand zum MZP 2, $n = 55$

Zur Prüfung der Variante **3b** wird in der Korrelationsanalyse anstelle der Variablen *T-Wert zu MZP 2* diesmal die Variable $\Delta T = T_2 - T_1$ herangezogen, um den Leistungs*zuwachs* der Stichprobenkinder zu betrachten. Dahinter steht das Erklärmodell, dass Hypothese **3a** möglicherweise deshalb verworfen werden musste, weil viele Kinder, die von Anfang an hohe Leistungen gezeigt haben, zuhause bereits gut mit mathematikhaltigen Büchern und Spielen ausgestattet sind und daher, mangels Anlass, kaum etwas ausgeliehen haben. Also wird nun der Leistungszuwachs

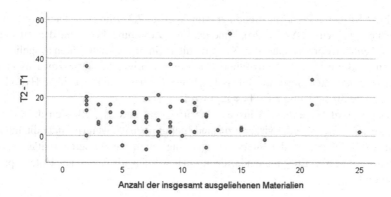

Abbildung 7.3 Streudiagramm zur Korrelation der ausgeliehenen Materialien und dem Leistungszuwachs $\Delta T = T_2 - T_1$, $n = 55$

herangezogen. Wie in Kapitel 6 ausgeführt wurde, sind T-Wertdifferenzen ebenfalls metrisch, daher wird wieder *Pearson's r* berechnet. Dies hatte folgendes Ergebnis: Die Effektgrößen bei dieser Analyse sind noch näher an Null als bei **3a** und die α-Fehlerwahrscheinlichkeiten noch höher, $r_{gesamt}(53) = -.02$, $p = .444$, $r_{Kita\,1}(13) = .05$, $p = .426$, $r_{Kita\,2}(18) = .08$, $p = .377$, $r_{Kita\,3}(18) = -.02$, $p = .464$.

Auf dem entsprechenden Streudiagramm (siehe Abb. 7.3) ist gut zu sehen, dass der T-Wertezuwachs $\Delta T = T_2 - T_1$ von MZP 1 zu 2 für die meisten Kinder im Bereich zwischen 0 und 20 liegt. Vier Kinder wiesen im Streudiagramm eine leicht negative Entwicklung auf. Wenn ein Kind zum MZP 2 in Absolutwerten schlechter abschneidet als zum MZP 1, beispielsweise konkret bei den Zählkompetenzen, wird dies nicht als *echter* Kompetenzverlust interpretiert, da ein Verlernen bereits erworbener Basiskompetenzen während der kindlichen Entwicklung nicht plausibel erscheint. Ein schlechteres Ergebnis beim zweiten Messzeitpunkt zeigt, abgesehen vom Auftreten normaler statistischer Schwankungen in der Performanz, schlicht an, dass das Kind die Inhalte des Items offenbar *noch nicht ganz sicher* verinnerlicht hat. Ein schlechteres Abschneiden in altersnormierten Werten wie dem T-Wert zeigt an, dass der mittlere Kompetenzzuwachs der Alterskohorte größer ist als der des betreffenden Kindes. Zudem wäre beispielsweise auch eine Regression zur Mitte denkbar, falls die vier Punkte zu Kindern gehören, deren T_1-Wert sehr hoch war. Die betreffenden vier Kinder zeigten tatsächlich allerdings sämtlich Leistungen im Bereich $42 \leq T_1 \leq 45$ und $35 \leq T_2 \leq 39$; hier wäre eine positive Leistungsentwicklung natürlich besonders wünschenswert gewesen.

Fünf Kinder zeigen im Streudiagramm in Abb. 7.3 sehr hohe altersnormierte Leistungszuwächse ($\Delta T > 20$), ohne dass ein Zusammenhang mit der Ausleihrate erkennbar wäre. Bei den drei Kindern, die mehr als 20 Materialien ausgeliehen haben, sind ein hoher, ein mittelhoher und ein niedriger Leistungszuwachs nahe Null zu sehen. Zusammenfassend lässt sich also festhalten, dass auch die Hypothesenvariante **3b** eindeutig nicht bestätigt wird.

Damit wird **Hypothese 3** insgesamt verworfen, und es stellt sich die Frage, *wodurch genau* die Förderwirkung zustande gekommen ist, wenn es *nicht* die Intensität der Teilnahme an der Intervention ist, die durch die Ausleihaktivität operationalisiert wurde. Entsprechende Ideen dazu werden im folgenden Unterkapitel diskutiert.

Hypothese 4
Die Zugehörigkeit zu einem bestimmten Sprachmilieu beeinflusst die Förderwirkung. Das bedeutet: Der zu erwartende Fördererfolg hängt davon ab, aus welchem Sprachmilieu ein Kind stammt.

Diese ungerichtete Hypothese wurde unter Rückgriff insbesondere auf Kapitel 4 aufgestellt, in dem zahlreiche Befunde zum Zusammenhang von Bildungserfolg und HLE dargestellt wurden. Das *Sprachmilieu* wurde als das für diese Untersuchung wesentliche HLE-Merkmal konstruiert; die drei Untersuchungskitas repräsentieren drei verschiedene Sprachmilieus, wie in Unterkapitel 6.2 ausgeführt wurde. Somit können zur inferenziellen Überprüfung dieser Hypothese die empirischen Befunde genutzt werden, die bereits im Kontext der Hypothesen **1** und **2** generiert wurden, weil hierbei bereits Betrachtungen angestellt wurden, die nach Kitas getrennt sind: Für den unmittelbaren, *kurzfristigen* Fördererfolg, der durch die Differenz altersnormierter Leistungs-T-Werte operationalisiert wird, wird **Hypothese 4** *verworfen*, denn *für alle drei* Sprachmilieus unterscheidet sich der jeweilige Kompetenzzuwachs ΔT statistisch hoch signifikant ($p < .01$) von Null, bei ähnlichen großen Effektstärken (siehe Tab. 7.2 auf Seite 211). Die Zugehörigkeit zu einem bestimmten Sprachmilieu bestimmt den kurzfristigen Fördererfolg also *nicht*.

Tabelle 7.4 Vergleich der T-Messwerte zu MZP 1 und MZP 2, $n = 55$, darunter MZP 3 mit $n = 39$

	Sprachmilieu 1			Sprachmilieu 2			Sprachmilieu 3		
	$\bar{x}$	σ	$\sigma_{\bar{x}}$	$\bar{x}$	σ	$\sigma_{\bar{x}}$	$\bar{x}$	σ	$\sigma_{\bar{x}}$
T_1	47.33	8.85	2.28	44.75	10.06	2.25	42.15	10.27	2.30
T_2	56.53	12.21	3.15	53.15	9.85	2.20	53.10	10.25	2.29
T_3	54.67	7.25	2.09	42.60	11.32	3.58	41.71	11.81	2.87

Hinsichtlich des *langfristigen* Fördererfolgs, der durch die Betrachtung der Leistungs-T-Werte ein Jahr nach Abschluss der Intervention beurteilt wird, wird **Hypothese 4** allerdings *bestätigt*. Dies ist in Tab. 7.4 zu sehen, die praktisch eine Fortsetzung des oberen Teils von Tab. 7.2 darstellt. Die drei Spalten $\bar{x}$ zeigen deutliche Unterschiede zwischen den Sprachmilieus: Kinder aus Sprachmilieu 1 können ihren mittleren T-Wert von MZP 2 ($T_2 = 56.53$) zum MZP 3 ($T_3 = 54.67$) beinahe halten. Die Kinder aus den anderen beiden Sprachmilieus hingegen unterschreiten im Mittel – nach ebenfalls hohen durchschnittlichen Leistungszuwächsen von MZP 1 zu 2 – bei der Follow-up-Messung zum MZP 3 sogar ihren Startwert.

Natürlich sind auch kurzfristige Fördererfolge für sich erst einmal zu begrüßen, denn sie zeigen, dass Bildungsprozesse grundsätzlich beeinflussbar sind. Nicht zuletzt unter ökonomischen Gesichtspunkten sind aber auch längerfristige Wirkungen erwünscht, wie inzwischen zahlreiche Evaluationsstudien betonen. Die hier formulierte **Hypothese 4** muss also *insgesamt bestätigt* werden, und zwar dahingehend, dass diejenigen Gruppen, die in Deutschland regelmäßig als vulnerabel und in Bildungskontexten benachteiligt erkannt werden, hier repräsentiert durch die Teilstichproben *Kita 2* und *Kita 3*, auch in der vorliegenden Studie ihre kurzfristigen Erfolge nicht sichern konnten. Für die Teilstichprobe *Kita 1* hingegen kann das *Matthäus-Prinzip* als gültig erkannt werden: Die Kinder wachsen privilegiert auf, profitieren in hohem Maße von Förderangeboten und können ihre Erfolge auch über das Follow-up-Jahr erhalten.

7.2 Weitere Befunde

Im vorigen Unterkapitel wurde bei der Prüfung von Hypothese 3 festgestellt, dass die Interventionswirkung nicht allein über die Ausleihrate erklärt werden kann. Zur Klärung sollen an dieser Stelle weitere Untersuchungen angestellt werden.

Zunächst wird geprüft, ob die in Hinblick auf die Teilnahme am KERZ-Projekt seitens der Erzieher*innen erwartete **Kooperation der Eltern** mit dem kurzfristigen Fördererfolg zusammenhängt. Die erwartete Kooperationsbereitschaft der Eltern wurde durch die Erzieher*innen mit Hilfe einer ordinalen 4-Punkte-Antwortskala eingeschätzt (vgl. Diekmann, 2012, S. 241). In die Einschätzung flossen für jede Familie die Angaben mehrerer Erzieher*innen ein (so wie bei der Einschätzung der Deutschkenntnisse, siehe Unterkapitel 6.3). Dabei wurden alle vier Antwortmöglichkeiten für die erwartete Kooperation (sehr hoch / eher hoch / eher gering / sehr gering) ausgenutzt. Aus den Angaben der verschiedenen Erzieher*innen wurde gemäß der üblichen Technik der summierten Einschätzungen nach Likert für jede

Familie ein Mittelwert gebildet[2] (1=sehr hoch / 2=eher hoch / 3=eher gering / 4=sehr gering). Der niedrigste gemittelte Einschätzungswert y, der auf diese Weise zustande kam, betrug 3,5, der höchste 1,0. Die Einschätzungswerte y wurden dann einer dichotomen Skala zugeordnet (Stufe 1 für $1,0 \leq y < 2,5$ / Stufe 0 für $2,5 \leq y < 4,0$ usw.).

Tabelle 7.5 Gruppenstatistik zum Vergleich der beiden Kooperationsstufen, $N = 55$. $\bar{x}$ gibt die mittlere T-Wert-Differenz ΔT an

Geschätzte Kooperation	n	$\bar{x}$	σ	$\sigma_{\bar{x}}$
(eher) gering	15	9.60	8.63	2.23
(eher) hoch	40	9.53	9.06	1.43

Formuliert wird nun die gerichtete Hypothese H_1, dass Kinder mit eher kooperativ eingeschätzten Eltern eine höheren kurzfristigen Fördererfolg (operationalisiert durch die T-Wert-Differenz $\Delta T = T_2 - T_1$) haben als Kinder mit weniger kooperativ eingeschätzten Eltern. Demnach lauten H_0 und H_1 sinnvollerweise:

$$H_0 : \mu_d \leq 0 \quad \text{und} \quad H_1 : \mu_d > 0$$

Die deskriptive Statistik dazu ist in Tab. 7.5 zu sehen: 40 Eltern wurden als (eher) hoch kooperativ eingeschätzt, 15 Eltern als (eher) gering. ΔT ist entgegen der Hypothese in der eher gering kooperativ eingeschätzten Gruppe höher ausgefallen als in der hoch kooperativ eingeschätzten Gruppe, allerdings streuen die Werte jeweils sehr stark; gemäß *Levene*-Test kann Varianzgleichheit angenommen werden, $F(53) = .06$, $p = .807$. Ein entsprechender t-Test für unabhängige Stichproben hat dann zum Ergebnis, dass H_1 abgelehnt werden sollte, $t(53) = .03$, $p = .489$. Dies wird auch durch eine Korrelationsanalyse der geschätzten Kooperation der Eltern y und der Variablen ΔT bestätigt, $r = .03$, $p = .419$, $n = 55$. Zusammengefasst kann also *nicht* beobachtet werden, dass die Kinder der kooperativer eingeschätzten Eltern einen höheren Fördererfolg aufweisen als die Kinder der weniger kooperativ eingeschätzten Eltern.

Statistisch hochsignifikant ist jedoch ein mittelstark ausgeprägter Zusammenhang zwischen der geschätzten Kooperation der Eltern y und dem absoluten Kom-

---

[2] Die Tatsache, dass hier kleine Zahlen für hohe Einschätzungen und große Zahlen für niedrige Einschätzungen stehen, wurde beim folgenden Bericht berücksichtigt.

petenzwert der Kinder zum zweiten Messzeitpunkt T_2, $r = .39$, $p = .002$, $n = 55$ (strenggenommen sollte ein ordinales Maß wie $\tau_b = .28$ verwendet werden). Dies bestätigt erwartungsgemäß auch die Betrachtung der dichotomen Schätzung *(eher)* *hohe* und *(eher)* *geringe* Kooperation, wie in Tab. 7.6 zu sehen ist.

Tabelle 7.6 Gruppenstatistik zum Vergleich der beiden Kooperationsstufen, $N = 55$. $\bar{x}$ gibt hier den mittleren T_2-Wert an

Geschätzte Kooperation	n	$\bar{x}$	σ	$\sigma_{\bar{x}}$
(eher) gering	15	49.07	10.593	2.735
(eher) hoch	40	55.93	10.085	1.595

An dieser Stelle lässt sich anmerken, dass nicht grundsätzlich nur die Kompetenzentwicklung von MZP 1 zu 2 in Form von ΔT betrachtet werden sollte, sondern auch das absolute Kompetenzniveau T_2 zum MZP 2. Dadurch wird berücksichtigt, dass viele Kinder auch zum MZP 1 bereits hohe Leistungen gezeigt haben und sich dementsprechend kaum noch verbessern konnten.

Die Intervention stellt Anforderungen an das Zeitbudget, das Eltern für gemeinsame Freizeitaktivitäten mit ihren Kindern zur Verfügung steht. Um sich zuhause gemeinsam mit ihren Kindern konzentriert mit Büchern und Spielen beschäftigen zu können, müssen Eltern in diesem Zeitraum sowohl von beruflichen Verpflichtungen als auch von der Betreuung weiterer, insbesondere (jüngerer) **Geschwister** entlastet sein. Informationen zur konkreten Erwerbstätigkeit wurden in den Eltern-Fragebögen nicht erhoben, aber die Anzahl der mit im Haushalt lebenden Kinder sowie der Familienstand können herangezogen werden, um die zur Verfügung stehende Zeit für den Umgang mit den KERZ-Materialien einzuschätzen. Formuliert werden kann zunächst die Vermutung, dass der Kompetenzzuwachs der Kinder negativ mit der im Haushalt lebenden Kinderanzahl korreliert: Je weniger Kinder im Haushalt, desto höher der Kompetenzzuwachs, weil mehr Zeit fürs gemeinsame Lesen und Spielen mit dem Stichprobenkind aufgewendet werden kann. Andererseits ist auch ein anderes Erklärmodell denkbar, das einen positiven Zusammenhang postuliert: Je mehr Kinder im Haushalt leben, desto geringer ist das Kompetenzniveau des Stichprobenkindes vor der Intervention, das heißt, desto höher fällt potenziell der Kompetenzzuwachs aus. Eine entsprechend ungerichtete Zusammenhangsanalyse der Variablen *Anzahl der Kinder im Haushalt* und *Kompetenzzuwachs ΔT* hat allerdings zum Ergebnis, dass die Nullhypothese, die keinen Zusammenhang postuliert, nicht verworfen werden kann, $r = .19$, $p = .211$, $n = 47$.

Mit dem Eltern-Fragebogen zum zweiten Messzeitpunkt wurden Daten zum Nutzungsverhalten und zu Meinungen der Eltern bzgl. des KERZ-Projekts als Selbstauskunft erhoben. 33 Eltern haben Auskunft über die Häufigkeit der Ausleihe gegeben. Da diese Information, wie schon in Kapitel 6 berichtet, *zusätzlich* projektseitig mit Hilfe der Erzieher*innen erhoben wurde, können die Antworten der Eltern als Indikator für die **Zuverlässigkeit** ihres Antwortverhaltens dienen. Erwartungsgemäß findet sich eine sehr hohe Korrelation zwischen den diesbezüglichen Behauptungen der Eltern und der Dokumentation der Erzieher*innen, $r = .60$, $p < .001$.

32 Eltern gaben Auskunft über ihren **häuslichen Umgang** mit den ausgeliehenen Materialien. Davon berichten 21 Eltern, genug Zeit gehabt und das Material intensiv genutzt zu haben. Acht der 32 Eltern berichten, dass ihr Kind das Material zumeist mit anderen Familienmitgliedern wie (älteren) Geschwistern anstatt mit den Eltern genutzt hat. Weitere zwei Eltern geben an, dass ihr Kind das Material zumeist allein genutzt habe. In lediglich einer der 32 Rückmeldungen wurde berichtet, das Material zumeist ungenutzt wieder zurückgegeben zu haben. Solche Antworten können in Hinblick auf soziale Erwünschtheit kritisch hinterfragt werden. Gleichzeitig ist solch ein Fragebogen auch als Kanal für mögliche Kritik und Verbesserungsvorschläge nutzbar, und Anonymität war in der Erhebungsphase vollständig gewährleistet. Zudem kann die oben genannte Zuverlässigkeit der elterlichen Antworten berücksichtigt werden. Daher wird diese Rückmeldung als starkes Indiz für ausreichend hohe Akzeptanz seitens der Eltern gewertet, sich durch häusliche Aktivitäten an Förderprojekten zu beteiligen.

Weiterhin haben 30 Eltern ihre Erwartungen geäußert, wie ihr Kind im **schulischen Mathematikunterricht** zurecht kommen wird und ob die Teilnahme am KERZ-Projekt darauf möglicherweise Einfluss haben könnte. Außerdem haben 32 Eltern Auskunft über ihr Wissen über die frühe mathematische Kompetenzentwicklung und 36 Eltern Auskunft über ihr Wissen über die Inhalte des Mathematikunterrichts gegeben. In keinem Fall korrelierten hohe Erwartungen oder die Anzahl zutreffender Nennungen statistisch signifikant mit dem Leistungsstand der Kinder zu MZP 2.

In den Unterkapiteln 4.1 und 4.2 zum HLE sind einige Theorien und Befunde berichtet worden, die mit Konstrukten wie *Herkunft, ethnische Zugehörigkeit* oder spezifischen *Migrationshintergründen* arbeiten. Insbesondere zu den beiden größten Gruppen in Deutschland mit familialer Migrationsgeschichte, türkischstämmige Menschen und Spätaussiedler*innen aus den Postsowjet-Staaten, gibt es einige Studien, die beispielsweise den Schulerfolg untersuchen (vgl. Diefenbach, 2006; Nauck & Lotter, 2016; Steinbach, 2006), die im Vergleich häufig zu Ungunsten türkischer Kinder ausfallen.

In der vorliegenden Stichprobe sind 13 türkische Kinder (zusammengefasst mit kurdischsprachigen Kindern, was einmal mehr die Schwierigkeit sauberer Konstrukte im Kontext von Sprache, Ethnie, Kultur und Nationalität zeigt) und 14 Kinder, deren Familien aus Postsowjet-Staaten zugewandert sind[3]. In Tab. 7.7 sind die Leistungskennwerte der beiden Teilstichproben zusammengefasst. Eine gemischte (3) × 2 -Varianzanalyse mit dem Innersubjekt-Faktor des Messzeitpunkts und dem Zwischensubjekt-Faktor der migrationsbezogenen Herkunft zeigt, dass Sphärizität angenommen werden kann und erwartungsgemäß ein statistisch signifikanter Haupteffekt in hoher Effektstärke für den MZP besteht, $F(2, 34) = 10.16$, $p \leq .001$, $\eta_p^2 = .37$.

Tabelle 7.7 Übersicht über die T-Messwerte zu den drei Messzeitpunkten für Kinder aus türkischstämmigen Familien und Kinder aus Familien, die aus Postsowjet-Staaten eingewandert sind, $n_{max} = 27$

	$T_1(n)$	$T_2(n)$	$T_3(n)$
türkisch	41.85(13)	54.58(12)	45.67(9)
russisch	42.50(14)	49.64(14)	38.73(11)

Für die Herkunft wird kein statistisch signifikanter Haupteffekt festgestellt, $F(1, 17) = 1.88$, $p = .188$, ebenso keine statistisch signifikante Interaktion zwischen MZP und Herkunft, $F(2, 34) = .62$, $p = .543$. Schwächere Leistungen oder Entwicklungen der türkischen Kinder im Vergleich mit den Leistungen der Kinder aus spätausgesiedelten Familien können in der vorliegenden Studie demnach *nicht* festgestellt werden.

33 Eltern antworteten auf die Frage, ob sie von den Erzieher*innen auf das KERZ-Projekt **persönlich angesprochen** worden sind. Nur acht Eltern haben dies verneint. Die restlichen 25 Eltern berichten von allgemeinen Informationen zu Inhalt, Organisation und Ablauf, von persönlichen Erinnerungshinweisen etwas auszuleihen oder zurückzubringen und/oder von Hilfsangeboten. Von den Erzieher*innen angesprochen worden zu sein, korrelierte *nicht* mit dem Fördererfolg der Kinder, $r = -.07$, $p = .715$.

Die 18 betreuenden Erzieher*innen, die den Fragebogen zum zweiten Messzeitpunkt beantwortet haben, gaben ohne jeden Unterschied zwischen den drei Erhebungskitas im Mittel an, dass sie vorschulische mathematische Förderung für sehr

---

[3] In beiden Teilstichproben wurden jedoch keine Kinder berücksichtigt, deren Eltern *beide* als Muttersprache Deutsch angegeben haben.

wichtig, aber nicht ganz so wichtig wie sprachliche Förderung halten. Auch die logistische Handhabung des Ausleihbetriebs war in den drei Kitas ähnlich und variierte – durchaus auch innerhalb einer Kita – von der Ausleihe einmal pro Woche bis hin zu einer jederzeit möglichen Ausleihe. Eine KERZ-spezifische pädagogische Begleitung der Vorschulkinder, wie sie analog beim *Enter*-Projekt im Vordergrund stand (vgl. Kapitel 5), fand in den drei Untersuchungskitas nicht bzw. nicht systematisch statt – wenn doch, variierte sie dabei *innerhalb* jeder Kita zwischen gelegentlichen Gesprächskreisen und gelegentlicher gemeinsamer Materialschau. Rund die Hälfte der Erzieher*innen gab diesbezüglich keine besondere pädagogische Begleitung an. Die Angaben der Eltern, von den Erzieher*innen angesprochen zu sein, decken sich vollständig mit den entsprechenden Selbstauskünften der Erzieher*innen.

Die Betrachtung dieser Nebenbefunde klärt also die Art und Weise, wodurch genau die Interventionswirkung zustande gekommen ist, nicht unmittelbar.

Zum Abschluss dieser Ergebnisdarstellung sollen einige Kinder herausgegriffen werden, die eine **besonders erfreuliche Entwicklung** durchlaufen haben. Diese Kategorie wurde an fünf Kinder vergeben, die sämtlich folgende Eigenschaften aufweisen:

1. Die individuelle Leistung T_1 zum MZP 1 lag höchstens bei 40 ($T_1 \leq -1SD$) und war somit unterdurchschnittlich.
2. Die individuelle Leistung T_2 zum MZP 2 lag mindestens eine Standardabweichung höher als zu T_1, also $\Delta T_{1,2} \geq 10$.
3. Die individuelle Leistung T_3 zum MZP 3 ist im Vergleich zu T_2 höchstens um eine halbe Standardabweichung gesunken *oder* im Normalbereich $-1SD < T_3 < +1SD$ geblieben.

Die Leistungswerte dieser Kinder sind in Tab. 7.8 aufgeführt. Zusätzlich sind in der Tabelle die Daten von drei weiteren Kindern aufgenommen, deren DEMAT-Messwerte T_3 zum MZP 3 leider fehlen, deren unmittelbarer Leistungszuwachs jedoch sogar 1.5 Standardabweichungen betrug, also $\Delta T_{1,2} \geq 15$, sodass hier von einer nennenswerten Chance ausgegangen werden kann, dass auch diese Kinder ihre erheblichen Leistungszuwächse zumindest teilweise bis zum MZP 3 erhalten konnten.

Diese acht Kinder sind vier Jungen und vier Mädchen, denen beim CPM sämtlich eine der drei mittleren CPM-Leistungsstufen 2, 3 oder 4 zugeordnet wurde. Ihr durchschnittliches Alter zum MZP 1 weicht mit 68.9 ± 3.4 Monaten so wenig vom durchschnittlichen Alter der Gesamtstichprobe ab (siehe Tab. 6.1 auf Seite 185), dass auf einen t-Test verzichtet werden kann. Es können also keine im Kind selbst liegenden Gründe für ihre Erfolgsgeschichten identifiziert werden, die im Rahmen

Tabelle 7.8 Leistungskennzahlen über die drei Messzeitpunkte von ausgewählten Kindern, $n = 8$. Die jeweils erste Ziffer der Kind-Identifikationsnummer gibt die Zugehörigkeit zur Kita an

Kind-ID	T_1	T_2	T_3
114	26	46	41
212	31	46	–
219	26	53	–
303	31	52	47
306	26	63	44
308	33	51	–
311	11	45	57
319	26	36	31

der vorliegenden Studie untersucht worden wären. Daher sollen ihre HLEs betrachtet werden:

Von den acht Müttern dieser Kinder weisen lediglich eine ein abgeschlossenes Studium und eine eine abgeschlossene Ausbildung auf. Den anderen sechs Müttern kann ein niedriges formales Bildungsniveau attestiert werden. Bei den entsprechenden Partnern der Mütter bzw. Vätern der Kinder ist das Verhältnis ähnlich; hier hat im Vergleich zu den Müttern eine weitere Person eine Ausbildung abgeschlossen, so dass fünf Partnern ein niedriges Bildungsniveau zugeschrieben werden kann.

Bei nur zwei der hier betrachteten acht Kinder ist die Haushaltssprache ausschließlich Deutsch; dabei leben praktisch alle Eltern bereits seit mindestens 10 Jahren in Deutschland oder sind hier geboren.

Damit sind die in Kapitel 4 ausführlich diskutierten, statischen HLE-Merkmale *Herkunft* und *Bildungsnähe* für die hier betrachteten Kinder mit besonders erfreulichen Verläufen keineswegs besonders günstig, sondern im Gegenteil hätten hier geringere Leistungen zu den Messzeitpunkten 2 und 3 nicht überrascht. Dieser Befund ist für die Evaluation der KERZ-Intervention hoch bedeutsam: Insgesamt sind 15 Kinder ähnlich schwach gestartet wie die acht hier betrachteten, zeigten also zum MZP 1 mit einem Leistungswert $T_1 \leq 40$ unterdurchschnittliche mathematische Kompetenzen. Gut die Hälfte dieser Kinder zeigte wie oben definiert eine *besonders erfreuliche Entwicklung*. Daher erscheint eine Analyse des ökonomischen Aufwands, der für die KERZ-Intervention betrieben wurde, besonders lohnenswert:

In Unterkapitel 4.3 ist im Kontext der Strukturqualität von Kitas dargestellt worden, dass die materielle Ausstattung von Bildungseinrichtungen bedeutsam ist. Eine umfassende ökonometrische Analyse bezieht solche Investitionen auf die Rendite, die Bildungserfolg mit sich bringt, etwa höhere Steuereinnahmen oder Einsparungen bei den Sozialleistungen aufgrund des späteren beruflichen Erfolgs. Eine solche Analyse kann an dieser Stelle nicht erfolgen (nicht zuletzt deshalb, weil die Stichprobenkinder zum jetzigen Zeitpunkt noch schulpflichtig sind). Dafür können aber zumindest die Kosten erfasst werden, die einer Kita entstehen, die das KERZ-Projekt durchführen möchte. Kitas in NRW geben größenordnungsmäßig etwa 1.000 € pro Kind und Jahr für laufende Sachmittel aus (vgl. Statistisches Bundesamt, Haider & Schmiedel, 2010, S. 24), wobei diese etwa 16 % des Gesamtbudgets ausmachen (vgl. ebd., S. 15). Der mit Abstand größte Posten sind Personalkosten. Die Unterschiede zwischen den Finanzen von Kitas verschiedener Träger sind dabei gering (vgl. ebd., S. 28). Die KERZ-Schatzkiste ist mit jedem Material dreifach bestückt, um einen typischen[4] Vorschuljahrgang von 15 bis 30 Kindern in einer Kita bequem zu versorgen. Die Anschaffungs- und Herstellungskosten für diese Materialsammlung betragen rund 750 €. Dazu kommen noch die Kosten für eine Schatzkiste oder ähnliche Lagerstätte. Während der Intervention wurde ein gewisser Schwund und Verschleiß einkalkuliert, jedoch tatsächlich nur in geringem Maße beobachtet (etwa ein fehlendes Buch oder ein zu ersetzender Spielwürfel). Daher kann für die KERZ-Materialien von einer mindestens einjährigen, wahrscheinlich erheblich längeren Nutzungsdauer ausgegangen werden.

Eine typische Kita mit 80 betreuten Kindern in gemischten Altersgruppen, von denen 20 Kinder im Vorschuljahrgang sind, könnte auf diese Weise das KERZ-Projekt umsetzen, indem sie größenordnungsmäßig 1 % ihres Sachkostenetats für KERZ-Materialien ausgibt. Von diesem einen Prozent könnte der vorliegenden Untersuchung zufolge die Hälfte derjenigen Kinder, die ein halbes Jahr vor der Einschulung noch auffällig geringe mathematische Kompetenzen zeigen, nachhaltig gefördert werden.

7.3   Interpretation und Implikationen

In der Darstellung der Befunde, die in den beiden vorausgegangenen Unterkapiteln erfolgt ist, wurden bereits erste Interpretationsansätze formuliert, was diese Befunde *bedeuten* (könnten). Dies soll in diesem Unterkapitel nun systematisch erfolgen.

---

[4] In Deutschland werden in den meisten Kitas zwischen 26 und 100 Kindern betreut (vgl. Statistisches Bundesamt, 2020, S. 13).

Die Hauptbefunde der vorliegenden Studie bestehen in der

1. **Bestätigung** der **Hypothese 1**, dass im Mittel alle Kinder unmittelbar von der Intervention profitiert haben, unabhängig von ihrer Zugehörigkeit zum jeweiligen Sprachmilieu,
2. **Zurückweisung** der **Hypothese 2**, weil im Mittel nur Kinder aus Sprachmilieu 1 langfristig von der Intervention profitierten,
3. **Zurückweisung** der **Hypothese 3**, dass die Förderwirkung durch das Ausmaß der Ausleihaktivität begründet werden kann,
4. **Bestätigung** der **Hypothese 4**, die die Abhängigkeit der Fördereffekte insgesamt von der Zugehörigkeit zum Sprachmilieu postuliert.

Das Ausmaß der unmittelbaren Fördereffekte, die im Kontext der Hypothese 1 analysiert wurden, fiel – unter Annahme der Statthaftigkeit des Kontrollgruppenverzichts – mit durchschnittlich etwa einer Standardabweichung (siehe Tab. 7.1) sowohl für die Gesamtstichprobe als auch für die betrachteten Teilstichproben nennenswert aus. Dieser Befund birgt großes Potenzial für die mathematische Förderarbeit in der Breite, da die zusätzlichen Aufgaben, die für die Erzieher*innen mit der operativen Durchführung des KERZ-Projekts einhergingen, überschaubar waren, die Kosten-Nutzen-Relation also als überaus günstig beurteilt werden kann.

Gleichzeitig wurde mit der vorliegenden Studie ein Befund reproduziert, der auch schon früher beobachtet wurde: Die Förderwirkungen sind nicht nachhaltig, jedenfalls nicht für diejenigen Kinder, für die Nachhaltigkeit ganz besonders wünschenswert wäre, um Bildungsungleichheiten abzubauen. Leseman (2008, S. 137 ff.) erklärt den häufig ausbleibenden langfristigen Nutzen („Verblassen der Wirkungen") damit, dass Kinder, die in der Kita-Zeit besondere Förderung bekommen haben, hinterher häufig auf Schulen mit „ungünstiger sozioökonomischer Zusammensetzung" und mehr Sicherheitsproblemen (an deren dann wiederum hoch qualifizierte Lehrkräfte seltener zu finden sind) gehen. „Die Auswirkungen von Vorschulprogrammen können durch spätere ungünstige Bedingungen zunichte gemacht werden" (ebd.). Die Identifikation und Begegnung solch ungünstiger Bedingungen in den ersten Schuljahren bietet demnach beträchtliches Potenzial.

Der Befund, dass in der vorliegenden Studie die russlanddeutschen Kinder bei nahezu gleichem Ausgangsniveau zum MZP 1 im weiteren Verlauf etwas schwächer abgeschnitten haben als die türkischstämmigen Kinder (wenn auch nicht auf dem geforderten Signifikanzniveau), kann im Kontext residenzieller Segregation erklärt werden, wie auch im Unterkapitel 4.2 bereits dargestellt wurde (vgl. Glick et al., 2013). Viele russlanddeutsche Kinder der hier vorliegenden Gesamtstichprobe leben in Sprachmilieu 3, das als stabiles, segregiertes Milieu von vergleichsweise geringer Diversität mit niedrigem SES beschrieben wurde. Die Betrachtung „natio-ethno-kultureller Differenzen" (vgl. Mecheril, 2010, S. 59) erscheint hier also wenig zielführend; stattdessen sollten konkrete Ressourcen, Kapitale und Lebensbedingungen in den Blick genommen werden (vgl. Beisenherz, 2006; Boos-Nünning & Karakasoglu, 2004; Jäkel et al., 2012; Juska-Bacher, 2013; Lingl, 2018).

Die Untersuchung weiterer Zusammenhänge und Unterschiede hatte vorrangig das Ziel, eine Alternative zu Hypothese 3 formulieren zu können, die als Wirkmodell für die hier beobachteten Fördereffekte geeignet erscheint. Dazu wurden neben der Zugehörigkeit zum Sprachmilieu weitere Variable betrachtet, die zum HLE beitragen, etwa die Kooperationsbereitschaft der Eltern, beim KERZ-Projekt mitzumachen, die Geschwisterzahl im Haushalt, der Umgang mit dem Material zuhause sowie Einstellungen und Kenntnisse zum (vor-)schulischen Mathematiklernen. Dieses Ziel ist nicht erreicht worden, und Hirschauer et al. (vgl. 2016, S. 566) folgend wird auf die Suche nach *irgendwelchen* statistischen Zusammenhängen im Datenmaterial verzichtet.

Auch die persönliche Ansprache der Eltern seitens der Erzieher*innen korrelierte nicht mit dem kindlichen Fördererfolg. An dieser Stelle kann zusammengefasst werden, dass es offenbar auf Basis der vorliegenden Daten nicht gelingt, ein konkretes alternatives Wirkmodell zu formulieren, wie es zu dem hohen unmittelbaren Fördererfolg gekommen ist. Ein interessanter Befund in diesem Zusammenhang ist, dass die mathematischen Leistungen der Kinder zum MZP 1 trotz des ausreichenden Stichprobenumfangs, der die Annahme normalverteilter Kennwerte zulässt (vgl. Rasch et al., 2014a, S. 43 f.), für alle drei Kitas links der Mitte $T = 50$ lagen (siehe Tab. 7.4).

Dies hängt möglicherweise damit zusammen, dass die Erzieher*innen ihren Fragebogenauskünften zufolge in keiner der drei Untersuchungskitas *mathematische Bildung* als pädagogischen Schwerpunkt angesehen haben. In Kita 1 wurde zwar das Projekt *Haus der kleinen Forscher* genannt, aber ob in diesem Kontext beispielsweise auch explizit mathematische Aktivitäten kontinuierlich stattfinden, ist nicht bekannt. Festgestellt werden konnte, dass die Erzieher*innen auch *innerhalb* einer Kita zum MZP 1 keine gleichlautenden Angaben zu den pädagogischen Schwerpunkten ihrer eigenen Kita gemacht haben. Möglicherweise hat dann jedoch die Durchführung des KERZ-Projekts dazu beigetragen, dass mathematische Entwicklungsfelder in den Untersuchungskitas stärker in den Blick genommen wurden. Die Intervention könnte bei Kitas und Eltern für erhöhte Wachsamkeit gegenüber mathematischen Themen gesorgt haben, so dass informelle Aktivitäten stattgefunden haben könnten, die sowohl das HLE der Kinder veränderten als auch die Prozessqualität bei den Erzieher*innen.

Abbildung 7.4 Zufällig dokumentiertes Plakat, das während der Intervention in einer der Untersuchungskitas im Flur hing. Hiermit wurde über das aktuelle Gruppenthema informiert, das nicht Teil der KERZ-Intervention war

Diese Annahme wird unter anderem gestützt durch ein Foto-Dokument, das zufällig bei einem der Besuche in einer Untersuchungskita während der Interventionsphase entstanden ist: In Abb. 7.4 ist ein bunt gestaltetes Plakat zu sehen, mit dem Kinder und Eltern der Kita darüber informiert werden, dass es aktuell ein *Gruppenthema* mit dem Titel *Mengen und Zahlen* gibt. Auf dem Plakat werden zudem explizit zahlreiche mathematikhaltige Aktivitäten (*Spiele, Ausmalbilder, Lieder, Reime, Geschichten...*) und konkrete Lernziele (*Würfelbilder kennenlernen, richtig zählen können, Zahlsymbole zuordnen können, Mengen erkennen...*) genannt, die gemäß der Kapitel 2 und 5 bestens geeignet sind, die mathematische Entwicklung von Vorschulkindern zu unterstützen. Aus den anderen Kitas sind zum Teil ähnliche informelle Mitteilungen erfolgt. Dementsprechend kann davon ausgegangen werden, dass die Intervention (auch) als direkte Intervention nach M. Schmidt und Otto (vgl. 2010, S. 235 f.) gewirkt hat – *spontan initiiert* durch die Erzieher*innen.

Zusammen mit weiteren Nullbefunden zum HLE, die in den beiden vorhergehenden Unterkapiteln berichtet wurden, lassen sich einige grundlegende Folgerungen konkretisieren:

Möglicherweise sind die Wirkungen auf die Leistungen der Kinder im Kontext dieser Untersuchung weniger durch den häuslichen Umgang mit den ausgeliehenen Büchern und Spielen bedingt, als vielmehr durch den Besuch einer Kita, in der das KERZ-Projekt durchgeführt wird. Hier ergibt sich ein Desideratum, das mit

Hilfe eines *non-treatment*-Kontrollgruppendesigns beforscht werden könnte und in diesem Fall idealerweise als Blindstudie ausgeführt würde (vgl. Döring & Bortz, 2016, S. 198 f.). Denn möglicherweise finden auch in *non-treatment*-Kitas durch das bloße Erheben der kindlichen mathematischen Kompetenzen Prozesse statt, die als solche förderlich auf die mathematische Entwicklung der Kinder wirken und somit ein *treatment* darstellen. Anders herum argumentiert erscheint denkbar, dass bereits die Mitteilung an eine Kita, innerhalb der nächsten paar Monate in einem einigermaßen aufwändigen Prozess die mathematischen Kompetenzen der Kinder erheben zu wollen, Interventionseffekte auslösen könnte. Dies kann als eine Art pädagogischer Placebo-Effekt verstanden werden, der gemäß Gniewosz (vgl. 2015, S. 87) im Rahmen experimenteller Settings als erwartungsbedingte Störvariable ausgeschaltet werden sollte, für die Förderwirkung selbst aber vielleicht genauso bedeutsam ist wie für therapeutische Wirkungen in der Medizin – hier wirkt der Placebo-Effekt *zusätzlich* zur pharmakologischen Intervention[5] – und damit den Adressat*innen nicht vorenthalten werden sollte.

In ihrer Studie über die Förderung von Risiko-Kindern im letzten Kita-Jahr haben Grüßing und Peter-Koop (vgl. 2008, S. 80) beobachtet, dass auch die nicht geförderten Kinder, die eine der Untersuchungskitas besucht haben, am Ende von Klasse 1 bessere Leistungen zeigten als nicht geförderte Kinder, die eine andere Kita besucht hatten. Offenkundig können also implizite Prozesse in Kitas stattfinden, die positive Auswirkungen auf die kindliche Kompetenzentwicklung haben, ohne dass diese Prozesse direkt intendiert waren. Beispielsweise können sich bei den Erzieher*innen Aufmerksamkeit, Interesse oder Motivation, mathematische Lernprozesse zu initiieren und zu begleiten, verändert haben, und insbesondere in kooperativen Settings in der Kita ist seitens der Erzieher*innen auch eine Bewusstmachung eigener professionsbezogener Ressourcen denkbar.

Von den acht Kriterien zur Bewertung der Wirksamkeit pädagogischer Interventionen nach Mittag und Bieg (2010), die in Kapitel 6 auf Seite 177 vorgestellt wurden, lassen sich mit Ausnahme von Nr. 7 alle sinnvoll auf das KERZ-Projekt beziehen. Von diesen sieben lassen sich fünf als erfüllt ansehen, wobei die Prüfung von Nr. 5 nicht erfolgt ist.

1. Die *Auswahl des Untersuchungs- bzw. Evaluationsdesigns* erscheint grundsätzlich geeignet, da zentrale Forschungshypothesen erfolgreich geprüft werden konnten, allerdings vorbehaltlich der Statthaftigkeit des Verzichts auf ein Kontrollgruppendesign.

---

[5] siehe beispielsweise https://www.gesundheitsforschung-bmbf.de/de/placebo-effekt-sichtbar-gemacht-2847.php , Zugriff am 27.09.2020

2. *Kurzfristige Veränderungen in den Zielindikatoren bzw. Kriteriumsmaßen im Nachtest* sind aussagekräftig erhoben und in hohem Maße festgestellt worden.

3. *Längerfristige Veränderungen in den Zielindikatoren bzw. Kriteriumsmaßen im Follow-up* sind ebenfalls aussagekräftig erhoben worden; in diesem Zusammenhang wurde die Abhängigkeit der Effekte von der Zugehörigkeit zum Sprachmilieu belegt.

4. Der *Transfer auf programmzielrelevante Alltagssituationen und/oder Alltagsprobleme* steht beim KERZ-Projekt im Mittelpunkt. Die organisatorische Durchführbarkeit, die ökonomische Bewertung und die Anschlussfähigkeit zu anderen im Elementarbereich etablierten Konzepten und Praktiken wird als gut bewertet und bietet erhebliches Potenzial für die Umsetzung in der Breite.

5. Eine *Prüfung der Robustheit der Programmeffekte bei verschiedenen Vermittlungspersonen und Rahmenbedingungen* ist in der vorliegenden Untersuchung nicht erfolgt. Die Evaluation des KERZ-Projekts beispielsweise über längere oder kürzere Zeiträume, mit veränderten Rollen und Aufgaben der begleitenden Erzieher*innen oder auch mit einer erweiterten oder veränderten Schatzkistenmaterialsammlung stellen lohnenswerte Desiderata dar.

6. Die *Prüfung auf differenzielle Programmeffekte in verschiedenen Zielgruppen* stellte das primäre Forschungsinteresse der vorliegenden Untersuchung dar (siehe auch 3. Punkt) und ist umfassend erfolgt.

7. Eine *Prüfung der Effekte einzelner Programmkomponenten* ist nicht sinnvoll umzusetzen, da das KERZ-Projekt im Grunde nur aus *einer* Komponente, nämlich dem über die Kita organisierten Ausleihbetrieb, besteht.

8. Die *Meta-Evaluation bisheriger Evaluationen* umfasste die Bewertung der qualitativen Berichte aus dem *Enter*-Projekt. Die vorliegende Untersuchung kann in Ergänzung dazu als eine erste quantitative Pilot- und Machbarkeitsstudie verstanden werden.

Diese Evaluation weist das KERZ-Projekt zudem als kompensatorisch ausgerichtetes Förderkonzept aus, weil in Hinblick auf den Abbau von Chancenungleichheiten besonders die Förderung von Kindern intendiert ist, die ansonsten mit nur schwach entwickelten mathematischen Kompetenzen eingeschult würden. Für solche Förderkonzepte haben T. Schmidt und Smidt (2014) zwar insgesamt oft eher geringe Wirksamkeiten zusammengetragen, gleichzeitig jedoch „Förderbedingungen" (ebd., S. 141) formulieren können, deren Einhaltung durchaus ermutigende Ergebnisse erwarten lassen. Diese Bedingungen wurden in Unterkapitel 5.2 auf Seite 172 dargestellt und können nun auf das KERZ-Projekt bezogen werden. Dabei zeigt sich, dass nicht alle dort formulierten Bedingungen eingehalten werden. Durch die **Ausweitung des KERZ-Projekts auf die Schuleingangsphase**, die an dieser

Stelle vorgeschlagen und kurz skizziert werden soll, könnten jedoch praktisch alle Bedingungen erfüllt werden: Ein *mehrjähriger Förderzeitraum* würde umfasst, der *Übergang Kita-Grundschule* explizit in den Blick genommen, und der Umgang mit den KERZ-Materialien wäre als *kontinuierlicher Teil einer Erziehungs- und Bildungspartnerschaft* zwischen Eltern, Erzieher*innen und Lehrkräften klar erkennbar. Die restlichen von T. Schmidt und Smidt (2014) formulierten Forderungen erfüllt die KERZ-Intervention bereits in ihrer für die vorliegende Untersuchung durchgeführten Form.

Zunächst soll die Idee, das KERZ-Projekt auf die Schuleingangsphase auszuweiten, auf die vorliegende Datenbasis bezogen werden. Dimosthenous et al. (2019) haben kurzfristige und langfristige Effekte früher Förderaktivitäten untersucht und gefunden, dass *home learning enrichment activities* nur über einen begrenzten Zeitraum von ein bis zwei Jahren wirken, aber nicht länger. Dies steht in Einklang mit den Befunden der vorliegenden Studie. Mit der Bestätigung der Hypothesen 1 und 4 stellt sich die Frage, auf welche Weise es gelingen könnte, dass nicht nur die Kinder aus Sprachmilieu 1, sondern auch die Kinder aus den Sprachmilieus 2 und 3 ihre hohen kurzfristigen Leistungszuwächse in die Schulzeit hinein erhalten und sichern können. Gemäß dem Motto *Fördern bedeutet immer Weiterfördern*, das im Kontext der Klärung des Förderbegriffs in seiner Bedeutungsvariante C) in Unterkapitel 5.1 diskutiert wurde, sollten Förderaktivitäten kontinuierlich stattfinden und stets an die individuellen Kompetenzen jedes Kindes anknüpfen. Verbunden mit einer engmaschigeren Diagnostik während des ersten Schuljahres (und nicht erst an dessen Ende wie der MZP 3) könnten insbesondere diejenigen Kinder, die schon in der Kita hochfrequent KERZ-Materialien ausgeliehen haben, sicherlich weiterhin zur Ausleihe und Nutzung solcher Materialien motiviert werden.

Die Auswahl der Materialien, mit denen die Schatzkiste bestückt würde, müsste an das fortschreitende Anforderungsniveau im mathematischen Anfangsunterricht angepasst werden. Gleichzeitig würden zunächst auch weiterhin Materialien vorgehalten, die die klassischen mathematischen Vorläuferfähigkeiten (siehe Abschnitt 2.4.2) ansprechen, weil auch in der hier untersuchten Gesamtstichprobe nicht alle Kinder mit unauffällig entwickelten Kompetenzen in ihre Schulzeit starten, sondern acht Kinder zum MZP 2 kurz vor der Einschulung einen Leistungs-T-Wert von maximal 40 aufweisen, also $35 \leq T_2 \leq 40$, $n = 8$. Diese Kinder benötigen auch nach der Einschulung weiterhin intensive mathematische Förderung.

Ein weiterer günstiger Aspekt, der mit der Ausweitung des KERZ-Projekts auf die Schuleingangsphase einherginge, wäre die damit verbundene Umsetzung des Einbezugs von Eltern. Durch den Ausleihbetrieb könnten wie auch schon in der Kita Eltern erreicht werden, die nicht von Haus aus über die notwendigen Ressourcen verfügen, ihre Kinder mit lernförderlichen Spielen, Büchern und Freizeitideen zu versorgen. In früheren Studien wurde gezeigt, dass Eltern, die gezielt mit geeigneten Bücherpaketen ausgestattet wurden, diese auch tatsächlich nutzten und ihre Kinder davon profitierten. Dever und Burts (2002) beispielsweise haben dafür in den USA Bücher auf englisch und spanisch an Familien von Vorschulkindern verteilt, wobei die Bücher immer in beiden Sprachen an die teilnehmenden Familien ausgegeben wurden, worüber sich einige Eltern beschwerten, weil diese im Falle reiner Englischsprachigkeit nicht mit spanischen Büchern behelligt werden mochten (vgl. ebd., S. 365). Niklas (vgl. 2014, S. 46) fasst zusammen, dass es in der *literacy*-Förderung unterm Strich nicht auf den Besitz von, sondern auf den Umgang mit Büchern ankommt. Auch wenn es in vielen Kommunen für ökonomisch schwache Menschen oft die Möglichkeit der kostenfreien oder kostengünstigen Bibliotheksnutzung gibt, kann erst die persönliche Ansprache, Ermunterung und Begleitung durch Erzieher*innen und Lehrkräfte, zu denen ein Vertrauensverhältnis besteht, entscheidend für die Nutzung und Umsetzung sein. Gleichzeitig ist das gemeinsame Spielen und (Vor-)Lesen niedrigschwellig, sodass diese Art von Elternarbeit (siehe Unterkapitel 4.4 auf Seite 144) von Lehrkräften gut umgesetzt werden können sollte.

Ein dritter günstiger Aspekt der Idee, das KERZ-Projekt auch in der Grundschule umzusetzen, besteht im Potenzial der Übergangsgestaltung. In Unterkapitel 6 wurde unter anderem ab Seite 131 dargestellt, dass die Realisation eines möglichst bruchfreien Übergangs Kita-Grundschule ein wichtiges Qualitätskriterium darstellt; Lonnemann und Hasselhorn (2018, S. 133) sprechen diesbezüglich sogar von einer „der zentralen Herausforderungen zukünftiger Forschungs- und Bildungsbemühungen". In Deutschland treffen an dieser Stelle historisch bedingt Sozial- und Bildungssystem aufeinander, was mit einigen Diskontinuitäten einhergeht, die beispielsweise das Curriculum, das Professionsverständnis der beteiligten Fachpersonen und die politischen Rahmenbedingungen der institutionsübergreifenden Kooperationsmöglichkeiten betreffen. Die *Fortsetzung* eines Bildungs- und Förderprojekts wie KERZ ist diesbezüglich sicher kein Allheilmittel, aber sie bietet durchaus konkrete Anlässe zur Schaffung von Kontinuität, insbesondere aus der Perspektive der Familien. Kinder und Eltern erkennen nach der Einschulung die Schatzkiste und Teile der darin enthaltenen Materialien im Klassenraum wieder; dies könnte zur einer schnelleren Vertrautheit und Eingewöhnung beitragen. Außerdem würde so weiterhin der Wert informeller mathematischer Bildungsaktivitäten unterstrichen. Für Erzieher*innen und Lehrkräfte bietet die Fortsetzung des KERZ-Projekts die Möglichkeit, über die organisatorische Handhabung des Ausleihbetriebs und die inhaltliche Begleitung der Materialnutzung ins Gespräch zu kommen. Beispielsweise könnten beide Professionsgruppen einander hinsichtlich der Materialauswahl im Umgang mit Heterogenität beraten; dies könnte zur Förderung einer gemeinsamen Fachkultur beitragen, wie bei ähnlichen Ansätzen wie beispielsweise *MATHElino* beobachtet werden konnte.

Die langfristig positive Auswirkungen des *HighScope*-Projekts (siehe Unterkapitel 4.3) können durch die Verbindung von fachlich hochwertigen Bildungsangeboten und sozialpädagogischen Unterstützungsmaßnahmen erklärt werden. Die Ausweitung des KERZ-Projekts auf die Schuleingangsphase könnte hierzu einen kleinen Baustein liefern, weil sowohl fachliche Kompetenzen der Kinder gefördert, Informationen über Inhalte und Erwartungen des Bildungssystems an die Eltern kommuniziert und Anlässe für eine kindzentrierte schulische Elternarbeit schon *vor* der Einschulung geschaffen würden. Diese Maßnahmen könnten zur Bildung einer Vertrauensbasis zwischen Familien und (zukünftigen) Lehrkräften beitragen, die beispielsweise Graßhoff, Ullrich, Binz, Pfaff und Schmenger (vgl. 2013, S. 340 ff.) im Kontext ihrer Studie zum Erleben des Übergangs Kita-Grundschule aus Elternperspektive gerade für Familien mit geringen bildungsbezogenen Ressourcen als überaus wichtig betonen.

Gleichzeitig sollte berücksichtigt werden, dass mit dem KERZ-Projekt weder in der Kita noch in der Schule alle Familien gleichermaßen erfolgreich erreicht werden können. Bildungsaffine Eltern könnten sich beispielsweise deshalb überhaupt nicht angesprochen fühlen, weil sie einen Großteil der Schatzkisten-Materialien längst selbst besitzen und/oder gemeinsame lernförderliche Spiel- und Leseaktivitäten ohnehin regelmäßig durchführen. Bildungsferne Eltern könnten sich vielleicht überfordert, gedrängt oder gemaßregelt sehen, wenn sie „ständig" angesprochen werden, das KERZ-Angebot in Anspruch zu nehmen. Dies müsste in ethnografisch ausgerichteten Studien weiter untersucht werden und stellt somit ein weiteres lohnenswertes Desideratum dar. Zudem könnten Familien mit vielen Kindern benachteiligt sein, weil Eltern in kinderreichen Familien weniger Zeit fürs einzelne Kind haben, um mit ihm die KERZ-Materialien zu nutzen. Aus der Umsetzung des KERZ-Projekts sollte keine strukturelle Benachteiligung kinderreicher Familien erwachsen; somit müssen auch andere Möglichkeiten der individuellen mathematischen Förderung seitens der Bildungsinstitutionen konsequent weiterentwickelt und umgesetzt werden.

Von der Verbindung zwischen Mathematik und Sprache profitieren insbesondere mehrsprachig aufwachsende Kinder, wie Altindag Kumas (vgl. 2020) im Kontext einer Erprobung von BMLK in der Türkei mit kurdisch- und arabischsprachigen Kindern betont. Dies könnte mit einer konsequenten Weiternutzung der KERZ-Schatzkiste in der Grundschule durchaus ebenfalls umgesetzt werden, auch weil eine Bereitstellung von Materialien, die in andere Sprachen übersetzt wurden, organisatorisch gut möglich ist. Dies wiederum könnte zu der so wichtigen Vertrauensbasis und wertschätzenden Haltung zwischen insbesondere Eltern mit Migrationsgeschichte und Lehrkräften, die Graßhoff et al. (2013) und auch Deniz (2013b) herausgestellt haben, beitragen.

Die Interpretation der empirischen Befunde wird also mit der Feststellung abgeschlossen, dass die Intervention, die für die vorliegende Untersuchung durchgeführt wurde, erhebliche Potenziale birgt. Bezogen auf den kindlichen mathematischen Kompetenzzuwachs kann auf Basis der Datenanalyse die Aussage getroffen werden, dass es mit Hilfe eines kombinierten *family literacy-* und *family numeracy-*Projekts grundsätzlich möglich erscheint, in sehr verschiedenen Milieus unter einem günstigen Kosten-Nutzen-Verhältnis Fördereffekte hervorzurufen. Gleichzeitig bleiben zwei wichtige Fragen ungeklärt:
Welches konkrete Wirkmodell steht hinter dem hohen kurzfristigen Kompetenzzuwachs?
Und wie kann es gelingen, die hohen Kompetenzzuwächse von Kindern aus benachteiligten Sprachmilieus langfristig zu sichern?

7.4 Zusammenfassung

Die Prüfung der vier zentralen Forschungshypothesen dieser Arbeit erfolgte in Unterkapitel 7.1 mit Hilfe deskriptiver und inferenzieller Analysemethoden und hatte folgende Hauptbefunde zum Ergebnis:

1. Die vorgestellte Intervention stellt eine potenziell wirksame Fördermaßnahme dar. Kinder, die am KERZ-Projekt teilnehmen, verbessern ihre mathematische Kompetenz in höherem Maße, als es ihr bloßer Alterszuwachs erwarten ließe, nämlich in der Größenordnung einer Standardabweichung.
2. Die Förderwirkung ist nachhaltig, allerdings im Mittel nur für Kinder aus Sprachmilieu 1. Einerseits ist dies erfreulich und widerlegt Studien, die den Kita-Förderprojekten generell längerfristige Erfolge absprechen. Gleichzeitig wurde der Befund reproduziert, dass Kinder, die in benachteiligten Milieus aufwachsen, selbst bei gleich guten Startchancen schulisch benachteiligt werden.
3. Die tatsächliche Förderwirkung kann nicht allein durch das Ausmaß der Ausleihaktivität begründet werden. Da die Untersuchung nicht in einem experimentellen Setting, sondern im Feld erfolgt ist, ist mit dem Vorhandensein von „Störvariablen" zu rechnen, die hier – glücklicherweise – wirkmächtig waren. Die Erforschung möglicher Zusammenhänge zwischen der Intervention und weiteren vorhandenen Einflussgrößen konnte als zentrales Desideratum erkannt werden.

4. Die Fördereffekte sind insgesamt von der Zugehörigkeit zum Sprachmilieu abhängig. Wünschenswert wäre beispielsweise eine Abhängigkeit derart gewesen, dass Kinder aus den beiden benachteiligten Sprachmilieus stärker von der Intervention profitieren als Kinder aus Sprachmilieu 1, z. B. weil Kinder aus Sprachmilieu 1 zum Pre-Messzeitpunkt bereits ein deutlich höheres Leistungsniveau zeigen und somit weniger Entwicklungspotenzial haben. Dies war jedoch nicht der Fall: Die Kinder aller *drei* untersuchten Milieus starteten im Mittel zum MZP 1 bei $T < 50$ und landeten nach ähnlich hohen Zuwächsen zum MZP 2 bei $T > 50$. Die festgestellte Abhängigkeit geht in Hauptbefund Nr. 2 auf.

Auf Basis inferenzstatistischer Argumente kann davon ausgegangen werden, dass das KERZ-Projekt sinnvoll in der Breite eingesetzt werden könnte. Die Begründung liegt darin, dass die drei Kitas drei Sprachmilieus repräsentieren, die sämtlich überaus zahlreich in Deutschland zu finden sein dürften: (1) Monolingual-deutsche Sozialräume, in denen überwiegend Menschen mit hohem SES unter stabilen Bedingungen leben, (2) multilingual-multikulturelle dynamische Milieus, die von stetem Wandel, Heterogenität, Diversität und eher hoher Integrationsbereitschaft geprägt sind, sowie (3) bi- oder trilingual segregierte Milieus, in denen sich stabile herkunftssprachliche Subkulturen bilden, in denen eher geringes Interesse an der Integration in die Mehrheitsgesellschaft besteht.

In allen drei Teilstichproben, die diesen Milieus zugeordnet sind, konnten die Kinder ihre mathematischen Kompetenzen über den Interventionszeitraum erheblich verbessern.

In Unterkapitel 7.2 wurden weitere Analysen angestellt, vorrangig mit dem Ziel, eine alternative Wirkhypothese aufzustellen. Dazu wurden weitere HLE-Merkmale der Stichprobenkinder betrachtet, wie die Kooperationsbereitschaft ihrer Eltern zur Teilnahme am KERZ-Projekt, ihre Geschwisterzahl oder auch Wissen und Einstellungen der Eltern. Ein überzeugendes Wirkmodell, das auf HLE-Merkmalen basiert, konnte jedoch nicht gefunden werden. Stattdessen konnte plausibel argumentiert werden, dass die Untersuchungskitas im Rahmen der Intervention offenbar eine größere Rolle innehatten, als es ihr ursprünglicher Arbeitsauftrag, der lediglich die organisatorische Bewältigung des Ausleihbetriebs umfasste, vorsah. Hieraus wiederum ergeben sich weitere Potenziale, die von bildungspolitischer Relevanz sind, denn offenbar könnten Kitas einen deutlich stärkeren Fokus auf frühe mathematische Bildung legen, als sie dies bislang *von sich aus* tun. Gleichzeitig reichte die Durchführung dieses Forschungsprojekts aus, um die *Eigen*initiative der Kitas zu aktivieren und offenkundig vorhandene Ressourcen freizulegen.

Im Rahmen der Interpretation in Unterkapitel 7.3 wurde neben einigen Desiderata, die im folgenden Abschlusskapitel noch einmal systematisch aufgegriffen werden, eine zentrale Implikation abgeleitet: Es gibt gute Gründe, das KERZ-Projekt auf die Schuleingangsphase auszuweiten.

In seiner scharfen Analyse des Begriffskonzepts *Migrationshintergrund* in Bildungsdiskursen kommt Horvath (vgl. 2017, S. 211) zu dem Schluss, dass „die Variable ‚Migrationshintergrund' mit keinem nenneswerten [sic], über die sozialen Ausleseprozesse hinausgehenden Selektionseffekt verknüpft ist". Dies ist insofern für die vorliegende Studie hoch relevant, als dass sich mit Blick auf Hauptbefund Nr. 1 der Eindruck aufdrängt, dass die empirischen Befunde weniger Aufschluss über die Stichprobenkinder als vielmehr über den Zustand unseres Schulsystems geben: Matheförderung über die Kita wirkt für alle gleichermaßen positiv, aber ein Jahr Schule befördert wieder diejenigen Chancenungleichheiten und damit Bildungsungerechtigkeiten zutage, die bereits Betz (2006b), Mecheril (2010) und Stutz (2013) beschreiben. Die Etablierung des KERZ-Konzepts als institutionsübergreifendes *family literacy*- und *family numeracy*-Projekt könnte dazu beitragen, die positiven Interventionseffekte, die im Kita-Umfeld nachgewiesen werden konnten, in der Schule zu erhalten. Mögliche Wirkmodelle betreffen hierbei nicht nur den Einbezug der Eltern in die Bildungsprozesse ihrer Kinder, sondern auch die professionelle Kooperation von Erzieher*innen und Lehrkräften im Kontext der Übergangsgestaltung.

Schlussbetrachtung 8

In diesem letzten Kapitel sollen, ehe in Unterkapitel 8.3 ein abschließendes Fazit gezogen wird, Stärken und Limitationen der vorliegenden Arbeit benannt und einige Desiderata formuliert werden.

Zunächst wird das Forschungsvorhaben in Unterkapitel 8.1 umfassend kritisch reflektiert. In Unterkapitel 8.2 werden Anknüpfungspunkte für weitere potenzielle Forschungsaktivitäten benannt. Diese Desiderata sind sowohl quantitativ als auch qualitativ ausgerichtet und könnten die Mechanismen und Wirkungen von Förderangeboten im Übergang Kita-Grundschule weiter erhellen.

8.1   Kritische Reflexion und Limitationen

An dieser Stelle sollen zum einen die Idee und Anlage der Arbeit inklusive ihrer theoretischen Grundlegung und zum anderen das empirische Vorgehen sowie die gewonnenen Ergebnisse noch einmal durchdacht werden.

Das primäre Forschungsanliegen dieser Arbeit betraf die Durchführbarkeit der KERZ-Intervention als Matheförderprojekt in Kitas, die in verschiedenen sozioökonomischen Milieus angesiedelt sind. Um möglichst alle Stichprobenfamilien einzubeziehen, spielte auch der Umgang mit ggf. geringen Kenntnissen der deutschen Sprache innerhalb der Familien eine große Rolle. Dementsprechend wurden theoretische Konzepte aus vielen verschiedenen Wissenschaftsdisziplinen einbezogen, etwa die frühe mathematische Entwicklung, Spracherwerb und -förderung, Bildungsprozesse in Kitas, häusliche Praktiken zur Unterstützung des kindlichen Kompetenzerwerbs, soziologische Merkmale des *home learning environment* sowie Erfordernisse, Bedingungen und Möglichkeiten der Elternarbeit als Schnittstelle professionellen und privaten pädagogischen Handelns. In der Handhabung dieser Interdisziplinarität – die hier in Anlehnung an Parthey (vgl. 2011, S. 24 f.) nicht als Kooperation monodisziplinär arbeitender Menschen sondern als Eigenschaft eines Problems verstanden wird – lag eine zentrale Herausforderung dieser Arbeit. So ist die Konstruktion der unabhängigen Variablen *Sprachmilieu* zwar unter Bezugnahme auf diverse Konstrukte wie die Herkunfts-, Familien- und Haushaltssprache, SES, Wohnsituation und persönliche Kapitalressourcen im Sinne Bourdieus erfolgt, sollte als solche aber auch *selbst* soziologisch validiert werden, was im Rahmen der vorliegenden Arbeit nicht erfolgt ist. Weitere Einflüsse auf die abhängige Variable *mathematische Kompetenz* sind nicht sicher auszuschließen (vgl. Döring & Bortz, 2016, S. 743). Neben fehlenden Kontrollgruppen kann der ungeklärte Wirkmechanismus der Intervention daher als wichtigste Limitation der vorliegenden Arbeit erkannt werden.

Unwahrscheinlich erscheint der Einfluss der Testleiter*innen auf die kindliche Performanz während der Erhebungen mit dem EMBI-KiGa, dem TEDI-MATH und dem DEMAT 1+. Ein Pre-Post-Design, das als solches nicht verblindet ist, birgt zwar grundsätzlich das Risiko, dass Testleiter*innen zum MZP 1 tendenziell strenger bewerten, was die Leistungskennwerte tendenziell niedriger hielte, und zum MZP 2 eher ermutigend agieren bzw. im Zweifelsfall einen Punkt eher geben als nicht geben, weil mit der Post-Testung die Hoffnung auf beobachtbare Effekte verbunden ist; dies würde die Leistungskennwerte tendenziell erhöhen. Auf diese Weise würde systematisch ein größeres Delta gemessen, als tatsächlich vorhanden ist. In der vorliegenden Arbeit wurden daher besondere Kontroll- und Dokumentationsmaßnahmen (wie etwa videografierte Durchführungen) umgesetzt, um eine hohe Objektivität zu gewährleisten. Zudem ist die mittlere Leistungssteigerung $\Delta T_{1,2}$ mit größenordnungsmäßig 10 T-Wertpunkten so groß ausgefallen, dass der unmittelbare Fördereffekt auch mit einem „Sicherheitsabschlag" von 25 oder gar 50 % immer noch als hinreichend groß beurteilt werden könnte. Gleichzeitig fußt die Nutzung von $\Delta T_{1,2}$ als eine auf der Individual- und Stichprobenebene angesiedelte, abhängige Variable auf der methodischen Annahme stabiler Prozentränge bei Nichtintervention, die zwar plausibel erscheint, bislang jedoch nicht empirisch validiert ist.

Der Drop-out zum MZP 3 war unerfreulich hoch; hier erscheint im Nachhinein fraglich, ob die ressourcenorientierte Auswahl der Kinder, die zum MZP 3 mit dem DEMAT 1+ befragt werden sollten, sinnvoll war. Insbesondere die Entwicklungsverläufe von Kindern, die von MZP 1 zu MZP 2 besonders hohe Leistungszuwächse gezeigt haben, hätten im Follow-up fortgeschrieben werden sollen, so dass eine daten- anstatt ressourcenorientierte Auswahl möglicherweise mehr Informationen geliefert hätte. Auch die Durchführung von Datenerhebungen zu noch späteren Messzeitpunkten, um besonders diese Kinder länger zu verfolgen, hätte sicherlich interessante Ergebnisse gebracht – dazu hätte aber zunächst ein klareres Wirkmodell postuliert, validiert und evaluiert werden müssen.

Der quantitative Forschungsansatz erscheint in der Rückschau grundsätzlich sinnvoll, da eine inferenzstatistische Fragestellung, die mit Hilfe von Aussagen über Stichproben Aussagen über zugrunde liegende Gruppen machen soll, bearbeitet wurde. Als handwerklicher Makel kann hier die fehlende Stichprobenumfangsplanung erkannt werden, die eigentlich im Vorfeld jeder empirisch-statistischen Erhebung erfolgen sollte. Ihr Unterbleiben hat im Wesentlichen zur Folge, dass bei fehlender statistischer Signifikanz, die durch einen zu kleinen Stichprobenumfang bedingt ist, nicht über die Annahme der Nullhypothese entschieden werden kann. Weiterhin hätte durch ein Kontrollgruppendesign auf die Annahme stabiler Prozentränge bei Nichtintervention verzichtet werden können.

Das Potenzial, das mit dem Einsatz von Fragebögen bei Eltern und Erzieher*innen einhergeht, wurde nicht vollständig ausgenutzt. Einige der in Kapitel 4 vorgestellten HLE-Merkmale hätten umfangreicher Eingang in die Fragebögen finden sollen, beispielsweise Fragen zur Qualität innerfamilialer Beziehungen oder zu konkreten lernförderlichen häuslichen Praktiken. Auch die langfristigen Auswirkungen auf Beliefs, beispielsweise ob die Teilnahme an der Intervention die elterliche Sicht aufs Kind oder die Sicht aufs Professionserleben bei den Erzieher*innen verändert hat, stellen sinnvolle Ansätze für weitere Forschungen im Kontext der KERZ-Förderung dar. Hierzu sind bei Cannon und Ginsburg (2008) und Vukovic et al. (2013) gute Ideen zu finden. Gleichzeitig bergen Selbstauskünfte eigene Herausforderungen, von denen beispielsweise Rechsteiner und Vogt (2013) berichten, denen zumindest teilweise durch geeignete Überprüfungsmethoden wie beispielsweise Kontrollfragen begegnet werden kann (vgl. Jonkisz, Moosbrugger & Brandt, 2012, S. 59).

Die Entscheidung, die Auswahl der Interventionsmaterialien aus dem *Enter*-Projekt ohne wesentliche Änderungen zu übernehmen, erfolgte zu dem Zweck, Forschungsergebnisse gut aufeinander beziehen zu können. In diesem Zusammenhang konnte festgestellt werden, dass die Materialauswahl in Hinblick auf die Verbindung von *literacy* und *numeracy* überaus geeignet erscheint (entsprechende Befunde des *Enter*-Projekts wurden in Kapitel 5 berichtet). Bezogen auf schwerpunktmäßig mathematische Förderung würde eine systematische Ergänzung der Schatzkiste jedoch unterschiedliche Anforderungsgrade, Inhaltsbereiche und Teilkompetenzen noch expliziter ansprechen können. Entsprechende Vorschläge sind beispielsweise bei Hauser, Rathgeb-Schnierer, Stebler und Vogt (2016) und Bönig et al. (2017) zu finden. Die Rolle der Bücher, die der Sprach- und Erzählförderung zuzuordnen sind, müsste dann im Kontext von Matheförderung neu untersucht werden. Zudem hätten die Materialien für die Nutzung zu Hause noch stärker mit Ansprachen an die Eltern versehen werden können; hierzu macht beispielsweise Gervasoni (2017, S. 213) mit „provide suggestions and prompts about games, songs, and stories that can provoke mathematical interest, discussion and exploration" einige konkrete Vorschläge.

In Anlehnung zum Beispiel an Böttcher und Hogrebe (2014) kann festgehalten werden, dass die KERZ-Intervention der sowohl ethisch als auch ökonomisch begründbaren Forderung nachkommt, dass vor allem benachteiligte Kinder besonders gefördert werden müssen. Für viele bildungsnähere Familien reichen Elternabende aus, um das HLE zu verbessern (vgl. Niklas, 2014). Ein Vorteil des KERZ-Projekts liegt in seiner Selbstregulation: Familien, die stark von expliziten Anregungen profitieren, können in der Kita direkt angesprochen, ermuntert und begleitet werden. Kinder hingegen, die die Bücher und Spiele eh schon zuhause haben, *können* sie ausleihen (vielleicht weil ihnen der Leihvorgang Spaß macht), *müssen* das aber nicht. In beiden Fällen wäre kein Schaden entstanden. Idealerweise könnte die Feststellung von Andresen (2017, S. 52), dass sich strukturell bedingte Nachteile für Gruppen wie alleinerziehende oder niedrigqualifizierte Eltern „auch durch das beste pädagogische Setting nicht beheben" lassen, widerlegt oder zumindest relativiert werden.

Die Interpretation von „eindimensionalen" Befunden, die in einem komplexen Feld gewonnen wurden, ist grundsätzlich schwierig. Diefenbach (vgl. 2009, S. 434) weist auf die Notwendigkeit der Unterscheidung zwischen bildungsbezogenen *Ungleichheiten* und *Benachteiligungen* hin. Die vorliegende Studie kann als Beispiel dafür gewertet werden, dass es nicht einmal *Ungleichheiten* braucht, um *Benachteiligungen* zu erkennen: Die Kinder der unterschiedlichen Teilstichproben, die in der Tat aus sehr ungleichen Milieus stammen, haben in praktisch *gleichem* Maße von der KERZ-Intervention profitiert und sind auch mit praktisch *gleichsam* hohen mathematischen Kompetenzen in die Schulzeit gestartet. Diefenbach führt weiter aus, dass die Erklärungen für die unzweifelhaften Tatsache, dass Kinder mit Migrationshintergrund in Deutschland erheblich geringeren Schulerfolg haben als Kinder ohne Migrationshintergrund, in zwei Gruppen eingeteilt werden können: systemische, also Erklärungen, die sich auf das Schulsystem beziehen, und persönliche, also solche, die sich auf die betreffenden Kinder oder ihre Familien beziehen (vgl. ebd., S. 439). Die Frage, was genau zwischen MZP 2 und MZP 3 passiert ist, was das schlechte Abschneiden der Kinder aus Sprachmilieu 2 und Sprachmilieu 3 zum MZP 3 erklären würde, bleibt an dieser Stelle wohl offen:

> Erklärungen, die deren Bildungsnachteile auf Merkmale der Schule als Institution zurückführen, sind in Deutschland bisher nur sehr selten geprüft worden. Untersuchungen zu den Effekten von Unterrichtsgestaltung, Unterrichtsklima oder von Leh-

rereffekten in Bezug auf die Bildungsnachteile von Kindern mit Migrationshintergrund fehlen z. B. vollständig. (Diefenbach, 2009, S. 448)

Jede diesbezügliche weiterführende Forschung kann also als lohnendes Desideratum verstanden werden, wie im folgenden Unterkapitel noch einmal aufgegriffen wird.

8.2 Desiderata

Ehe noch einige Vorschläge und Wünsche in Richtung Bildungspraxis abgeleitet werden, sollen zunächst Forschungsdesiderata konkretisiert werden. Hierzu werden einmal Klärungsbedarfe benannt, die sich unmittelbar aus der vorliegenden Arbeit ergeben; im Anschluss werden Ansätze für die Begleitforschung eines hypothetischen Folgeprojekts aufgezeigt, das in Länge und Breite ausgebaut ist.

Insgesamt müssen sich weitere Forschungen grundlegend hinsichtlich ihrer postulierten Wirkmodelle hinterfragen lassen, dies allein schon aus wissenschaftsphilosophischen Gründen, die beispielsweise Mackie (1965) in der Tradition David Humes aufgezeigt hat: Nach Mackie ist eine Ursache eine sogenannte INUS-Bedingung für ein bestimmtes Ereignis, also ein *insufficient but necessary part of an unnecessary but sufficient condition*. Dabei muss das *Ceteris-paribus-Prinzip* eingehalten werden, also die Herstellung gleicher Bedingungen, um die Wirkung einer bestimmten unabhängigen Variablen auf die abhängige Variable untersuchen zu können. Für die Analyse, wodurch genau die hohe kurzfristige Förderwirkung, die in Kapitel 7 zustande gekommen ist, sind verschiedene empirische Ansätze denkbar. Diese könnten beispielsweise in loser Anlehnung an Leseman (2008) zu klären versuchen, in welchem Verhältnis folgende Einflussgrößen zueinander stehen:

- förderliche häusliche Praktiken (als Teil des HLE)
- institutionell angesiedelte Aktivitäten, die direkt die Kinder adressieren, ohne Bezug zum HLE
- institutionell angesiedelte Aktivitäten, die die Eltern adressieren (Beeinflussung des HLE)

Hierbei muss dann berücksichtigt werden, dass die bloße Messung kindlicher Performanz ihrerseits bereits einen Einfluss auf diese drei Punkte haben könnte, ein Auftreten des *Hawthorne-Effekts* also nicht ausgeschlossen werden kann (vgl. Döring & Bortz, 2016, S. 101). Dies würde in einem *non-treatment*-Kontrollgruppendesign sichtbar werden können. Zudem repräsentieren diese drei Punkte verschiedene Perspektiven (vgl. S. Weinert, 2015, S. 34 f.) innerhalb der bildungswissenschaftlichen Forschung, die aufgrund des komplexen Feldes vermutlich erst in ihrer Gesamtschau einen Großteil an Varianzaufklärung leisten können.

Hartas (2012) liefert ein konkretes Beispiel dafür, auf welche Weise mehr Faktoren des HLE berücksichtigt werden könnten; sie betrachtet im Kontext der *literacy*-Entwicklung von Erstklässler*innen

> child characteristics, behaviour and attitudes to school; home learning environment, i.e., maternal learning support, the quality of mother-child interactions and maternal reading habits; and family income and maternal educational qualifications. (ebd., S. 861)

Diese Merkmale können im Sinne des Kapitalbegriffs Bourdieus kindliche Sprach- und Leseleistungen gut vorhersagen; dabei stellt Hartas die Bedeutung der mütterlichen intellektuellen Anregungs- und Unterstützungspraktiken heraus (vgl. ebd., S. 876), welche besser qualitativ erhoben werden. Hieraus ergibt sich ein sinnvolles Desiderat bezogen auf die *numeracy*-Entwicklung, deren Förderung durch das KERZ-Projekt intendiert ist: die Sichtbarmachung dessen, wie genau die heimische Interaktion während der Materialnutzung aussieht (und dann wie diese mit dem mathematischen Outcome der Kinder zusammenhängt).

Im Bereich der Methodik könnte genauer untersucht werden, wie die Messungen mit dem EMBI-KiGa mit den Messungen des TEDI-MATH korrelieren. Hier wäre denkbar, auch Teilskalen, die bestimmte Teilkompetenzen abbilden sollen, systematisch hinsichtlich ihrer Reliabilität und konvergenten Validität zu untersuchen. Entwicklungskonzepte, die sich auf mutmaßlich zugrunde liegende Teilkompetenzen beziehen, könnten auf diese Weise ebenfalls als Messgröße herangezogen werden, beispielsweise das *spontaneous focusing on numerosity* (kurz: SFON) nach Hannula und Lehtinen (2005), die Ausprägung des *number and operation sense* (vgl. Baroody, Lai & Mix, 2006) oder des *structure sense* (vgl. Lüken, 2012).

Die schwerpunktmäßige Beforschung mathematisch starker Kinder aus benachteiligten Milieus könnte helfen, kompensatorisch wirksame Ressourcen zu identifizieren, um die Förderung dieser Ressourcen künftig stärker in den Fokus von Interventionen zu rücken. Die deskriptive Betrachtung der Kinder mit besonders erfreulichen Leistungsverläufen über die Post- und Follow-up-Messzeitpunkte als Teilstichprobe geht im Rahmen der vorliegenden Studie aufgrund des kleinen Stichprobenumfangs natürlich mit einer zu geringen Aussagekraft einher. Die Gültigkeit hier gefundener Aussagen müsste für große Stichprobenumfänge erst nachgewiesen werden. Daher werden im Folgenden Forschungspotenziale betrachtet, die ein Ausbau des KERZ-Projekts in Länge und Breite mit sich brächte.

Die **Ausweitung des KERZ-Projekts** auf die Schuleingangsphase wurde in Unterkapitel 7.3 vorrangig deshalb vorgeschlagen, um die Kriteriensammlungen nach Mittag und Bieg (2010) und T. Schmidt und Smidt (2014) für *gute* Förderkonzepte vollständig zu erfüllen. Anknüpfend an Diefenbach (2009) böte eine solche Ausweitung auch die Möglichkeit weiterführender Forschung:

Im Rahmen quantitativer Panel-Designs könnte geklärt werden, wie sich bestimmte Teilstichproben, die aus Kindern mit ähnlichen HLEs oder aus Kindern ähnlicher mathematischer Leistungsniveaus zum Pre-Messzeitpunkt zusammengesetzt sind, *langfristig* entwickeln. Hier kann aufgrund der intensiveren Intervention, die nicht nur einige Monate im letzten Kindergartenjahr sondern zusätzlich die Jahre der Schuleingangsphase umfasst, von einer höheren Effektstärke ausgegangen werden, die auch langfristig zu messbaren Unterschieden zwischen den Teilstichproben führen könnte. Ein solches Forschungsdesign ließe sich als Mehrebenenanalyse anlegen. Für Mehrebenenanalysen gibt es typischerweise zwei Gründe: Datencluster und Messwiederholungen. Beides liegt zwar auch in der vorliegenden Untersuchung vor; die hierarchische Datenstruktur wurde jedoch nicht speziell berücksichtigt (vgl. Eid et al., 2013, S. 699 f.), weil auf der Ebene der „Level-1-Einheiten" keine Stichprobe gezogen wurde, sondern *alle* Kinder innerhalb des Vorschuljahrgangs einer Untersuchungskita erhoben wurden.

Im Rahmen qualitativer Designs könnte erforscht werden, welche Merkmale und Bedingungen in unterschiedlichen Sozialräumen festzustellen sind, in denen das KERZ-Projekt umgesetzt wird. Dazu könnten insbesondere im Rahmen einer „kritischen Migrationsforschung" in Anlehnung an Mecheril und Polat (2019) ethnografische Zugänge gewählt werden. „Methodisch haben sich ethnographische und biographiewissenschaftliche Zugänge als hilfreich (…) erwiesen" (ebd., S. 57), um ethnisierende und kulturalisierende Praxen sichtbar zu machen. Damit soll das Ziel verfolgt werden, migrationsgesellschaftliche Herrschaftsstrukturen zu analysieren und Möglichkeiten zur Veränderung derselben aufzuzeigen (vgl. ebd.). Dies passt auch zur der Forderung von Tervooren (2010), *soziale Herkunft* „nicht als vorausgesetzte Kategorie" aufzufassen, sondern „anhand der Performanz (…) und Narrationen der Akteure am Material selbst" herauszuarbeiten (ebd., S. 100). Auf dieser Basis könnten möglicherweise Hypothesen aufgestellt werden, wie die Entwicklung zwischen MZP 2 und 3 insbesondere der Kinder der Sprachmilieus 2 und 3 zu erklären ist.

8.3   Abschließendes Fazit

Mit der Prüfung der Arbeitshypothesen, die für die vorliegende Studie formuliert wurden, können zum Abschluss die in Kapitel 1 formulierten Forschungsfragen beantwortet werden:

1. Unter der Annahme stabiler Prozentränge bei Nichtintervention kann man von positiven Effekten auf die mathematischen Kompetenzen der Stichprobenkinder ausgehen. Der mittlere, altersnormierte Kompetenzzuwachs zwischen dem ersten und zweiten Messzeitpunkt direkt vor und nach der Intervention betrug über die gesamte Stichprobe hinweg im Mittel knapp eine Standardabweichung.

2. Es konnten Unterschiede hinsichtlich des Kompetenzzuwachses zwischen Kindern festgestellt werden, die unterschiedliche Untersuchungskitas besucht haben. Zwischen dem ersten und zweiten Messzeitpunkt waren diese Unterschiede nur gering: Für alle drei Kitas lag der altersnormierte, mathematische Kompetenzzuwachs ΔT jeweils in derselben Größenordnung wie für die Gesamtstichprobe. Ungleich größer sind jedoch die Unterschiede, die sich unter Einbezug des dritten Messzeitpunkts (Follow-up-Messung) ergeben: Während Kinder aus Kita 1 zwischen MZP 2 und MZP 3 im Mittel nicht einmal 2 T-Wertpunkte wieder verloren haben, was als Nachweis erfreulicher Nachhaltigkeit der Fördermaßnahme gewertet werden darf, betrug der mittlere T-Werteverlust für Kinder aus Kita 2 etwa 10.5, für Kinder aus Kita 3 sogar fast 11.5 T-Wertpunkte. So ausdrücklich für Kinder aus Kita 1 von einem nachhaltigen Fördererfolg gesprochen werden kann, muss in gleichem Maße für Kinder der Kitas 2 und 3 von einem Ausbleiben desselben gesprochen werden.

3. Abgesehen von der Zugehörigkeit zur Kita konnten keine weiteren Merkmale auf Kinder- oder Elternebene identifiziert werden, die die Interventionseffekte erklären. Insbesondere für die tatsächliche Häufigkeit, mit der die Interventionsmaterialien ausgeliehen worden sind, konnte kein Einfluss auf den Fördererfolg nachgewiesen werden. Der genaue Wirkmechanismus bleibt daher ungeklärt.

4. Im Zuge einer umfangreichen Analyse der Stichprobenkitas ist es gelungen, als unabhängige Variable das *Sprachmilieu* zu konstruieren, mit deren Hilfe auch inferenzstatistische Untersuchungen angestellt werden konnten. Diese Untersuchungen erhöhen Relevanz und Aussagekraft der vorliegenden Studie insofern, als dass gezeigt werden konnte, dass der *Migrationshintergrund* eine Zuschreibung für sehr heterogene Gruppen darstellt, die der Diversität sozialer Wirklichkeit nicht gerecht wird.

Die theoretischen Grundlagen der vorliegenden Arbeit sind breit gefächert und umfassen mehrere Wissenschaftsdisziplinen, wie schon zu Beginn von Unterkapitel 8.1 noch einmal zusammengefasst wurde. Dabei wurde versucht, die sozialen Folgen bildungsbezogener Interventionen herauszustellen, da diese von großer gesamtgesellschaftlicher Bedeutung sind. Als nachindustrielle Bildungsgesellschaft kann es sich Deutschland als Einwanderungsland nicht weiterhin leisten, die Potenziale großer Gesellschaftsteile ungenutzt zu lassen. Bei Skwarchuk et al. (2014) sind klare Empfehlungen zu finden, wie eine Wissens- und Bildungsgesellschaft ihre Kinder auf die Herausforderungen, die sicherlich auch, vielleicht sogar besonders im MINT-Bereich liegen werden, vorbereiten kann:

> We recommend that parents and educators consider children's numeracy development (especially before the onset of formalized schooling) and seek opportunities to introduce early numeracy concepts in intellectually stimulating and developmentally appropriate ways. In the past, a societal emphasis on early literacy skills has led to successful public awareness campaigns to increase home literacy practices and effective early literacy interventions. Our understanding of early numeracy development may benefit from similar public awareness campaigns and intervention research. (ebd., S. 80)

Zur Umsetzung dieser Empfehlungen können und müssen elementarpädagogische Fachkräfte ganz besonders beitragen: Die sozialpädagogische Ausrichtung der frühkindlichen Betreuungsangebote in Deutschland ermöglicht große Freiräume, Elternarbeit auch bildungsbezogen zu gestalten und so das HLE positiv zu beeinflussen. Auf diese Weise könnten mehr Eltern als bislang – getreu dem Motto *Es ist wichtiger, was du tust, als wer du bist!* – in die Bildungsprozesse ihrer Kinder einbezogen werden (vgl. Bradford, 2015, S. 253).

Gleichzeitig können in Anlehnung an Becker (2017) hochwertige Lernumwelten außerhalb der Familie dazu beitragen, „dass Bildungsungleichheiten möglichst abgebaut werden" (ebd., S. 46) – mit solchen Angeboten würden dann vorrangig diejenigen Kinder adressiert, deren Familien über geringe bildungsbezogene Ressourcen verfügen. Solch unterschiedliche Bedürfnislagen sollten grundsätzlich bei allen „Bildungs- und Förderprogrammen im Vorschulbereich" mitbedacht werden, weil sonst weiterhin die Gefahr besteht, dass „dieselben Mechanismen, die zur Reproduktion sozialer Ungleichheit im gegenwärtigen Bildungssystem führen, in diesen Programmen repliziert würden" (Stutz, 2013, S. 708). Damit gehen hohe Anforderungen an Erzieher*innen einher, sodass deren Qualifikation von umfassender Bedeutung ist. Gerade Erzieher*innen mit eigener bzw. familiärer Migrationsgeschichte sind dann nicht nur als Dolmetscher*innen zu sehen, sondern als selbstbewusste Sprach- und Integrationsvorbilder und inspirierende *role models* (vgl. Müller, Schmidt & Stamer-Brandt, 2004) sowie natürlich als Fachleute für frühe (mathematische) Bildung. Damit könnte der sozialpädagogische Auftrag der Kita in einer heterogenen Gesellschaft umgesetzt werden, *während* sich die Kita als wichtigen Teil des Bildungssystems begreift. In Anlehnung an Fiese (2012, S. 371):

> *If child outcome is the product of multiple influences then there are multiple avenues for implementing change.*

* * *

Zusammenfassung der Arbeit

9

In alltäglichen (Spiel-)Situationen zuhause und in der Kita entwickeln Kinder Kompetenzen, die eng mit dem Zahlbegriffserwerb verbunden sind (vgl. Baroody & Wilkens, 2008). Eltern spielen eine wichtige Rolle beim Kompetenzerwerb junger Kinder, auch bezogen auf ihr mathematisches Lernen (vgl. Cross, Woods & Schweingruber, 2009; Niklas & Schneider, 2010). Im Kontext von PISA wurde die Bedeutung früher Bildungsangebote betont; gleichsam wurden insbesondere Kinder als besonders gefährdet in Hinblick auf geringen Bildungserfolg erkannt, die aus Familien mit geringer formaler Bildung und/oder mit Migrationsgeschichte kommen (vgl. Deutsches PISA-Konsortium, 2001). Eltern aus den genannten Gruppen verfügen oft über nur geringes Wissen, auf welche Weise, d. h. durch welche konkreten Spiel- und Gesprächsangebote im Kontext von *family literacy* und *family numeracy* sie den mathematischen Kompetenzerwerb ihrer Kinder unterstützen können (vgl. Musun-Miller & Blevins-Knabe, 1998). Die Fokussierung auf benachteiligte Familien ist sinnvoll, denn frühe mathematische Förderung ist wirksam (vgl. Grüßing & Peter-Koop, 2008; Krajewski, Renner, Nieding & Schneider, 2008) und der Abbau von Bildungsbenachteiligungen ethisch, sozial und ökonomisch geboten (vgl. Heckman et al., 2013). Dabei erzielen alltagsnahe, spielbasierte Ansätze mindestens so gute Ergebnisse wie lehrgangsartige Trainings (vgl. Gasteiger, 2010).

Im hier berichteten Dissertationsprojekt wurde erforscht, welche Effekte zu erwarten sind, wenn Eltern von Seiten der Kita mit konkreten Materialangeboten zum gemeinsamen Spielen und (Vor-)Lesen in der Familie aufgefordert und ermutigt werden. Die Intervention zielt auf eine Veränderung des *home learning environment* (HLE) ab; gleichzeitig wird das Spiel als natürliche Lernform junger Kinder berücksichtigt (vgl. Fthenakis et al., 2009). Dabei waren Forschungsfragen leitend, die sich auf den Kompetenzzuwachs der Stichprobenkinder, auf entsprechende Unterschiede zwischen den Untersuchungskitas und auf weitere Interventionseffekte beziehen.

Die Studie wurde als quantitativ-inferenziell ausgerichtetes Längsschnitt-Panel-Design angelegt, wobei die mathematischen Kompetenzen der $N = 58$ Kinder einmal vor und zweimal nach der Intervention erhoben wurden; dazu wurden die Instrumente EMBI-KiGa (Peter-Koop & Grüßing, 2011), TEDI-MATH (L. Kaufmann et al., 2009) und DEMAT 1+ (Krajewski et al., 2002) genutzt. Darüber hinaus standen dank zweier Fragebogenerhebungen persönliche Daten der teilnehmenden Kinder und ihrer Familien zur Verfügung. Die Stichprobenkinder waren auf drei Kitas verteilt; zwei der drei Kitas werden überwiegend von Kindern mit Migrationshintergrund besucht. Die viermonatige Intervention bestand im häuslichen Umgang mit mathematikhaltigen Büchern und Spielen, die leihweise von der Kita zur Verfügung gestellt wurden.

Die Ergebnisse der vorliegenden Studie bergen nennenswertes Potenzial: Die Daten weisen auf positive Interventionseffekte in allen betrachteten Teilstichproben hin. Im Follow-up, ein Jahr nach Abschluss der Intervention, wurden allerdings Befunde repliziert, die für ein grundlegendes Problem des deutschen Bildungssystems stehen: Die Fördererfolge waren nur für diejenigen Kinder nachhaltig, die ohnehin bereits privilegiert aufwachsen. Kinder in benachteiligenden Lebenslagen sind – altersnormiert betrachtet – auf ihr ursprüngliches Kompetenzniveau zurückgefallen. Auf Basis pädagogischer, soziologischer und ökonomischer Überlegungen konnte argumentiert werden, dass eine Ausweitung des KERZ-Projekts über die Kindergartenzeit hinaus geeignet erscheint, diese Form von Bildungsungerechtigkeit abzuschwächen. Ein empirischer Nachweis der erhofften Eignung sollte daher angestrebt werden.

Literaturverzeichnis

Aden-Grossmann, W. (2002). *Kindergarten: Eine Einführung in seine Entwicklung und Pädagogik*. Weinheim: Beltz.

Aden-Grossmann, W. (2011). *Der Kindergarten: Geschichte – Entwicklung – Konzepte*. Weinheim: Beltz.

Ahnert, L. (2013). Entwicklungs- und Sozialisationsrisiken bei jungen Kindern. In L. Fried & S. Roux (Hrsg.), *Pädagogik der frühen Kindheit* (S. 75–85). Weinheim: Beltz.

Ainsworth, M. D. S. (1977). Skalen zur Erfassung mütterlichen Verhaltens. In K. E. Grossmann & W. R. Charlesworth (Hrsg.), *Entwicklung der Lernfähigkeit in der sozialen Umwelt* (S. 96–107). München: Kindler.

Alt, C., Blanke, K. & Joos, M. (2005). Wege aus der Betreuungskrise? Institutionelle und familiale Betreuungsarrangements von 5- und 6-jährigen Kindern. In C. Alt (Hrsg.), *Aufwachsen zwischen Familie, Freunden und Institutionen* (S. 123–155). Wiesbaden: VS Verlag für Sozialwissenschaften.

Altindag Kumas, Ö. (2020). Effectiveness of the Big Math for Little Kids program on the early mathematics skills of preschool children with a bilingual group. *Participatory Educational Research, 7* (2), 33–46.

Anders, Y. & Roßbach, H.-G. (2013). Frühkindliche Bildungsforschung in Deutschland. In M. Stamm & D. Edelmann (Hrsg.), *Handbuch frühkindliche Bildungsforschung* (S. 183–196). Wiesbaden: Springer Fachmedien.

Anders, Y., Roßbach, H.-G., Weinert, S., Ebert, S., Kuger, S., Lehrl, S. & von Maurice, J. (2012). Home and preschool learning environments and their relations to the development of early numeracy skills. *Early Childhood Research Quarterly, 27* (2), 231–244.

Andresen, S. (2017). Kinder und Familienarmut. In U. Hartmann, M. Hasselhorn & A. Gold (Hrsg.), *Entwicklungsverläufe verstehen – Individuelle Förderung wirksam gestalten* (S. 51–64). Stuttgart: Kohlhammer.

Anger, S. (2012). Die Weitergabe von Persönlichkeitseigenschaften und intellektuellen Fähigkeiten von Eltern an ihre Kinder. *DIW-Wochenbericht, 79* (29), 3–12.

Antell, S. E. & Keating, D. P. (1983). Perception of numerical invariance in neonates. *Child Development, 54* , 695–701.

Arnhold, H., Bonin, J., Cortés, S. & Sánchez Otero, J. (2010). *Gemeinsam stark – Perspektiven der partizipativen Elternarbeit von Migrantenorganisationen*. Berlin: Deutscher Paritätischer Wohlfahrtsverband Gesamtverband e.V.

Arnold, K.-H. & Riechert, P. (2008). Unterricht und Förderung: Die Perspektive der Didaktik. In K.-H. Arnold, O. Graumann & A. Rakhkochkine (Hrsg.), *Handbuch Förderung* (S. 26–35). Weinheim, Basel: Beltz & Gelberg.

Artelt, C., Baumert, J., Klieme, E., Neubrand, M., Prenzel, M., Schiefele, U., . . . Weiß, M. (2001). *PISA 2000. Zusammenfassung zentraler Befunde.* Berlin: Max-Planck-Institut für Bildungsforschung.

Artelt, C., McElvany, N., Christmann, U., Richter, T., Groeben, N., Köster, J., ...Saalbach, H. (2007). *Förderung von Lesekompetenz – Expertise.* Bonn, Berlin: Bundesministerium für Bildung und Forschung.

Ashcraft, M. H. (1990). Strategic processing in children's mental arithmetic: A review and proposal. In D. F. Bjorklund (Hrsg.), *Children's strategies* (S. 185–211). Hillsdale, NJ: Lawrence Erlbaum Associates.

Attig, M. & Weinert, S. (2019). Häusliche Lernumwelt und Spracherwerb in den ersten Lebensjahren. *Sprache · Stimme · Gehör, 43* (2), 86–92.

Auernheimer, G. (2013). *Schieflagen im Bildungssystem: Die Benachteiligung der Migrantenkinder* (5. Aufl.). Wiesbaden: Springer Fachmedien Wiesbaden.

Aunola, K., Leskinen, E., Lerkkanen, M.-K. & Nurmi, J.-E. (2004). Developmental dynamics of math performance from preschool to grade 2. *Journal of Educational Psychology, 96* (4), 699–713.

Bailey, D. H., Fuchs, L. S., Gilbert, J. K., Geary, D. C. & Fuchs, D. (2020). Prevention: necessary but insufficient? A 2-year follow-up of an effective first-grade mathematics intervention. *Child Development, 91* (2), 382–400.

Bange, D. (2016). Kindertagesbetreuung und Kinder in Armutslagen. *NDV Deutscher Verein für öffentliche und private Fürsorge e. V., 96* (7), 300–308.

Bardy, P. (2007). *Mathematisch begabte Grundschulkinder: Diagnostik und Förderung* . Heidelberg: Spektrum der Wissenschaft.

Baroody, A. J. (1992). The developement of preschoolers' counting skills. In J. Bideaud, C. Meljac & J.-P. Fischer (Hrsg.), *Pathways to number* (S. 99–126). Hillsdale, NJ: L. Erlbaum.

Baroody, A. J., Lai, M.-l. & Mix, K. S. (2006). The development of young childrens' early number and operation sense and its implications for early childhood education. In B. Spodek & O. N. Saracho (Hrsg.), *Handbook of research on the education of young children.* Mahwah, NJ: Lawrence Erlbaum Associates.

Baroody, A. J. & Wilkens, J. L. (2008). The development of informal counting, number, and arithmetic skills and concepts. In J. V. Copley (Hrsg.), *Mathematics in the early years* (S. 48–65). Washington, D.C., Reston, Va: National Council of Teachers of Mathematics and National Association for the Education of Young Children.

Barth, B., Flaig, B. B., Schäuble, N. & Tautscher, M. (2018). *Praxis der SinusMilieus®: Gegenwart und Zukunft eines modernen Gesellschaft- und Zielgruppenmodells* . Wiesbaden: Springer Fachmedien.

Barthold, J. (2018). Systematische Beobachtung im Spannungsfeld zwischen pädagogischer Professionalität und Realität. *Soziale Passagen, 10* (1), 157–161.

Bauer, P. & Brunner, E. J. (2006). Von der Elternarbeit zur Erziehungspartnerschaft. Eine Einführung. In P. Bauer & E. J. Brunner (Hrsg.), *Elternpädagogik* (S. 7–19). Freiburg im Breisgau: Lambertus.

Bayerisches Staatsministerium für Arbeit und Sozialordnung, Familie und Frauen. (2012). *Der Bayerische Bildungs- und Erziehungsplan für Kinder in Tageseinrichtungen bis zur Einschulung* (5. Aufl.). Berlin: Cornelsen.

Becker, B. (2017). Elternmerkmale: Sozioökonomischer Status und Migrationshintergrund. In U. Hartmann, M. Hasselhorn & A. Gold (Hrsg.), *Entwicklungsverläufe verstehen – Individuelle Förderung wirksam gestalten* (S. 32–50). Stuttgart: Kohlhammer.

Becker, B. & Biedinger, N. (2016). Ethnische Ungleichheiten in der vorschulischen Bildung. In C. Diehl, C. Hunkler & C. Kristen (Hrsg.), *Ethnische Ungleichheiten im Bildungsverlauf* (S. 433–474). Wiesbaden: Springer Fachmedien.

Becker, B. & Gresch, C. (2016). Bildungsaspirationen in Familien mit Migrationshintergrund. In C. Diehl, C. Hunkler & C. Kristen (Hrsg.), *Ethnische Ungleichheiten im Bildungsverlauf* (S. 73–115). Wiesbaden: Springer Fachmedien.

Becker-Stoll, F. (2017). Bedeutung der elterlichen Feinfühligkeit für die kindliche Entwicklung. In M. Wertfein, A. Wildgruber, C. Wirts & F. Becker-Stoll (Hrsg.), *Interaktionen in Kindertageseinrichtungen* (S. 10–21). Göttingen: Vandenhoeck & Ruprecht.

Behrens, M. (2019). Zur Reproduktion von Kategorisierungen in der Migrationsforschung. In V. Klomann, N. Frieters-Reermann, M. Genenger-Stricker & N. Sylla (Hrsg.), *Forschung im Kontext von Bildung und Migration* (S. 63–73). Wiesbaden: Springer VS.

Beisenherz, G. (2006). Sprache und Integration. In C. Alt (Hrsg.), *Kinderleben – Integration durch Sprache?* (S. 39–69). Wiesbaden: VS Verlag für Sozialwissenschaften.

Beller, S. (2004). *Empirisch forschen lernen: Konzepte, Methoden, Fallbeispiele, Tipps.* Bern: Huber.

Benholz, C., Kniffka, G. & Winters-Ohle, E. (2010). *Fachliche und sprachliche Förderung von Schülern mit Migrationsgeschichte: Beiträge des Mercator- Symposions im Rahmen des 15. AILA-Weltkongresses „Mehrsprachigkeit: Herausforderungen und Chancen".* Münster: Waxmann.

Benz, C. (2008). Mathe ist ja schön – Vorstellungen von Erzieherinnen über Mathematik im Kindergarten. *Karlsruher pädagogische Beiträge* (69), 6–18.

Benz, C. (2010). *Minis entdecken Mathematik.* Braunschweig: Westermann.

Benz, C. (2011). Den Blick schärfen: Die differenzierte Wahrnehmung der Anzahlerfassung, -bestimmung und -darstellung unterstützen. In M. M. Lüken & A. Peter-Koop (Hrsg.), *Mathematischer Anfangsunterricht – Befunde und Konzepte für die Praxis* (S. 7–21). Offenburg: Mildenberger.

Benz, C., Peter-Koop, A. & Grüßing, M. (2015). *Frühe mathematische Bildung: Mathematiklernen der Drei- bis Achtjährigen.* Berlin, Heidelberg: Springer Spektrum.

Berkowitz, T., Schaeffer, M. W., Maloney, E. A., Peterson, L., Gregor, C., Levine, S. C. & Beilock, S. L. (2015). Math at home adds up to achievement in school. *Science, 350* (6257), 196–198.

Bertau, M.-C. & Speck-Hamdan, A. (2004). Förderung der kommunikativen Fähigkeit im Vorschulalter. In G. Faust-Siehl (Hrsg.), *Anschlussfähige Bildungsprozesse im Elementar- und Primarbereich* (S. 105–118). Bad Heilbrunn/Obb.: Klinkhardt.

Betz, T. (2006a). ‚Gatekeeper' Familie – Zu ihrer allgemeinen und differentiellen Bildungsbedeutsamkeit. *Diskurs Kindheits- und Jugendforschung, 1* (2), 181–195.

Betz, T. (2006b). Milieuspezifisch und interethnisch variierende Sozialisationsbedingungen und Bildungsprozesse von Kindern. In C. Alt (Hrsg.), *Kinderleben – Integration durch Sprache?* (S. 117–153). Wiesbaden: VS Verlag für Sozialwissenschaften.

Betz, T. (2010a). Kindertageseinrichtung, Grundschule, Elternhaus: Erwartungen, Haltungen und Praktiken und ihr Einfluss auf schulische Erfolge von Kindern aus prekären sozialen Gruppen. In D. Bühler-Niederberger, J. Mierendorff & A. Lange (Hrsg.), *Kindheit zwischen fürsorglichem Zugriff und gesellschaftlicher Teilhabe* (S. 117–144). Wiesbaden: VS Verlag für Sozialwissenschaften.

Betz, T. (2010b). Kompensation ungleicher Startchancen: Erwartungen an institutionalisierte Bildung, Betreuung und Erziehung für Kinder im Vorschulalter. In P. Cloos & B. Karner (Hrsg.), *Erziehung und Bildung von Kindern als gemeinsames Projekt* (S. 113–134). Baltmannsweiler: Schneider-Verl. Hohengehren.

Bird, K. & Hübner, W. (2013). *Handbuch der Eltern- und Familienbildung in benachteiligten Lebenslagen*. Leverkusen: Budrich.

Bischoff, S. & Betz, T. (2018). Zusammenarbeit aus der Sicht von Eltern und Fachkräften im Kontext übergreifender Ungleichheitsverhältnisse: Internationale Forschungsperspektiven auf ein komplexes Verhältnis. In C. Thon, M. Menz, M. Mai & L. Abdessadok (Hrsg.), *Kindheiten zwischen Familie und Kindertagesstätte* (S. 25–46). Wiesbaden: Springer VS.

Bischoff, S., Betz, T. & Eunicke, N. (2017). Ungleiche Perspektiven von Eltern auf frühe Bildung und Förderung in Familie und Kindertageseinrichtung. In P. Bauer & C. Wiezorek (Hrsg.), *Familienbilder zwischen Kontinuität und Wandel* (S. 212–228). Basel: Beltz Juventa.

Bishop-Josef, S. J. & Zigler, E. (2011). Cognitve/academic emphasis versus whole child approach. In E. Zigler, W. S. Gilliam & W. S. Barnett (Hrsg.), *The pre-K debates* (S. 83–88). Baltimore, MD: Paul H. Brookes.

Bleckmann, P. (2014). *Kleine Kinder und Bildschirmmedien*. Zugriff am 09.11.2018 auf https://www.kita-fachtexte.de/uploads/media/KiTaFT_Bleckmann_2014.pdf

Blevins-Knabe, B. (2012). *Fostering early numeracy at home*. Zugriff am 12.04.2014 auf http://www.literacyencyclopedia.ca/pdfs/Fostering_Early_Numeracy_at_Home.pdf

Blevins-Knabe, B. (2016). Early mathematical development: How the home environment matters. In B. Blevins-Knabe & A. M. B. Austin (Hrsg.), *Early childhood mathematics skill development in the home environment* (S. 7–28). Cham: Springer International Publishing.

Blevins-Knabe, B. & Musun-Miller, L. (1996). Number use at home by children and their parents and its relationship to early mathematical performance. *Early Development and Parenting, 5* (1), 35–45.

Bochnik, K. (2017). *Sprachbezogene Merkmale als Erklärung für Disparitäten mathematischer Leistung: Differenzierte Analysen im Rahmen einer Längsschnittstudie in der dritten Jahrgangsstufe*. Münster: Waxmann.

Boehle, M. (2019). *Armut von Familien im sozialen Wandel: Verbreitung, Struktur, Erklärungen*. Wiesbaden: Springer VS.

Böhringer, J., Hertling, D. & Rathgeb-Schnierer, E. (2017). Entwicklung, Erprobung und Evaluation von Regelspielen zur arithmetischen Frühförderung. In S. Schuler, C. Streit & G. Wittmann (Hrsg.), *Perspektiven mathematischer Bildung im Übergang vom Kindergarten zur Grundschule* (S. 41–55). Wiesbaden: Springer Spektrum.

Bönig, D. (2013). Kinder entern Sprache und Mathematik mit der Schatzkiste – Frühförderung in Kita und Familie. In A. S. Steinweg (Hrsg.), *Mathematik vernetzt – Tagungsband des AK Grundschule in der GDM 2013* (S. 18–31). Bamberg: Gesellschaft für Didaktik der Mathematik.

Bönig, D., Hering, J., London, M., Nührenbörger, M. & Thöne, B. (2017). *Erzähl mal Mathe! Mathematiklernen im Kindergartenalltag und am Schulanfang.* Seelze: Klett Kallmeyer.

Bönig, D., Hering, J. & Thöne, B. (2014). Frühförderung in Kita und Familie. Kinder entern Sprache und Mathematik mit der Schatzkiste. *Impulse aus der Forschung – das Autorenmagazin der Universität Bremen* (1), 5–9.

Bönig, D. & Schaffrath, S. (2004). Förderdiagnostische Aufgaben für den geometrischen Anfangsunterricht. In P. Scherer & D. Bönig (Hrsg.), *Mathematik für Kinder – Mathematik von Kindern* (S. 63–73). Frankfurt am Main: Grundschulverband, Arbeitskreis Grundschule.

Bönig, D. & Thöne, B. (2017). Integrierte Förderung von Sprache und Mathematik in Kita und Familie. In S. Schuler, C. Streit & G. Wittmann (Hrsg.), *Perspektiven mathematischer Bildung im Übergang vom Kindergarten zur Grundschule* (S. 27–39). Wiesbaden: Springer Spektrum.

Boos-Nünning, U. & Karakasoglu, Y. (2004). *Viele Welten leben.* Berlin: Bundesministerium für Familie, Senioren, Frauen und Jugend.

Bortz, J. & Schuster, C. (2010). *Statistik für Human- und Sozialwissenschaftler* (7. Aufl.). Berlin, Heidelberg: Springer.

Bos, W., Tarelli, I., Bremerich-Vos, A. & Schwippert, K. (Hrsg.). (2012). *IGLU 2011: Lesekompetenzen von Grundschulkindern in Deutschland im internationalen Vergleich.* Münster: Waxmann.

Böttcher, W. & Hense, J. (2016). Evaluation im Bildungswesen – eine nicht ganz erfolgreiche Erfolgsgeschichte. *Die Deutsche Schule, 108* (2), 117–135.

Böttcher, W. & Hogrebe, N. (2014). Ökonomie und frühkindliche Bildung. In R. Braches-Chyrek, C. Röhner, H. Sünker & M. Hopf (Hrsg.), *Handbuch Frühe Kindheit* (S. 107–116). Leverkusen: Budrich.

Bottle, G. (1999). A study of children's mathematical experiences in the home. *Early Years, 20* (1), 53–64.

Bourdieu, P. (2005). *Was heißt sprechen? Zur Ökonomie des sprachlichen Tausches.* Wien: New Academic Press.

Bourdieu, P. (2012). Ökonomisches Kapital, kulturelles Kapital, soziales Kapital. In U. Bauer, U. H. Bittlingmayer & A. Scherr (Hrsg.), *Handbuch Bildungs- und Erziehungssoziologie* (S. 229–242). Wiesbaden: VS Verlag für Sozialwissenschaften.

Bowlby, J. (1969). *Attachment and loss.* New York, NY: Basic Books.

Bowlby, J. (2016). *Frühe Bindung und kindliche Entwicklung* (7. Aufl.). München: Ernst Reinhardt Verlag.

Bowman, B. T. (2011). Bachelor's degrees are necessary but not sufficient. In E. Zigler, W. S. Gilliam & W. S. Barnett (Hrsg.), *The pre-K debates* (S. 54–57). Baltimore, MD: Paul H. Brookes.

Bozay, K. (2016). Symbolische Ordnung und Bildungsungleichheit als pädagogische Herausforderung. In E. Arslan & K. Bozay (Hrsg.), *Symbolische Ordnung und Bildungsungleichheit in der Migrationsgesellschaft* (S. 523–543). Wiesbaden: Springer VS.

Bradford, H. (2015). Play, litercy and language learning. In J. R. Moyles (Hrsg.), *The excellence of play* (S. 250–261). Maidenhead and New York: Open University Press.

Bradley, R. H. & Corwyn, R. F. (2002). Socioeconomic status and child development. *Annual review of psychology, 53,* 371–399.

Broadbent, D. E. (1975). The magic number seven after fifteen years. In A. Kennedy & A. Wilkes (Hrsg.), *Studies in Long Term Memory* (S. 3–18). London [etc.]: John Wiley & Sons.

Brock, I. (2013). Die Rolle von Fachkräften in der professionellen Bildungsbegleitung. In L. Correll & J. Lepperhoff (Hrsg.), *Frühe Bildung in der Familie* (S. 118–129). Weinheim, Bergstr: Beltz Juventa.

Brooks, G., Pahl, K., Pollard, A. & Rees, F. (2008). *Effective and inclusive practices in family literacy, language and numeracy: a review of programmes and practice in the UK and internationally*. London: NRDC.

Bruner, J. S., Olver, R. R. & Greenfield, P. M. (1971). *Studien zur kognitiven Entwicklung: Eine kooperative Untersuchung am Center for Cognitive Studies der Harvard-Universität.* Stuttgart: Klett.

Brunner, J. (2015). „...das ist hier ganz normal!" Frühpädagogische Fachkräfte im Spannungsfeld zwischen normativen Erwartungen und eigener Normalitätskonstruktion. In M. Alisch & M. May (Hrsg.), *Das ist doch nicht normal!* (S. 103–106). Opladen: Budrich.

Bruns, J. & Eichen, L. (2017). Individuelle Förderung im Kontext früher mathematischer Bildung. In S. Schuler, C. Streit & G. Wittmann (Hrsg.), *Perspektiven mathematischer Bildung im Übergang vom Kindergarten zur Grundschule* (S. 125–138). Wiesbaden: Springer Spektrum.

Büchner, P. (2006). Bildungsort Familie. In P. Büchner & A. Brake (Hrsg.), *Bildungsort Familie* (S. 21–48). Wiesbaden: VS Verlag für Sozialwissenschaften.

Büchner, P. (2013). Familie, soziale Milieus und Bildungsverläufe von Kindern: Rahmenbedingungen einer familienorientierten Bildungsbegleitung von Eltern aus bildungssoziologischer Sicht. In L. Correll & J. Lepperhoff (Hrsg.), *Frühe Bildung in der Familie* (S. 46–57). Weinheim, Bergstr: Beltz Juventa.

Bundschuh, K. (2007). *Förderdiagnostik konkret: Theoretische und praktische Implikationen für die Förderschwerpunkte Lernen, geistige, emotionale und soziale Entwicklung.* Bad Heilbrunn: Klinkhardt.

Burghardt, G. M. (2011). Defining and recognizing play. In A. D. Pellegrini (Hrsg.), *The Oxford handbook of the development of play* (S. 9–18). Oxford: Open University Press.

Burzan, N. (2011). *Soziale Ungleichheit: Eine Einführung in die zentralen Theorien* (4. Aufl.). Wiesbaden: VS Verlag für Sozialwissenschaften.

Butterwegge, C. (2012). *Armut in einem reichen Land: Wie das Problem verharmlost und verdrängt wird.* Bonn: Bundeszentrale für Politische Bildung.

Butterworth, B. (1999). *The mathematical brain*. London: Macmillan.

Butterworth, B. (2005). The development of arithmetical abilities. *Journal of Child Psychology and Psychiatry, 46* (1), 3–18.

Bzufka, M. W., von Aster, M. & Neumärker, K.-J. (2013). Diagnostik von Rechenstörungen. In M. von Aster & J. H. Lorenz (Hrsg.), *Rechenstörungen bei Kindern* (S. 79–92). Göttingen: Vandenhoeck & Ruprecht.

Caldwell, B. M. & Bradley, R. H. (1984). *Home observation for measurement of the environment.* Little Rock: University of Arkansas.

Caluori, F. (2004). *Die numerische Kompetenz von Vorschulkindern: Theoretische Modelle und empirische Befunde.* Hamburg: Kovač.

Campbell, J. I. D. (2008). Subtraction by addition. *Memory & cognition, 36* (6), 1094–1102.

Campbell, J. I. D. & Clark, J. M. (1988). An encoding-complex view of cognitive number processing: Comment on McCloskey, Sokol, and Goodman (1986). *Journal of Experimental Psychology: General, 117* (2), 204–214.

Cannon, J. & Ginsburg, H. P. (2008). „Doing the math": Maternal beliefs about early mathematics versus language learning. *Early Education & Development, 19* (2), 238–260.

Canobi, K. H., Reeve, R. A. & Pattison, P. E. (2002). Young children's understanding of addition concepts. *Educational Psychology, 22* (5), 513–532.

Carle, U. (2014). Anschlussfähigkeit zwischen Kindergarten und Schule. In M. Stamm (Hrsg.), *Handbuch Talententwicklung* (S. 161–172). Bern: Huber.

Carpenter, T. P. & Moser, J. M. (1983). The acquisition of addition and subtraction concepts. In R. Lesh (Hrsg.), *Acquisitions of mathematics concepts and processes* (S. 7–44). Orlando, Fla.: Academic Press.

Carpenter, T. P. & Moser, J. M. (1984). The Acquisition of addition and subtraction concepts in grades one through three. *Journal for Research in Mathematics Education, 15* (3), 179.

Castro Varela, M. & Mecheril, P. (2010). Grenze und Bewegung: Migrationswissenschaftliche Klärungen. In P. Mecheril, M. Castro Varela, I. Dirim, A. Kalpaka & C. Melter (Hrsg.), *Migrationspädagogik* (S. 23–53). Weinheim: Beltz.

Clarke, B., Doabler, C., Smolkowski, K., Kurtz Nelson, E., Fien, H., Baker, S. K. & Kosty, D. (2016). Testing the immediate and long-term efficacy of a tier 2 kindergarten mathematics intervention. *Journal of Research on Educational Effectiveness, 9* (4), 607–634.

Clarke, D., Cheeseman, J., Gervasoni, A., Gronn, D., Horne, M., McDonough, A., ... Rowley, G. (2002). *Early Numeracy Research Project: Final Report.* Melbourne.

Clausen-Suhr, K. (2011). Frühe mathematische Bildung im Kindergarten: Kurz- und langfristige Effekte einer frühen Förderung mit dem Programm „Mit Baldur ordnen, zählen, messen". *Heilpädagogische Forschung, 37* (3), 144–159.

Clausen-Suhr, K., Schulz, L. & Bricks, P. M. (2008). Mathematische Bildung im Kindergarten: Ergebnisse einer quasi-experimentellen Evaluation des Förderprogramms Zahlenzauber. *Zeitschrift für Heilpädagogik, 59* (9), 341–349.

Clements, D. H. (1984). Training effects on the development and genralization of Piagetian logical operations and knowledge of number. *Journal of Educational Psychology, 76* (5), 766–776.

Clements, D. H. (1999). Subitizing: What is it? Why teach it? *Teaching Children Mathematics, 5* (7), 400–405.

Clements, D. H. & Sarama, J. (2009). *Learning and teaching early math: The learning trajectories approach.* Taylor & Francis.

Clements, D. H., Sarama, J. & DiBiase, A.-M. (Hrsg.). (2004). *Engaging young children in mathematics: Standards for early childhood mathematics education.* Mahwah, NJ: Lawrence Erlbaum Associates.

Cloos, P., Gerstenberg, F. & Krähnert, I. (2018). Symmetrien und Asymmetrien: Verbale Praktiken der Positionierung von Eltern und pädagogischen Fachkräften in Teamgesprächen. In C. Thon, M. Menz, M. Mai & L. Ab- dessadok (Hrsg.), *Kindheiten zwischen Familie und Kindertagesstätte* (S. 49–74). Wiesbaden: Springer VS.

Cloos, P. & Karner, B. (2010). Erziehungspartnerschaft? Auf dem Weg zu einer veränderten Zusammenarbeit von Kindertageseinrichtungen und Familien. In P. Cloos & B. Karner (Hrsg.), *Erziehung und Bildung von Kindern als gemeinsames Projekt* (S. 169–192). Baltmannsweiler: Schneider-Verl. Hohengehren.

Cloos, P., Koch, K. & Mähler, C. (Hrsg.). (2015). *Entwicklung und Förderung in der frühen Kindheit: Interdisziplinäre Perspektiven*. Weinheim: Beltz Juventa.

Coates, G. D. & Asturias, H. (2008). FAMILY MATH and science education: A natural attraction. In R. E. Yager & J. H. Falk (Hrsg.), *Exemplary science in informal education settings* (S. 187–198). Arlington, VA: NSTA Press.

Coates, G. D. & Thompson, C. (2008). Involving parents of four- and five-year-olds in their children's mathematical education: The FAMILY MATH experience. In J. V. Copley (Hrsg.), *Mathematics in the early years* (S. 205–214). Washington, D.C., Reston, Va: National Council of Teachers of Mathematics and National Association for the Education of Young Children.

Coates, G. D. & Thompson, V. H. (2003). *FAMILY MATH II: Achieving success in mathematics*. Berkeley, CA: Equals/Lawrence Hall of Science, University of California.

Cohen, J. (1988). *Statistical power analysis for the behavioral sciences* (2. Aufl.). Hillsdale, NJ: Lawrence Erlbaum Associates.

Cohrssen, C., Niklas, F. & Tayler, C. (2016). 'Is that what we do?': Using a conversation-analytic approach to highlight the contribution of dialogic reading strategies to educator-child interactions during storybook reading in two early childhood settings. *Journal of Early Childhood Literacy, 16* (3), 361–382.

Colliver, Y. (2018). Fostering young children's interest in numeracy through demonstration of its value: The Footsteps study. *Mathematics Education Research Journal, 30* (4), 407–428.

Cooper, H., Lindsay, J. J. & Nye, B. (2000). Homework in the home: How student, family, and parenting-style differences relate to the homework process. *Contemporary Educational Psychology, 25* (4), 464–487.

Cooper, R. (1984). Early number development: Discovering number space with addition and subtraction. In C. Sophian (Hrsg.), *Origins of cognitive skills* (S. 157–192). Hillsdale, NJ: Erlbaum.

Copley, J. V. (2004). The early child collaborative: A professional development model to communicate und implement the standard. In D. H. Clements, J. Sarama & A.-M. DiBiase (Hrsg.), *Engaging young children in mathematics* (S. 401–414). Mahwah, NJ: Lawrence Erlbaum Associates.

Copley, J. V. (2010). *The young child and mathematics* (2. Aufl.). Washington, DC, Reston, VA: National Association for the Education of Young Children and National Council of Teachers of Mathematics.

Correll, L. & Lepperhoff, J. (Hrsg.). (2013). *Frühe Bildung in der Familie: Perspektiven in der Eltern- und Familienbildung*. Weinheim, Bergstr: Beltz Juventa.

Cortina, K. S., Baumert, J., Leschinsky, A., Mayer, K. U. & Trommer, L. (2008). *Das Bildungswesen in der Bundesrepublik Deutschland: Strukturen und Entwicklungen im Überblick; [der neue Bericht des Max-Planck-Instituts für Bildungsforschung]*. Reinbek bei Hamburg: Rowohlt.

Crampton, A. & Hall, J. (2017). Unpacking socio-economic risks for reading and academic self-concept in primary school: Differential effects and the role of the preschool home learning environment. *The British journal of educational psychology, 87* (3), 365–382.

Cross, C. T., Woods, T. A. & Schweingruber, H. (Hrsg.). (2009). *Mathematics learning in early childhood: Paths toward excellence and equity*. Washington, DC: National Academies Press.

Cudak, K. (2017). *Bildung für Newcomer: Wie Schule und Quartier mit Einwanderung aus Südosteuropa umgehen*. Wiesbaden: Springer VS.

Cummins, J. (1979). Cognitive/academic language proficiency, linguistic interdependence, the optimum age question and some other matters. *Working Papers on bilingualism, 19*, 197–205.

Dahlberg, G. (2010). Kinder und Pädagogen als Co-Konstrukteure von Wissen und Kultur: Frühpädagogik in postmoderner Perspektive. In W. E. Fthenakis & P. Oberhuemer (Hrsg.), *Frühpädagogik international* (S. 13–30). Wiesbaden: VS Verlag für Sozialwissenschaften.

Damm, A. (2011). *Ist 7 viel? 44 Fragen für viele Antworten* (7. Aufl.). Frankfurt am Main: Moritz.

Dehaene, S. (1992). Varieties of numerical abilities. *Cognition, 44* (1–2), 1–42.

Dehaene, S. (1999). *The number sense: How the mind creates mathematics*. Oxford: Open University Press.

Dehaene, S. & Cohen, L. (1994). Dissociable mechanisms of subitizing and counting: neuropsychological evidence from simultanagnosic patients. *Journal of experimental psychology. Human perception and performance, 20* (5), 958–975.

Deniz, C. (2013a). Elternarbeit mit Migranteneltern – Was sind die Probleme und welche Projekte können gelingen? *Pädagogik, 65* (5), 28–31.

Deniz, C. (2013b). Perspektiven für die Elternarbeit mit migrantischen Familien. In W. Stange, R. Krüger, A. Henschel & C. Schmitt (Hrsg.), *Erziehungs- und Bildungspartnerschaften* (S. 326–331). Wiesbaden: Springer VS.

Deppe, U. (2014). Eltern, Bildung und Milieu. Milieuspezifische Differenzen in den bildungsbezogenen Orientierungen von Eltern. *Zeitschrift für Qualitative Forschung, 14* (2), 221–242.

Deutscher, T. (2012). *Arithmetische und geometrische Fähigkeiten von Schulanfängern: Eine empirische Untersuchung unter besonderer Berücksichtigung des Bereichs Muster und Strukturen*. Wiesbaden: Vieweg+Teubner.

Deutsches PISA-Konsortium. (2001). *PISA 2000. Basiskompetenzen von Schülern und Schülerinnen im internationalen Vergleich*. Opladen: Leske + Budrich.

Deutsches PISA-Konsortium. (2005). *PISA 2003: Der zweite Vergleich der Länder in Deutschland – Was wissen und können Jugendliche?* Münster: Waxmann.

Dever, M. & Burts, D. (2002). An evaluation of family literacy bags as a vehicle for parent involvement. *Early Child Development and Care, 172* (4), 359–370.

Diefenbach, H. (2006). Die Bedeutung des familialen Hintergrunds wird überschätzt: Einflüsse auf schulische Leistungen von deutschen, türkischen und russlanddeutschen Grundschulkindern. In C. Alt (Hrsg.), *Kinderleben – Integration durch Sprache?* (S. 219–258). Wiesbaden: VS Verlag für Sozialwissenschaften.

Diefenbach, H. (2009). Der Bildungserfolg von Schülern mit Migrationshintergrund im Vergleich zu Schülern ohne Migrationshintergrund. In R. Becker (Hrsg.), *Lehrbuch der Bildungssoziologie* (S. 433–457). Wiesbaden: VS Verlag für Sozialwissenschaften.

Diehl, C. & Fick, P. (2016). Ethnische Diskriminierung im deutschen Bildungssystem. In C. Diehl, C. Hunkler & C. Kristen (Hrsg.), *Ethnische Ungleichheiten im Bildungsverlauf* (S. 243–286). Wiesbaden: Springer Fachmedien.

Diehm, I. (2018). Frühkindliche Bildung – frühkindliche Förderung: Verheißungen, Verstrickungen und Verpflichtungen. In C. Thon, M. Menz, M. Mai & L. Abdessadok (Hrsg.), *Kindheiten zwischen Familie und Kindertagesstätte* (S. 11–23). Wiesbaden: Springer VS.

Diekmann, A. (2012). *Empirische Sozialforschung: Grundlagen, Methoden, Anwendungen* (6. Aufl.). Reinbek bei Hamburg: Rowohlt.

Dimosthenous, A., Kyriakides, L. & Panayiotou, A. (2019). Short- and longterm effects of the home learning environment and teachers on student achievement in mathematics: A longitudinal study. *School Effectiveness and School Improvement, 42* (3), 1–30.

Dirim, I. & Mecheril, P. (2010). Die Sprache(n) der Migrationsgesellschaft. In P. Mecheril, M. Castro Varela, I. Dirim, A. Kalpaka & C. Melter (Hrsg.), *Migrationspädagogik* (S. 99–120). Weinheim: Beltz.

Diskowski, D. (2008). Bildungspläne in Kindertagesstätten – ein neues und noch unbegriffenes Steuerungsinstrument. In H.-G. Roßbach & H.-P. Blossfeld (Hrsg.), *Frühpädagogische Förderung in Institutionen* (S. 47–61). Wiesbaden: VS Verlag für Sozialwissenschaften.

Doman, G. J. (1979). *Teach your baby maths*. London: Cape.

Döring, N. & Bortz, J. (2016). *Forschungsmethoden und Evaluation in den Sozialund Humanwissenschaften* (5. Aufl.). Berlin, Heidelberg: Springer.

Dornheim, D. (2008). *Prädiktion von Rechenleistung und Rechenschwäche: Der Beitrag von Zahlen-Vorwissen und allgemein-kognitiven Fähigkeiten*. Berlin: Logos.

Dunker, N., Joyce-Finnern, N.-K. & Koppel, I. (2016). *Wege durch den Forschungsdschungel: Ausgewählte Fallbeispiele aus der erziehungswissenschaftlichen Praxis*. Wiesbaden: Springer VS.

Dusolt, H. (2008). *Elternarbeit als Erziehungspartnerschaft: Ein Leitfaden für den Vor- und Grundschulbereich* (3., vollst. überarb. Aufl.). Weinheim: Beltz.

Ebbeck, M. (2010). Kulturelle Vielfalt und Bildungserwartungen: Sichtweisen von pädagogischen Fachkräften und Eltern in Australien. In W. E. Fthena- kis & P. Oberhuemer (Hrsg.), *Frühpädagogik international* (S. 129–142). Wiesbaden: VS Verlag für Sozialwissenschaften.

Ecarius, J., Köbel, N. & Wahl, K. (2011). *Familie, Erziehung und Sozialisation*. Wiesbaden: VS Verlag für Sozialwissenschaften.

Ecarius, J. & Wahl, K. (2009). Bildungsbedeutsamkeit von Familie und Schule: Familienhabitus, Bildungsstandards und soziale Reproduktion – Überlegungen im Anschluss an Pierre Bourdieu. In J. Ecarius, C. Groppe & H. Malmede (Hrsg.), *Familie und öffentliche Erziehung* (S. 13–33). Wiesbaden: VS Verlag für Sozialwissenschaften.

Edelmann, W. (2003). Intrinsische und Extrinsische Motivation. *Grundschule, 35* (4), 30–32.

Egger, J. & Straumann, M. (2013). Eltern und familiale Lebenswelten in der Praxis von Schulleitungen. In E. Wannack, S. Bosshart, A. Eichenberger, M. Fuchs, E. Hardegger & S. Marti (Hrsg.), *4- bis 12-Jährige* (S. 139–146). Münster: Waxmann.

Egger, S. (2011). *Woher kommt unser Nachwuchs? Bildungsstrukturen, Bildungsdisparitäten und die schweizerische „Bildungslücke"*. Bern: Schweizerischer Wissenschafts- und Technologierat.

Ehlert, A. & Fritz, A. (2016). „Mina und der Maulwurf": Ein mathematisches Gruppentraining eingesetzt bei Kindern mit Sprachverständnisschwierigkeiten. In W. Schneider & M. Hasselhorn (Hrsg.), *Förderprogramme für Vor- und Grundschule*. Göttingen: Hogrefe.

Ehmke, T. & Siegle, T. (2008). Einfluss elterlicher Mathematikkompetenz und familialer Prozesse auf den Kompetenzerwerb von Kindern in Mathematik. *Psychologie in Erziehung und Unterricht, 55,* 253–264.

Eid, M., Gollwitzer, M. & Schmitt, M. (2013). *Statistik und Forschungsmethoden: Lehrbuch* (3. Aufl.). Weinheim, Basel: Beltz.

Einsiedler, W. (1999). *Das Spiel der Kinder: Zur Pädagogik und Psychologie des Kinderspiels* (3. Aufl.). Bad Heilbrunn: Klinkhardt.

El Nokali, N. E., Bachman, H. J. & Votruba-Drzal, E. (2010). Parent involvement and children's academic and social development in elementary school. *Child Development, 81* (3), 988–1005.

Elfert, M. (2008). *Family literacy: A global approach to lifelong learning: Effective practices in family literacy and intergenerational learning around the world.* Hamburg: UIL.

Elfert, M. & Rabkin, G. (2007). Das Hamburger Pilotprojekt Family Literacy (FLY). In M. Elfert & G. Rabkin (Hrsg.), *Gemeinsam in der Sprache baden: Internationale Konzepte zur familienorientierten Schriftsprachförderung* (S. 32–51). Stuttgart: Klett Sprachen.

Elliott, L. & Bachman, H. J. (2018). How do parents foster young children's math skills? *Child Development Perspectives, 12* (1), 16–21.

Ellis, P. D. (2010). *The essential guide to effect sizes: Statistical power, metaanalysis, and the interpretation of research results.* Cambridge, MA: Cambridge University Press.

Erning, G. (2004). Bildungsförderung in einem klassischen frühpädagogischen Konzept: Die Entwicklung des Kindergartens. In G. Faust-Siehl (Hrsg.), *Anschlussfähige Bildungsprozesse im Elementar- und Primarbereich* (S. 27–48). Bad Heilbrunn/Obb: Klinkhardt.

Esch, K., Klaudy, E. K., Micheel, B. & Stöbe-Blossey, S. (2006). *Qualitatskonzepte in der Kindertagesbetreuung: Ein Überblick.* Wiesbaden: VS Verlag für Sozialwissenschaften.

Esser, H. (2012). Sprache und Integration. In M. Matzner (Hrsg.), *Handbuch Migration und Bildung* (S. 140–180). Weinheim: Julius Beltz.

Faas, S., Landhäußer, S. & Treptow, R. (2017). *Familien- und Elternbildung stärken.* Wiesbaden: Springer Fachmedien.

Fahrmeir, L., Heumann, C., Künstler, R., Pigeot, I. & Tutz, G. (2016). *Statistik* (8. Aufl.). Springer Berlin Heidelberg.

Fan, X. & Chen, M. (2001). Parental involvement and students' academic achievement: A meta-analysis. *Educational Psychology Review, 13* (1), 1–22.

Farrant, B. M. & Zubrick, S. R. (2011). Early vocabulary development: The importance of joint attention and parent-child book reading. *First Language, 32* (3), 343–364.

Feilke, H. (2006). Entwicklung schriftlich-konzeptualer Fähigkeiten. In U. Bredel, H. Günther, P. Klotz, J. Ossner & G. Siebert-Ott (Hrsg.), *Didaktik der deutschen Sprache* (S. 178–192). Paderborn: F. Schöningh.

Field, A. P. (2009). *Discovering statistics using SPSS* (3. Aufl.). Los Angeles, CA: SAGE Publications.

Fiese, B. H. (2012). Family context in early childhood: Connecting beliefs, practices, and ecologies. In B. Spodek & O. N. Saracho (Hrsg.), *Handbook of research on the education of young children* (S. 369–484). Boston and New York: Credo Reference and Routledge.

Fischer, J.-P. (1992). Subitizing: the discontinuity after three. In J. Bideaud, C. Meljac & J.-P. Fischer (Hrsg.), *Pathways to number* (S. 191–208). Hillsdale, NJ: L. Erlbaum.

Fischer, V., Krumpholz, D. & Schmitz, A. (2007). *Zuwanderung – Eine Chance für die Familienbildung: Bestandsaufnahme und Empfehlungen zur Eltern- und Familienbildung in Nordrhein-Westfalen.* Düsseldorf: MGFFI.

Fisher, K. R., Hirsh-Pasek, K., Newcombe, N. & Golinkoff, R. M. (2013). Taking shape: supporting preschoolers' acquisition of geometric knowledge through guided play. *Child Development, 84* (6), 1872–1878.

Flitner, A. (2002). *Spielen – Lernen: Praxis und Deutung des Kinderspiels.* Weinheim: Beltz.

Fluck, M. & Henderson, L. (1996). Counting and cardinality in English nursery pupils. *The British journal of educational psychology*, *66* (4), 501–517.

Förster, C. (2015). Kooperation von Erzieher/innen und Lehrer/innen bei der Übergangsgestaltung und ihre Bedeutung für den kindlichen Entwicklungs- und Bildungsprozess. In I. Ruppin (Hrsg.), *Professionalisierung in Kindertagesstätten* (S. 163–180). Weinheim: Beltz Juventa.

Francesconi, M. & Heckman, J. J. (2016). Child development and parental investment: Introduction. *The Economic Journal*, *126* (596), F1–F27.

Fricke, S. & Streit-Lehmann, J. (2015). Zum Einsatz von Entwicklungsplänen im inklusiven arithmetischen Anfangsunterricht. In A. Peter-Koop, M. M. Lüken & T. Rottmann (Hrsg.), *Inklusiver Mathematikunterricht in der Grundschule* (S. 168–180). Offenburg: Mildenberger.

Fried, L. (2002). Präventive Bildungsressourcen des Kindergartens als Antwort auf interindividuelle Differenzen bei Kindergartenkindern. In L. Liegle & R. Treptow (Hrsg.), *Welten der Bildung in der Pädagogik der frühen Kindheit und in der Sozialpädagogik* (S. 339–348). Freiburg im Breisgau: Lambertus.

Fried, L., Hoeft, M., Isele, P., Stude, J. & Wexeler, W. (2012). *Schlussbericht zur Wissenschaftlichen Flankierung des Verbundprojekts „TransKiGs – Stärkung der Bildungs- und Erziehungsqualität in Kindertageseinrichtungen und Grundschule – Gestaltung des Übergangs".*

Friedrich, G. & Munz, H. (2006). Förderung schulischer Vorläuferfähigkeiten durch das didaktische Konzept „Komm mit ins Zahlenland". *Psychologie in Erziehung und Unterricht*, *53* (2), 134–146.

Friedrich, L. & Siegert, M. (2013). Frühe Unterstützung benachteiligter Kinder mit Migrationshintergrund: Effekte von Konzepten der Eltern- und Familienbildung. In M. Stamm & D. Edelmann (Hrsg.), *Handbuch frühkindliche Bildungsforschung* (S. 461–472). Wiesbaden: Springer Fachmedien.

Friedrich, L. & Smolka, A. (2012). Konzepte und Effekte familienbildender Angebote für Migranten zur Unterstützung frühkindlicher Förderung. *Zeitschrift für Familienforschung*, *24* (2), 178–198.

Fritz, A. & Gerlach, M. (2011). *Mina und der Maulwurf: Frühförderbox Mathematik*. Berlin: Cornelsen.

Fritz, A. & Ricken, G. (2008). *Rechenschwäche*. München, Basel: E. Reinhardt.

Fritz, A. & Ricken, G. (2009). Grundlagen des Förderkonzepts „Kalkulie". In A. Fritz, S. Schmidt & G. Ricken (Hrsg.), *Handbuch Rechenschwäche* (S. 374–395). Weinheim: Beltz.

Fritz, A., Ricken, G. & Balzer, L. (2009). Warum fällt manchen Kindern das Rechnen schwer? Entwicklung arithmetischer Kompetenzen im Vor- und frühen Grundschulalter. In A. Fritz & S. Schmidt (Hrsg.), *Fördernder Mathematikunterricht in der Sek. I* (S. 12–28). Weinheim: Beltz.

Fröbel, F. (1826, Nachdruck 1973). *Die Menschenerziehung: Die Erziehungs-, Unterrichts- und Lehrkunst*. Bochum: Kamp.

Fthenakis, W. E. (2000). Kommentar: Die (gekonnte) Inszenierung einer Abrechnung – zum Beitrag von Jürgen Zimmer. In W. E. Fthenakis & M. R. Textor (Hrsg.), *Pädagogische Ansätze im Kindergarten* (S. 115–131). Weinheim: Beltz.

Fthenakis, W. E. (2004). Bildungs- und Erziehungspläne für Kinder unter sechs Jahren – nationale und internationale Perspektiven. In G. Faust-Siehl (Hrsg.), *Anschlussfähige Bildungsprozesse im Elementar- und Primarbereich* (s. 9–26). Bad Heilbrunn/Obb: Klinkhardt.

Fthenakis, W. E. (2010). Implikationen und Impulse für die Weiterentwicklung von Bildungsqualität in Deutschland. In W. E. Fthenakis & P. Oberhuemer (Hrsg.), *Frühpädagogik international* (S. 387–402). Wiesbaden: VS Verlag für Sozialwissenschaften.

Fthenakis, W. E. & Oberhuemer, P. (Hrsg.). (2010). *Frühpädagogik international: Bildungsqualität im Blickpunkt* (2. Aufl.). Wiesbaden: VS Verlag für Sozialwissenschaften.

Fthenakis, W. E., Schmitt, A., Daut, M., Eitel, A. & Wendell, A. (2009). *Frühe mathematische Bildung*. Troisdorf: Bildungsverlag EINS.

Fuchs, L. S., Fuchs, D. & Bryant, J. D. (2010). *Galaxy Math: Unpublished Manual*. Vanderbilt University, Nashville, TE.

Fuchs, L. S., Fuchs, D. & Gilbert, J. K. (2018). Does the severity of students' pre-intervention math deficits affect responsiveness to generally effective first-grade intervention? *Exceptional Children*, 001440291878262.

Fuchs, L. S., Fuchs, D., Powell, S. R., Seethaler, P. M., Cirino, P. T. & Fletcher, J. M. (2008). Intensive intervention for students with mathematics disabilities: Seven principles of effective practice. *Learning disability quarterly : journal of the Division for Children with Learning Disabilities, 31* (2), 79–92.

Fuchs, L. S., Geary, D. C., Compton, D. L., Fuchs, D., Schatschneider, C., Hamlett, C. L., . . . Changas, P. (2013). Effects of first-grade number knowledge tutoring with contrasting forms of practice. *Journal of Educational Psychology, 105* (1), 58–77.

Fuhrer, U. (2007). *Erziehungskompetenz: Was Eltern und Familien stark macht*. Bern: Huber.

Fuhs, B. (2007). Zur Geschichte der Familie. In J. Ecarius (Hrsg.), *Handbuch Familie* (S. 17–35). Wiesbaden: VS Verlag für Sozialwissenschaften.

Furian, M. & Furian, B. (1982). *Praxis der Elternarbeit in Kindergarten, Hort, Heim und Schule*. Heidelberg: Quelle und Meyer.

Fürstenau, S. & Niedrig, H. (2011). Die kultursoziologische Perspektive Pierre Bourdieus: Schule als sprachlicher Markt. In S. Fürstenau & M. Gomolla (Hrsg.), *Migration und schulischer Wandel: Mehrsprachigkeit* (S. 69–87). Wiesbaden: VS Verlag für Sozialwissenschaften.

Fuson, K. C. (1988). *Children's counting and concepts of number*. New York, NY: Springer.

Fuson, K. C. (1992a). Relationships between counting and cardinality from age 2 to age 8. In J. Bideaud, C. Meljac & J.-P. Fischer (Hrsg.), *Pathways to number* (S. 127–149). Hillsdale, NJ: L. Erlbaum.

Fuson, K. C. (1992b). Research on whole number addition and subtraction. In D. A. Grouws (Hrsg.), *Handbook of research on mathematics teaching and learning* (S. 243–275). New York [u.a.]: Macmillan.

Fuson, K. C. & Hall, J. W. (1983). The acquisition of early number word meanings: A conceptual analysis and review. In H. P. Ginsburg (Hrsg.), *The development of mathematical thinking* (S. 49–107). New York, NY: Academic Press.

Fuson, K. C. & Willis, G. B. (1988). Subtracting by counting up: More evidence. *Journal for Research in Mathematics Education, 19* (5), 402.

Füssenich, I., Geisel, C. & Schiefele, C. (2018). *Literacy im Kindergarten: Vom Sprechen zur Schrift* (2. Aufl.). München: Ernst Reinhardt Verlag.

Gaidoschik, M. (2007). *Rechenschwäche Vorbeugen. Das Handbuch für LehrerInnen und Eltern*. Wien: G & G.

Gallistel, C. R. (1990). *The organization of learning*. Cambridge, MA: MIT Press.

Ganzeboom, H. B., de Graaf, P. M. & Treiman, D. J. (1992). A standard international socio-economic index of occupational status. *Social Science Research, 21* (1), 1–56.

Gasteiger, H. (2010). *Elementare mathematische Bildung im Al ltag der Kindertagesstätte: Grundlegung und Evaluation eines kompetenzorientierten Förderansatzes*. Münster: Waxmann.

Gasteiger, H. (2012). Fostering early mathematical competencies in natural learning situations – foundation and challenges of a competence-oriented concept of mathematics education in kindergarten. *Journal für Mathematik-Didaktik, 33* (2), 181–201.

Gasteiger, H. (2013). *Förderung elementarer mathematischer Kompetenzen durch Würfelspiele – Ergebnisse einer Interventionsstudie*. Münster: Vortrag auf der 47. Tagung für Didaktik der Mathematik. Jahrestagung der Gesellschaft für Didaktik der Mathematik vom 4.3. bis 8.3.2013.

Gasteiger, H. (2017). Frühe mathematische Bildung – sachgerecht, kindgemäß, anschlussfähig. In S. Schuler, C. Streit & G. Wittmann (Hrsg.), *Perspektiven mathematischer Bildung im Übergang vom Kindergarten zur Grundschule* (S. 9–26). Wiesbaden: Springer Spektrum.

Geary, D. C. (2006). Development of mathematical understanding. In D. Kuhn, R. S. Siegler, W. Damon & R. M. Lerner (Hrsg.), *Cognition, perception, and language* (S. 777–810). Hoboken, NJ: John Wiley & Sons.

Geary, D. C. (2011). Cognitive predictors of achievement growth in mathematics: A 5-year longitudinal study. *Developmental Psychology, 47* (6), 1539–1552.

Geary, D. C. & Brown, S. C. (1991). Cognitive addition: Strategy choice and speed- of-processing differences in gifted, normal, and mathematically disabled children. *Developmental Psychology, 27* (3), 398–406.

Gelman, R. & Gallistel, C. R. (1986). *The child's understanding of number* (3. Aufl.). Cambridge: Harvard University Press.

Gerlach, M., Fritz, A. & Leutner, D. (2013). *Mathematik- und Rechenkonzepte im Vor- und Grundschulalter – Training (MARKO-T)*. Göttingen: Hogrefe.

Gerster, H.-D. & Schultz, R. (2004). *Schwierigkeiten beim Erwerb mathematischer Konzepte im Anfangsunterricht: Bericht zum Forschungsprojekt Rechenschwäche – erkennen, beheben, vorbeugen*. Pädag. Hochsch., Inst. für Mathematik und Informatik und ihre Didaktiken.

Gervasoni, A. (2017). Bringing families and preschool educators together to support young childrens' learning through noticing, exploring and talking about mathematics. In S. Phillipson, A. Gervasoni & P. Sullivan (Hrsg.), *Engaging families as children's first mathematics educators* (S. 199–216). Singapore: Springer.

Gilkerson, J., Richards, J. A. & Topping, K. J. (2017). The impact of book reading in the early years on parent-child language interaction. *Journal of Early Childhood Literacy, 17* (1), 92–110.

Ginsburg, H. P., Cannon, J., Eisenband, J. & Pappas, S. (2006). Mathematical thinking and learning. In K. McCartney & D. Phillips (Hrsg.), *Blackwell handbook of early childhood development* (S. 208–229). Hoboken, NJ: Wiley InterScience.

Ginsburg, H. P. & Opper, S. (2004). *Piagets Theorie der geistigen Entwicklung* (9. Aufl.). Stuttgart: Klett-Cotta.

Ginsburg, H. P. & Pappas, S. (2004). SES, ethnic, and gender differences in young children's informal addition and subtraction: A clinical interview investigation. *Journal of Applied Developmental Psychology, 25* (2), 171192.

Gippert, W. (2009). ‚Milieu' als Konzept der Historischen Familienforschung. In J. Ecarius, C. Groppe & H. Malmede (Hrsg.), *Familie und öffentliche Erziehung* (S. 35–56). Wiesbaden: VS Verlag für Sozialwissenschaften.

Girlich, S., Jurletta, R. & Spreer, M. (2018). *Sprachliche Bildung und Sprachförderung in der Kita.* Berlin: Deutsche Gesellschaft für Sprachheilpädagogik e. V.

Gisbert, K. (2004). *Lernen lernen: Lernmethodische Kompetenzen von Kindern in Tageseinrichtungen fördern.* Weinheim; Beltz.

Glick, J. E., Walker, L. & Luz, L. (2013). Linguistic isolation in the home and community: Protection or risk for young children? *Social Science Research, 42* (1), 140–154.

Gniewosz, B. (2010). Die Konstruktion des akademischen Selbstkonzeptes. *Zeitschrift für Entwicklungspsychologie und Pädagogische Psychologie, 42* (3), 133–142.

Gniewosz, B. (2015). Experiment. In H. Reinders, H. Ditton, C. Gräsel & B. Gniewosz (Hrsg.), *Empirische Bildungsforschung* (S. 83–91). Wiesbaden: Springer VS.

Göthlich, S. E. (2007). Zum Umgang mit fehlenden Daten in großzahligen empirischen Erhebungen. In S. Albers (Hrsg.), *Methodik der empirischen Forschung* (S. 119–134). Wiesbaden: Gabler.

Gradnitzer, T. (2009). *Mathematikbezogene Beliefs von Eltern.* Gesellschaft für Didaktik der Mathematik.

Graßhoff, G., Ullrich, H., Binz, C., Pfaff, A. & Schmenger, S. (2013). *Eltern als Akteure im Prozess des Übergangs vom Kindergarten in die Grundschule.* Wiesbaden: Springer VS.

Grassmann, M., Klunter, M., Köhler, E., Mirwald, E., Raudies, M. & Thiel, O. (2003). *Mathematische Kompetenzen von Schulanfängern: Kinderleistungen – Lehrererwartungen.* Potsdam: Univ.-Bibliothek.

Greenes, C., Ginsburg, H. P. & Balfanz, R. (2004). Big Math for Little Kids. *Early Childhood Research Quarterly, 19* (1), 159–166.

Griebel, W. & Kieferle, C. (2012). Mehrsprachigkeit, sozio-kulturelle Vielfalt und Altersmischung als Merkmale von heterogen zusammengesetzten Gruppen. In H. Günther & W. R. Bindel (Hrsg.), *Deutsche Sprache in Kindergarten und Vorschule* (S. 389–408). Baltmannsweiler: Schneider Verlag Hohengehren.

Griesel, H. (1971). Die sogenannte Moderne Mathematik an Grund- und Hauptschule als Weiterentwicklung der traditionellen Rechendidaktik (und nicht als Irrweg). *Beiträge zum Mathematikunterricht,* 132–138.

Griffin, S. (2004a). Building number sense with Number Worlds: a mathematics program for young children. *Early Childhood Research Quarterly, 19* (1), 173–180.

Griffin, S. (2004b). Number Worlds: A research-based mathematics program for young children. In D. H. Clements, J. Sarama & A.-M. DiBiase (Hrsg.), *Engaging young children in mathematics* (S. 325–342). Mahwah, NJ: Lawrence Erlbaum Associates.

Griffiths, R. (2011). Mathematics and play. In J. R. Moyles (Hrsg.), *The excellence of play* (S. 169–185). Maidenhead and New York: Open University Press.

Grond, U., Schweiter, M. & von Aster, M. (2013). Neurologie numerischer Repräsentationen. In M. von Aster & J. H. Lorenz (Hrsg.), *Rechenstörungen bei Kindern* (S. 39–58). Göttingen: Vandenhoeck & Ruprecht.

Grossmann, K. & Grossmann, K. E. (2017). *Bindungen: Das Gefüge psychischer Sicherheit* (7. Aufl.). Stuttgart: Klett-Cotta.

Grube, D. (2004). Einführung in das Themenheft „Determinanten und Prädikto- ren von Rechenkompetenzen bei Kindern". *Psychologie in Erziehung und Unterricht, 51* (4), 233–235.

Grube, D., Schuchardt, K., Balke-Melcher, C., von Goldammer, A., Piekny, J. & Mähler, C. (2015). Entwicklung numerischer Kompetenz im Kindergartenalter: Verläufe, individuelle Unterschiede und Einflüsse von Arbeitsgedächtnis und häuslicher Umwelt. In P. Cloos, K. Koch & C. Mähler (Hrsg.), *Entwicklung und Förderung in der frühen Kindheit* (S. 78–99). Weinheim: Beltz Juventa.

Grüßing, M. (2006). Handlungsleitende Diagnostik und mathematische Frühförderung im Übergang vom Kindergarten zur Grundschule. In M. Grüßing & A. Peter-Koop (Hrsg.), *Die Entwicklung mathematischen Denkens in Kindergarten und Grundschule* (S. 122–132). Offenburg: Mildenberger.

Grüßing, M. (2012). *Räumliche Fähigkeiten und Mathematikleistung: Eine empirische Studie mit Kindern im 4. Schuljahr.* Münster: Waxmann.

Grüßing, M. & Peter-Koop, A. (2008). Effekte vorschulischer mathematischer Förderung am Ende des ersten Schuljahres: Erste Befunde einer Längsschnittstudie. *Zeitschrift für Grundschulforschung, 1* (1), 65–82.

Gunderson, E. A. & Levine, S. C. (2011). Some types of parent number talk count more than others: Relations between parents' input and children's cardinal-number knowledge. *Developmental science, 14* (5), 1021–1032.

Gutenberg, N. & Pietzsch, T. (2012). Sprecherziehung für pädagogische Fachkräfte im Vorschulbereich – ein wünschenswertes Konzept. In H. Günther & W. R. Bindel (Hrsg.), *Deutsche Sprache in Kindergarten und Vorschule* (S. 409–422). Baltmannsweiler: Schneider Verlag Hohengehren.

Hacker, H. (2004). Die Anschlussfähigkeit von vorschulischer und schulischer Bildung. In G. Faust-Siehl (Hrsg.), *Anschlussfähige Bildungsprozesse im Elementar- und Primarbereich* (S. 273–284). Bad Heilbrunn/Obb: Klink- hardt.

Hackl, B. (2015). *Lernen: Wie wir werden, was wir sind.* Bad Heilbrunn: UTB.

Hannula, M. M. & Lehtinen, E. (2005). Spontaneous focusing on numerosity and mathematical skills of young children. *Learning and Instruction, 15* (3), 237–256.

Harms, T., Clifford, R. M. & Cryer, D. (2015). *Early Childhood Environment Rating Scale. Revised edition* (3. Aufl.). New York, NY: Teachers College Press.

Hart, S. A., Ganley, C. M. & Purpura, D. J. (2016). Understanding the home math environment and its role in predicting parent report of children's math skills. *PloS one, 11* (12), e0168227.

Hartas, D. (2012). Inequality and the home learning environment: Predictions about seven-year-olds' language and literacy. *British Educational Research Journal, 38* (5), 859–879.

Hartmann, H. (1999). Stichproben. In E. Roth, H. Holling & K. Heidenreich (Hrsg.), *Sozialwissenschaftliche Methoden. Lehr- und Handbuch für Forschung und Praxis* (S. 204–225). München, Wien: Oldenbourg.

Hartung, S. (2012). Familienbildung und Elternbildungsprogramme. In U. Bauer, U. H. Bittlingmayer & A. Scherr (Hrsg.), *Handbuch Bildungs- und Erziehungssoziologie* (S. 969–982). Wiesbaden: VS Verlag für Sozialwissenschaften.

Hasemann, K. (2006). Mathematische Einsichten von Kinder im Vorschulalter. In M. Grüßing & A. Peter-Koop (Hrsg.), *Die Entwicklung mathematischen Denkens in Kindergarten und Grundschule* (S. 67–79). Offenburg: Mildenberger.

Hasemann, K. & Gasteiger, H. (2014). *Anfangsunterricht Mathematik* (3., überarb. u. erw. Aufl.). Berlin, Heidelberg: Springer Spektrum.

Hasselhorn, M. (2011). Lernen im Vorschul- und frühen Schulalter. In F. Vogt, M. Leuchter, A. Tettenborn, U. Hottinger, M. Jäger & E. Wannack (Hrsg.), *Entwicklung und Lernen junger Kinder* (S. 11–21). Münster: Waxmann.

Hasselhorn, M., Heinze, A., Schneider, W. & Trautwein, U. (Hrsg.). (2013). *Diagnostik mathematischer Kompetenzen*. Göttingen: Hogrefe.

Hasselhorn, M., Marx, H. & Schneider, W. (2005). Diagnostik von Mathematikleistungen, -kompetenzen und -schwächen: Eine Einführung. In M. Hasselhorn, H. Marx & W. Schneider (Hrsg.), *Diagnostik von Mathematikleistungen* (S. 1–4). Göttingen: Hogrefe.

Hauser, B. (2005). Das Spiel als Lernmodus: Unter Druck der Verschulung – im Lichte der neueren Forschung. In T. Guldimann (Hrsg.), *Bildung 4- bis 8-jähriger Kinder* (S. 143–167). Münster: Waxmann.

Hauser, B. (2013). *Spielen: Frühes Lernen in Familie, Krippe und Kindergarten*. Stuttgart: Kohlhammer.

Hauser, B. (2017). Interaktionsqualität und frühes Lernen im (mathematischen) Spiel. In M. Wertfein, A. Wildgruber, C. Wirts & F. Becker-Stoll (Hrsg.), *Interaktionen in Kindertageseinrichtungen* (S. 47–58). Göttingen: Vanden- hoeck & Ruprecht.

Hauser, B., Rathgeb-Schnierer, E., Stebler, R. & Vogt, F. (Hrsg.). (2016). *Mehr ist mehr: Mathematische Frühförderung mit Regelspielen*. Seelze: Kallmeyer.

Hauser, B., Vogt, F., Stebler, R. & Rechsteiner, K. (2014). Förderung früher mathematischer Kompetenzen. *Frühe Bildung, 3* (3), 139–145.

Hawighorst, B. (2009). Perspektiven von Einwanderfamilien. In S. Fürstenau & M. Gomolla (Hrsg.), *Migration und schulischer Wandel: Elternbeteiligung* (S. 51–67). Wiesbaden: VS Verlag für Sozialwissenschaften.

Heckman, J. J. (2006). Skill formation and the economics of investing in disadvantaged children. *Science, 312* (5782), 1900–1902.

Heckman, J. J. (2011). Effective child development strategies. In E. Zigler, W. S. Gilliam & W. S. Barnett (Hrsg.), *The pre-K debates* (S. 2–9). Baltimore, MD: Paul H. Brookes.

Heckman, J. J., Pinto, R. & Savelyev, P. (2013). Understanding the mechanisms through which an influential early childhood program boosted adult outcomes. *The American economic review, 103* (6), 2052–2086.

Heimken, N. (2017). *Migration, Bildung und Spracherwerb: Bildungssozialisation und Integration von Jugendlichen aus Einwandererfamilien* (2. Aufl.). Wiesbaden, Germany: Springer VS.

Heinze, A. & Grüßing, M. (Hrsg.). (2009). *Mathematiklernen vom Kindergarten bis zum Studium: Kontinuität und Kohärenz als Herausforderung für den Mathematikunterricht*. Münster: Waxmann.

Heinze, A., Herwartz-Emden, L., Braun, C. & Reiss, K. (2011). Die Rolle von Kenntnissen der Unterrichtssprache beim Mathematiklernen: Ergebnisse einer quantitativen Längsschnittstudie in der Grundschule. In S. Prediger & E. Özdil (Hrsg.), *Mathematiklernen unter Bedingungen der Mehrsprachigkeit* (S. 11–33). Münster: Waxmann.

Heinze, S. (2007). Spielen und Lernen in Kindertagesstätte und Grundschule. In C. Brokmann-Nooren, I. Gereke, H. Kiper & W. Renneberg (Hrsg.), *Bildung und Lernen der Drei- bis Achtjährigen* (S. 266–280). Bad Heilbrunn: Klinkhardt.

Helbig, M. & Jähnen, S. (2018). *Wie brüchig ist die soziale Architektur unserer Städte?* Berlin: Wissenschaftszentrum Berlin für Sozialforschung.

Helmke, A. & Schrader, F.-W. (1998). Entwicklung im Grundschulalter: Die Münchner Studie SCHOLASTIK. *Pädagogik, 50* (6), 24–28.

Hengartner, E. & Röthlisberger, H. (1995). Rechenfähigkeit von Schulanfängern. In H. Brügelmann, H. Balhorn & I. Füssenich (Hrsg.), *Am Rande der Schrift* (S. 66–86). Lengwil am Bodensee: Libelle.

Hennig, A. & Willmeroth, S. (2012). *111 Ideen für eine gewinnbringende Elternarbeit: Vom Elternabend bis zum Konfliktgespräch in der Grundschule.* Mülheim an der Ruhr: Verlag an der Ruhr.

Hering, J. (2018). *Kinder brauchen Bilderbücher: Erzählförderung in Kita und Grundschule* (2. Aufl.). Seelze: Klett Kallmeyer.

Hertling, D. (2020). *Zahlbegriffsentwicklung bei Kindergartenkindern: Lernentwicklungen in verschiedenen Settings zur mathematischen Frühförderung.* Wiesbaden: Springer Fachmedien.

Hertling, D., Rechsteiner, K., Stemmer, J. & Wullschleger, A. (2016). Kriterien mathematisch gehaltvoller Regelspiele für den Elementarbereich. In B. Hauser, E. Rathgeb-Schnierer, R. Stebler & F. Vogt (Hrsg.), *Mehr ist mehr* (S. 56–63). Seelze: Kallmeyer.

Hess, K. (2012). *Kinder brauchen Strategien: Eine frühe Sicht auf mathematisches Verstehen* (2. Aufl.). Seelze: Klett Kallmeyer.

Hess, S. (2012). *Grundwissen Zusammenarbeit mit Eltern in Kindertageseinrichtungen und Familienzentren.* Berlin: Cornelsen.

Hildenbrand, C. (2016). *Förderung früher mathematischer Kompetenzen: Eine Interventionsstudie zu den Effekten unterschiedlicher Förderkonzepte.* Münster: Waxmann.

Hirschauer, N., Mußhoff, O., Grüner, S., Frey, U., Theesfeld, I. & Wagner, P. (2016). Die Interpretation des p-Wertes – Grundsätzliche Missverständnisse. *Jahrbücher für Nationalökonomie und Statistik, 236* (5), 557–575.

Hoenisch, N. & Niggemeyer, E. (2019). *Mathe-Kings: Junge Kinder fassen Mathematik an.* Berlin: Aktualisierter Nachdruck von 2007, www.wamiki.de.

Hoffman, E. (2013). Das TOPOI-Modell – eine Heuristik zur Analyse interkultureller Gesprächssituationen und ihre Implikationen für die pädagogische Arbeit. In G. Auernheimer (Hrsg.), *Interkulturelle Kompetenz und pädagogische Professionalität* (S. 127–153). Wiesbaden: Springer VS.

Hoffmann, H. (2002). Interindividuelle Differenzen bei Erzieherinnen – Skizzen zur Kehrseite einer viel beachteten Medaille frühkindlicher Bildungsprozesse. In L. Liegle & R. Treptow (Hrsg.), *Welten der Bildung in der Pädagogik der frühen Kindheit und in der Sozialpädagogik* (S. 349–360). Freiburg im Breisgau: Lambertus.

Holling, H. & Gediga, G. (2011). *Statistik – Deskriptive Verfahren.* Göttingen: Hogrefe.

Holling, H. & Gediga, G. (2016). *Statistik – Testverfahren.* Göttingen: Hogrefe.

Holz, G., Richter, A., Wüstendörfer, W. & Giering, D. (2006). *Zukunftschancen für Kinder? – Wirkung von Armut bis zum Ende der Grundschulzeit: Endbericht der 3. AWO-ISS-Studie im Auftrag der Arbeiterwohlfahrt Bundesverband e.V.* Frankfurt am Main: ISS.

Honig, M.-S. (2002). Instituetik frühkindlicher Bildungsprozesse – Ein Forschungsansatz. In L. Liegle & R. Treptow (Hrsg.), *Welten der Bildung in der Pädagogik der frühen Kindheit und in der Sozialpädagogik* (S. 181–194). Freiburg im Breisgau: Lambertus.

Honig, M.-S. (2015). Vorüberlegungen zu einer Theorie institutioneller Kleinkinderziehung. In P. Cloos, K. Koch & C. Mähler (Hrsg.), *Entwicklung und Förderung in der frühen Kindheit* (S. 43–57). Weinheim: Beltz Juventa.

Honig, M.-S., Joos, M. & Schreiber, N. (2004). *Was ist ein guter Kindergarten? Theoretische und empirische Analysen zum Qualitätsbegriff in der Pädagogik.* Weinheim: Juventa.

Hoover-Dempsey, K. V., Bassler, O. C. & Burow, R. (1995). Parents' reported involvement in students' homework: Strategies and practices. *The Elementary School Journal, 95* (5), 435–450.

Horstkemper, M. (2014). Eltern im Förderstress? Häusliche Unterstützung zwischen Herausforderung und Überforderung. In T. Bohl, A. Feindt, B. Lütje-Klose, M. Trautmann & B. Wischer (Hrsg.), *Fördern* (S. 56–59). Seelze: Friedrich Verlag.

Horvath, K. (2017). Migrationshintergrund: Überlegungen zu Vergangenheit und Zukunft einer Differenzkategorie zwischen Statistik, Politik und Pädagogik. In I. Miethe, A. Tervooren & N. Ricken (Hrsg.), *Bildung und Teilhabe* (S. 197–216). Wiesbaden: Springer VS.

Huber, H. P. (1973). *Psychometrische Einzelfalldiagnostik.* Weinheim: Beltz.

Hunner-Kreisel, C. & Steinbeck, K. (2018). „Ich mach' mir keine Sorgen um die Bildung". Wahrnehmung von Handlungsfähigkeit bei Müttern* und Vätern* während des Übergangs in die Grundschule. In C. Thon, M. Menz, M. Mai & L. Abdessadok (Hrsg.), *Kindheiten zwischen Familie und Kindertagesstätte* (S. 245–263). Wiesbaden: Springer VS.

Huntsinger, C. S., Jose, P. E. & Luo, Z. (2016). Parental facilitation of early mathematics and reading skills and knowledge through encouragement of home-based activities. *Early Childhood Research Quarterly, 37*, 1–15.

Hußmann, A., Stubbe, T. C. & Kasper, D. (2017). Soziale Herkunft und Lesekompetenzen von Schülerinnen und Schülern. In A. Hußmann et al. (Hrsg.), *IGLU 2016* (S. 192–217). Münster: Waxmann.

Hussy, W., Schreier, M. & Echterhoff, G. (2013). *Forschungsmethoden in Psychologie und Sozialwissenschaften* (2. Aufl.). Berlin, Heidelberg: Springer.

Ingenkamp, K. & Lissmann, U. (2008). *Lehrbuch der pädagogischen Diagnostik* (6. Aufl.). Weinheim: Beltz.

Irwin, K. C. (1996a). Children's understanding of the principles of covariation and compensation in part-whole relationships. *Journal for Research in Mathematics Education, 27* (1), 25.

Irwin, K. C. (1996b). Young children's formation of numerical concepts: or 8 = 9 + 7. In H. Mansfield, N. A. Pateman & N. Bednarz (Hrsg.), *Mathematics for tomorrow's young children* (S. 137–150). Dordrecht and London: Springer.

Jacobs, C. & Petermann, F. (2012). *Diagnostik von Rechenstörungen* (2. Aufl.). Göttingen: Hogrefe.

Jäger, R. S. (2010). Hausaufgaben: Die andere Seite der Medaille: die Sicht der Eltern. *Empirische Pädagogik, 24* (1), 55–77.

Jäkel, J., Wolke, D. & Leyendecker, B. (2012). Resilienz im Vorschulalter: Wie stark kann die familiäre Leseumwelt biologische und soziokulturelle Entwicklungsrisiken kompensieren? *Zeitschrift für Familienforschung, 24* (2), 148–159.

Janssen, J. & Laatz, W. (2017). *Statistische Datenanalyse mit SPSS: Eine anwendungsorientierte Einführung in das Basissystem und das Modul Exakte Tests* (9. Aufl.). Springer Gabler.

Jonas, K., Stroebe, W. & Hewstone, M. (Hrsg.). (2014). *Sozialpsychologie* (6. Aufl.). Berlin, Heidelberg: Springer.

Jonkisz, E., Moosbrugger, H. & Brandt, H. (2012). Planung und Entwicklung von Tests und Fragebogen. In H. Moosbrugger & A. Kelava (Hrsg.), *Testtheorie und Fragebogenkonstruktion* (S. 27–74). Berlin: Springer.

Joos, M. (2006). Strukturelle Betreuungsverhältnisse von deutschen, türkischen und russlanddeutschen Kindern: Empirische Befunde zu institutionellen Betreuungsarrangements und deren Bildungsfunktion im interethnischen Vergleich. In C. Alt (Hrsg.), *Kinderleben – Integration durch Sprache?* (S. 259–289). Wiesbaden: VS Verlag für Sozialwissenschaften.

Jordan, N. C., Glutting, J. & Ramineni, C. (2010). The importance of number sense to mathematics achievement in first and third grades. *Learning and Individual Differences, 20* (2), 82–88.

Jordan, N. C., Kaplan, D., Ramineni, C. & Locuniak, M. N. (2009). Early math matters: Kindergarten number competence and later mathematics outcomes. *Developmental Psychology, 45* (3), 850–867.

Jullien, S. (2006). *Elterliches Engagement und Lern- & Leistungsemotionen.* München: Utz.

Juska-Bacher, B. (2013). Leserelevante Kompetenzen und ihre frühe Förderung. In M. Stamm & D. Edelmann (Hrsg.), *Handbuch frühkindliche Bildungsforschung* (S. 485–500). Wiesbaden: Springer Fachmedien.

Kahneman, D., Treisman, A. & Gibbs, B. J. (1992). The reviewing of object files: Object-specific integration of information. *Cognitive Psychology, 24(2)*, 175–219.

Kaiser, G. & Schwarz, I. (2003). Mathematische Literalität unter einer sprachlichkulturellen Perspektive. *Zeitschrift für Erziehungswissenschaft, 6* (3), 357–377.

Kammermeyer, G. & Roux, S. (2013). Sprachbildung und Sprachförderung. In M. Stamm & D. Edelmann (Hrsg.), *Handbuch frühkindliche Bildungsforschung* (S. 515–528). Wiesbaden: Springer Fachmedien.

Karmiloff-Smith, A. (1992). *Beyond Modularity: A developmental perspective on cognitive science.* Cambridge, MA: Bradford Books MIT Press.

Kaufman, E. L., Lord, M. W., Reese, T. W. & Volkmann, J. (1949). The discrimination of visual number. *The American Journal of Psychology, 62* (4), 498.

Kaufmann, L., Handl, P., Delazer, M. & Pixner, S. (2013). Wie Kinder rechnen lernen und was ihnen dabei hilft. In M. von Aster & J. H. Lorenz (Hrsg.), *Rechenstörungen bei Kindern* (S. 231–258). Göttingen: Vandenhoeck & Ruprecht.

Kaufmann, L., Nuerk, H.-C., Graf, M., Krinziger, H., Delazer, M. & Willmes, K. (2009). *TEDI-MATH: Test zur Erfassung numerisch-rechnerischer Fertigkeiten vom Kindergarten bis zur 3. Klasse.* Bern: Huber.

Kaufmann, S. & Lorenz, J. H. (2009). *Elementar: Erste Grundlagen in Mathematik.* Braunschweig: Westermann.

Kempert, S., Edele, A., Rauch, D., Wolf, K. M., Paetsch, J., Darsow, A., ... Stanat, P. (2016). Die Rolle der Sprache für zuwanderungsbezogene Ungleichheiten im Bildungserfolg. In C. Diehl, C. Hunkler & C. Kristen (Hrsg.), *Ethnische Ungleichheiten im Bildungsverlauf* (S. 157–286). Wiesbaden: Springer Fachmedien.

Kessl, F. & Reutlinger, C. (2010). *Sozialraum: Eine Einführung* (2. Aufl.). Wiesbaden: VS Verlag für Sozialwissenschaften.

Kieferle, C. (2012). Die sprachliche Bildung mehrsprachlich aufwachsender Kinder. In H. Günther & W. R. Bindel (Hrsg.), *Deutsche Sprache in Kindergarten und Vorschule* (S. 342–354). Baltmannsweiler: Schneider Verlag Hohengehren.

Kieferle, C. (2017). Kommunikation mit Eltern. In M. Wertfein, A. Wildgruber, C. Wirts & F. Becker-Stoll (Hrsg.), *Interaktionen in Kindertageseinrichtungen* (S. 90–106). Göttingen: Vandenhoeck & Ruprecht.

Kiefl, W. (1996). *HIPPY. Bilanz eines Modellprojekts zur Integration von Aussiedler- und Ausländerfamilien in Deutschland.* München: Deutsches Jugendinstitut.

Kiese-Himmel, C. (2012). Aspekte von Intelligenz und ihr Zusammenhang mit Sprache – eine Übersicht. *Sprache · Stimme · Gehör, 36* (03), e41–e46.

Kleemans, T., Peeters, M., Segers, E. & Verhoeven, L. (2012). Child and home predictors of early numeracy skills in kindergarten. *Early Childhood Research Quarterly, 27* (3), 471–477.

Klein, A. & Starkey, P. (2004). Fostering preschool children's mathematical knowledge: findings from the Berkeley Math Readiness Project. In D. H. Clements, J. Sarama & A.-M. DiBiase (Hrsg.), *Engaging young children in mathematics* (S. 343–360). Mahwah, NJ: Lawrence Erlbaum Associates.

Klein, J. S. & Bisanz, J. (2000). Preschoolers doing arithmetic: The concepts are willing but the working memory is weak. *Canadian journal of experimental psychology = Revue canadienne de psychologie experimentale, 54* (2), 105–116.

Klinkhammer, N. (2010). Frühkindliche Bildung und Betreuung im ‚Sozialinvestitionsstaat' – mehr Chancengleichheit durch investive Politikstrategien? In D. Bühler-Niederberger, J. Mierendorff & A. Lange (Hrsg.), *Kindheit zwischen fürsorglichem Zugriff und gesellschaftlicher Teilhabe* (S. 206–228). Wiesbaden: VS Verlag für Sozialwissenschaften.

Klopsch, B., Sliwka, A. & Maksimovic, A. (2017). Familie als Sozialisationsinstanz. In I. Gogolin, V. B. Georgi, M. Krüger-Potratz & L. Drorit (Hrsg.), *Handbuch interkulturelle Pädagogik* (S. 375–382). Bad Heilbrunn: UTB Klinkhardt.

Kluczniok, K. (2017). Early family risk factors and home learning environment as predictors of children's early numeracy skills through preschool. *SAGE Open, 7* (2), 215824401770219.

Kluczniok, K., Lehrl, S., Kuger, S. & Rossbach, H.-G. (2013). Quality of the home learning environment during preschool age – Domains and contextual conditions. *European Early Childhood Education Research Journal, 21* (3), 420–438.

Klundt, M. (2016). Bildung und soziale Ungleichheit: Zwischen bildungsfernen Bildungs-Strukturen und Bildungsbenachteiligung. In E. Arslan & K. Bozay (Hrsg.), *Symbolische Ordnung und Bildungsungleichheit in der Migrationsgesellschaft* (S. 331–342). Wiesbaden: Springer VS.

KMK: Sekretariat der Ständigen Konferenz der Kultusminister der Länder in der Bundesrepublik Deutschland. (2005). *Beschlüsse der Kultusministerkonferenz: Bildungsstandards im Fach Mathematik für den Primarbereich (Jahrgangsstufe 4).* München, Neuwied: Wolters Kluwer.

Knapp, A. (2013). Interkulturelle Kompetenz: eine sprachwissenschaftliche Perspektive. In G. Auernheimer (Hrsg.), *Interkulturelle Kompetenz und pädagogische Professionalität* (S. 85–101). Wiesbaden: Springer VS.

Knauf, T. & Schubert, E. (2005). *Der Übergang vom Kindergarten in die Grundschule. Grundlagen, Lösungsansätze und Strategien für eine systemische Neustrukturierung des Schulanfangs.* Zugriff am 03.05.2020 auf https://kindergartenpaedagogik.de/fachartikel/gestaltung-von-uebergaengen/uebergang-von-der-kita-in-die-schule/1321

Knoll, M. (2018). Erziehungs- und Bildungspartnerschaft. In F. K. Krönig (Hrsg.), *Kritisches Glossar Kindheitspädagogik* (S. 93–100). Weinheim: Beltz Juventa.

Kobelt Neuhaus, D., Macha, K. & Pesch, L. (2018). *Der Situationsansatz in der Kita: Pädagogische Ansätze auf einen Blick.* Freiburg: Herder.

König, A. (2009). *Interaktionsprozesse zwischen ErzieherInnen und Kindern.* Wiesbaden: VS Verlag für Sozialwissenschaften.

Korntheuer, P., Lissmann, I. & Lohaus, A. (2010). Wandel und Stabilität: Längsschnittliche Zusammenhänge zwischen Bindungssicherheit und dem sprachlichen und sozialen Entwicklungsstand. *Psychologie in Erziehung und Unterricht, 57* (1), 1–20.

Krajewski, K. (2003). *Vorhersage von Rechenschwäche in der Grundschule.* Hamburg: Kovač.

Krajewski, K. (2005). Vorläuferfähigkeiten mathematischen Verständnisses und ihre Bedeutung für die Früherkennung von Risikofaktoren und den Umgang damit. In T. Guldimann (Hrsg.), *Bildung 4- bis 8-jähriger Kinder* (S. 89–102). Münster: Waxmann.

Krajewski, K. (2007). Prävention der Rechenschwäche. In W. Schneider & M. Hasselhorn (Hrsg.), *Handbuch der pädagogischen Psychologie* (S. 360–370). Göttingen: Hogrefe.

Krajewski, K. (2008). Vorschulische Förderung mathematischer Kompetenzen. In F. Petermann & W. Schneider (Hrsg.), *Angewandte Entwicklungspsychologie* (S. 275–304). Göttingen: Hogrefe.

Krajewski, K. & Ennemoser, M. (2013). Entwicklung und Diagnostik der Zahl- Größen-Verknüpfung zwischen 3 und 8 Jahren. In M. Hasselhorn, A. Heinze, W. Schneider & U. Trautwein (Hrsg.), *Diagnostik mathematischer Kompetenzen* (S. 41–65). Göttingen: Hogrefe.

Krajewski, K., Küspert, P. & Schneider, W. (2002). *DEMAT 1+: Deutscher Mathematiktest für erste Klassen.* Göttingen: Beltz.

Krajewski, K., Nieding, G. & Schneider, W. (2007). *Mengen, zählen, Zahlen: Die Welt der Mathematik verstehen (MZZ).* Berlin: Cornelsen.

Krajewski, K., Renner, A., Nieding, G. & Schneider, W. (2008). Frühe Förderung von mathematischen Kompetenzen im Vorschulalter. In H.-G. Roßbach & H.-P. Blossfeld (Hrsg.), *Frühpädagogische Förderung in Institutionen* (S. 91–103). Wiesbaden: VS Verlag für Sozialwissenschaften.

Krajewski, K. & Schneider, W. (2006). Mathematische Vorläuferfertigkeiten im Vorschulalter und ihre Vorhersagekraft für die Mathematikleistungen bis zum Ende der Grundschulzeit. *Psychologie in Erziehung und Unterricht, 53* (4), 246–262.

Krajewski, K., Schneider, W. & Nieding, G. (2008). Zur Bedeutung von Arbeitsgedächtnis, Intelligenz, phonologischer Bewusstheit und früher Mengen- Zahlen-Kompetenz beim Übergang vom Kindergarten in die Grundschule. *Psychologie in Erziehung und Unterricht, 55,* 118–131.

Krammer, K. (2017). Die Bedeutung der Lernbegleitung im Kindergarten und am Anfang der Grundschule: Wie können frühe mathematische Lernprozesse unterstützt werden? In S. Schuler, C. Streit & G. Wittmann (Hrsg.), *Perspektiven mathematischer Bildung im Übergang vom Kindergarten zur Grundschule* (S. 107–123). Wiesbaden: Springer Spektrum.

Kretschmann, R. (2006). „Pädagnostik" – Optimierung pädagogischer Angebote durch differenzierte Lernstandsdiagnosen, unter besonderer Berücksichtigung mathematischer Kompetenzen. In M. Grüßing & A. Peter-Koop (Hrsg.), *Die Entwicklung mathematischen Denkens in Kindergarten und Grundschule* (S. 29–54). Offenburg: Mildenberger.

Krüger-Potratz, M. (2011). Mehrsprachigkeit: Konfliktfelder in der Schulgeschichte. In S. Fürstenau & M. Gomolla (Hrsg.), *Migration und schulischer Wandel: Mehrsprachigkeit* (S. 51–68). Wiesbaden: VS Verlag für Sozialwissenschaften.

Kubinger, K. D. (2009). *Psychologische Diagnostik: Theorie und Praxis psychologischen Diagnostizierens* (2. Aufl.). Göttingen: Hogrefe.

Kuger, S., Marcus, J. & Spieß, C, K. (2018). Day care quality and changes in the home learning environment of children. *Education Economics, 27* (3), 265–286.

Kuger, S., Sechtig, J. & Anders, Y. (2012). Kompensatorische (Sprach-)Förderung: Was lässt sich aus US-amerikanischen Projekten lernen? *Frühe Bildung, 1* (4), 181–193.

Kultusministerkonferenz. (2006). *Fördern und Fordern – eine Herausforderung für Bildungspolitik, Eltern, Schule und Lehrkräfte: Gemeinsame Erklärung der Bildungs- und Lehrergewerkschaften und der Kultusministerkonferenz.* Zugriff am 22.07.2019 auf http://www.kmk.org/fileadmin/veroeffentlichungen_beschluesse/2006/2006_10_20_Foerdern_Fordern.pdf

Kuper, H. (2015). Evaluation. In H. Reinders, H. Ditton, C. Gräsel & B. Gniewosz (Hrsg.), *Empirische Bildungsforschung* (S. 141–153). Wiesbaden: Springer VS. Lakens.2013 VS.

Lakens, D. (2013). Calculating and reporting effect sizes to facilitate cumulative science: a practical primer for t-tests and ANOVAs. *Frontiers in psychology, 4*, 863.

Lambert, K. (2015). *Rechenschwäche: Grundlagen, Diagnostik und Förderung.* Hogrefe.

Lanfranchi, A. & Burgener Woeffray, A. (2013). Familien in Risikosituationen durch frühkindliche Bildung erreichen. In M. Stamm & D. Edelmann (Hrsg.), *Handbuch frühkindliche Bildungsforschung* (S. 603–616). Wiesbaden: Springer Fachmedien.

Lange, A. (2013). Frühkindliche Bildung: Soziologische Theorien und Ansätze. In M. Stamm & D. Edelmann (Hrsg.), *Handbuch frühkindliche Bildungsforschung* (S. 71–84). Wiesbaden: Springer Fachmedien.

Langer, W. (2009). *Mehrebenenanalyse: Eine Einführung für Forschung und Praxis* (2. Aufl.). Wiesbaden: VS Verlag für Sozialwissenschaften.

Langhorst, P., Hildenbrand, C., Ehlert, A., Ricken, G. & Fritz, A. (2013). Mathematische Bildung im Kindergarten – Evaluation des Förderprogramms „Mina und der Maulwurf" und Betrachtung von Fortbildungsvarianten. In M. Hasselhorn, A. Heinze, W. Schneider & U. Trautwein (Hrsg.), *Diagnostik mathematischer Kompetenzen* (S. 113–134). Göttingen: Hogrefe.

Lareau, A. (2002). Invisible inequality: Social class and childrearing in Black families and White families. *American Sociological Review, 67* (5), 747–776.

Laubstein, C., Holz, G., Dittmann, J. & Sthamer, E. (2012). *„Von alleine wächst sich nichts aus ...": Lebenslagen von (armen) Kindern und Jugendlichen und gesellschaftliches Handeln bis zum Ende der Sekundarstufe I. ; Abschlussbericht der 4. Phase der Langzeitstudie im Auftrag des Bundesverbandes der Arbeiterwohlfahrt.* Frankfurt am Main: Institut für Sozialarbeit und Sozialpädagogik.

Lawton, J. T. & Hooper, F. H. (1978). Piagetian theory and early childhood education. A critical analysis. In L. S. Siegel & C. J. Brainerd (Hrsg.), *Alternatives to Piaget* (S. 169–200). New York, NY: Academic Press.

Le Corre, M. & Carey, S. (2007). One, two, three, four, nothing more: an investigation of the conceptual sources of the verbal counting principles. *Cognition, 105* (2), 395–438.

Lee, J. S. & Ginsburg, H. P. (2007a). Preschool teachers' beliefs about appropriate early literacy and mathematics education for low- and middle-socioeconomic status children. *Early Education & Development, 18* (1), 111–143.

Lee, J. S. & Ginsburg, H. P. (2007b). What is appropriate mathematics education for four-year-olds? *Journal of Early Childhood Research, 5* (1), 2–31.

LeFevre, J.-A., Fast, L., Skwarchuk, S.-L., Smith-Chant, B. L., Bisanz, J., Kamawar, D. & Penner-Wilger, M. (2010). Pathways to mathematics: Longitudinal predictors of performance. *Child Development, 81* (6), 1753–1767.

LeFevre, J.-A., Polyzoi, E., Skwarchuk, S.-L., Fast, L. & Sowinski, C. (2010). Do home numeracy and literacy practices of Greek and Canadian parents predict the numeracy skills of kindergarten children? *International Journal of Early Years Education, 18* (1), 55–70.

LeFevre, J.-A., Skwarchuk, S.-L., Smith-Chant, B. L., Fast, L., Kamawar, D. & Bisanz, J. (2009). Home numeracy experiences and children's math performance in the early school years. *Canadian Journal of Behavioural Science/Revue canadienne des sciences du comportement, 41* (2), 55–66.

Lehrl, S., Ebert, S., Roßbach, H.-G. & Weinert, S. (2012). Die Bedeutung der familiären Lernumwelt für die Vorläufer schriftsprachlicher Kompetenzen im Vorschulalter. *Zeitschrift für Familienforschung, 24* (2), 115–133.

Leiß, D., Hagena, M., Neumann, A. & Schwippert, K. (2017). *Mathematik und Sprache: Empirischer Forschungsstand und unterrichtliche Herausforderungen.* Münster: Waxmann.

Leseman, P. P. M. (2008). Integration braucht frühkindliche Bildung: Wie Einwandererkinder früher gefördert werden können. In Bertelsmann Stiftung Migration Policy Institute (Hrsg.), *Migration und Integration gestalten* (S. 125–150). Gütersloh: Bertelsmann Stiftung.

Leseman, P. P. M. & de Jong, P. F. (2004). Förderung von Sprache und Präliteralität im Familien und (Vor-)Schule. In G. Faust-Siehl (Hrsg.), *Anschlussfähige Bildungsprozesse im Elementar- und Primarbereich* (S. 168189). Bad Heilbrunn/Obb: Klinkhardt.

Lewis Presser, A., Clements, M., Ginsburg, H. & Ertle, B. (2015). Big Math for Little Kids. The effectiveness of a preschool and kindergarten mathematics curriculum. *Early Education & Development, 26* (3), 399–426.

Liebenwein, S. (2008). *Erziehung und soziale Milieus: Elterliche Erziehungsstile in milieuspezifischer Differenzierung.* Wiesbaden: VS Verlag für Sozialwissenschaften.

Liebertz, C. (2001). Warum ist ganzheitliches Lernen so wichtig? *Wehrfritz Wissenschaftlicher Dienst* (75), 12–13.

Liegle, L. (2002). Über die besonderen Strukturmerkmale frühkindlicher Bildungsprozesse. In L. Liegle & R. Treptow (Hrsg.), *Welten der Bildung in der Pädagogik der frühen Kindheit und in der Sozialpädagogik* (S. 51–64). Freiburg im Breisgau: Lambertus.

Liegle, L. (2010). Familie und Tageseinrichtungen für Kinder als soziale Orte der Erziehung und Bildung: Gemeinsamkeiten – Unterschiede – Wechselwirkung. In P. Cloos & B. Karner (Hrsg.), *Erziehung und Bildung von Kindern als gemeinsames Projekt* (S. 63–79). Baltmannsweiler: Schneider-Verl. Hohengehren.

Lingl, W. (2018). *Der Familiennachzug in die Bundesrepublik Deutschland: Eine sozialethische Untersuchung aus migrationssoziologischer Perspektive.* Springer Fachmedien.

Lokhande, M. (2014). *Kitas als Brückenbauer: Interkulturelle Elternbildung in der Einwanderungsgesellschaft*. Berlin: Sachverständigenrat Deutscher Stiftungen für Integration und Migration (SVR).

Lonnemann, J. & Hasselhorn, M. (2018). Frühe mathematische Bildung: Aktuelle Forschungstrends und Perspektiven. *Frühe Bildung, 7* (3), 129–134.

Lorenz, J. H. (2012). *Kinder begreifen Mathematik: Frühe mathematische Bildung und Förderung*. Stuttgart: Kohlhammer.

Löser, J. M. (2011). Herkunftssprachen in der Schule: Ein internationaler Vergleich. In S. Fürstenau & M. Gomolla (Hrsg.), *Migration und schulischer Wandel: Mehrsprachigkeit* (S. 203–214). Wiesbaden: VS Verlag für Sozialwissenschaften.

Lüken, M. M. (2012). *Muster und Strukturen im mathematischen Anfangsunterricht: Grundlegung und empirische Forschung zum Struktursinn von Schulanfängern*. Münster: Waxmann.

Luplow, N. & Smidt, W. (2019). Bedeutung von elterlicher Unterstützung im häuslichen Kontext für den Schulerfolg am Ende der Grundschule. *Zeitschrift für Erziehungswissenschaft, 22* (1), 153–180.

Macha, K., Bielesza, A. & Friedrich, R. (2018). *„Das macht's echt leichter!" – den Alltag mit dem Situationsansatz gestalten*. Zugriff am 06.06.2020 auf https://www.kita-fachtexte.de/de/fachtexte-finden/das-machts-echt-leichter-den-alltag-mit-dem-situationsansatz-gestalten

Mackie, J. L. (1965). Causes and Conditions. *American Philosophical Quarterly, 2* (4), 245–264.

Mackowiak, K., Wadepohl, H., Fröhlich-Gildhoff, K. & Weltzien, D. (2017). Interaktionsgestaltung im Kontext Familie und Kita: Diskussion der Beiträge. In H. Wadepohl, K. Mackowiak, K. Fröhlich-Gildhoff & D. Weltzien (Hrsg.), *Interaktionsgestaltung in Familie und Kindertagesbetreuung* (S. 199–218). Wiesbaden: Springer Fachmedien.

Mähler, B. & Kreibich, H. (1994). *Bücherwürmer und Leseratten: Wie Kinder Spass am Lesen finden*. Reinbek bei Hamburg: Rowohlt.

Marsh, H. W. & Hau, K.-T. (2003). Big-Fish-Little-Pond effect on academic self-concept: A cross-cultural (26-country) test of the negative effects of academically selective schools. *American Psychologist, 58* (5), 364–376.

McElvany, N., Herppich, S., van Steensel, R. & Kurvers, J. (2010). Zur Wirksamkeit familiärer Frühförderungsprogramme im Bereich Literacy – Ergebnisse einer Meta-Analyse. *Zeitschrift für Pädagogik, 56* (2), 178–192.

Mecheril, P. (2010). Die Ordnung des erziehungswissenschaftlichen Diskurses in der Migrationsgesellschaft. In P. Mecheril, M. Castro Varela, I. Dirim, A. Kalpaka & C. Melter (Hrsg.), *Migrationspädagogik* (S. 54–76). Weinheim: Beltz.

Mecheril, P., Castro Varela, M., Dirim, I., Kalpaka, A. & Melter, C. (Hrsg.). (2010). *Migrationspädagogik*. Weinheim: Beltz.

Mecheril, P. & Polat, A. (2019). ‚Richtige' (sozial-)pädagogische Forschung in ‚falschen' Verhältnissen? Von Migrationsforschung als Integrationsforschung zu Migrationsforschung als Kritik. In V. Klomann, N. Frieters-Reermann, M. Genenger-Stricker & N. Sylla (Hrsg.), *Forschung im Kontext von Bildung und Migration* (S. 47–61). Wiesbaden: Springer VS.

Meck, W. H. & Church, R. M. (1983). A mode control model of counting and timing processes. *Journal of Experimental Psychology. Animal Behavior Processes, 9* (3), 320–334.

Meier, U., Preuße, H. & Sunnus, E. M. (2003). *Steckbriefe von Armut: Haushalte in prekären Lebenslagen*. Wiesbaden: VS Verlag für Sozialwissenschaften.

Meier-Gräwe, U. (2013). Zusammenarbeit der Partner vor Ort: Vernetzungs- und Sozialraumorientierung. In L. Correll & J. Lepperhoff (Hrsg.), *Frühe Bildung in der Familie* (S. 130–144). Weinheim, Bergstr: Beltz Juventa.

Melhuish, E. C., Phan, M. B., Sylva, K., Sammons, P., Siraj-Blatchford, I. & Taggart, B. (2008). Effects of the home learning environment and preschool center experience upon literacy and numeracy development in early primary school. *Journal of Social Issues, 64* (1), 95–114.

Merkle, T. & Wippermann, C. (2008). *Eltern unter Druck: Selbstverständnisse, Befindlichkeiten und Bedürfnisse von Eltern in verschiedenen Lebenswelten*. Stuttgart: Lucius & Lucius.

Meyer, M. & Tiedemann, K. (2017). *Sprache im Fach Mathematik*. Berlin: Springer Spektrum.

Meyer-Ullrich, G. (2008). Familienzentren als Netzwerke. Kinder individuell fördern, Eltern beraten und unterstützen. *Thema Jugend* (4), 4–7.

Miller, G. A., Galanter, E. & Pribram, K. H. (1960). *Plans and the structure of behavior* (9. Aufl.). New York, NY: Holt, Rinehart and Winston.

Ministerium für Familie, Kinder, Jugend, Kultur und Sport des Landes NordrheinWestfalen. (2016). *Bildungsgrundsätze: Mehr Chancen für alle. Grundsätze zur Bildungsförderung für Kinder von 0 bis 10 Jahren in Kindertagesbetreuung und Schulen im Primarbereich in Nordrhein-Westfalen*. Freiburg: Verlag Herder.

Ministerium für Familie, Kinder, Jugend, Kultur und Sport des Landes NordrheinWestfalen & Ministerium für Schule und Weiterbildung des Landes Nordrhein-Westfalen. (2011). *Mehr Chancen durch Bildung von Anfang an: Grundsätze zur Bildungsförderung für Kinder von 0 bis 10 Jahren in Kindertageseinrichtungen und Schulen im Primarbereich in Nordrhein-Westfalen*. Düsseldorf.

Mischo, C., Weltzien, D. & Fröhlich-Gildhoff, K. (Hrsg.). (2011). *Kindliche Entwicklung im Kontext erfassen: Verfahren zur Beaobachtung und Diagnose für die pädagogische Praxis*. Köln [u.a.]: Link.

Mittag, W. & Bieg, S. (2010). Die Bedeutung und Funktion pädagogischer Interventionsforschung und deren grundlegende Qualitätskriterien. In T. Hascher & B. Schmitz (Hrsg.), *Pädagogische Interventionsforschung* (S. 31–47). Weinheim: Juventa.

Montada, L., Lindenberger, U. & Schneider, W. (2012). Fragen, Konzepte, Perspektiven. In W. Schneider & U. Lindenberger (Hrsg.), *Entwicklungspsychologie* (S. 27–60). Weinheim: Beltz.

Moser Opitz, E. (2002). *Zählen, Zahlbegriff, Rechnen: Theoretische Grundlagen und eine empirische Untersuchung zum mathematischen Erstunterricht in Sonderklassen* (2. Aufl.). Bern: Haupt.

Moser Opitz, E. (2007). *Rechenschwäche / Dyskalkulie*. Bern: Haupt.

Moser Opitz, E., Ruggiero, D. & Wüest, P. (2010). Verbale Zählkompetenzen und Mehrsprachigkeit: Eine Studie mit Kindergartenkindern. *Psychologie in Erziehung und Unterricht, 57* (3), 161–174.

Müller, U., Schmidt, R. & Stamer-Brandt, P. (2004). Vermittlerinnen zwischen Kulturen. Erzieherinnen mit Migrationshintergrund in der pädagogischen Praxis. *kiga-heute, 34* (11/12), 14–20.

Musun-Miller, L. & Blevins-Knabe, B. (1998). Adults' beliefs about children and mathematics: How important is it and how do children learn about it? *Early Development and Parenting, 7*, 191–202.

National Association for the Education of Young Children. (2009). *Developmentally appropriate practice in early childhood programs serving children from birth through age 8.* Washington, DC.

Nauck, B. & Lotter, V. (2016). Bildungstransmission in Migrantenfamilien. In C. Diehl, C. Hunkler & C. Kristen (Hrsg.), *Ethnische Ungleichheiten im Bildungsverlauf* (S. 117–155). Wiesbaden: Springer Fachmedien.

Nentwig-Gesemann, I. (2017). Frühpädagogik im Spannungsfeld zwischen Rahmenbedingungen, Professionalisierungsanspruch und Alltagswirklichkeit. In M. Wertfein, A. Wildgruber, C. Wirts & F. Becker-Stoll (Hrsg.), *Interaktionen in Kindertageseinrichtungen* (S. 73–88). Göttingen: Vandenhoeck & Ruprecht.

Neuenschwander, M. P. (2005). *Schule und Familie: Was sie zum Schulerfolg beitragen.* Bern: Haupt.

New, R. S. (2010). Kultur und Curriculum: Reflexionen über „entwicklungsangemessene Praxis" in den USA und Italien. In W. E. Fthenakis & P. Oberhuemer (Hrsg.), *Frühpädagogik international* (S. 31–56). Wiesbaden: VS Verlag für Sozialwissenschaften.

Nicholson, J. M., Cann, W., Matthews, J., Berthelsen, D., Ukoumunne, O. C., Trajanovska, M., ... Hackworth, N. J. (2016). Enhancing the early home learning environment through a brief group parenting intervention: Study protocol for a cluster randomised controlled trial. *BMC pediatrics, 16,* 73–87.

Nickel, S. (2013). Der Erwerb der Schrift in der frühen Kindheit. In M. Stamm & D. Edelmann (Hrsg.), *Handbuch frühkindliche Bildungsforschung* (S. 501–514). Wiesbaden: Springer Fachmedien.

Niedrig, H. (2011). Unterrichtsmodelle für Schülerinnen und Schüler aus sprachlichen Minderheiten. In S. Fürstenau & M. Gomolla (Hrsg.), *Migration und schulischer Wandel: Mehrsprachigkeit* (S. 89–106). Wiesbaden: VS Verlag für Sozialwissenschaften.

Niesel, R., Griebel, W. & Büker, P. (2015). *Übergänge ressourcenorientiert gestalten: Von der Familie in die Kindertagesbetreuung.* Stuttgart: Kohlhammer.

Niklas, F. (2014). *Mit Würfelspiel und Vorlesebuch: Welchen Einfluss hat die familiäre Lernumwelt auf die kindliche Entwicklung?* Berlin: Springer Spektrum.

Niklas, F. (2017). *Frühe Förderung innerhalb der Familie: Das kindliche Lernen in der familiären Lernumwelt: ein Überblick.* Wiesbaden, Germany: Springer.

Niklas, F., Cohrssen, C. & Tayler, C. (2016). Parents supporting learning: A non-intensive intervention supporting literacy and numeracy in the home learning environment. *International Journal of Early Years Education, 24* (2), 121–142.

Niklas, F. & Schneider, W. (2010). Der Zusammenhang von familiärer Lernumwelt mit schulrelevanten Kompetenzen im Vorschulalter. *Zeitschrift für Soziologie der Erziehung und Sozialisation, 30* (2), 149–165.

Niklas, F. & Schneider, W. (2012). Einfluss von „Home Numeracy Environment" auf die mathematische Kompetenzentwicklung vom Vorschulalter bis Ende des 1. Schuljahres. *Zeitschrift für Familienforschung, 24* (2), 134–147.

Niklas, F. & Schneider, W. (2013). Home literacy environment and the beginning of reading and spelling. *Contemporary Educational Psychology, 38* (1), 40–50.

Niklas, F. & Schneider, W. (2015). With a little help: Improving kindergarten children's vocabulary by enhancing the home literacy environment. *Reading and Writing, 28* (4), 491–508.

Niklas, F. & Schneider, W. (2017). Home learning environment and development of child competencies from kindergarten until the end of elementary school. *Contemporary Educational Psychology*, *49*, 263–274.

Nolte, M. (2009). Auswirkungen von sprachlicher Verarbeitung auf die Entwicklung von Rechenschwächen. In A. Fritz, S. Schmidt & G. Ricken (Hrsg.), *Handbuch Rechenschwäche* (S. 214–229). Weinheim: Beltz.

Nothbaum, N. & Kämper, A. (2010). *Akteursbefragung: Datenbericht Grundauswertung*. Braunschweig: Diakonisches Werk der Ev.-luth. Landeskirche in Braunschweig e. V.

Nothbaum, N. & Kämper, A. (2011). *Haushaltsbefragung: Datenbericht Grundauswertung*. Braunschweig: Diakonisches Werk der Ev.-luth. Landeskirche in Braunschweig e. V.

Nuttall, A. K., Froyen, L. C., Skibbe, L. E. & Bowles, R. P. (2019). Maternal and paternal depressive symptoms, home learning environment, and children's early literacy. *Child psychiatry and human development*, *50* (4), 681–691.

Oberhuemer, P. (2010). Bildungskonzepte für die frühe Kindheit in internationaler Perspektive. In W. E. Fthenakis & P. Oberhuemer (Hrsg.), *Frühpädagogik international* (S. 359–383). Wiesbaden: VS Verlag für Sozialwissenschaften.

Oberhuemer, P. & Schreyer, I. (2012). Professionelle Bildung der Kita-Fachkräfte in Europa. *Frühe Bildung*, *1* (3), 168–170.

O'Neill, O. (1993). Wie wissen wir, wann Chancen gleich sind? In B. Rössler (Hrsg.), *Quotierung und Gerechtigkeit* (S. 144–157). Frankfurt and New York: Campus Verl.

Otyakmaz, B. Ö. (2017). Betreuung und Bildung unter Dreijähriger. In I. Gogolin, V. B. Georgi, M. Krüger-Potratz & L. Drorit (Hrsg.), *Handbuch interkulturelle Pädagogik* (S. 457–460). Bad Heilbrunn: UTB Klinkhardt.

Padberg, F. & Benz, C. (2011). *Didaktik der Arithmetik: Für Lehrerausbildung und Lehrerfortbildung* (4. erw., stark überarb. Aufl.). Heidelberg: Spektrum Akad. Verl.

Parthey, H. (2011). Institutionalisierung disziplinärer und interdisziplinärer Forschungssituationen. In K. Fischer & M. Böcher (Hrsg.), *Interdisziplinarität und Institutionalisierung der Wissenschaft* (S. 9–35). Berlin: wvb Wiss. Verl.

Pellegrini, A. D. & Smith, P. K. (2005). *The nature of play: Great apes and humans*. New York, NY: Guilford Press.

Peter-Koop, A. & Grüßing, M. (2006). Mathematische Bilderbücher: Kooperation von Elternhaus, Kindergarten und Grundschule. In M. Grüßing & A. Peter-Koop (Hrsg.), *Die Entwicklung mathematischen Denkens in Kindergarten und Grundschule* (S. 150–169). Offenburg: Mildenberger.

Peter-Koop, A. & Grüßing, M. (2011). *ElementarMathematisches Basisinterview für den Einsatz im Kindergarten*. Offenburg: Mildenberger.

Peter-Koop, A. & Rottmann, T. (2013). Einsicht in Teil-Ganzes-Beziehungen: Übungen mit den „Zahlenfreunden". *Fördermagazin Grundschule*, *35* (4), 21–25.

Petermann, F. (1999). Die Messung von Veränderung. In E. Roth, H. Holling & K. Heidenreich (Hrsg.), *Sozialwissenschaftliche Methoden. Lehr- und Handbuch für Forschung und Praxis* (S. 573–584). München, Wien: Oldenbourg.

Peucker, S. (2011). Mathematische Kompetenzen. In C. Mischo, D. Weltzien & K. Fröhlich-Gildhoff (Hrsg.), *Kindliche Entwicklung im Kontext erfassen* (S. 157–193). Köln [u.a.]: Link.

Phillipson, S., Gervasoni, A. & Sullivan, P. (Hrsg.). (2017). *Engaging families as children's first mathematics educators: International perspectives*. Singapore: Springer.

Piaget, J. (1958). Die Genese der Zahl beim Kinde. *Westermanns pädagogische Beiträge, 10,* 357–367.

Piaget, J. (1976). *Psychologie der Intelligenz* (7. Aufl.). Olten: Walter.

Piaget, J. & Inhelder, B. (1973a). *Die Entwicklung der elementaren logischen Strukturen: Teil 1.* Düsseldorf: Schwann.

Piaget, J. & Inhelder, B. (1973b). *Die Psychologie des Kindes* (2. Aufl.). Olten: Walter.

Piaget, J. & Szeminska, A. (1972). *Die Entwicklung des Zahlbegriffs beim Kinde* (3. Aufl.). Stuttgart: Klett.

Piazza, M., Giacomini, E., Le Bihan, D. & Dehaene, S. (2003). Single-trial classification of parallel pre-attentive and serial attentive processes using functional magnetic resonance imaging. *Proceedings of the Royal Society of London B: Biological Sciences, 270* (1521), 1237–1245.

Piazza, M., Mechelli, A., Butterworth, B. & Price, C. J. (2002). Are subitizing and counting implemented as separate or functionally overlapping processes? *NeuroImage, 15* (2), 435–446.

Picard, N. (1974). *Mathematik im Kinderspiel.* Köln: Aulis-Verlag Deubner.

Pospeschill, M. & Spinath, F. M. (2009). *Psychologische Diagnostik.* München: Reinhardt.

Powell, S. R. & Fuchs, L. S. (2012). Early numerical competencies and students with mathematics difficulty. *Focus on exceptional children, 44* (5), 1–16.

Pramling Samuelsson, I. (2004). The playing learning child in early childhood education. In D. Diskowski (Hrsg.), *Lernkulturen und Bildungsstandards* (S. 173–204). Baltmannsweiler: Schneider-Verl. Hohengehren.

Prediger, S. (2017). Auf sprachliche Heterogenität im Mathematikunterricht vorbereiten. In J. Leuders, T. Leuders, S. Prediger & S. Ruwisch (Hrsg.), *Mit Heterogenität im Mathematikunterricht umgehen lernen* (S. 29–40). Wiesbaden: Springer Spektrum.

Preissing, C. & Wagner, P. (2003). *Kleine Kinder – keine Vorurteile? Interkulturelle und vorurteilsbewusste Arbeit in Kindertageseinrichtungen.* Freiburg im Breisgau: Herder.

Quaiser-Pohl, C. (2008). Förderung mathematischer Vorläuferfähigkeiten im Kindergarten mit dem Programm „Spielend Mathe". In F. Hellmich & H. Köster (Hrsg.), *Vorschulische Bildungsprozesse in Mathematik und Naturwissenschaften* (S. 103–125). Bad Heilbrunn: Klinkhardt.

Radatz, H. (1983). Untersuchungen zum Lösen eingekleideter Aufgaben. *Journal für Mathematik-Didaktik, 4* (3), 205–217.

Radtke, F.-O. (2011). *Kulturen sprechen nicht. Die Politik grenzüberschreitender Dialoge.* Hamburg: Hamburger Edition (HIS).

Rakhkochkine, A. (2012). Chancen der Mehrsprachigkeit und frühes Lernen einer zweiten Sprache. In H. Günther & W. R. Bindel (Hrsg.), *Deutsche Sprache in Kindergarten und Vorschule* (S. 320–341). Baltmannsweiler: Schneider Verlag Hohengehren.

Ramani, G. B. & Siegler, R. S. (2008). Promoting broad and stable improvements in low-income children's numerical knowledge through playing number board games. *Child Development, 79* (2), 375–394.

Ramsauer, K. (2011). *Bildungserfolge von Migrantenkindern: Der Einfluss der Herkunftsfamilie. Eine Expertise.* München: Deutsches Jugendinstitut.

Rasch, B., Friese, M., Hofmann, W. & Naumann, E. (2014a). *Quantitative Methoden 1: Einführung in die Statistik für Psychologen und Sozialwissenschaftler* (4. Aufl.). Berlin, Heidelberg: Springer.

Rasch, B., Friese, M., Hofmann, W. & Naumann, E. (2014b). *Quantitative Methoden2: Einführung in die Statistik für Psychologen und Sozialwissenschaftler* (4. Aufl.). Berlin, Heidelberg: Springer.

Rauschenbach, T., Leu, H. R., Lingenauber, S., Mack, W., Schilling, M., Schneider, K. & Züchner, I. (2004). *Konzeptionelle Grundlagen für einen Nationalen Bildungsbericht – Nonformale und informel le Bildung im Kindes- und Jugendalter*. Bonn: Bundesministerium für Bildung und Forschung.

Raven, J. C., Court, J. H. & Bulheller, S. (2010). *Coloured Progressive Matrices mit der Parallelform des Tests und der Puzzle-Form: Manual zu Raven's Progressive matrices and vocabulary scales*. Frankfurt: Harcourt Test Services.

Rechsteiner, K. & Vogt, F. (2013). Mathematische Leistungen 5-jähriger Kinder in Bezug zu Aspekten der elterlichen Förderung. In E. Wannack, S. Bosshart, A. Eichenberger, M. Fuchs, E. Hardegger & S. Marti (Hrsg.), *4- bis 12-Jährige* (S. 287–295). Münster: Waxmann.

Reese, E., Sparks, A. & Leyva, D. (2010). A Review of parent interventions for preschool children's language and emergent literacy. *Journal of Early Childhood Literacy, 10* (1), 97–117.

Reichenbach, R. (2015). Über Bildungsferne. *Merkur. Deutsche Zeitschrift für europäisches Denken, 69* (795), 5–15.

Reinders, H. (2015). Fragebogen. In H. Reinders, H. Ditton, C. Gräsel & B. Gniewosz (Hrsg.), *Empirische Bildungsforschung* (S. 57–81). Wiesbaden: Springer VS.

Resnick, L. B. (1983). A developmental theory of number understanding. In H. P. Ginsburg (Hrsg.), *The development of mathematical thinking* (S. 109–151). New York, NY: Academic Press.

Resnick, L. B. (1989). Developing mathematical knowledge. *American Psychologist, 44* (2), 162–169.

Resnick, L. B. (1992). From protoquantities to operators: Building mathematical competence on a foundation of everyday knowledge. In G. Leinhardt, R. Putnam & R. A. Hattrup (Hrsg.), *Analysis of arithmetic for mathematics teaching* (S. 373–429). Hillsdale, NJ: L. Erlbaum.

Reyer, J. (2015). *Die Bildungsaufträge des Kindergartens: Geschichte und aktueller Status*. Weinheim: Beltz Juventa.

Ricken, G. (2008). Förderung aus sonderpädagogischer Sicht. In K.-H. Arnold, O. Graumann & A. Rakhkochkine (Hrsg.), *Handbuch Förderung* (S. 74–83). Weinheim, Basel: Beltz & Gelberg.

Riley, M. S., Greeno, J. G. & Heller, J. I. (1983). Development of children's problemsolving ability in arithmetic. In H. P. Ginsburg (Hrsg.), *The development of mathematical thinking* (S. 153–196). New York, NY: Academic Press.

Rinkens, H.-D. (1996). *Arithmetische Fähigkeiten am Schulanfang*. Zugriff am 07.02.2017 auf http://www.rinkens-hd.de/index.php/projekte/21-arithmet-faehigkeiten-schulanfang

Rodriguez, E. T. & Tamis-LeMonda, C. S. (2011). Trajectories of the home learning environment across the first 5 years: Associations with children's vocabulary and literacy skills at prekindergarten. *Child Development, 82* (4), 1058–1075.

Rogoff, B., Mosier, C., Mistry, J. & Göncü, A. (1993). Toddlers' guided participation with their caregivers in cultural activity. In E. A. Forman, N. Minick & C. A. Stone (Hrsg.), *Contexts for learning* (S. 230–253). New York, NY: Open University Press.

Rollett, B. (2005). Die Genese des Anstrengungsvermeidungsmotiv im familiären Kontext. In R. Vollmeyer & J. Brunstein (Hrsg.), *Motivationspsychologie und ihre Anwendung* (S. 92–108). Stuttgart: Kohlhammer.

Roßbach, H.-G. (2005). Effekte qualitativ guter Betreuung, Bildung und Erziehung im frühen Kindesalter auf Kinder und ihre Familien. In L. Ahnert, H.- G. Roßbach, U. Neumann, J. Heinrich & B. Koletzko (Hrsg.), *Bildung, Betreuung und Erziehung von Kindern unter sechs Jahren* (S. 55–174). München: Verl. Dt. Jugendinst.

Roßbach, H.-G., Kluczniok, K. & Kuger, S. (2008). Auswirkungen eines Kindergartenbesuchs auf den kognitiv-leistungsbezogenen Entwicklungsstand von Kindern. In H -G. Roßbach & H.-P. Blossfeld (Hrsg.), *Frühpädagogische Förderung in Institutionen* (S. 139–158). Wiesbaden: VS Verlag für Sozialwissenschaften.

Rottmann, T., Streit-Lehmann, J. & Fricke, S. (2015). Mathematische Diagnostik in der Schuleingangsphase – ein Überblick über gängige Verfahren und Tests. In A. Peter-Koop, M. M. Lüken & T. Rottmann (Hrsg.), *Inklusiver Mathematikunterricht in der Grundschule* (S. 135–155). Offenburg: Mildenberger.

Royar, T., Schuler, S., Streit, C. & Wittmann, G. (2017). Mathematiklernen in materialgestützten Settings. In S. Schuler, C. Streit & G. Wittmann (Hrsg.), *Perspektiven mathematischer Bildung im Übergang vom Kindergarten zur Grundschule* (S. 91–104). Wiesbaden: Springer Spektrum.

Royar, T. & Streit, C. (2010). *MATHElino: Kinder begleiten auf mathematischen Entdeckungsreisen*. Stuttgart, Seelze: Klett Kallmeyer.

Rueda, R. & Yaden, D. B., JR. (2006). The literacy education of linguistically and culturally diverse young children: An overview of outcomes, assessment, and large-skale interverntions. In B. Spodek & O. N. Saracho (Hrsg.), *Handbook of research on the education of young children* (S. 167–186). Mahwah, NJ: Lawrence Erlbaum Associates.

Rupp, M. & Neumann, R. (2013). Bezugspunkte der Eltern- und Familienbildung für eine erfolgreiche Bildungsbegleitung. In L. Correll & J. Lepperhoff (Hrsg.), *Frühe Bildung in der Familie* (S. 94–104). Weinheim, Bergstr: Beltz Juventa.

Ruppin, I. (2015). Anforderungen an die Zusammenarbeit von pädagogischen Fachkräften und Eltern in Kindertagesstätten – Diskrepanzen der Selbst- und Fremdeinschätzung im Spiegel aktueller Studien. In I. Ruppin (Hrsg.), *Professionalisierung in Kindertagesstätten* (S. 52–83). Weinheim: Beltz Juventa.

Sacher, W. (2014). *Elternarbeit als Erziehungs- und Bildungspartnerschaft: Grundlagen und Gestaltungsvorschläge für alle Schularten* (2., vollst. überarb. Aufl.). Bad Heilbrunn: Klinkhardt.

Sarama, J. & Clements, D. H. (2002). Building Blocks for young children's mathematical development. *Journal of Educational Computing Research, 27* (1&2), 93–110.

Sarama, J. & Clements, D. H. (2009). *Early childhood mathematics education research: Learning trajectories for young children*. New York, London: Routledge.

Sawyer, W. W. (1955). *Prelude to mathematics*. Harmondsworth: Penguin Books.

Scheunpflug, A. & Affolderbach, M. (2019). Bildung im Kontext von Migration und Diversität. In V. Klomann, N. Frieters-Reermann, M. Genenger-Stricker & N. Sylla (Hrsg.), *Forschung im Kontext von Bildung und Migration* (S. 11–23). Wiesbaden: Springer VS.

Schiefele, U. & Streblow, L. (2005). Intrinsische Motivation – Theorien und Befunde. In R. Vollmeyer & J. Brunstein (Hrsg.), *Motivationspsychologie und ihre Anwendung* (S. 39–58). Stuttgart: Kohlhammer.

Schiek, D., Ullrich, C. G. & Blome, F. (2019). *Generationen der Armut: Zur familialen Transmission wohlfahrtsstaatlicher Abhängigkeit.* Wiesbaden: Springer VS.

Schiller, P. & Peterson, L. (1997). *Count on Math: Activities for small hands and lively minds.* Beltsville, MD: Gryphon House.

Schiller, P. & Peterson, L. (2001). *Wunderland Mathematik: Die ersten Schritte ins Land der Mengen und Zahlen.* Lichtenau: AOL.

Schindler, S. (2013). Öffnungsprozesse im Sekundarschulbereich und die Entwicklung sozialer Disparitäten in den Studierquoten. *DDS – Die Deutsche Schule, 105* (4), 364–381.

Schipper, W. (2011). *Handbuch für den Mathematikunterricht an Grundschulen* (2. Aufl.). Hannover: Schroedel.

Schleiermacher, F. (1826, Nachdruck 1983). *Pädagogische Schriften.* Frankfurt am Main: Klett-Cotta im Ullstein Verlag.

Schlösser, E. (2012). *Zusammenarbeit mit Eltern – interkulturell: Informationen und Methoden zur Kooperation mit deutschen und zugewanderten Eltern in Kindergarten, Grundschule und Familienbildung* (3. Aufl.). Münster: Ökotopia.

Schmidt, M. & Otto, B. (2010). Direkte und indirekte Interventionen. In T. Hascher & B. Schmitz (Hrsg.), *Pädagogische Interventionsforschung* (S. 235–242). Weinheim: Juventa.

Schmidt, R. (1982). *Zahlenkenntnisse von Schulanfängern: Ergebnisse einer zu Beginn des Schuljahres 1981/82 durchgeführten Untersuchung.* Wiesbaden: Hessisches Institut für Bildungsplanung und Schulentwicklung.

Schmidt, R. (1983). Zu Bedeutung und Entwicklung der Zählkompetenz für die Zahlbegriffsentwicklung bei Vor- und Grundschulkindern. *Zentralblatt für Didaktik der Mathematik, 15,* 101–111.

Schmidt, T. & Smidt, W. (2014). Kompensatorische Förderung benachteiligter Kinder. Entwicklungslinien, Forschungsbefunde und heutige Bedeutung für die Frühpädagogik. *Zeitschrift für Pädagogik, 60* (1), 132–149.

Schmitman gen. Pothmann, A. (2008). *Mathematiklernen und Migrationshintergrund. Quantitative Analysen zu frühen mathematischen und (mehr)sprachlichen Kompetenzen* (Dissertation). Carl von Ossietzky Universität, Oldenburg.

Schmitt, M. (2009). Innerfamiliale Beziehungen und Bildungserfolg. *Zeitschrift für Erziehungswissenschaft, 12* (4), 715–732.

Schneewind, K. A. (2008). Sozialisation in der Familie. In K. Hurrelmann, M. Grundmann & S. Walper (Hrsg.), *Handbuch Sozialisationsforschung* (S. 256–273). Weinheim: Beltz.

Schneider, W. (2008a). Entwicklung, Diagnose und Förderung der Lesekompetenz. In C. Fischer (Hrsg.), *Individuelle Förderung: Begabungen entfalten – Persönlichkeit entwickeln* (S. 131–168). Berlin, Münster: Lit Verlag.

Schneider, W. (Hrsg.). (2008b). *Entwicklung von der Kindheit bis zum Erwachsenenalter: Befunde der Münchner Längsschnittstudie LOGIK.* Weinheim: Beltz.

Schneider, W., Küspert, P. & Krajewski, K. (2013). *Die Entwicklung mathematischer Kompetenzen.* Paderborn: Schöningh.

Schneider, W. & Lindenberger, U. (Hrsg.). (2012). *Entwicklungspsychologie* (7. Aufl.). Weinheim: Beltz.

Scholl, D. (2009). Ansprüche an öffentliche Erziehung: Sind die Zuständigkeiten und Leistungen der Institutionen Familie und Schule austauschbar? In J. Ecarius, C. Groppe & H. Malmede (Hrsg.), *Familie und öffentliche Erziehung* (S. 73–92). Wiesbaden: VS Verlag für Sozialwissenschaften.

Schönauer-Schneider, W. (2012). Sprachförderung durch dialogisches Bilderbuchlesen. In H. Günther & W. R. Bindel (Hrsg.), *Deutsche Sprache in Kindergarten und Vorschule* (S. 238–266). Baltmannsweiler: Schneider Verlag Hohengehren.

Schott, F. & Azizighanbari, S. (Hrsg.). (2013). *Bildungsstandards, Kompetenzdiagnostik und kompetenzorientierter Unterricht zur Qualitätssicherung des Bildungswesens: Eine problemorientierte Einführung in die theoretischen Grundlagen.* Münster: Waxmann.

Schuchardt, K., Piekny, J., Grube, D. & Mähler, C. (2014). Einfluss kognitiver Merkmale und häuslicher Umgebung auf die Entwicklung numerischer Kompetenzen im Vorschulalter. *Zeitschrift für Entwicklungspsychologie und Pädagogische Psychologie, 46* (1), 24–34.

Schuler, S. (2008). *Was können Mathematikmaterialien im Kindergarten leisten? Kriterien für eine gezielte Bewertung.* Budapest: Vortrag auf der 42. Tagung für Didaktik der Mathematik. Jahrestagung der Gesellschaft für Didaktik der Mathematik vom 13.3. bis 18.3.2008.

Schuler, S. (2009). Was können Spiele zur frühen mathematischen Bildung beitragen? Chancen, Bedingungen, Grenzen. In M. Neubrand (Hrsg.), *Beiträge zum Mathematikunterricht 2009* (S. 399–402). Münster: WTM- Verlag.

Schüpbach, M. & von Allmen, B. (2013). Frühkindliche Bildungsorte in und ausserhalb der Familie. In M. Stamm & D. Edelmann (Hrsg.), *Handbuch frühkindliche Bildungsforschung.* Wiesbaden: Springer Fachmedien.

Schweizer, K. (2006). *Leistung und Leistungsdiagnostik.* Berlin, Heidelberg: Springer.

Schwippert, K., Hornberg, S., Freiberg, M. & Stubbe, T. C. (2007). Lesekompetenzen von Kindern mit Migrationshintergrund im internationalen Vergleich. In W. Bos et al. (Hrsg.), *IGLU 2006* (S. 249–270). Münster: Waxmann.

Schwippert, K., Wendt, H. & Tarelli, I. (2012). Lesekompetenzen von Schülerinnen und Schülern mit Migrationshintergrund. In W. Bos, I. Tarelli, A. Bremerich- Vos & K. Schwippert (Hrsg.), *IGLU 2011* (S. 191–207). Münster: Waxmann.

Selzer, S. (2015). Zwischen Förderung und Anpassung. Diversität in Kindertagesstätten im Kontext pädagogischer Professionalität. In I. Ruppin (Hrsg.), *Professionalisierung in Kindertagesstätten* (S. 113–139). Weinheim: Beltz Juventa.

Sénéchal, M. & LeFevre, J.-A. (2002). Parental involvement in the development of children's reading skill: A five-year longitudinal study. *Child Development, 73* (2), 445–460.

Shouse, A. C. (2000). Das High/Scope Vorschulcurriculum. In W. E. Fthenakis & M. R. Textor (Hrsg.), *Pädagogische Ansätze im Kindergarten* (S. 154–169). Weinheim: Beltz.

Siegel, L. S. & Brainerd, C. J. (Hrsg.). (1978). *Alternatives to Piaget: Critical essays on the theory* (2. Aufl.). New York, NY: Academic Press.

Siegler, R. S. (2001). *Das Denken von Kindern* (3. Aufl.). Berlin, Boston: Oldenbourg.

Siegler, R. S. & Jenkins, E. (1989). *How children discover new strategies.* Hillsdale, New York: Lawrence Erlbaum Associates.

Siegler, R. S. & Ramani, G. B. (2009). Playing linear number board games – but not circular ones – improves low-income preschoolers' numerical understanding. *Journal of Educational Psychology, 101* (3), 545–560.

Sigel, I. E. (1994). Elterliche Überzeugungen und deren Rolle bei der kognitiven Entwicklung von Kindern. *Unterrichtswissenschaft, 22* (2), 160–181.

Siraj-Blatchford, I. & Moriarty, V. (2010). Pädagogische Wirksamkeit in der Früherziehung. In W. E. Fthenakis & P. Oberhuemer (Hrsg.), *Frühpädagogik international* (S. 87–104). Wiesbaden: VS Verlag für Sozialwissenschaften.

Skwarchuk, S.-L. (2009). How do parents support preschoolers' numeracy learning experiences at home? *Early Childhood Education Journal, 37* (3), 189–197.

Skwarchuk, S.-L., Sowinski, C. & LeFevre, J.-A. (2014). Formal and informal home learning activities in relation to children's early numeracy and literacy skills: The development of a home numeracy model. *Journal of experimental child psychology, 121*, 63–84.

Slaughter, V., Itakura, S., Kutsuki, A. & Siegal, M. (2011). Learning to count begins in infancy: evidence from 18 month olds' visual preferences. *Proceedings of the Royal Society of London B: Biological Sciences, 278* (1720), 2979–2984.

Smith, T. M., Cobb, P., Farran, D. C., Cordray, D. S. & Munter, C. (2013). Evaluating Math Recovery. *American Educational Research Journal, 50* (2), 397–428.

Solomon, Y. (1989). *The practice of mathematics.* London, New York: Routledge.

Sommerlatte, A., Lux, M., Meiering, G. & Führlich, S. (2006). *Lerndokumentation Mathematik – Anregungsmaterialien.* Berlin: Senatsverwaltung für Bildung, Wissenschaft und Forschung.

Sonnenschein, S., Galindo, C., Metzger, S. R., Thompson, J. A., Huang, H. C. & Lewis, H. (2012). Parents' beliefs about children's math development and children's participation in math activities. *Child Development Research, 2012* (1), 1–13.

Sonnenschein, S. & Munsterman, K. (2002). The influence of home-based reading interactions on 5-year-olds' reading motivations and early literacy development. *Early Childhood Research Quarterly, 17* (3), 318–337.

Sophian, C. (1992). Learning about numbers: Lessons for mathematics education from preschool number development. In J. Bideaud, C. Meljac & J.-P. Fischer (Hrsg.), *Pathways to number* (S. 19–40). Hillsdale, NJ: L. Erlbaum.

Soto-Calvo, E., Simmons, F. R., Adams, A.-M., Francis, H. N. & Giofre, D. (2019). Preschoolers' home numeracy and home literacy experiences and their relationships with early number skills: Evidence from a UK Study. *Early Education & Development, 6* (1), 1–24.

Spieß, C. K. (2013). Bildungsökonomische Perspektiven frühkindlicher Bildungsforschung. In M. Stamm & D. Edelmann (Hrsg.), *Handbuch frühkindliche Bildungsforschung* (S. 121–130). Wiesbaden: Springer Fachmedien.

Stamm, M. (2013). Soziale Mobilität durch frühkindliche Bildung? In M. Stamm & D. Edelmann (Hrsg.), *Handbuch frühkindliche Bildungsforschung* (S. 681–694). Wiesbaden: Springer Fachmedien.

Stange, W. (2013). Präventions- und Bildungsketten – Elternarbeit als Netzwerkaufgabe. In W. Stange, R. Krüger, A. Henschel & C. Schmitt (Hrsg.), *Erziehungs- und Bildungspartnerschaften* (S. 17–69). Wiesbaden: Springer VS.

Stange, W., Krüger, R., Henschel, A. & Schmitt, C. (Hrsg.). (2013). *Erziehungs- und Bildungspartnerschaften: Praxisbuch zur Elternarbeit.* Wiesbaden: Springer VS.

Stanovich, K. E. (1986). Matthew effects in reading: Some consequences of individual differences in the acquisition of literacy. *Reading Research Quarterly, 21* (4), 360–407.

Starkey, P. & Cooper, R. (1980). Perception of numbers by human infants. *Science, 210*, 1033–1035.

Starkey, P. & Klein, A. (2000). Fostering parental support for children's mathematical development: An intervention with Head Start families. *Early Education & Development, 11* (5), 659–680.

Starkey, P., Klein, A. & Wakeley, A. (2004). Enhancing young children's mathematical knowledge through a pre-kindergarten mathematics intervention. *Early Childhood Research Quarterly, 19* (1), 99–120.

Statistische Ämter des Bundes und der Länder. (2016). *Kinderbetreuung regional 2016: Ein Vergleich aller 402 Kreise in Deutschland*. Wiesbaden: destatis.

Statistisches Bundesamt. (2017). *Bevölkerung mit Migrationshintergrund*. Wiesbaden: destatis.

Statistisches Bundesamt. (2020). *Statistiken der Kinder- und Jugendhilfe: Kinder und tätige Personen in Tageseinrichtungen und in öffentlich geförderter Kindertagespflege am 01.03.2020*. Wiesbaden: destatis.

Statistisches Bundesamt, Haider, C. & Schmiedel, S. (2010). *Finanzen der Kindertageseinrichtungen in freier Trägerschaft*. Wiesbaden: destatis.

Stebler, R., Vogt, F., Wolf, I., Hauser, B. & Rechsteiner, K. (2013). Play-based mathematics in kindergarten. A video analysis of children's mathematical behaviour while playing a board game in small groups. *Journal für Mathematik-Didaktik, 34* (2), 149–175.

Steinbach, A. (2006). Sozialintegration und Schulerfolg von Kindern aus Migrantenfamilien. In C. Alt (Hrsg.), *Kinderleben – Integration durch Sprache?* (S. 185–218). Wiesbaden: VS Verlag für Sozialwissenschaften.

Steinweg, A. S. (2008). Zwischen Kindergarten und Schule – Mathematische Basiskompetenzen im Übergang. In F. Hellmich & H. Köster (Hrsg.), *Vorschulische Bildungsprozesse in Mathematik und Naturwissenschaften* (S. 143–159). Bad Heilbrunn: Klinkhardt.

Steinweg, A. S. (2009). *Lerndokumentation Mathematik*. Berlin: Senatsverwaltung für Bildung, Wissenschaft und Forschung.

Stelzl, I. (1999). Experiment. In E. Roth, H. Holling & K. Heidenreich (Hrsg.), *Sozialwissenschaftliche Methoden. Lehr- und Handbuch für Forschung und Praxis* (S. 108–125). München, Wien: Oldenbourg.

Stenmark, J. K., Thompson, V. H. & Cossey, R. (1986). *FAMILY MATH*. Berkeley, CA: Lawrence Hall of Science, University of California.

Stern, E. (1998). *Die Entwicklung des mathematischen Verständnisses im Kindesalter*. Lengerich: Pabst.

Stern, E. (2008). Verpasste Chancen? Was wir aus der LOGIK-Studie über den Mathematikunterricht lernen können. In W. Schneider (Hrsg.), *Entwicklung von der Kindheit bis zum Erwachsenenalter* (S. 187–202). Weinheim: Beltz.

Stern, E. & Hardy, I. (2014). Schulleistungen im Bereich der mathematischen Bildung. In F. E. Weinert (Hrsg.), *Leistungsmessungen in Schulen* (S. 153–168). Weinheim: Beltz.

Stieve, C. (2013). Anfänge der Bildung – Bildungstheoretische Grundlagen der Pädagogik der frühen Kindheit. In M. Stamm & D. Edelmann (Hrsg.), *Handbuch frühkindliche Bildungsforschung* (S. 51–70). Wiesbaden: Springer Fachmedien.

Stiftung Haus der kleinen Forscher. (2017). *Frühe mathematische Bildung – Ziele und Gelingensbedingungen für den Elementar- und Primarbereich: Wissenschaftliche Untersuchungen zur Arbeit der Stiftung Haus der kleinen Forscher*. Opladen: Budrich.

Stiftung Lesen, DIE ZEIT & Deutsche Bahn Stiftung. (2018). *Vorlesen: Uneinholbares Startkapital. Vorlesestudie 2018 – Bedeutung von Vorlesen und Erzählen für das Lesenlernen*. Zugriff auf https://www.stiftunglesen.de/download.php?type=documentpdf&id=2397

Strauss, M. S. & Curtis, L. E. (1981). Infant perception of numerosity. *Child Development, 52* (4), 1146–1152.

Streit-Lehmann, J. (2013). *Zusammenarbeit von Lehrkräften und Eltern bei Rechenschwäche: Handreichungen des Programms SINUS an Grundschulen.* Kiel: IPN, Leibniz-Institut für die Pädagogik der Naturwissenschaften und Mathematik an der Universität Kiel.

Streit-Lehmann, J. (2015). Elternarbeit im inklusiven Mathematikunterricht. In A. Peter-Koop, M. M. Lüken & T. Rottmann (Hrsg.), *Inklusiver Mathematikunterricht in der Grundschule* (S. 197–210). Offenburg: Mildenberger.

Stutz, M. (2013). Frühes Lesen und Rechnen und ihre Auswirkungen auf die spätere Schullaufbahn: Zur Genese sozialer Ungleichheit im Kontext des Bildungssystems. In M. Stamm & D. Edelmann (Hrsg.), *Handbuch frühkindliche Bildungsforschung* (S. 695–711). Wiesbaden: Springer Fachmedien.

Swain, J. & Brooks, G. (2012). Issues that impact on effective family literacy provision in England. *International Journal about Parents in Education, 6* (1), 28–41.

Sylva, K., Melhuish, E. C., Sammons, P., Siraj-Blatchford, I. & Taggart, B. (2010). *Early childhood matters: Evidence from the effective pre-school and primary education project.* London, New York: Routledge.

Sylva, K., Melhuish, E. C., Sammons, P., Siraj-Blatchford, I., Taggart, B. & Elliot, K. (2004). The Effektive Provision of Pre-School Education Project – Zu den Auswirkungen vorschulischer Einrichtungen in England. In G. Faust-Siehl (Hrsg.), *Anschlussfähige Bildungsprozesse im Elementar- und Primarbereich* (S. 154–167). Bad Heilbrunn/Obb: Klinkhardt.

Szydlik, M. (2007). Familie und Sozialstruktur. In J. Ecarius (Hrsg.), *Handbuch Familie* (S. 78–93). Wiesbaden: VS Verlag für Sozialwissenschaften.

Tachtsoglou, S. & König, J. (2017). *Statistik für Erziehungswissenschaftlerinnen und Erziehungswissenschaftler: Konzepte, Beispiele und Anwendungen in SPSS und R.* Wiesbaden: Springer VS.

Tamis-LeMonda, C. S., Luo, R., McFadden, K. E., Bandel, E. T. & Vallotton, C. (2019). Early home learning environment predicts children's 5th grade academic skills. *Applied Developmental Science, 23* (2), 153–169.

Tervooren, A. (2010). Zusammenhänge schulischer und familialer Bildungsprozesse: Theoretische und methodologische Überlegungen. In H.-R. Müller, J. Ecarius & H. Herzberg (Hrsg.), *Familie, Generation und Bildung* (S. 93–108). Opladen: Budrich.

Textor, M. R. (1992). *Hilfen für Familien: Ein Handbuch für psychosoziale Berufe.* Frankfurt am Main: Fischer.

Textor, M. R. (2000). Lew Wygotski. In W. E. Fthenakis & M. R. Textor (Hrsg.), *Pädagogische Ansätze im Kindergarten* (S. 71–83). Weinheim: Beltz.

Textor, M. R. (2009). *Elternarbeit im Kindergarten: Ziele, Formen, Methoden.* Norderstedt: Books on Demand.

Textor, M. R. (2015). *Vom Erziehungspartner zum Haupterzieher: neue Anforderungen an die Elternarbeit.* Zugriff am 12.11.2019 auf https://kindergartenpaedagogik.de/fachartikel/elternarbeit/elternarbeit-grundsaetzliches-ueberblicksartikel/2317

Thiersch, R. (2006). Familien und Kindertageseinrichtungen. In P. Bauer & E. J. Brunner (Hrsg.), *Elternpädagogik* (S. 80–106). Freiburg im Breisgau: Lambertus.

Thiessen, B. (2013). Herausforderungen für die Wissenschaft: Frühe Förderung von Kindern aus Familien mit Migrationshintergrund. In L. Correll & J. Lepperhoff (Hrsg.), *Frühe Bildung in der Familie* (S. 268–279). Weinheim, Bergstr: Beltz Juventa.

Thomauske, N. (2017). *Sprachlos gemacht in Kita und Familie: Ein deutsch-französischer Vergleich von Sprachpolitiken und -praktiken.* Wiesbaden: Springer VS.

Tiedemann, K. (2012). *Mathematik in der Familie: Zur familialen Unterstützung früher mathematischer Lernprozesse in Vorlese- und Spielsituationen.* Münster: Waxmann.

Tietze, W. (2004). Pädagogische Qualität in Familie, Kindergarten und Grundschule und ihre Bedeutung für die kindliche Entwicklung. In G. Faust-Siehl (Hrsg.), *Anschlussfähige Bildungsprozesse im Elementar- und Primarbereich* (S. 139–153). Bad Heilbrunn/Obb: Klinkhardt.

Tietze, W. (2008). Qualitätssicherung im Elementarbereich. In E. Klieme & R. Tippelt (Hrsg.), *Qualitätssicherung im Bildungswesen* (S. 16–35). Weinheim: Beltz.

Tietze, W., Becker-Stoll, F., Bensel, J., Eckhardt, A. G., Haug-Schnabel, G., Kalicki, B., ... Leyendecker, B. (2013). *NUBBEK: Nationale Untersuchung zur Bildung, Betreuung und Erziehung in der frühen Kindheit.* Weimar: verlag das netz. Zugriff am 09.04.2014 auf http://www.nubbek.de/media/pdf/NUBBEK%20Broschuere.pdf

Tietze, W., Roßbach, H.-G. & Grenner, K. (2005). *Kinder von 4 bis 8 Jahren: Zur Qualität der Erziehung und Bildung in Kindergarten, Grundschule und Familie.* Weinheim, Basel: Beltz.

Tillack, C. & Mösko, E. (2013). Der Einfluss familiärer Prozessmerkmale auf die Entwicklung der Mathematikleistung der Kinder. In F. Lipowsky, G. Faust & C. Kastens (Hrsg.), *Persönlichkeits- und Lernentwicklung an staatlichen und privaten Grundschulen* (S. 129–149). Münster: Waxmann.

Timmermann, D. & Weiß, M. (2015). Bildungsökonomie. In H. Reinders, H. Ditton, C. Gräsel & B. Gniewosz (Hrsg.), *Empirische Bildungsforschung* (S. 181195). Wiesbaden: Springer VS.

Tournier, M., Wadepohl, H. & Kucharz, D. (2014). Analyse des pädagogischen Handelns in der Freispielbegleitung. In D. Kucharz, K. Mackowiak, S. Ziroli, A. Kauertz, E. Rathgeb-Schnierer & M. Dieck (Hrsg.), *Professionelles Handeln im Elementarbereich (PRIMEL)* (S. 99–121). Münster: Waxmann.

Treiber, F. & Wilcox, S. (1984). Discrimination of number by infants. *Infant Behavior and Development, 7* (1), 93–100.

Ulich, M., Oberhuemer, P. & Soltendieck, M. (2005). *Die Welt trifft sich im Kindergarten: Interkulturelle Arbeit und Sprachförderung in Kindertagesstätten* (2., aktual. Aufl.). Weinheim: Beltz.

UNESCO. (2004). *The Plurality of literacy and its implications for policies and programmes: position paper.* Zugriff auf https://unesdoc.unesco.org/ark:/48223/pf0000136246

Vacha-Haase, T. & Thompson, B. (2004). How to estimate and interpret various effect sizes. *Journal of Counseling Psychology, 51* (4), 473–481.

van Oers, B. (2013). Communicating about number: Fostering young children's mathematical orientation in the world. In L. D. English & J. T. Mulligan (Hrsg.), *Reconceptualizing early mathematics learning* (S. 183–203). Dordrecht: Springer.

van Steensel, R., McElvany, N., Kurvers, J. & Herppich, S. (2011). How effective are family literacy programs? Results of a meta-analysis. *Review of Educational Research, 81* (1), 69–96.

van Voorhis, F. L., Maier, M. F., Epstein, J. L. & Lloyd, C. M. (2013). *The impact of family involvement on the education of children ages 3 to 8: A focus on literacy and math achievement outcomes and socio-emotional skil ls.* New York, NY: MDRC.

van Oers, B. (2014). The roots of mathematising in young children's play. In U. Kortenkamp, B. Brandt, C. Benz, G. Krummheuer, S. Ladel & R. Vogel (Hrsg.), *Early mathematics learning* (S. 111–123). New York, NY [u.a.]: Springer.

Vernooij, M. A. (2005). Die Bedeutung des Spiels. In T. Guldimann (Hrsg.), *Bildung 4- bis 8-jähriger Kinder* (S. 123–142). Münster: Waxmann.

vom Hofe, R. (1995). *Grundvorstellungen mathematischer Inhalte.* Heidelberg [u.a.]: Spektrum Akad. Verl.

von Aster, M., Kucian, K., Schweiter, M. & Martin, E. (2005). Rechenstörungen im Kindesalter. *Monatsschrift Kinderheilkunde, 153* (7), 614–622.

von Aster, M. & Lorenz, J. H. (Hrsg.). (2013). *Rechenstörungen bei Kindern: Neurowissenschaft, Psychologie, Pädagogik* (2. Aufl.). Göttingen: Vandenhoeck & Ruprecht.

von Aster, M., Schweiter, M. & Weinhold Zulauf, M. (2007). Rechenstörungen bei Kindern: Vorläufer, Prävalenz und psychische Symptome. *Zeitschrift für Entwicklungspsychologie und Pädagogische Psychologie, 39* (2), 85–96.

von Aster, M., Weinhold Zulauf, M. & Horn, R. (2006). *Neuropsychologische Testbatterie für Zahlenverarbeitung und Rechnen bei Kindern (ZAREKI-R)* (2. Aufl.). Frankfurt am Main: Harcourt Test Services.

von Glasersfeld, E. (1982). Subitizing: The Role of Figural Patterns in the Development of Numerical Concepts. *Archives de Psychologie, 50*, 191–218.

von Hehl, S. (2011). *Bildung, Betreuung und Erziehung als neue Aufgabe der Politik: Steuerungsaktivitäten in drei Bundesländern.* Wiesbaden: VS Verlag für Sozialwissenschaften.

Vukovic, R. K., Roberts, S. O. & Green Wright, L. (2013). From parental involvement to children's mathematical performance: The role of mathematics anxiety. *Early Education & Development, 24* (4), 446–467.

Walker, J. M. T., Wilkins, A. S., Dallaire, J. R., Sandler, H. M. & Hoover- Dempsey, K. V. (2005). Parental involvement: Model revision through ccale development. *The Elementary School Journal, 106* (2), 85–104.

Walper, S. (2012). Vom Einfluss der Eltern. *DJI Impulse* (100), 10–13.

Walper, S. & Stemmler, M. (2013). Eltern als Bildungsvermittler für ihre Kinder stärken: Das Bundesprogramm „Elternchance ist Kinderchance" und seine Evaluation. In L. Correll & J. Lepperhoff (Hrsg.), *Frühe Bildung in der Familie* (S. 21–43). Weinheim, Bergstr: Beltz Juventa.

Wartha, S. & Schulz, A. (2012). *Rechenproblemen vorbeugen.* Berlin: Cornelsen.

Weber, C. (2009). *Spielen und lernen mit 0- bis 3-Jährigen: Der entwicklungszentrierte Ansatz in der Krippe* (3. Aufl.). Berlin: Cornelsen Scriptor.

Weikart, D. P. (2000). *Early childhood education: Needs and opportunities.* Paris: Unesco and International Institute for Educational Planning.

Weimann, E. (2018). *Kinder in Armut: Wie eine veränderte Grundschularbeit helfen kann, sie zu bewältigen.* Weinheim, Basel: Beltz Juventa.

Weinert, F. E. (Hrsg.). (2014). *Leistungsmessungen in Schulen* (3. Aufl.). Weinheim: Beltz.

Weinert, S. (2015). Entwicklung im Kindesalter – alte Fragen, neue Perspektiven. In P. Cloos, K. Koch & C. Mähler (Hrsg.), *Entwicklung und Förderung in der frühen Kindheit* (S. 24–42). Weinheim: Beltz Juventa.

Weinert, S. & Lockl, K. (2008). Sprachförderung. In F. Petermann & W. Schneider (Hrsg.), *Angewandte Entwicklungspsychologie* (S. 91–134). Göttingen: Hogrefe.

Wendt, H., Bos, W., Selter, C., Köller, O., Schwippert, K. & Kasper, D. (2016). *TIMSS 2015 Mathematische und naturwissenschaftliche Kompetenzen von Grundschulkindern in Deutschland im internationalen Vergleich.* Münster: Waxmann.

Wendt, H. & Schwippert, K. (2017). Lesekompetenzen von Schülerinnen und Schülern mit und ohne Migrationshintergrund. In A. Hußmann et al. (Hrsg.), *IGLU 2016* (S. 219–234). Münster: Waxmann.

Wendt, H., Stubbe, T. C. & Schwippert, K. (2012). Soziale Herkunft und Lesekompetenzen von Schülerinnen und Schülern. In W. Bos, I. Tarel- li, A. Bremerich-Vos & K. Schwippert (Hrsg.), *IGLU 2011* (S. 175–190). Münster: Waxmann.

Wertfein, M., Wildgruber, A., Wirts, C. & Becker-Stoll, F. (Hrsg.). (2017). *Interaktionen in Kindertageseinrichtungen.* Göttingen: Vandenhoeck & Ruprecht.

Wessel, J. (2015). *Grundvorstellungen und Vorgehensweisen bei der Subtraktion: Stoffdidaktische Analysen und empirische Befunde von Schülerinnen und Schülern des 1. Schuljahres.* Wiesbaden: Springer Spektrum.

Westheimer, M. (2007). HIPPY – Literacy in die Familien bringen. In M. Elfert & G. Rabkin (Hrsg.), *Gemeinsam in der Sprache baden: Internationale Konzepte zur familienorientierten Schriftsprachförderung* (S. 95–104). Stuttgart: Klett Sprachen.

Westholt, L. (2020). *Spannungsfeld Kindergarten – Grundschule. Ein Blick auf die gesetzlichen Grundlagen beider Institutionen.* Zugriff am 25.05.2020 auf https://kindergartenpaedagogik.de/fachartikel/kita-politik/bildungspolitik

Westphal, M. (2017). Eltern als Bildungspartner. In I. Gogolin, V. B. Georgi, M. Krüger-Potratz & L. Drorit (Hrsg.), *Handbuch interkulturelle Pädagogik* (S. 388–392). Bad Heilbrunn: UTB Klinkhardt.

Westphalen, K. (1979). *Was soll Erziehung leisten? Schulpädagogische Überlegungen* . Donauwörth: Auer.

Whitehurst, G. J., Falco, F. L., Lonigan, C. J., Fischel, J. E., DeBaryshe, B. D., Valdez-Menchaca, M. C. & Caulfield, M. (1988). Accelerating language development through picture book reading. *Developmental Psychology, 24*(4), 552–559.

Whitehurst, G. J. & Lonigan, C. J. (1998). Child development and emergent literacy. *Child Development, 69* (3), 848–872.

Wild, E. & Remy, K. (2002). Quantität und Qualität der elterlichen Hausaufgabenbetreuung von Drittklässlern in Mathematik. In J. Doll & M. Prenzel (Hrsg.), *Bildungsqualität von Schule* (S. 276–290). Weinheim: Beltz.

Wild, G. (2007). *Der Begriff der Ganzheitlichkeit in der Heilpädagogik: Eine kritische Untersuchung der Verwendungsweisen und Begründungen eines zentralen Begriffs der Profession und Disziplin der Heilpädagogik* (Dissertation). Fernuniversität Hagen, Hagen.

Wilhelm, O. & Nickolaus, R. (2013). Was grenzt das Kompetenzkonzept von etablierten Kategorien wie Fähigkeit, Fertigkeit oder Intelligenz ab? *Zeitschrift für Erziehungswissenschaft, 16* (S1), 23–26.

Winnicott, D. W. (1969). Übergangsobjekte und Übergangsphänomene: Eine Studie über den ersten, nicht zum Selbst gehörenden Besitz. *Psyche, 23* (9), 666–682.

Wippermann, C. & Flaig, B. B. (2009). Lebenswelten von Migrantinnen und Migranten. *Aus Politik und Zeitgeschichte, 59* (5), 3–11.

Wirts, C., Wertfein, M. & Wildgruber, A. (2017). Unterstützung kindlicher Kompetenzentwicklung und ihre Bedingungen in Kindertageseinrichtungen. In M. Wertfein, A. Wildgruber, C. Wirts & F. Becker-Stoll (Hrsg.), *Interaktionen in Kindertageseinrichtungen* (S. 59–72). Göttingen: Vandenhoeck & Ruprecht.

Wischer, B. (2014). Was heißt eigentlich Fördern? Zu den Konturen, Facetten und Problemen des Begriffs. In T. Bohl, A. Feindt, B. Lütje-Klose, M. Trautmann & B. Wischer (Hrsg.), *Fördern* (S. 6–9). Seelze: Friedrich Verlag.

Wittler, C. (2008). *Lernlust statt Lernfrust: Evaluation eines Elterntrainings zur Förderung autonomieunterstützender Instruktionsstrategien im häuslichen Lernkontext* (Dissertation). Universität Bielefeld, Bielefeld.

Wittmann, E. C. (2004). Design von Lernumgebungen zur mathematischen Frühförderung. In G. Faust-Siehl (Hrsg.), *Anschlussfähige Bildungsprozesse im Elementar- und Primarbereich* (S. 49–63). Bad Heilbrunn/Obb: Klinkhardt.

Wittmann, E. C. & Deutscher, T. (2013). Mathematische Bildung. In L. Fried & S. Roux (Hrsg.), *Pädagogik der frühen Kindheit* (S. 210–216). Weinheim: Beltz.

Wittmann, E. C. & Müller, G. N. (2009). *Handbuch zum Frühförderprogramm*. Stuttgart: Klett.

Wittwer, J., Kratschmayr, L. & Voss, T. (2020). Wie gut erkennen Lehrkräfte typische Fehler in der Formulierung von Lernzielen? *Unterrichtswissenschaft, 48* (1), 113–128.

Wolf, B. (2013). Elternarbeit. In L. Fried & S. Roux (Hrsg.), *Pädagogik der frühen Kindheit* (S. 157–165). Weinheim: Beltz.

Wollring, B., Peter-Koop, A. & Grüßing, M. (2013). Das ElementarMathematische Basisinterview EMBI. In M. Hasselhorn, A. Heinze, W. Schneider & U. Trautwein (Hrsg.), *Diagnostik mathematischer Kompetenzen* (S. 81–96). Göttingen: Hogrefe.

Wright, R. J., Martland, J. & Stafford, A. K. (2008). *Early numeracy: Assessment for teaching and intervention* (2. Aufl.). Los Angeles, CA: SAGE Publications.

Wygotski, L. S. (1987). *Ausgewählte Schriften*. Köln: Pahl-Rugenstein.

Wynn, K. (1990). Children's understanding of counting. *Cognition, 36*, 155–193.

Wynn, K. (1992). Addition and subtraction by human infants. *Nature, 358* (6389), 749–750.

Wynn, K. (1996). Infants' individuation and enumeration of actions. *Psychological Science, 7* (3), 164–169.

Xu, F. & Arriaga, R. I. (2007). Number discrimination in 10-month-old infants. *British Journal of Developmental Psychology, 25* (1), 103–108.

Xu, F. & Spelke, E. S. (2000). Large number discrimination in 6-month-old infants. *Cognition, 74* (1), B1-B11.

Xu, F., Spelke, E. S. & Goddard, S. (2005). Number sense in human infants. *Developmental science, 8* (1), 88–101.

Yada, S. (2005). *Zum Vergleich der Erziehungsmilieus deutscher und türkischer Familien und ihrer Bedeutung für die Schule*. Stuttgart: Ibidem.

Young-Loveridge, J. M. (1989). The relationship between children's home experiences and their mathematical skills on entry to school. *Early Child Development and Care, 43* (1), 43–59.

Young-Loveridge, J. M. (2004). Effects on early numeracy of a program using number books and games. *Early Childhood Research Quarterly, 19* (1), 82–98.

Yuejia, L., Yun, N. & Homg, L. (2004). Difference of neural correlates between subitizing and counting reflected by ERPs. *Acta Psychologica Sinica, 36* (4), 434–441.

Zettl, E. (2019). *Mehrsprachigkeit und Literalität in der Kindertagesstätte: Frühe sprachliche Bildung in einem von Migration geprägten Stadtviertel.* Wiesbaden: Springer VS.

Zimmer, J. (2000). Der Situationsansatz in der Diskussion und Weiterentwicklung. In W. E. Fthenakis & M. R. Textor (Hrsg.), *Pädagogische Ansätze im Kindergarten* (S. 94–114). Weinheim: Beltz.

Zimmermann, P., Celik, F. & Iwanski, A. (2013). Bindung, Erziehung und Bildung: Entwicklungsgrundlagen des Kompetenzaufbaus. In M. Stamm & D. Edelmann (Hrsg.), *Handbuch frühkindliche Bildungsforschung* (S. 407–422). Wiesbaden: Springer Fachmedien.

Zimpel, A. F. (2011). *Lasst unsere Kinder spielen! Der Schlüssel zum Erfolg ; mit einer Tabelle.* Göttingen: Vandenhoeck & Ruprecht.

Zmyj, N. & Schölmerich, A. (2012). Förderung von Kleinkindern in der Tagesbetreuung. In W. Schneider & U. Lindenberger (Hrsg.), *Entwicklungspsychologie* (S. 581–592). Weinheim: Beltz.

zur Oeveste, H. (1987). *Kognitive Entwicklung im Vor- und Grundschulalter: Eine Revision der Theorie Piagets.* Göttingen: Verlag für Psychologie.

Printed in the United States
by Baker & Taylor Publisher Services